21世纪高等学校经济数学教材

微 积 分

（第二版）

主编 杨爱珍
主审 陈启宏

复旦大学出版社

内 容 提 要

本书由上海财经大学应用数学系、上海金融学院应用数学系、上海商学院基础教学部教师合作编写,系"21世纪高等学校经济数学教材"系列之一.

全书共分8章:函数与极限,导数与微分,中值定理与导数的应用,不定积分,定积分及其应用,多元函数微积分,无穷级数,微分方程与差分方程.本书科学、系统地介绍了微积分的基本内容,重点介绍了微积分的方法及其在经济管理中的应用,每章均附有习题,书末附有习题的参考答案.

本书可作为高等经济管理类院校的数学基础课程教材,同时也适合财经类高等教育自学考试、各类函授大学、夜大学使用,也可作为财经管理人员的学习参考书.

21 世纪高等学校经济数学教材编委会

主　　编　车荣强　杨爱珍　费伟劲
　　　　　　张晓梅　张振宇　迟东璇

编　　委
　　上海财经大学　杨爱珍　叶玉全　何　萍　张远征
　　　　　　　　　张晓梅　张振宇　顾桂定
　　上海金融学院　车荣强　迟东璇　洪永成
　　上海商学院　　费伟劲　苏海容　邹　赢

本书编写人员　杨爱珍　车荣强　叶玉全　苏海容　洪永成
丛书主审人员　何其祥　陈启宏　梁治安
丛书策划　　　范仁梅

第二版前言

本套"21世纪高等学校经济数学教材"由《微积分》、《线性代数》和《概率论与数理统计》组成. 由上海财经大学应用数学系、上海金融学院应用数学系、上海商学院基础教学部教师合作编写, 系高等经济管理类院校使用的经济数学系列教材之一.

其中《微积分》从第一版(2007年1月)发行至今, 已被多所高等院校选为经济管理类专业的数学基础课程的教材. 得到不少同仁的认可, 同时也指出了教材中值得探讨的问题, 并对如何修改提出了宝贵的建议. 在此我们对关心和支持这套教材的广大同仁表示衷心的感谢.

通过近5年的教学实践, 针对使用对象的特点, 我们对在这套系列教材中的第一版《微积分》进行了修订, 修订工作主要包括以下几个方面的内容:

1. 订正了原教材中的疏漏以及排版印刷方面的错误.

2. 调整了一部分的例题和习题, 使其与相应的内容之间搭配得更加合理, 也更适合我们教学的对象.

3. 增补了一些内容, 使其更加合理且完备.

增补了参数式函数的导数, 微分形式的不变性, 以及二阶常系数非齐次线性微分方程的待定系数法求特解 y^*.

在修订过程中, 我们广泛地搜集了读者对原教材的意见和建议. 希望通过此次修订, 这套教材能在第一版的基础上更加合理, 完善和科学. 恳请广大同仁继续对此教材的关心、支持和厚爱, 欢迎广大读者继续批评指正.

编者

2012年4月

第一版前言

为适应我国高等教育的飞速发展和数学在各学科中更广泛的应用,根据高等教育面向 21 世纪发展的要求,我们上海财经大学应用数学系、上海金融学院应用数学系、上海商学院基础教学部教师合作编写了"21 世纪高等学校经济数学教材"——《微积分》、《线性代数》和《概率论与数理统计》.

针对使用对象的特点,结合作者多年的教学实践和教学改革的实际经验,在这套系列教材的编写过程中,我们注重了以下几方面的问题:

1. 适应我国在 21 世纪经济建设和发展的需要,着眼于培养"厚基础,宽口径,高素质"的财经人才,注重加强基础课程,特别是数学基础课程.

2. 作为高等经济管理类院校数学基础课程的教材,在注意保持数学学科本身结构的科学性、系统性、严谨性的同时,力求深入浅出,通俗易懂,突出有关理论、方法的应用和简单经济数学模型的介绍.

3. 注意培养学生的学习兴趣,扩大学生的视野,使学生了解微积分创立发展的背景,提高学生对数学源流的认识,在每章后附有数学家简介,介绍对微积分创立发展过程中作出过伟大贡献的著名数学家.

4. 注意兼顾经济管理学科各专业学生,既能较好地掌握所学知识,又能满足后继课程及学生继续深造的需要.为此,将本书习题分为两部分,习题(A)为基础题,习题(B)为提高题.

参加《微积分》一书编写的有上海财经大学应用数学系杨爱珍副教授(第一章、第二章、第三章)及叶玉全副教授(第四章、第五章),上海金融学院应用数学系洪永成老师(第六章)及车荣强副教授(第七章),上海商学院基础教学部苏海容老师(第八章),最后由杨爱珍副教授对全书进行了统稿.

在本教材编写过程中,我们得到了上海财经大学、上海金融学院、上海商学院的重视和支持,并得到了复旦大学出版社的鼎力相助,特别是范仁梅老师的认真负责,在此一并致谢.

限于学识与水平,本书的缺点与错误在所难免,恳请专家和读者批评指正.

编者

2007 年 1 月

目 录

第一章　函数与极限 ·· 1
　§1.1　函数 ··· 1
　　一、实数 ··· 1
　　二、函数的概念 ··· 2
　　三、函数的几种特性 ······································· 6
　　四、初等函数 ··· 8
　　五、常见的经济函数 ······································· 17
　§1.2　极限的概念与性质 ····································· 18
　　一、数列的极限 ··· 18
　　二、函数的极限 ··· 20
　　三、函数极限的主要性质 ··································· 24
　§1.3　极限的运算 ··· 25
　　一、极限的运算法则 ······································· 25
　　二、两个重要极限 ··· 27
　　三、无穷小量和无穷大量 ··································· 34
　§1.4　函数的连续性 ··· 37
　　一、函数连续的概念 ······································· 37
　　二、连续函数的运算与初等函数的连续性 ····················· 40
　　三、函数的间断点 ··· 41
　　四、闭区间上连续函数的性质 ······························· 42
　数学家简介——笛卡儿 ······································· 45
　习题一 ··· 46

第二章　导数与微分 ·· 53
　§2.1　导数概念 ··· 53
　　一、引例 ··· 53
　　二、导数的定义 ··· 54

三、导数的几何意义 ·················· 58
　　四、左导数与右导数 ·················· 58
　　五、函数可导与连续的关系 ·············· 60
§2.2　导数的基本公式与运算法则 ············ 62
　　一、函数和、差、积、商的求导法则 ·········· 62
　　二、反函数的求导法则 ················ 66
　　三、复合函数的求导法则 ··············· 68
　　四、导数基本公式 ··················· 71
　　五、隐函数的导数 ··················· 72
　　六、对数求导法 ···················· 73
　　七、综合举例 ····················· 74
§2.3　高阶导数 ······················ 76
§2.4　参数式函数的导数 ················· 80
§2.5　函数的微分 ····················· 82
　　一、微分的定义 ···················· 83
　　二、微分的几何意义 ·················· 85
　　三、微分的运算 ···················· 86
　　四、微分形式不变性 ·················· 89
　　五、微分在近似计算中的应用 ············· 89
数学家简介——罗尔 ····················· 91
习题二 ···························· 92

第三章　中值定理与导数的应用 ············· 98
§3.1　微分中值定理 ···················· 98
　　一、罗尔定理 ····················· 98
　　二、拉格朗日中值定理 ················ 100
　　三、柯西中值定理 ··················· 103
§3.2　洛必达法则 ····················· 104
　　一、基本未定式 ···················· 104
　　二、其他未定式 ···················· 107
§3.3　函数单调性的判别法 ················ 109
§3.4　函数的极值及其求法 ················ 112
§3.5　曲线的凹向与拐点 ················· 116

§3.6 曲线的渐近线 ··· 119
    一、水平渐近线 ··· 119
    二、垂直渐近线 ··· 119
    三、斜渐近线 ··· 119
§3.7 函数图形的描绘 ··· 121
§3.8 函数的最值 ··· 123
§3.9 导数在经济分析中的应用 ································· 126
    一、导数的经济意义 ······································· 126
    二、弹性 ··· 127
数学家简介——拉格朗日 ······································· 133
习题三 ··· 134

第四章 不定积分 ··· 142
§4.1 不定积分的概念与性质 ··································· 142
    一、原函数 ··· 142
    二、不定积分的概念 ······································· 143
    三、基本积分公式 ··· 146
    四、不定积分的基本性质 ··································· 147
§4.2 不定积分的换元积分法 ··································· 149
    一、第一类换元法(凑微分法) ······························· 149
    二、第二类换元法(变量代换法) ····························· 154
§4.3 不定积分的分部积分法 ··································· 159
§4.4 有理函数的积分 ··· 162
数学家简介——柯西 ··· 166
习题四 ··· 168

第五章 定积分及其应用 ······································· 172
§5.1 定积分的概念与性质 ····································· 172
    一、引例 ··· 172
    二、定积分的定义 ··· 174
    三、定积分的几何意义 ····································· 176
    四、定积分的性质 ··· 177
§5.2 微积分基本定理 ··· 181

一、积分上限(变限积分)函数及其导数 ············· 181
　　二、微积分基本定理 ············· 185
§5.3　定积分的换元积分法 ············· 188
§5.4　定积分的分部积分法 ············· 192
§5.5　广义积分 ············· 193
　　一、无穷限的广义积分 ············· 193
　　二、无界函数的广义积分 ············· 196
　　三、Γ-函数 ············· 198
§5.6　定积分的几何应用 ············· 200
　　一、平面图形的面积 ············· 200
　　二、立体的体积 ············· 202
§5.7　定积分在经济上的应用 ············· 203
　　一、由边际函数求总函数 ············· 204
　　二、资金现值与投资问题 ············· 205
数学家简介——牛顿 ············· 206
习题五 ············· 208

第六章　多元函数微积分 ············· 215
§6.1　空间解析几何简介 ············· 215
　　一、空间直角坐标系 ············· 215
　　二、空间曲面 ············· 217
§6.2　多元函数的基本概念 ············· 222
　　一、多元函数的概念 ············· 222
　　二、二元函数的极限与连续 ············· 224
§6.3　偏导数 ············· 226
　　一、偏导数的概念 ············· 226
　　二、二阶偏导数 ············· 229
　　三、偏导数在经济分析中的应用 ············· 230
§6.4　全微分 ············· 232
　　一、全微分的概念 ············· 232
　　二、全微分在近似计算中的应用 ············· 234
§6.5　多元复合函数及隐函数的求导法则 ············· 235

一、二元复合函数的求导法则 ································ 235
　　二、隐函数的求导公式 ···································· 238
§6.6　二元函数的极值和最值 ····································· 240
　　一、二元函数的极值 ······································ 240
　　二、条件极值 ·· 243
　　三、最小二乘法 ·· 244
§6.7　二重积分 ··· 246
　　一、二重积分的概念 ······································ 246
　　二、二重积分的性质 ······································ 248
　　三、二重积分的计算 ······································ 250
　数学家简介——莱布尼兹 ······································ 261
　习题六 ··· 263

第七章　无穷级数 ·· 270

§7.1　无穷级数的概念与性质 ····································· 270
　　一、无穷级数的概念 ······································ 270
　　二、无穷级数的性质 ······································ 274
§7.2　正项级数及其敛散性判别法 ································· 277
　　一、正项级数的概念 ······································ 277
　　二、正项级数敛散性判别法 ································ 278
§7.3　任意项级数及其敛散性判别法 ······························· 287
　　一、交错级数及莱布尼兹判别法 ···························· 287
　　二、绝对收敛与条件收敛 ·································· 288
§7.4　幂级数 ··· 290
　　一、幂级数的概念 ·· 290
　　二、幂级数的收敛半径 ···································· 291
　　三、幂级数的运算及性质 ·································· 295
§7.5　函数的幂级数展开式 ······································· 298
　　一、泰勒定理 ·· 298
　　二、函数展开成幂级数 ···································· 300
　数学家简介——傅里叶 ·· 307
　习题七 ··· 308

第八章　微分方程与差分方程 ………………………… 312

§8.1　微分方程的基本概念 ………………………… 312
一、引例 ………………………………………… 312
二、微分方程的一般概念 ………………………… 313

§8.2　一阶微分方程 ………………………………… 315
一、可分离变量的微分方程 ……………………… 315
二、齐次微分方程 ……………………………… 317
三、一阶线性微分方程 ………………………… 319

§8.3　可降阶的二阶微分方程 ……………………… 322
一、$y'' = f(x)$ 型微分方程 …………………… 322
二、$y'' = f(x, y')$ 型微分方程 ………………… 323
三、$y'' = f(y, y')$ 型微分方程 ………………… 324

§8.4　二阶线性微分方程解的结构 ………………… 325

§8.5　二阶常系数线性微分方程 …………………… 328
一、二阶常系数齐次线性微分方程 ……………… 328
二、二阶常系数非齐次线性微分方程 …………… 331

§8.6　差分与差分方程的概念 ……………………… 336
一、差分的概念 ………………………………… 336
二、差分方程的概念 …………………………… 338
三、常系数线性差分方程解的结构 ……………… 340

§8.7　一阶常系数线性差分方程 …………………… 341
一、一阶常系数齐次线性差分方程 ……………… 342
二、一阶常系数非齐次线性差分方程 …………… 343

§8.8　二阶常系数线性差分方程 …………………… 346
一、二阶常系数齐次线性差分方程 ……………… 346
二、二阶常系数非齐次线性差分方程 …………… 348

数学家简介——达朗贝尔 …………………………… 352
习题八 ………………………………………………… 353

习题参考答案 ………………………………………… 358
参考书目 ……………………………………………… 382

第一章　函数与极限

微积分是研究函数关系的一门科学,它的研究对象是函数,其中主要是初等函数;极限是微积分的理论基础,每一个重要概念的产生过程可以说是人类对极限思想的认识逐渐加深、逐渐明确的过程.本章将介绍函数、极限以及函数连续性等基本内容.

§1.1　函　　数

一、实数

1. 数轴

数轴是定义了原点、方向与单位长度的直线. 数轴上的每个点表示一个确定的实数. 若点 M 与原点的距离为 d,且点 M 位于原点正向一侧,则 M 表示正实数 d;若点 M 与原点的距离为 d,且点 M 位于原点负向一侧,则 M 表示负实数 $-d$;若点 M 与原点重合,则 M 表示数零. 这样,就建立了数轴上的点与实数间的一一对应. 每个实数可看成数轴上一个确定的点,数轴上的每个点代表一个确定的实数,并且不同的点代表不同的实数.

2. 区间

若 **R** 表示实数集,当 $a,b \in \mathbf{R}$,且 $a<b$,定义各类区间如下:

有限区间:$[a,b] = \{x \mid a \leqslant x \leqslant b, x \in \mathbf{R}\}$,

$(a,b) = \{x \mid a < x < b, x \in \mathbf{R}\}$,

$[a,b) = \{x \mid a \leqslant x < b, x \in \mathbf{R}\}$,

$(a,b] = \{x \mid a < x \leqslant b, x \in \mathbf{R}\}$;

无穷区间:$(-\infty, +\infty) = \{x \mid -\infty < x < +\infty, x \in \mathbf{R}\} = \mathbf{R}$,

$(-\infty, a] = \{x \mid -\infty < x \leqslant a, x \in \mathbf{R}\}$,

$(-\infty, a) = \{x \mid -\infty < x < a, x \in \mathbf{R}\}$,

$[a, +\infty) = \{x \mid a \leqslant x < +\infty, x \in \mathbf{R}\}$,

$$(a, +\infty) = \{x \mid a < x < +\infty, x \in \mathbf{R}\}.$$

3. 邻域

定义 1.1 设 x_0 与 δ 是两个实数,且 $\delta > 0$,满足不等式 $|x - x_0| < \delta$ 的实数 x 的全体称为 x_0 的 δ 邻域.

若用 $O_\delta(x_0)$ 表示 x_0 的 δ 邻域,则

$$O_\delta(x_0) = (x_0 - \delta, x_0 + \delta),$$

其中 x_0 称为 $O_\delta(x_0)$ 的中心点,δ 称为 $O_\delta(x_0)$ 的半径;而

$$O_\delta(x_0) \setminus \{x_0\} = (x_0 - \delta, x_0) \cup (x_0, x_0 + \delta)$$

称为 x_0 的 δ 去心邻域,其中 $(x_0 - \delta, x_0)$ 称为 $O_\delta(x_0)$ 的左邻域,$(x_0, x_0 + \delta)$ 称为 $O_\delta(x_0)$ 的右邻域.

x_0 的 δ 邻域 $O_\delta(x_0)$ 可在数轴上形象地表示,见图 1.1.

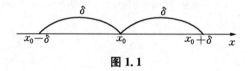

图 1.1

二、函数的概念

1. 变量与函数

所谓变量是指在某一过程中不断变化的量. 例如某地的气温;某种产品的产量、成本和利润;某时刻世界人口的总数等都是变量. 变量的变化不是孤立的,而是彼此联系并遵循着一定的变化规律. 例如,物理学中自由落体的距离 h 与时间 t 的关系为 $h = \frac{1}{2}gt^2$;圆的面积 S 与圆的半径 r 的关系为 $S = \pi r^2$.

在上面的关系式 $h = \frac{1}{2}gt^2$,$S = \pi r^2$ 中,变量之间联系的表达式虽然不同,但它们却有着相同的本质,即在某个过程中的两个变量是相互联系的,当其中一个变量在某一范围内每取一个值时,另一个变量就按照一定的规律,有唯一确定的值与之对应. 变量之间的这种相互依赖关系就是函数的概念,下面给出一元函数(只含一个自变量的函数)的定义.

定义 1.2 设有两个变量 x 和 y,如果当变量 x 在某非空实数集合 D 内任取一个数值时,变量 y 按照一定的法则(对应规律) f,都有唯一确定的值 y 与之对应,则称 y 是 x 的函数. 记作 $y = f(x)$,其中变量 x 称为自变量,它的取值范

围 D 称为函数的定义域；变量 y 称为因变量，它的取值范围是函数的值域，记为 $Z(f)$，即 $Z(f) = \{y \mid y = f(x), x \in D\}$.

从函数的定义中不难看出，定义域 D 与对应规律 f 是构成函数的两个基本要素. 如果两个函数的定义域与对应规律都分别相同，则称这两个函数相同.

一般情况下，函数的定义域就是使函数表达式在实数范围内有意义的自变量的全体. 当然，在实际问题中，尚需根据问题的实际意义来确定.

例 1 求下列函数的定义域：

(1) $y = \log_2(1-x^2) + \arcsin(2x-1)$； (2) $y = \dfrac{\sqrt{6-x-x^2}}{x+1}$；

(3) $y = \dfrac{\sqrt{2x+7}}{\ln(x+4)}$.

解 (1) 由 $\begin{cases} 1-x^2 > 0 \\ |2x-1| \leqslant 1 \end{cases} \Rightarrow 0 \leqslant x < 1$，故定义域 $D = [0, 1)$.

(2) 由 $\begin{cases} 6-x-x^2 \geqslant 0 \\ x+1 \neq 0 \end{cases} \Rightarrow \begin{cases} (3+x)(2-x) \geqslant 0 \\ x+1 \neq 0 \end{cases} \Rightarrow x \in [-3, -1) \cup (-1, 2]$，

故定义域 $D = [-3, -1) \cup (-1, 2]$.

(3) 由 $\begin{cases} 2x+7 \geqslant 0 \\ x+4 > 0 \\ x+4 \neq 1 \end{cases} \Rightarrow \begin{cases} x \geqslant -\dfrac{7}{2} \\ x > -4 \\ x \neq -3 \end{cases} \Rightarrow x \in \left[-\dfrac{7}{2}, -3\right) \cup (-3, +\infty)$，

故定义域 $D = \left[-\dfrac{7}{2}, -3\right) \cup (-3, +\infty)$.

例 2 设 $f(x) = \dfrac{x}{x+1}$，求 $f(1)$, $f(x+1)$, $f\left(\dfrac{1}{x}\right)$.

解 $f(1) = \dfrac{x}{x+1}\bigg|_{x=1} = \dfrac{1}{1+1} = \dfrac{1}{2}$；

$f(x+1) = \dfrac{(x+1)}{(x+1)+1} = \dfrac{x+1}{x+2}$；

$f\left(\dfrac{1}{x}\right) = \dfrac{\dfrac{1}{x}}{\dfrac{1}{x}+1} = \dfrac{1}{1+x}$.

例 3 设 $f\left(\dfrac{x+1}{x-1}\right) = 3x+2$，求 $f(x)$.

解 用换元法,令 $t = \dfrac{x+1}{x-1}$,则 $x = \dfrac{t+1}{t-1}$,于是

$$f(t) = 3\left(\dfrac{t+1}{t-1}\right) + 2,$$

将 t 换成 x,即得

$$f(x) = 3\left(\dfrac{x+1}{x-1}\right) + 2 = \dfrac{5x+1}{x-1}.$$

2. 函数的表示法

函数的常用表示法一般有 3 种:公式法(解析法)、表格法与图示法. 函数的 3 种表示法各有其特点,表格法和图示法直观明了,而解析法则简捷准确,易于运算,便于理论研究.

(1) 公式法. 公式法也称解析法,就是用解析表达式来表示函数关系的一种方法,常有显式与隐式两种.

显式的标准形式为 $y = f(x)$,这里 $f(x)$ 是一个含自变量 x 的解析式,例如 $y = x^2 + \sin x$, $y = \sqrt{9 - x^2} + \ln x$ 等.

隐式的标准形式为 $F(x, y) = 0$,这里 $F(x, y)$ 是一个含自变量 x 与因变量 y 的一个解析式,由 x 的值和 $F(x, y) = 0$ 可确定相应 y 的值,例如 $x^2 + y^2 - 4 = 0 \; (y > 0)$.

在现实生活中许多函数关系难以用公式来表示,例如一天的气温作为时间的函数等,表示这些函数关系就用表格法与图示法.

(2) 表格法. 例如,某城市一年里每月大米的销售量(单位:万吨),如表 1.1 所示.

表 1.1

月份 t	1	2	3	4	5	6	7	8	9	10	11	12
销售量 s	144	161	123	81	84	50	45	40	45	90	100	120

表 1.1 表示了某城市大米销售量 s 随月份 t 而变化的函数关系.

(3) 图示法. 图示法是用图形来表示函数关系的方法,它直观性强. 随着计算机的发展,图示法愈来愈得到广泛的使用.

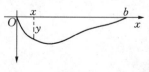

图 1.2

例如,某河道的一个断面图形如图 1.2 所示. 其深度 y 与测量点到岸边的距离 x 的函数关系如图 1.2 中的曲线所示.

这里深度 y 与测距 x 的函数关系是用图形表

示的.

3 种表示法可以结合使用.

在用解析法表示函数时,有时需要在自变量的不同范围中用不同的数学式子来表示一个函数,这种函数称为"分段函数".

例4 求函数 $f(x) = \begin{cases} x+1 & (x<0) \\ 1 & (0<x<1) \\ 2x-1 & (1\leqslant x<2) \end{cases}$ 的定义域,及函数值 $f(-1), f\left(\dfrac{1}{2}\right), f(1)$,并作其图形.

解 它是一个分段函数,定义域是其各段定义域的并集,即

$$D = (-\infty, 0) \bigcup (0, 2);$$

函数值:

$$f(-1) = (x+1)|_{x=-1} = 0, f\left(\dfrac{1}{2}\right) = 1, f(1) = (2x-1)|_{x=1} = 1;$$

其图形如图 1.3 所示.

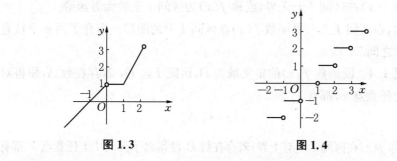

图 1.3   图 1.4

例5 求函数 $y = [x]$ 的定义域,并作其图形.

解 这个函数称为取整函数,$y = [x]$ 表示不超过 x 的最大整数,即

$$y = [x] = n, n \leqslant x < n+1, n = 0, \pm 1, \pm 2, \cdots$$

是一个分段函数,它的定义域 $D = (-\infty, +\infty)$,图形如图 1.4 所示.

例6 已知函数 $f(x) = \begin{cases} x+2 & (0 \leqslant x \leqslant 2) \\ x^2 & (2 < x \leqslant 4) \end{cases}$,求 $f(x-1)$.

解 $f(x-1) = \begin{cases} (x-1)+2 & (0 \leqslant x-1 \leqslant 2), \\ (x-1)^2 & (2 < x-1 \leqslant 4), \end{cases}$

即 $f(x-1) = \begin{cases} x+1 & (1 \leqslant x \leqslant 3), \\ (x-1)^2 & (3 < x \leqslant 5). \end{cases}$

例7 上海出租车起步费为10元(不超过3千米),超过3千米时,每满1千米,加价2元,求出租车费用 y(单位:元)与行驶距离 x(单位:千米)的函数关系式.

解 根据题意可列出函数关系式如下:

$$y = \begin{cases} 10 & (0 < x \leqslant 3), \\ 10 + (x-3) \cdot 2 & (x > 3). \end{cases}$$

三、函数的几种特性

1. 函数的有界性

定义1.3 设函数 $f(x)$ 的定义域为 D,区间 $I \subseteq D$,若存在正数 M,使得对于 I 上任意点 x,都有

$$|f(x)| \leqslant M$$

成立,则称函数 $f(x)$ 在区间 I 上有界,或称 $f(x)$ 为区间 I 上的有界函数;否则,就称函数 $f(x)$ 在区间 I 上无界,或称 $f(x)$ 为区间 I 上的无界函数.

显然,在区间 I 上有界函数 $f(x)$ 在区间 I 上的图形一定介于两条平行直线 $y = \pm M$ 之间.

定义1.4 设函数 $f(x)$ 的定义域为 D,区间 $I \subseteq D$,若存在数 A,使得对于区间 I 上任意点 x,都有

$$f(x) \leqslant A$$

成立,则称 $f(x)$ 在区间 I 上有上界;若存在数 B,使得对于区间 I 上任意点 x,都有

$$f(x) \geqslant B$$

成立,则称 $f(x)$ 在区间 I 上有下界.

显然,有界函数必有上界和下界;反之,既有上界又有下界的函数必是有界函数.

例如,$y = \sin x$ 与 $y = \cos x$ 在定义域 $(-\infty, +\infty)$ 内有界,因为 $|\sin x| \leqslant 1$, $|\cos x| \leqslant 1$;函数 $y = \sqrt{1-x^2}$ 在定义域 $[-1, 1]$ 上有界,因为 $0 \leqslant y \leqslant 1$. 而函数 $y = x^2$ 在定义域 $(-\infty, +\infty)$ 内是无界函数,因为它只有下界而无上界.

注意函数的有界性与所选的区间有关. 例如 $y = \dfrac{1}{x}$ 在 $(0, 1)$ 内无界,但在

(1，2)内有界.

2. 函数的奇偶性

定义 1.5 如果函数 $f(x)$ 的定义域 D 关于原点对称(即若 $x \in D$，则必有 $-x \in D$)，若对每一个 $x \in D$，都有

$$f(-x) = -f(x)$$

成立，则称 $f(x)$ 为奇函数；若对每一个 $x \in D$，都有

$$f(-x) = f(x)$$

成立，则称 $f(x)$ 为偶函数.

例如，函数 $y = x^3$，$y = \sin x$ 是奇函数，函数 $y = x^2$，$y = \cos x$，$y = c$ (c 为非零常数) 是偶函数，函数 $y = 0$ 既是奇函数又是偶函数，而函数 $y = \sin x + \cos x$ 既不是奇函数也不是偶函数. 显然，奇函数的图形关于原点对称，而偶函数的图形则关于 y 轴 (即 $x = 0$) 对称.

例 8 判断下列函数的奇偶性：

(1) $f(x) = x^4 - 3x^2$；　(2) $f(x) = \ln(x + \sqrt{1+x^2})$；

(3) $f(x) = x^3 + 1$.

解 (1) 因为 $f(-x) = (-x)^4 - 3(-x)^2 = x^4 - 3x^2 = f(x)$，所以 $f(x) = x^4 - 3x^2$ 是偶函数.

(2) 因为 $f(-x) = \ln(-x + \sqrt{1+(-x)^2}) = \ln(-x + \sqrt{1+x^2})$

$$= \ln \frac{1}{x + \sqrt{1+x^2}} = -\ln(x + \sqrt{1+x^2}) = -f(x),$$

所以 $f(x) = \ln(x + \sqrt{1+x^2})$ 是奇函数.

(3) 因为 $f(-x) = (-x)^3 + 1 = -x^3 + 1$，既不是 $f(x) = x^3 + 1$，也不是 $-f(x) = -x^3 - 1$，所以 $f(x) = x^3 + 1$ 既非偶函数，也非奇函数.

3. 函数的单调性

定义 1.6 设函数 $f(x)$ 的定义域为 D，区间 $I \subseteq D$，若对于区间 I 上任意两点 x_1 及 x_2，当 $x_1 < x_2$ 时，恒有

$$f(x_1) < f(x_2)$$

成立，则称 $f(x)$ 在该区间上单调增加(简称单增)；当 $x_1 < x_2$ 时，恒有

$$f(x_1) > f(x_2)$$

成立,则称 $f(x)$ 在该区间上单调减少(简称单减).

单调增加或单调减少函数统称为单调函数.例如 $y=x^2$ 在 $(-\infty,0)$ 内单调减少,在 $(0,+\infty)$ 内单调增加,但在整个定义域 $(-\infty,+\infty)$ 内它不是单调函数.

若在某区间给定函数为单调的,则称该区间为这函数的单调区间,故 $(-\infty,0)$ 为函数 $y=x^2$ 的单调减少区间,$(0,+\infty)$ 为函数 $y=x^2$ 的单调增加区间.

例 9 判断函数 $y=x^3$ 的单调性.

解 $x_1^3-x_2^3=(x_1-x_2)(x_1^2+x_1x_2+x_2^2)=(x_1-x_2)\left[\left(x_1+\frac{1}{2}x_2\right)^2+\frac{3}{4}x_2^2\right].$

当 $x_1<x_2$ 时,恒有 $x_1^3<x_2^3$.

因此,函数 $y=x^3$ 在 $(-\infty,+\infty)$ 内单调增加,它的图形如图 1.5 所示.

函数单调性的讨论,将在第三章中作进一步的研究.

4. 函数的周期性

定义 1.7 设函数 $f(x)$ 的定义域为 D,如果存在一个非零常数 T,使得对于定义域内的任意 x,都有
$$f(x+T)=f(x)$$
成立,则称 $f(x)$ 为周期函数.满足上式的最小正数 T_0 如果存在,则称为函数 $f(x)$ 的最小正周期.

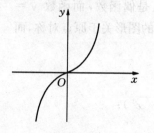

图 1.5

例如,$y=\sin x$ 与 $y=\cos x$ 都是周期为 2π 的周期函数,而 $y=\tan x$ 与 $y=\cot x$ 都是周期为 π 的周期函数.

例 10 求函数 $y=\sin^4 x+\cos^4 x$ 的周期.

解 $y=\sin^4 x+\cos^4 x$
$=(\sin^2 x+\cos^2 x)^2-2\sin^2 x \cdot \cos^2 x$
$=1-\dfrac{\sin^2 2x}{2}=1-\dfrac{1-\cos 4x}{4}$
$=\dfrac{3}{4}+\dfrac{1}{4}\cos 4x.$

所以,y 的周期为 $T=\dfrac{\pi}{2}$.

四、初等函数

1. 基本初等函数

幂函数、指数函数、对数函数、三角函数及反三角函数统称为基本初等函数.

现分别简单介绍如下：

(1) 幂函数 $y=x^{\mu}$ (μ 为任意实数)，其定义域随 μ 的不同而不同. 但不论 μ 取何值，$y=x^{\mu}$ 总在 $(0, +\infty)$ 内有定义，并且图形均经过点 $(1, 1)$.

① 线性函数 $y = kx + b$. 它的图形为一条直线，b 为其在 y 轴上的截距，$k = \tan \alpha$ ($0 \leqslant \alpha < \pi$)，α 为直线与 x 轴正向的夹角，如图 1.6 所示.

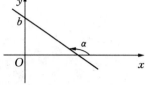

图 1.6

② 二次函数 $y = ax^2 + bx + c$ ($a \neq 0$).

$$y = ax^2 + bx + c = a\left(x + \frac{b}{2a}\right)^2 + \frac{4ac - b^2}{4a},$$

其图形为抛物线，顶点坐标为 $\left(-\dfrac{b}{2a}, \dfrac{4ac - b^2}{4a}\right)$. 当 $a > 0$ 时，抛物线开口向上；当 $a < 0$ 时，抛物线开口向下，如图 1.7 与图 1.8 所示.

图 1.7　　　　　图 1.8

(2) 指数函数 $y = a^x$ ($a > 0$ 且 $a \neq 1$)，其定义域为 $(-\infty, +\infty)$. 当 $0 < a < 1$ 时，$y = a^x$ 为单调减函数；当 $a > 1$ 时，$y = a^x$ 为单调增函数. 如图 1.9 所示.

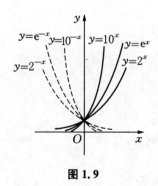
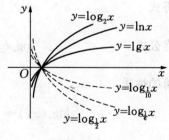

图 1.9　　　　　图 1.10

一般，常出现以 e 为底的指数函数 $y = e^x$，其中 $e = 2.71828\cdots$ 是一个无理数.

有理指数的定义为

$$a^0 = 1;$$

$$a^n = \underbrace{a \cdot a \cdots a}_{n\uparrow}, n \text{ 为正整数};$$

$$a^{-n} = \frac{1}{a^n};$$

$$a^{\frac{n}{m}} = \sqrt[m]{a^n}, n, m \text{ 为正整数};$$

$$a^{-\frac{n}{m}} = \frac{1}{\sqrt[m]{a^n}}.$$

指数运算的性质

$$a^x \cdot a^y = a^{x+y};$$

$$\frac{a^x}{a^y} = a^{x-y};$$

$$(a^x)^y = a^{xy}.$$

(3) 对数函数 $y = \log_a x (a > 0 \text{ 且 } a \neq 1)$，其定义域为$(0, +\infty)$，如图 1.10 所示.

以 10 为底的对数函数记为 $y = \lg x$，称为常用对数；而以 e 为底的对数函数记为 $y = \ln x$，称为自然对数.

根据对数的定义，可以推出两个常用等式：

恒等式 $\qquad a^{\log_a N} = N (a > 0, a \neq 1).$

换底公式 $\qquad \log_a b = \frac{\log_c b}{\log_c a}.$

运算的性质

$$\log_a(xy) = \log_a x + \log_a y;$$

$$\log_a \frac{y}{x} = \log_a y - \log_a x.$$

(4) 三角函数. 三角函数有以下 6 个：正弦函数 $y = \sin x$；余弦函数 $y = \cos x$；正切函数 $y = \tan x$；余切函数 $y = \cot x$；正割函数 $y = \sec x$；余割函数

$y = \csc x$.

正弦函数与余弦函数的定义域都为$(-\infty, +\infty)$；

正切函数与正割函数的定义域为$\left\{x \mid x \neq 2k\pi + \dfrac{\pi}{2}, k \in \mathbf{Z}\right\}$；

余切函数与余割函数的定义域为$\{x \mid x \neq k\pi, k \in \mathbf{Z}\}$.

这6个三角函数都是周期函数，$\sin x$，$\cos x$，$\sec x$，$\csc x$的最小正周期为2π；$\tan x$与$\cot x$的最小正周期为π. 它们的图形如图1.11、图1.12所示.

图 1.11　　　　　图 1.12

① 定义：若角α是由始边x轴的正向绕原点逆时针旋转α弧度而得，点$M(x, y)$为其终边上原点外的一点，如图1.13所示. 有

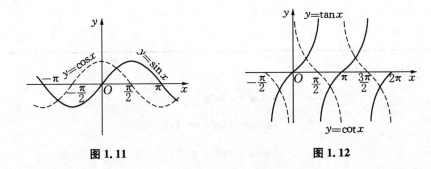

图 1.13

$$\sin \alpha = \frac{y}{\sqrt{x^2 + y^2}},$$

$$\cos \alpha = \frac{x}{\sqrt{x^2 + y^2}},$$

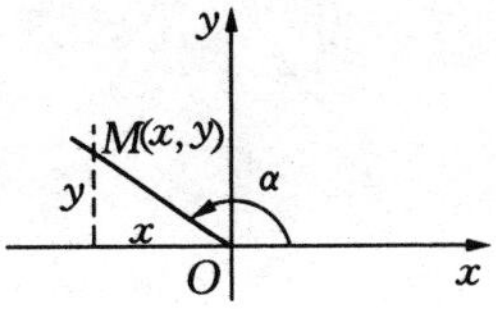

$$\tan \alpha = \frac{y}{x},$$

$$\cot \alpha = \frac{1}{\tan \alpha} = \frac{x}{y},$$

$$\sec \alpha = \frac{1}{\cos \alpha} = \frac{\sqrt{x^2 + y^2}}{x},$$

$$\csc \alpha = \frac{1}{\sin \alpha} = \frac{\sqrt{x^2 + y^2}}{y}.$$

② 特殊角的三角函数：见表1.2.

表 1.2

三角函数 角度	sin	cos	tan	cot	sec	csc
0°	0	1	0	∞	1	∞
30°	$\dfrac{1}{2}$	$\dfrac{\sqrt{3}}{2}$	$\dfrac{\sqrt{3}}{3}$	$\sqrt{3}$	$\dfrac{2\sqrt{3}}{3}$	2
45°	$\dfrac{\sqrt{2}}{2}$	$\dfrac{\sqrt{2}}{2}$	1	1	$\sqrt{2}$	$\sqrt{2}$
60°	$\dfrac{\sqrt{3}}{2}$	$\dfrac{1}{2}$	$\sqrt{3}$	$\dfrac{\sqrt{3}}{3}$	2	$\dfrac{2\sqrt{3}}{3}$
90°	1	0	∞	0	∞	1

③ 基本关系式：

$$\sin^2\alpha + \cos^2\alpha = 1,$$

$$\sec^2\alpha - \tan^2\alpha = 1,$$

$$\csc^2\alpha - \cot^2\alpha = 1,$$

$$\tan\alpha = \frac{\sin\alpha}{\cos\alpha},$$

$$\cot\alpha = \frac{\cos\alpha}{\sin\alpha},$$

$$\tan\alpha = \frac{1}{\cot\alpha},$$

$$\sec\alpha = \frac{1}{\cos\alpha},$$

$$\csc\alpha = \frac{1}{\sin\alpha}.$$

④ 常用公式：

和差公式

$$\sin(\alpha \pm \beta) = \sin\alpha\cos\beta \pm \cos\alpha\sin\beta,$$

$$\cos(\alpha \pm \beta) = \cos\alpha\cos\beta \mp \sin\alpha\sin\beta,$$

$$\tan(\alpha \pm \beta) = \frac{\tan\alpha \pm \tan\beta}{1 \mp \tan\alpha\tan\beta},$$

$$\cot(\alpha \pm \beta) = \frac{\cot\alpha\cot\beta \mp 1}{\cot\beta \pm \cot\alpha}.$$

加法公式

$$\sin\alpha \pm \sin\beta = 2\sin\frac{\alpha\pm\beta}{2}\cos\frac{\alpha\mp\beta}{2},$$

$$\cos\alpha + \cos\beta = 2\cos\frac{\alpha+\beta}{2}\cos\frac{\alpha-\beta}{2},$$

$$\cos\alpha - \cos\beta = -2\sin\frac{\alpha+\beta}{2}\sin\frac{\alpha-\beta}{2}.$$

倍角公式

$$\sin 2\alpha = 2\sin\alpha\cos\alpha,$$

$$\cos 2\alpha = \cos^2\alpha - \sin^2\alpha = 2\cos^2\alpha - 1 = 1 - 2\sin^2\alpha.$$

$$\tan 2\alpha = \frac{2\tan\alpha}{1-\tan^2\alpha},\ \cot 2\alpha = \frac{\cot^2\alpha - 1}{2\cot\alpha}.$$

半角公式

$$\sin\frac{\alpha}{2} = \pm\sqrt{\frac{1-\cos\alpha}{2}},$$

$$\cos\frac{\alpha}{2} = \pm\sqrt{\frac{1+\cos\alpha}{2}}.$$

$$\tan\frac{\alpha}{2} = \pm\sqrt{\frac{1-\cos\alpha}{1+\cos\alpha}} = \frac{1-\cos\alpha}{\sin\alpha} = \frac{\sin\alpha}{1+\cos\alpha},$$

$$\cot\frac{\alpha}{2} = \pm\sqrt{\frac{1+\cos\alpha}{1-\cos\alpha}} = \frac{\sin\alpha}{1-\cos\alpha} = \frac{1+\cos\alpha}{\sin\alpha}.$$

降幂公式

$$\sin^2\alpha = \frac{1-\cos 2\alpha}{2},$$

$$\cos^2\alpha = \frac{1+\cos 2\alpha}{2}.$$

（5）反三角函数. 由于三角函数有周期性，因此对应于一个函数值 y 的自变量 x 有无穷多个，在整个定义域上三角函数不存在单值反函数. 但我们可以选取适当的区间上考虑反函数.

反正弦函数 $y = \arcsin x$，它是正弦函数 $y = \sin x$ 在 $\left[-\frac{\pi}{2}, \frac{\pi}{2}\right]$ 上的反函

数,其定义域为$[-1,1]$,值域为$\left[-\frac{\pi}{2},\frac{\pi}{2}\right]$,其图形如图 1.14 所示.

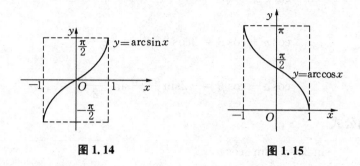

图 1.14　　　　　　　　图 1.15

反余弦函数 $y=\arccos x$,它是余弦函数 $y=\cos x$ 在 $[0,\pi]$ 上的反函数,其定义域为 $[-1,1]$,值域为 $[0,\pi]$,其图形如图 1.15 所示.

反正切函数 $y=\arctan x$,它是正切函数 $y=\tan x$ 在 $\left(-\frac{\pi}{2},\frac{\pi}{2}\right)$ 内的反函数,其定义域为 $(-\infty,+\infty)$,值域为 $\left(-\frac{\pi}{2},\frac{\pi}{2}\right)$,其图形如图 1.16 所示.

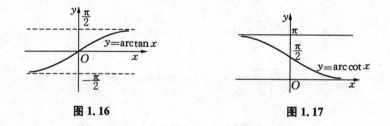

图 1.16　　　　　　　　图 1.17

反余切函数 $y=\operatorname{arccot} x$,它是余切函数 $y=\cot x$ 在 $(0,\pi)$ 内的反函数,其定义域为 $(-\infty,+\infty)$,值域为 $(0,\pi)$,其图形如图 1.17 所示.

2. 反函数

定义 1.8　设函数 $y=f(x)$ 的定义域为 D,值域为 $Z(f)$,若对任何 $y\in Z(f)$,都有唯一确定的 $x\in D$ 与之对应,且满足 $f(x)=y$,则 x 是定义在 $Z(f)$ 上以 y 为自变量的函数,记为

$$x=\varphi(y),\ y\in Z(f),$$

称其为 $y=f(x)$ 的反函数.

注意到函数 $y=f(x)$,x 是自变量,y 是因变量,定义域为 D,值域为 $Z(f)$. 而在函数 $x=\varphi(y)$ 中,y 是自变量,x 是因变量,定义域为 $Z(f)$,值域为 D.

习惯上,自变量用 x 表示,因变量用 y 表示,因此 $x=\varphi(y)$ 可写为 $y=\varphi(x)$ 或用 $y=f^{-1}(x)$ 表示.

显然 $y=f(x)$ 与 $y=f^{-1}(x)$ 互为反函数,且 $y=f^{-1}(x)$ 的定义域和值域分别是 $y=f(x)$ 的值域和定义域. 函数 $y=f(x)$ 与 $y=f^{-1}(x)$ 的图形关于直线 $y=x$ 对称.

需要指出的是,并非所有的函数都存在反函数. 例如,函数 $y=x^2$ 在定义域 $(-\infty,+\infty)$ 内就没有反函数. 如果 $x_1 \neq x_2 \Rightarrow f(x_1) \neq f(x_2)$,我们称 $f(x)$ 是 $1-1$ 函数. 只有 $1-1$ 函数才存在反函数且反函数也是 $1-1$ 函数. 严格单调增(或严格单调减)的函数,显然是 $1-1$ 函数,所以必存在反函数,且其反函数也单调.

求反函数的步骤是:先从 $y=f(x)$ 中解出 $x=\varphi(y)$,然后将 x 与 y 互换,即得到反函数 $y=f^{-1}(x)$.

例 11 求下列函数的反函数:

(1) $y = \dfrac{2x-1}{1-x}$; (2) $y = 1 + \lg(x+2)$.

解 (1) 由 $y = \dfrac{2x-1}{1-x}$ 得 $y - yx = 2x - 1$,解之得

$$x = \frac{1+y}{2+y},$$

故所求反函数为

$$y = \frac{1+x}{2+x}.$$

(2) 由 $y = 1 + \lg(x+2)$ 得 $\lg(x+2) = y - 1$,解之得

$$x = 10^{y-1} - 2,$$

故所求反函数为

$$y = 10^{x-1} - 2.$$

3. 复合函数

定义 1.9 设 y 是 u 的函数 $y=f(u)$,而 u 又是 x 的函数 $u=\varphi(x)$,如果 $y=f(u)$ 的定义域与 $u=\varphi(x)$ 的值域之交集非空,则称 y 是 x 的复合函数,记作 $y=f[\varphi(x)]$,其中 x 称为自变量,y 为因变量,u 为中间变量.

例如,$y=e^u$ 与 $u=\sin x$ 构成复合函数 $y=e^{\sin x}$;$y=\sqrt{u+1}$ 与 $u=\lg x$ 构成复合函数 $y=\sqrt{\lg x+1}$.

中间变量的个数可以多于一个,即可以由两个以上的函数经过复合构成一

个函数. 例如 $y = \cos^3\sqrt{x}$ 是由 $y = u^3$ 与 $u = \cos v$ 以及 $v = \sqrt{x}$ 复合而成,其中 u 与 v 都是中间变量.

在分解复合结构时,必须由表及里,逐层分解,每一层都是基本初等函数或者已是基本初等函数的四则运算形式. 分清复合结构,非常重要.

必须注意,并非任何两个函数都可构成一个复合函数. 例如 $y = \lg u$ 与 $u = -x^2$ 就不能构成复合函数,这是因为 $y = \lg u$ 的定义域 $(0, +\infty)$ 与 $u = -x^2$ 的值域 $(-\infty, 0]$ 之交集是空集.

例 12 设 $f(x) = \sqrt{x}$, $g(x) = x^2 - 9$, 求 $f[g(x)]$ 的定义域.

解 因为 $f[g(x)] = \sqrt{x^2 - 9}$, 由 $x^2 - 9 \geqslant 0 \Rightarrow x \geqslant 3$ 或 $x \leqslant -3$, 故定义域
$$D = (-\infty, -3] \cup [3, +\infty).$$

例 13 分解下列复合函数的复合结构:

(1) $y = e^{\sqrt{x^2+x}}$;　　　　　　(2) $y = \ln\cos\sqrt{x^2+3}$.

解 (1) 最外层是 $y = e^u$, 第二层是 $u = \sqrt{v}$, 内层是 $v = x^2 + x$.

(2) 最外层是 $y = \ln u$, 第二层是 $u = \cos v$, 第三层是 $v = \sqrt{w}$, 内层是 $w = x^2 + 3$.

4. 初等函数

由基本初等函数经过有限次四则运算和有限次复合运算所构成并可用一个式子表示的函数称为初等函数.

例如, $y = \lg\cos^2 x$, $y = \sin\sqrt{x} + e^{-2x}$ 等都是初等函数.

通常分段函数不是初等函数,但有些分段函数仍是初等函数. 例如

$$f(x) = |x| = \begin{cases} -x & (x < 0) \\ x & (x \geqslant 0) \end{cases}$$

是分段函数,但它又可表示为 $f(x) = \sqrt{x^2}$, 故也可看作初等函数.

这里再介绍形如 $[f(x)]^{g(x)}$ 的函数, (其中 $f(x)$ 与 $g(x)$ 都是初等函数, $f(x) > 0$), 称之为幂指函数. 由于

$$[f(x)]^{g(x)} = e^{g(x)\ln f(x)},$$

因此,幂指函数也是初等函数.

例如, $x^{\sin x} = e^{\sin x \ln x}\ (x > 0)$, $(1+x)^{\frac{1}{x}} = e^{\frac{1}{x}\ln(1+x)}\ (x > -1)$ 都是初等函数.

五、常见的经济函数

1. 成本函数、收益函数和利润函数

人们在从事生产和经营活动时,所关心的问题是产品的成本、销售的收益和获得的利润.通常把成本、收益和利润称为经济变量.在不考虑一些次要因素的情况下,这些经济变量都只与其产品的产量或销售量 x 有关,可以看成是 x 的函数.

(1) 成本函数 $C(x)$.成本函数 $C(x)$ 包括固定成本 C_0 和可变成本 $C_1(x)$,即 $C(x) = C_0 + C_1(x)$,而 $\dfrac{C(x)}{x}$ 称之为平均成本函数,即单位产品的成本,记作 $\overline{C}(x)$,即 $\overline{C}(x) = \dfrac{C(x)}{x}$.

(2) 收益函数 $R(x)$.设产品的单价为 p,销售量等于需求量为 x,则收益 $R(x) = p \cdot x$,这里的 p 可以是给定的常数,也可以是需求量 x 的函数 $p(x)$,那么 $R(x) = p(x) \cdot x$.

(3) 利润函数 $L(x)$.设产销平衡,即产量等于销售量为 x,显然有利润 $L(x) = R(x) - C(x)$.

2. 需求函数与供给函数

市场上某种商品的需求量是指消费者愿意购买且有能力购买的该商品的数量,它与该商品本身的价格、消费者的收入以及与该商品有关的商品的价格等因素有关,我们暂且只把需求量 Q_d 看作是该商品本身价格 p 的函数,即 $Q_d = f_d(p)$.

市场上某种商品的供给量 Q_s 也可以看作是该商品本身价格 p 的函数,记作 $Q_s = f_s(p)$.

一般来说,需求函数 $Q_d = f_d(p)$ 是单调减函数;供应函数 $Q_s = f_s(p)$ 是单调增函数.

在经济领域中,所谓"均衡价格"就是指市场上对某种商品的需求量与供给量相等时的价格 p_0.当市场价格 $p > p_0$ 时,供大于求,商品滞销;当 $p < p_0$ 时,供不应求,商品短缺.如图 1.18 所示.

例 14 设生产某种产品需固定成本 5 万元,且每多生产 1 百台,成本增加 3 万元,已知需求函数 $Q = 20 - 2p$,其中 p 表示价格,单位为万元;Q 表示需求量,单位为百台,假设产销平衡,试写出利润函数 $L(Q)$

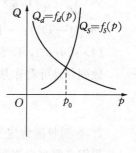

图 1.18

的表达式.

解 收益 $R(Q) = p \cdot Q = \dfrac{20-Q}{2} \cdot Q = -\dfrac{1}{2}Q^2 + 10Q$;

成本 $C(Q) = 5 + 3Q$;

利润 $L(Q) = R(Q) - C(Q) = -\dfrac{1}{2}Q^2 + 7Q - 5 \quad (0 \leqslant Q \leqslant 20)$.

例15 若某商品的需求量 Q 是价格 p 的线性函数. 已知每台售价500元时, 每月可销售1 500台, 如果每台售价降为450元时, 每月可增销250台, 试求线性需求函数.

解 设 $Q = ap + b$, 由题意得

$$\begin{cases} 1\,500 = 500a + b, \\ 1\,750 = 450a + b. \end{cases}$$

解出 $a = -5, b = 4\,000$, 于是需求函数为 $Q = -5p + 4\,000$.

§1.2 极限的概念与性质

一、数列的极限

1. 数列

定义1.10 按照一定规律, 依次排列而永无终止的一列数 $a_1, a_2, \cdots, a_n, \cdots$ 称为数列. 简记为 $\{a_n\}$, 其中第 n 项 a_n 称为数列的通项.

例1 数列的例子:

(1) $\left\{\dfrac{1}{2^n}\right\}$: $\dfrac{1}{2}, \dfrac{1}{4}, \dfrac{1}{8}, \cdots, \dfrac{1}{2^n}, \cdots$;

(2) $\left\{\dfrac{n}{n+1}\right\}$: $\dfrac{1}{2}, \dfrac{2}{3}, \dfrac{3}{4}, \cdots, \dfrac{n}{n+1}, \cdots$;

(3) $\{(-1)^n\}$: $-1, 1, -1, \cdots, (-1)^n, \cdots$;

(4) $\{2n\}$: $2, 4, 6, \cdots, 2n, \cdots$.

数列 $\{a_n\}$ 可看作是定义在自然数集上的函数:

$$a_n = f(n), n = 1, 2, \cdots.$$

2. 数列极限的定义

我们考察当自变量 n 无限增大时, 通项 a_n 的变化趋势. 不难看出, 在上面的

数列(1)与数列(2)中,通项 a_n 无限趋近于某个确定的数;而在数列(3)与数列(4)中,通项 a_n 不趋近于某个确定的数.

定义 1. 11(描述性定义) 设数列 $\{a_n\}$,当项数 n 无限增大时,如果通项 a_n 无限趋近于某个常数 A,则称 A 为数列 $\{a_n\}$ 的极限,记作

$$\lim_{n\to\infty} a_n = A.$$

所谓 a_n 无限趋近于 A,即 $|a_n - A|$ 无限趋近于零. 以数列(2)为例作如下分析:

对于

$$\left\{\frac{n}{n+1}\right\}: |a_n - A| = \left|\frac{n}{n+1} - 1\right| = \frac{1}{n+1},$$

若要 $|a_n - 1| < \frac{1}{10}$,即 $\frac{1}{n+1} < \frac{1}{10}$,则得 $n > 9$,这表示从数列的第 10 项起,以后各项与 1 之差的绝对值都小于 $\frac{1}{10}$;若要 $|a_n - 1| < \frac{1}{100}$,即 $\frac{1}{n+1} < \frac{1}{100}$,则得 $n > 99$,这表示从数列的第 100 项起,以后各项与 1 之差的绝对值都小于 $\frac{1}{100}$;若要 $|a_n - 1| < \varepsilon$(其中 ε 是任意给定的一个充分小的正数),即 $\frac{1}{n+1} < \varepsilon$,则得 $n > \frac{1}{\varepsilon} - 1$,这表示对于项数 $n > \frac{1}{\varepsilon} - 1$ 的以后各项,总有 $|a_n - 1| < \varepsilon$ 成立.

由于 ε 是任意给定的充分小的正数,因此不等式 $|a_n - 1| < \varepsilon$ 就刻画了 a_n 无限趋近于 1 这个事实,这样的一个数 1,称为数列 $\left\{\frac{n}{n+1}\right\}$ 的极限.

定义 1. 12(ε-N 分析定义) 对于任意给定的充分小正数 ε,总存在一个正整数 N,当项数 $n > N$ 时,有 $|a_n - A| < \varepsilon$ 成立,则称常数 A 是数列 $\{a_n\}$ 的极限,记作

$$\lim_{n\to\infty} a_n = A.$$

为简便起见,上述定义可用下列记号:

$\forall \varepsilon > 0, \exists N$,当 $n > N$ 时,有 $|a_n - A| < \varepsilon$ 成立,则

$$\lim_{n\to\infty} a_n = A.$$

这里记号"$\forall$"表示任意的,"$\exists$"表示存在.

注意 定义中的 ε 刻画 a_n 与常数 A 的接近程度,N 刻画 n 充分大的程度;ε

是任意给定的正数,N 是随 ε 而确定的正整数.

如果一个数列有极限,我们称这个数列是收敛的,否则就称它是发散数列.

3. 数列极限的几何意义

$\lim\limits_{n\to\infty} a_n = A$ 在几何上表示了凡是下标 n 大于 N 的各项 a_n 所对应的无穷多个点 $a_{N+1}, a_{N+2}, \cdots$,全都落在点 A 的 ε 邻域之内,而在邻域之外至多只有 N 个点.

例 2 用定义验证 $\lim\limits_{n\to\infty} \dfrac{2n+1}{n} = 2$.

解 $\forall \varepsilon > 0$,要使 $\left|\dfrac{2n+1}{n} - 2\right| = \dfrac{1}{n} < \varepsilon$ 成立,即 $n > \dfrac{1}{\varepsilon}$,取 $N = \left[\dfrac{1}{\varepsilon}\right]$,可见,$\forall \varepsilon > 0$,$\exists N = \left[\dfrac{1}{\varepsilon}\right]$,当 $n > N$ 时,有

$$\left|\dfrac{2n+1}{n} - 2\right| < \varepsilon$$

成立,所以

$$\lim\limits_{n\to\infty} \dfrac{2n+1}{n} = 2.$$

二、函数的极限

1. 当自变量 $x \to \infty$ 时函数 $f(x)$ 的极限

类似于数列的极限,当 $x \to \infty$ 时,$f(x)$ 无限接近于一个常数 A,指的是当 $|x|$ 无限增大时,$|f(x) - A|$ 小于任意给定的充分小的正数 ε.

定义 1.13(ε-M 分析定义) 对于任意给定的充分小正数 ε,总存在一个正数 M,当 $|x| > M$ 时,有

$$|f(x) - A| < \varepsilon$$

成立,则称 A 是函数 $f(x)$ 当 $x \to \infty$ 时的极限,记作

$$\lim\limits_{x\to\infty} f(x) = A.$$

上述定义可简单记为:

$\forall \varepsilon > 0$,$\exists M > 0$,当 $|x| > M$ 时,有 $|f(x) - A| < \varepsilon$ 成立,则

$$\lim\limits_{x\to\infty} f(x) = A.$$

注意 定义中的 ε 刻画 $f(x)$ 与常数 A 的接近程度,M 刻画 $|x|$ 充分大的程

度;ε 是任意给定的正数,M 是随 ε 而确定的正实数.

若考虑当 $x \to +\infty$ 时,函数 $f(x)$ 的极限,只须将定义 1.13 中的 $|x|>M$ 改为 $x>M$;同样对于当 $x \to -\infty$ 时,函数 $f(x)$ 的极限,只需将定义 1.13 中的 $|x|>M$ 改为 $x<-M$ 即可.

例 3 验证 $\lim\limits_{x \to \infty} \dfrac{1}{x} = 0$.

解 $\forall \varepsilon > 0$,要 $\left| \dfrac{1}{x} - 0 \right| = \dfrac{1}{|x|} < \varepsilon$ 成立,只要 $|x| > \dfrac{1}{\varepsilon}$,取 $M = \dfrac{1}{\varepsilon}$,可见,$\forall \varepsilon > 0$,$\exists M = \dfrac{1}{\varepsilon}$,当 $|x| > M$ 时,有 $\left| \dfrac{1}{x} - 0 \right| < \varepsilon$ 成立,所以

$$\lim_{x \to \infty} \dfrac{1}{x} = 0.$$

下面给出 $\lim\limits_{x \to \infty} f(x) = A$ 的几何意义.

对于任给 $\varepsilon > 0$,存在正数 M,当 $|x| > M$ 时,函数 $f(x)$ 的图形都落在两条直线 $y = A - \varepsilon$ 与 $y = A + \varepsilon$ 之间,如图 1.19 所示.

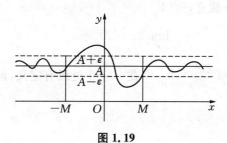

图 1.19

定理 1.1 $\lim\limits_{x \to \infty} f(x) = A$ 的充要条件是 $\lim\limits_{x \to -\infty} f(x) = \lim\limits_{x \to +\infty} f(x) = A$.

2. 当自变量 $x \to x_0$ 时函数 $f(x)$ 的极限

自变量 $x \to x_0$ 是指 x 无限接近于 x_0,但 $x \neq x_0$,因此在考虑当 $x \to x_0$,函数 $f(x)$ 的变化趋势时,只要在点 x_0 的某一个邻域(x_0 可以除外)内考虑就可以了.

定义 1.14(ε-δ 分析定义) 对于任意给定的充分小正数 ε,总存在一个小正数 δ,当 $0 < |x - x_0| < \delta$ 时,有

$$|f(x) - A| < \varepsilon$$

成立,则称 A 是函数 $f(x)$ 当 $x \to x_0$ 时的极限,记作

$$\lim_{x \to x_0} f(x) = A.$$

上述定义可简记为:

$\forall \varepsilon > 0, \exists \delta > 0$,当$0 < |x - x_0| < \delta$时,有$|f(x) - A| < \varepsilon$成立,则

$$\lim_{x \to x_0} f(x) = A.$$

注意1 定义中的ε刻画$f(x)$与常数A的接近程度,δ刻画x与x_0的接近程度;ε是任意给定的正数,δ是随ε而确定的正实数.

注意2 $0 < |x - x_0| < \delta$表示$x \in (x_0 - \delta, x_0) \cup (x_0, x_0 + \delta)$,即当$x \to x_0$时,$f(x)$的极限是否存在与$f(x)$在点$x_0$处是否有定义以及$f(x)$在点$x_0$处取什么值都无关.

例4 用定义验证:

(1) $\lim_{x \to 2}(3x - 2) = 4$; (2) $\lim_{x \to 1}\dfrac{2x^2 - x - 1}{x - 1} = 3$.

解 (1) $\forall \varepsilon > 0$,要使$|(3x - 2) - 4| = |3x - 6| = 3|x - 2| < \varepsilon$,只要$|x - 2| < \dfrac{\varepsilon}{3}$,取$\delta = \dfrac{\varepsilon}{3}$,可见,$\forall \varepsilon > 0, \exists \delta = \dfrac{\varepsilon}{3}$,当$0 < |x - 2| < \delta$时,有$|(3x - 2) - 4| < \varepsilon$成立,所以

$$\lim_{x \to 2}(3x - 2) = 4.$$

(2) 本题$f(x) = \dfrac{2x^2 - x - 1}{x - 1}$在$x = 1$处没有定义,但不影响函数在该点极限存在.

$\forall \varepsilon > 0$,要使

$$\left|\dfrac{2x^2 - x - 1}{x - 1} - 3\right| = |(2x + 1) - 3| = |2(x - 1)| < \varepsilon,$$

于是$|x - 1| < \dfrac{\varepsilon}{2}$,取$\delta = \dfrac{\varepsilon}{2}$,因此,$\forall \varepsilon > 0, \exists \delta = \dfrac{\varepsilon}{2}$,当$0 < |x - 1| < \delta$时,有

$$\left|\dfrac{2x^2 - x - 1}{x - 1} - 3\right| < \varepsilon$$

成立,所以

$$\lim_{x \to 1}\dfrac{2x^2 - x - 1}{x - 1} = 3.$$

下面给出$\lim_{x \to x_0} f(x) = A$的几何意义.

对于任给$\varepsilon > 0$,总存在$\delta > 0$,当x落在x_0的δ邻域内(点x_0可除外)时,

函数 $y=f(x)$ 的图形全部落在两直线 $y=A-\varepsilon$ 与 $y=A+\varepsilon$ 之间,如图 1.20 所示.

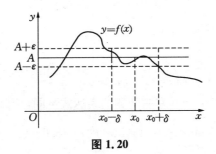

图 1.20

3. 左极限与右极限

上面讨论了当 $x \to x_0$ 时 $f(x)$ 的极限,实际包含了两个方向,即 x 从 x_0 的左侧和 x 从 x_0 的右侧趋近于 x_0(或者说要求自变量 x 必须从 x_0 左右两侧趋近于 x_0),但是,有时需要考虑 x 仅从 x_0 的左侧或仅从 x_0 的右侧趋近于 x_0 时 $f(x)$ 的极限,于是,我们引进左右极限的概念.

如果当 x 从 x_0 的左侧 ($x < x_0$) 趋近于 x_0 时,$f(x)$ 无限趋近于 A,则称 A 为 $x \to x_0$ 时 $f(x)$ 的左极限,记作

$$\lim_{x \to x_0^-} f(x) = A \text{ 或 } f(x_0 - 0) = A.$$

如果当 x 从 x_0 的右侧 ($x > x_0$) 趋近于 x_0 时,$f(x)$ 无限趋近于 A,则称 A 为 $x \to x_0$ 时 $f(x)$ 的右极限,记作

$$\lim_{x \to x_0^+} f(x) = A \text{ 或 } f(x_0 + 0) = A.$$

定义 1.15(ε-δ 分析定义) 对于任意给定的充分小正数 ε,总存在一个小正数 δ,如果当 $0 < x_0 - x < \delta$ 时,有 $|f(x) - A| < \varepsilon$ 成立,则称 A 为 $x \to x_0$ 时 $f(x)$ 的左极限;如果当 $0 < x - x_0 < \delta$ 时,有 $|f(x) - A| < \varepsilon$ 成立,则称 A 为 $x \to x_0$ 时 $f(x)$ 的右极限.

根据左右极限的定义,显然有下述定理.

定理 1.2 $\lim\limits_{x \to x_0} f(x) = A$ 的充要条件是 $\lim\limits_{x \to x_0^-} f(x) = \lim\limits_{x \to x_0^+} f(x) = A.$

由上述定理可知,如果左右极限中至少有一个不存在或者它们虽然都存在但不相等,那么 $\lim\limits_{x \to x_0} f(x)$ 就不存在了.

例 5 已知 $f(x) = \dfrac{|x|}{x}$,求 $\lim\limits_{x \to 0} f(x)$.

解 由于 $f(x)$ 在 $x = 0$ 左右两侧的表达式不同,因此需考虑左右极限,因为

$$\lim_{x\to 0^-}f(x)=\lim_{x\to 0^-}\frac{|x|}{x}=\lim_{x\to 0^-}\frac{-x}{x}=-1,\ \lim_{x\to 0^+}f(x)=\lim_{x\to 0^+}\frac{|x|}{x}=\lim_{x\to 0^+}\frac{x}{x}=1,$$

所以 $\lim\limits_{x\to 0}f(x)$ 不存在.

例6 设 $f(x)=\begin{cases}\mathrm{e}^x & (x<0),\\ 2x+1 & (x>0),\end{cases}$ 求 $\lim\limits_{x\to 0}f(x)$ 与 $\lim\limits_{x\to 2}f(x)$.

解 因为 $f(x)$ 在 $x=0$ 左右两侧的表达式不同,所以需考虑左右极限,由

$$\lim_{x\to 0^-}f(x)=\lim_{x\to 0^-}\mathrm{e}^x=1,\ \lim_{x\to 0^+}f(x)=\lim_{x\to 0^+}(2x+1)=1,$$

故 $\lim\limits_{x\to 0}f(x)=1$,而

$$\lim_{x\to 2}f(x)=\lim_{x\to 2}(2x+1)=5.$$

三、函数极限的主要性质

为叙述方便,以趋势 $x\to x_0$ 为例,对于 $x\to\infty$ 这种趋势,有类似的性质.

唯一性 若当 $x\to x_0$ 时,函数 $f(x)$ 有极限,则极限值是唯一的.

证明 用反证法.假设函数 $f(x)$ 的极限不唯一,即有

$$\lim_{x\to x_0}f(x)=A,\ \lim_{x\to x_0}f(x)=B,$$

且 $A>B$,于是对于 $\varepsilon=\dfrac{A-B}{3}$,由 $\lim\limits_{x\to x_0}f(x)=A$ 知,$\exists\delta_1>0$,当 $0<|x-x_0|<\delta_1$ 时,有

$$|f(x)-A|<\frac{A-B}{3};\qquad(1.1)$$

由 $\lim\limits_{x\to x_0}f(x)=B$ 可知,$\exists\delta_2>0$,当 $0<|x-x_0|<\delta_2$ 时,有

$$|f(x)-B|<\frac{A-B}{3};\qquad(1.2)$$

取 $\delta=\min(\delta_1,\delta_2)$,当 $0<|x-x_0|<\delta$ 时,(1.1) 式与 (1.2) 式都成立,于是

$$|A-B|=|A-f(x)+f(x)-B|\leqslant|A-f(x)|+|f(x)-B|<2\varepsilon$$
$$=\frac{2(A-B)}{3}.$$

矛盾,这就证明了 $A\neq B$ 的假设不成立,所以唯一性得证.

局部有界性　若 $\lim\limits_{x\to x_0}f(x)=A$，则在 x_0 的某邻域内（点 x_0 可除外），函数 $f(x)$ 有界.

证明　由 $\lim\limits_{x\to x_0}f(x)=A$，于是，取定 $\varepsilon=1$，$\exists\delta_1>0$，当 $0<|x-x_0|<\delta_1$ 时，有 $|f(x)-A|<1$，于是

$$|f(x)|=|f(x)-A+A|\leqslant|f(x)-A|+|A|<1+|A|,$$

取 $M=1+|A|$，则在 x_0 的某邻域内，有 $|f(x)|\leqslant M$ 成立. 因此，在 x_0 的某邻域内，函数 $f(x)$ 有界.

必须注意：有界不一定有极限. 例如，$\{(-1)^n\}$，显然此数列是有界的，但它不收敛，即极限不存在. 因此有界只是有极限的必要条件.

局部保号性　若 $\lim\limits_{x\to x_0}f(x)=A$，且 $A>0$（或 $A<0$），则存在 x_0 的某邻域（点 x_0 可除外），在此邻域内有 $f(x)>0$（或 $f(x)<0$）.

证明　就 $A>0$ 的情形给出证明：

由 $\lim\limits_{x\to x_0}f(x)=A$，于是对于 $\varepsilon=\dfrac{A}{2}$，$\exists\delta_1>0$，当 $0<|x-x_0|<\delta_1$ 时，有 $|f(x)-A|<\dfrac{A}{2}$，即得 $\dfrac{A}{2}<f(x)<\dfrac{3A}{2}$，可见 $f(x)>0$ 得证.

对于 $A<0$ 的情况类似可证.

推论 1.1　若 $\lim\limits_{x\to x_0}f(x)=A$，且点在 x_0 的某邻域内（点 x_0 可除外）有 $f(x)\geqslant 0$（或 $f(x)\leqslant 0$），则必有 $A\geqslant 0$（或 $A\leqslant 0$）.

利用反证法，根据保号性容易得此推论.

§1.3　极限的运算

一、极限的运算法则

为便于叙述，以 $x\to x_0$ 这种趋势为例，对于 $x\to\infty$，$n\to\infty$ 等各类趋势，结论类似.

定理 1.3　设 $\lim\limits_{x\to x_0}f(x)=A$，$\lim\limits_{x\to x_0}g(x)=B$，则有

(1) $\lim\limits_{x\to x_0}[f(x)\pm g(x)]=\lim\limits_{x\to x_0}f(x)\pm\lim\limits_{x\to x_0}g(x)=A\pm B$；

(2) $\lim\limits_{x\to x_0}[f(x)\cdot g(x)]=\lim\limits_{x\to x_0}f(x)\cdot\lim\limits_{x\to x_0}g(x)=A\cdot B$，

特别地，$\lim\limits_{x\to x_0}[cf(x)] = c\lim\limits_{x\to x_0}f(x) = cA$ （c 为常数）；

(3) $\lim\limits_{x\to x_0}\dfrac{f(x)}{g(x)} = \dfrac{\lim\limits_{x\to x_0}f(x)}{\lim\limits_{x\to x_0}g(x)} = \dfrac{A}{B}$ （$B\neq 0$）.

上述极限的四则运算法则可用极限的分析定义证得（证明从略），它是计算极限的基础. 有时往往需要先将函数进行适当的代数运算，才能使用法则.

例1 求 $\lim\limits_{x\to 1}(x^2 - 2x + 3)$.

解 原式 $= \lim\limits_{x\to 1}x^2 - 2\lim\limits_{x\to 1}x + \lim\limits_{x\to 1}3$

$= (\lim\limits_{x\to 1}x)^2 - 2\lim\limits_{x\to 1}x + 3$

$= 1^2 - 2\cdot 1 + 3 = 2$.

例2 求 $\lim\limits_{x\to 2}\dfrac{x^2-x-2}{x^2-5x+6}$.

解 原式 $= \lim\limits_{x\to 2}\dfrac{(x-2)(x+1)}{(x-2)(x-3)}$（因式分解）

$= \lim\limits_{x\to 2}\dfrac{x+1}{x-3}$（消去零因子）

$= -3$.

例3 求 $\lim\limits_{x\to 4}\dfrac{\sqrt{x}-2}{x-4}$.

解 原式 $= \lim\limits_{x\to 4}\dfrac{\sqrt{x}-2}{x-4} = \lim\limits_{x\to 4}\dfrac{(\sqrt{x}-2)(\sqrt{x}+2)}{(x-4)(\sqrt{x}+2)}$（分子有理化）

$= \lim\limits_{x\to 4}\dfrac{x-4}{(x-4)(\sqrt{x}+2)} = \lim\limits_{x\to 4}\dfrac{1}{\sqrt{x}+2}$（消去零因子）

$= \dfrac{1}{4}$.

例4 求 $\lim\limits_{x\to 2}\dfrac{\sqrt[3]{x-1}-1}{x-2}$.

解 令 $\sqrt[3]{x-1} = t$（变量代换）.

原式 $= \lim\limits_{t\to 1}\dfrac{t-1}{t^3-1}$（因式分解）

$= \lim\limits_{t\to 1}\dfrac{1}{t^2+t+1}$（消去零因子）

$= \dfrac{1}{3}$.

上面例2、例3、例4运用的方法为所谓的"消去零因子"法，即如果当 $x\to x_0$

时,分子、分母都趋向于零$\left(称"\dfrac{0}{0}"型\right)$,那么我们想办法消去零因子$(x-x_0)$.

例5 求 $\lim\limits_{x\to\infty}\dfrac{x^2-x+1}{2x^2+x-10}$.

解 当 $x\to\infty$ 时,分子、分母都趋向于 ∞,我们以 x 的最高次幂(或分子和分母中最大者)分别除分子、分母各项,有

$$\lim_{x\to\infty}\frac{x^2-x+1}{2x^2+x-10}=\lim_{x\to\infty}\frac{1-\dfrac{1}{x}+\dfrac{1}{x^2}}{2+\dfrac{1}{x}-\dfrac{10}{x^2}}=\frac{1}{2}.$$

此例运用的方法所谓"消去无穷大因子"法,即如果当 $x\to\infty$ 时,分子、分母都趋向于无穷大$\left(称"\dfrac{\infty}{\infty}"型\right)$,那么我们以 x 的最高次幂(或分子和分母中最大者)分别除分子、分母各项,简单地称"抓大头",即分子、分母分别留一项最大的.

$$\lim_{x\to\infty}\frac{a_0x^n+a_1x^{n-1}+\cdots+a_n}{b_0x^m+b_1x^{m-1}+\cdots+b_m}=\lim_{x\to\infty}\frac{a_0x^n}{b_0x^m}=\begin{cases}0, & 当\ n<m\ 时,\\ \dfrac{a_0}{b_0}, & 当\ n=m\ 时\\ \infty, & 当\ n>m\ 时.\end{cases}\ a_0,b_0\neq 0,$$

例6 求 $\lim\limits_{n\to\infty}(\sqrt{n^2+2n}-n)$.

解 原式 $=\lim\limits_{n\to\infty}\dfrac{2n}{\sqrt{n^2+2n}+n}$(分子有理化)

$=\lim\limits_{n\to\infty}\dfrac{2}{\sqrt{1+\dfrac{2}{n}}+1}=1.$

例7 求 $\lim\limits_{x\to 1}\left(\dfrac{x}{x-1}-\dfrac{1}{x^2-x}\right)$.

解 原式 $=\lim\limits_{x\to 1}\dfrac{x^2-1}{x(x-1)}$(通分)

$=\lim\limits_{x\to 1}\dfrac{x+1}{x}$(消去零因子)

$=2.$

二、两个重要极限

1. 两个极限存在准则

下面介绍两个极限存在准则:准则 Ⅰ 夹挤准则;准则 Ⅱ 单调有界收敛准则.

定理 1.4(数列极限的夹挤定理) 设有 3 个数列 $\{a_n\}$，$\{c_n\}$，$\{b_n\}$，如果 $a_n \leqslant b_n \leqslant c_n$，且 $\lim\limits_{n\to\infty} a_n = \lim\limits_{n\to\infty} c_n = A$，则 $\lim\limits_{n\to\infty} b_n = A$.

证明 任给 $\varepsilon > 0$，由 $\lim\limits_{n\to\infty} a_n = A$ 可知，$\exists$ 正整数 N_1，当 $n > N_1$ 时，有 $|a_n - A| < \varepsilon$，即

$$A - \varepsilon < a_n < A + \varepsilon, \tag{1.3}$$

由 $\lim\limits_{n\to\infty} c_n = A$ 可知，$\exists$ 正整数 N_2，当 $n > N_2$ 时，有 $|c_n - A| < \varepsilon$，即

$$A - \varepsilon < c_n < A + \varepsilon, \tag{1.4}$$

取 $N = \max(N_1, N_2)$，当 $n > N$ 时，上述(1.3)式与(1.4)式都成立.

又因为 $a_n \leqslant b_n \leqslant c_n$，于是得

$$A - \varepsilon < b_n < A + \varepsilon,$$

所以 $\lim\limits_{n\to\infty} b_n = A$. ∎

定理 1.5(函数极限的夹挤定理) 设在点 x_0 的某邻域内(点 x_0 可除外)，如果 $g(x) \leqslant f(x) \leqslant h(x)$，且 $\lim\limits_{x\to x_0} g(x) = \lim\limits_{x\to x_0} h(x) = A$，则 $\lim\limits_{x\to x_0} f(x) = A$.

证明类似定理 1.4 的证明.

例 8 求 $\lim\limits_{n\to\infty}\left(\dfrac{1}{\sqrt{n^2+1}} + \dfrac{1}{\sqrt{n^2+2}} + \cdots + \dfrac{1}{\sqrt{n^2+n}}\right)$.

解 由于

$$\left(\dfrac{1}{\sqrt{n^2+1}} + \dfrac{1}{\sqrt{n^2+2}} + \cdots + \dfrac{1}{\sqrt{n^2+n}}\right) < \dfrac{n}{\sqrt{n^2+1}},$$

且

$$\lim_{n\to\infty} \dfrac{n}{\sqrt{n^2+1}} = 1;$$

又由于

$$\left(\dfrac{1}{\sqrt{n^2+1}} + \dfrac{1}{\sqrt{n^2+2}} + \cdots + \dfrac{1}{\sqrt{n^2+n}}\right) > \dfrac{n}{\sqrt{n^2+n}},$$

且

$$\lim_{n\to\infty} \dfrac{n}{\sqrt{n^2+n}} = 1.$$

因此，由夹挤定理可知

$$\lim_{n\to\infty}\left(\dfrac{1}{\sqrt{n^2+1}} + \dfrac{1}{\sqrt{n^2+2}} + \cdots + \dfrac{1}{\sqrt{n^2+n}}\right) = 1.$$

定理 1.6 单调有界数列必有极限.

确切地讲:单调增加有上界的数列或单调减少有下界的数列必有极限. 此定理的证明,需要用到实数理论的知识,这里不作证明.

2. 两个重要极限

① $\lim\limits_{x \to 0} \dfrac{\sin x}{x} = 1$.

证明 先证明当 $x \to 0^+$ 时,有 $\dfrac{\sin x}{x} \to 1$.

作单位圆(如图 1.21 所示),设圆心角 $\angle AOB = x \left(0 < x < \dfrac{\pi}{2}\right)$,并过 A 点作圆的切线,则由于

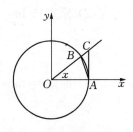

图 1.21

$\triangle AOB$ 的面积 $<$ 扇形 AOB 的面积 $<$ $\triangle AOC$ 的面积,

即得

$$\frac{1}{2} \cdot 1 \cdot 1 \cdot \sin x < \frac{1}{2} \cdot 1 \cdot x < \frac{1}{2} \cdot 1 \cdot \tan x.$$

将上面不等式各边同除以 $\dfrac{1}{2}\sin x$,得

$$1 < \frac{x}{\sin x} < \frac{1}{\cos x},$$

即得

$$1 > \frac{\sin x}{x} > \cos x.$$

由 $\lim\limits_{x \to 0^+} \cos x = 1$ 及夹挤定理,得 $\lim\limits_{x \to 0^+} \dfrac{\sin x}{x} = 1$ 成立;

再说明当 $x \to 0^-$ 时 $\dfrac{\sin x}{x} \to 1$ 也成立. 这是因为

$$\lim_{x \to 0^-} \frac{\sin x}{x} (\diamondsuit\, x = -t) = \lim_{t \to 0^+} \frac{\sin(-t)}{-t} = \lim_{t \to 0^+} \frac{\sin t}{t} = 1,$$

于是 $\lim\limits_{x \to 0} \dfrac{\sin x}{x} = 1$ 得证.

例 9 求下列极限:

(1) $\lim\limits_{x \to 0} \dfrac{\sin 7x}{x}$;

(2) $\lim\limits_{x \to 0} \dfrac{2x - \sin x}{3x + \sin x}$;

(3) $\lim\limits_{x \to 0} \dfrac{1-\cos x}{x^2}$; (4) $\lim\limits_{x \to \infty} x \sin \dfrac{1}{x}$;

(5) $\lim\limits_{x \to 1} \dfrac{\sin(x-1)}{\sqrt{x}-1}$; (6) $\lim\limits_{x \to 0} \dfrac{\sin x}{|x|}$.

解 (1) 原式 $= \lim\limits_{x \to 0} \dfrac{\sin 7x}{7x} \cdot 7 = 7$.

(2) 原式 $= \lim\limits_{x \to 0} \dfrac{2 - \dfrac{\sin x}{x}}{3 + \dfrac{\sin x}{x}} = \dfrac{2-1}{3+1} = \dfrac{1}{4}$.

(3) 原式 $= \lim\limits_{x \to 0} \dfrac{2\sin^2 \dfrac{x}{2}}{x^2} = \dfrac{1}{2} \lim\limits_{x \to 0} \left(\dfrac{\sin \dfrac{x}{2}}{\dfrac{x}{2}} \right)^2 = \dfrac{1}{2}$.

(4) 原式 $= \lim\limits_{x \to \infty} \dfrac{\sin \dfrac{1}{x}}{\dfrac{1}{x}} = 1$.

(5) 原式 $= \lim\limits_{x \to 1} \left[\dfrac{\sin(x-1)}{x-1} \cdot (\sqrt{x}+1) \right] = 1 \cdot 2 = 2$.

(6) 因为

$$\lim_{x \to 0^+} \dfrac{\sin x}{|x|} = \lim_{x \to 0^+} \dfrac{\sin x}{x} = 1,$$

$$\lim_{x \to 0^-} \dfrac{\sin x}{|x|} = \lim_{x \to 0^-} \dfrac{\sin x}{-x} = -1,$$

所以 $\lim\limits_{x \to 0} \dfrac{\sin x}{|x|}$ 不存在.

② $\lim\limits_{x \to \infty} \left(1 + \dfrac{1}{x}\right)^x = \mathrm{e}$.

证明 分两步给出证明:

(1) 证明当 x 取正整数值 n 趋于 ∞ 时,$\lim\limits_{n \to \infty} \left(1 + \dfrac{1}{n}\right)^n$ 存在,即考察数列 $\{a_n\} = \left\{ \left(1 + \dfrac{1}{n}\right)^n \right\}$ 的收敛性,其为单调增加有上界的数列.

由二项式定理,有

$$a_n = \left(1 + \dfrac{1}{n}\right)^n = 1 + \dfrac{n}{1!} \cdot \dfrac{1}{n} + \dfrac{n(n-1)}{2!} \cdot \dfrac{1}{n^2} + \dfrac{n(n-1)(n-2)}{3!} \cdot \dfrac{1}{n^3} + \cdots$$

$$+ \frac{n(n-1)\cdots(n-k+1)}{k!} \cdot \frac{1}{n^k} + \cdots + \frac{n(n-1)\cdots 2 \cdot 1}{n!} \cdot \frac{1}{n^n}$$

$$= 1 + 1 + \frac{1}{2!}\left(1-\frac{1}{n}\right) + \frac{1}{3!}\left(1-\frac{1}{n}\right)\left(1-\frac{2}{n}\right) + \cdots$$

$$+ \frac{1}{k!}\left(1-\frac{1}{n}\right)\left(1-\frac{2}{n}\right)\cdots\left(1-\frac{k-1}{n}\right) + \cdots$$

$$+ \frac{1}{n!}\left(1-\frac{1}{n}\right)\left(1-\frac{2}{n}\right)\cdots\left(1-\frac{n-1}{n}\right).$$

同理

$$a_{n+1} = \left(1+\frac{1}{n+1}\right)^{n+1}$$

$$= 1 + 1 + \frac{1}{2!}\left(1-\frac{1}{n+1}\right) + \frac{1}{3!}\left(1-\frac{1}{n+1}\right)\left(1-\frac{2}{n+1}\right) + \cdots$$

$$+ \frac{1}{k!}\left(1-\frac{1}{n+1}\right)\left(1-\frac{2}{n+1}\right)\cdots\left(1-\frac{k-1}{n+1}\right) + \cdots$$

$$+ \frac{1}{n!}\left(1-\frac{1}{n+1}\right)\left(1-\frac{2}{n+1}\right)\cdots\left(1-\frac{n-1}{n+1}\right)$$

$$+ \frac{1}{(n+1)!}\left(1-\frac{1}{n+1}\right)\left(1-\frac{2}{n+1}\right)\cdots\left(1-\frac{n}{n+1}\right).$$

比较上面两个展开式,容易看出 $a_n < a_{n+1}$,即说明了数列 $\{a_n\}$ 是单调增加的.

又因为

$$a_n < 1 + 1 + \frac{1}{2!} + \frac{1}{3!} + \cdots \frac{1}{n!} < 1 + 1 + \frac{1}{2} + \frac{1}{2^2} + \cdots + \frac{1}{2^{n-1}} = 1 + \frac{1-\frac{1}{2^n}}{1-\frac{1}{2}} < 3,$$

表明 $\{a_n\}$ 有上界;

根据单调有界数列必有极限,所以 $\lim\limits_{n\to\infty}\left(1+\frac{1}{n}\right)^n$ 存在,通常用字母 e 来表示它,即

$$\lim_{n\to\infty}\left(1+\frac{1}{n}\right)^n = e,$$

这个数 e 是一个无理数,它的值是

$$e = 2.718\,281\,828\,459\,045\cdots.$$

(2) 再证明对于连续自变量 x，也有

$$\lim_{x\to\infty}\left(1+\frac{1}{x}\right)^x = e.$$

当 $x\to+\infty$ 时，由于 $n\leqslant x<n+1$，即得

$$\frac{1}{n}\geqslant\frac{1}{x}>\frac{1}{n+1},$$

于是

$$1+\frac{1}{n}\geqslant 1+\frac{1}{x}>1+\frac{1}{n+1},$$

从而有

$$\left(1+\frac{1}{n}\right)^{n+1} > \left(1+\frac{1}{x}\right)^x > \left(1+\frac{1}{n+1}\right)^n.$$

由

$$\lim_{n\to\infty}\left(1+\frac{1}{n}\right)^{n+1} = \lim_{n\to\infty}\left[\left(1+\frac{1}{n}\right)^n\cdot\left(1+\frac{1}{n}\right)\right] = e,$$

$$\lim_{n\to\infty}\left(1+\frac{1}{n+1}\right)^n = \lim_{n\to\infty}\left[\left(1+\frac{1}{n+1}\right)^{n+1}\cdot\left(1+\frac{1}{n+1}\right)^{-1}\right] = e,$$

因此

$$\lim_{x\to+\infty}\left(1+\frac{1}{x}\right)^x = e;$$

当 $x\to-\infty$ 时，只需令 $x=-t$ 不难证得

$$\lim_{x\to-\infty}\left(1+\frac{1}{x}\right)^x = e.$$

综上证得

$$\lim_{x\to\infty}\left(1+\frac{1}{x}\right)^x = e.$$

在极限 $\lim\limits_{x\to\infty}\left(1+\frac{1}{x}\right)^x = e$ 中，如令 $\frac{1}{x}=t$，则得到它的另一形式，即 $\lim\limits_{t\to 0}(1+t)^{\frac{1}{t}} = e$ 或 $\lim\limits_{x\to 0}(1+x)^{\frac{1}{x}} = e.$

例 10 求下列极限：

(1) $\lim\limits_{x\to\infty}\left(1+\frac{1}{x}\right)^{2x-5}$；

(2) $\lim\limits_{x\to\infty}\left(1-\frac{3}{x}\right)^{5x}$；

(3) $\lim\limits_{x\to\infty}\left(\frac{2x-1}{2x+1}\right)^x$；

(4) $\lim\limits_{x\to\infty}\left(\frac{x^2}{x^2-1}\right)^x$；

(5) $\lim\limits_{x \to 0}(1+x)^{\frac{2}{x}}$; (6) $\lim\limits_{x \to 0}(1-2x)^{\frac{3}{x}}$.

解 (1) 原式 $= \lim\limits_{x \to \infty}\left[\left(1+\dfrac{1}{x}\right)^x\right]^{\frac{2x-5}{x}} = e^2$.

(2) 原式 $= \lim\limits_{x \to \infty}\left[\left(1+\dfrac{-3}{x}\right)^{\frac{x}{-3}}\right]^{\frac{-3}{x} \cdot 5x} = e^{-15}$.

(3) 原式 $= \lim\limits_{x \to \infty}\left(1+\dfrac{-2}{2x+1}\right)^x = \lim\limits_{x \to \infty}\left[\left(1+\dfrac{-2}{2x+1}\right)^{\frac{2x+1}{-2}}\right]^{\frac{-2}{2x+1} \cdot x} = e^{-1}$.

(4) 原式 $= \lim\limits_{x \to \infty}\left(1+\dfrac{1}{x^2-1}\right)^x = \lim\limits_{x \to \infty}\left[\left(1+\dfrac{1}{x^2-1}\right)^{x^2-1}\right]^{\frac{1}{x^2-1} \cdot x} = e^0 = 1$.

(5) 原式 $= \lim\limits_{x \to 0}\left[(1+x)^{\frac{1}{x}}\right]^2 = e^2$.

(6) 原式 $= \lim\limits_{x \to 0}\left\{\left[1+(-2x)\right]^{\frac{1}{-2x}}\right\}^{-2x \cdot \frac{3}{x}} = e^{-6}$.

例 11 确定常数 c,使

$$\lim\limits_{x \to \infty}\left(\dfrac{x+c}{x-c}\right)^x = 4.$$

解 左边 $= \lim\limits_{x \to \infty}\left(\dfrac{x+c}{x-c}\right)^x = \lim\limits_{x \to \infty}\left(1+\dfrac{2c}{x-c}\right)^x$

$= \lim\limits_{x \to \infty}\left[\left(1+\dfrac{2c}{x-c}\right)^{\frac{x-c}{2c}}\right]^{\frac{2c}{x-c} \cdot x} = e^{2c}$,

由 $e^{2c} = 4$,可得 $c = \ln 2$.

例 12 设有一笔本金 A_0,年利率为 r,按连续复利计息,求 t 年后的本利和 A_t.

解 设一年分 m 期计息,则每期的利率为 $\dfrac{r}{m}$,于是一年后的本利和

$$A_1 = A_0\left(1+\dfrac{r}{m}\right)^m,$$

t 年后的本利和

$$A_t = A_0\left(1+\dfrac{r}{m}\right)^{mt},$$

如果计息期数 $m \to \infty$,那么,t 年后的本利和为

$$A_t = \lim\limits_{m \to \infty} A_0\left(1+\dfrac{r}{m}\right)^{mt} = A_0 \cdot e^{rt}.$$

三、无穷小量和无穷大量

1. 无穷小量的定义

定义 1.16 以零为极限的变量,称为无穷小量. 即如果 $\lim\limits_{x \to x_0} \alpha(x) = 0$,则称当 $x \to x_0$ 时,$\alpha(x)$ 是无穷小量,简称无穷小.

例如,当 $x \to 1$ 时,$x^2 - 1$ 是无穷小量;当 $n \to \infty$ 时,$\dfrac{1}{n}$ 是无穷小量.

显然,所谓无穷小量是针对自变量的某种变化趋势而言,它的极限必须是零. 特别地,零是无穷小量.

2. 无穷小量的性质

无穷小量具有下述性质:

(1) 有限个无穷小量的和、差、积仍为无穷小量;

(2) 有界函数与无穷小量的乘积仍为无穷小量.

以上性质均可利用极限的定义予以证明.

现仅证明性质(2).

证明 设 $f(x)$ 为有界函数,即存在正常数 M,有

$$|f(x)| \leqslant M$$

成立;又设当 $x \to x_0$ 时,$\alpha(x)$ 是无穷小量,即

$$\lim\limits_{x \to x_0} \alpha(x) = 0,$$

于是 $\forall \dfrac{\varepsilon}{M} > 0, \exists \delta > 0$,当 $0 < |x - x_0| < \delta$ 时,有 $|\alpha(x) - 0| < \dfrac{\varepsilon}{M}$,即 $|\alpha(x)| < \dfrac{\varepsilon}{M}$,故

$$|f(x) \cdot \alpha(x) - 0| = |f(x) \cdot \alpha(x)| = |f(x)| \cdot |\alpha(x)| < M \cdot \dfrac{\varepsilon}{M} = \varepsilon$$

成立,因此

$$\lim\limits_{x \to x_0} f(x) \cdot \alpha(x) = 0,$$

即表示当 $x \to x_0$ 时,$f(x) \cdot \alpha(x)$ 是无穷小量.

此性质可以用来求某些函数的极限.

例 13 求 $\lim\limits_{x \to 0} \left(x^2 \cos \dfrac{1}{x} \right)$.

解 由于当 $x \to 0$ 时,x^2 是无穷小量.

又因为 $\left|\cos\dfrac{1}{x}\right| \leqslant 1$，即 $\cos\dfrac{1}{x}$ 是有界函数，所以 $\lim\limits_{x\to 0}\left(x^2\cos\dfrac{1}{x}\right)=0$.

例 14 求 $\lim\limits_{x\to\infty}\dfrac{2x-\sin x}{x+\sin x}$.

解 原式 $=\lim\limits_{x\to\infty}\dfrac{2-\dfrac{\sin x}{x}}{1+\dfrac{\sin x}{x}}$，由于 $\sin x$ 是有界函数，且当 $x\to\infty$ 时，$\dfrac{1}{x}$ 是无穷小量，所以 $\lim\limits_{x\to\infty}\dfrac{\sin x}{x}=0$，因此，原式 $=2$.

注意，性质(1)必须对有限个无穷小量才成立. 若是无限个无穷小量，就不一定成立了.

例如，$\lim\limits_{n\to\infty}\left(\dfrac{1}{n^2}+\dfrac{2}{n^2}+\cdots+\dfrac{n}{n^2}\right)=\dfrac{1}{2}\neq 0$.

3. 无穷小量的比较

两个无穷小量的商不一定是无穷小量. 例如当 $x\to 1$ 时，x^2-1 与 $x-1$ 都是无穷小量，但是

$$\lim_{x\to 1}\dfrac{x^2-1}{x-1}=2\neq 0.$$

下面给出无穷小量比较的概念.

定义 1.17 设当 $x\to x_0$ 时，$\alpha(x)$ 与 $\beta(x)$ 都是无穷小量.

如果 $\lim\limits_{x\to x_0}\dfrac{\alpha(x)}{\beta(x)}=0$，则称 $\alpha(x)$ 是比 $\beta(x)$ 高阶的无穷小，记作 $\alpha(x)=o(\beta(x))$；

如果 $\lim\limits_{x\to x_0}\dfrac{\alpha(x)}{\beta(x)}=c$ ($c\neq 0$，1 的常数)，则称 $\alpha(x)$ 与 $\beta(x)$ 是同阶无穷小，记作 $\alpha(x)=O(\beta(x))$；

如果 $\lim\limits_{x\to x_0}\dfrac{\alpha(x)}{\beta(x)}=1$，则称 $\alpha(x)$ 与 $\beta(x)$ 是等价无穷小，记作 $\alpha(x)\sim\beta(x)$.

例 15 当 $x\to 0$ 时，试比较 $\sqrt{1+x}-\sqrt{1-x}$ 与 x.

解 因为 $\lim\limits_{x\to 0}(\sqrt{1+x}-\sqrt{1-x})=0$，$\lim\limits_{x\to 0}x=0$，且

$$\lim_{x\to 0}\dfrac{\sqrt{1+x}-\sqrt{1-x}}{x}=\lim_{x\to 0}\dfrac{2}{\sqrt{1+x}+\sqrt{1-x}}=1,$$

所以，当 $x\to 0$ 时，$\sqrt{1+x}-\sqrt{1-x}\sim x$.

下面介绍两个定理.

定理 1.7(等价无穷小的替换定理)   设当 $x \to x_0$ 时,若 $\alpha(x) \sim \alpha_1(x)$,$\beta(x) \sim \beta_1(x)$,且 $\lim\limits_{x \to x_0} \dfrac{\alpha_1(x)}{\beta_1(x)}$ 存在,则

$$\lim_{x \to x_0} \frac{\alpha(x)}{\beta(x)} = \lim_{x \to x_0} \frac{\alpha_1(x)}{\beta_1(x)}.$$

证明 $\lim\limits_{x \to x_0} \dfrac{\alpha(x)}{\beta(x)} = \lim\limits_{x \to x_0} \left[\dfrac{\alpha(x)}{\alpha_1(x)} \cdot \dfrac{\alpha_1(x)}{\beta_1(x)} \cdot \dfrac{\beta_1(x)}{\beta(x)} \right]$

$$= \lim_{x \to x_0} \frac{\alpha(x)}{\alpha_1(x)} \cdot \lim_{x \to x_0} \frac{\alpha_1(x)}{\beta_1(x)} \cdot \lim_{x \to x_0} \frac{\beta_1(x)}{\beta(x)}$$

$$= 1 \cdot \lim_{x \to x_0} \frac{\alpha_1(x)}{\beta_1(x)} \cdot 1 = \lim_{x \to x_0} \frac{\alpha_1(x)}{\beta_1(x)}.$$

利用等价无穷小替换定理,可以简化极限的计算.
在极限计算中,常用到下列几组等价无穷小替换:
当 $x \to 0$ 时,

$$\sin x \sim x,\ \tan x \sim x,\ 1 - \cos x \sim \frac{x^2}{2},$$

$$\ln(1+x) \sim x,\ \mathrm{e}^x - 1 \sim x,\ \sqrt[n]{1+x} - 1 \sim \frac{1}{n}x.$$

当 $\varphi(x) \to 0$ 时,

$$\sin \varphi(x) \sim \varphi(x),\ \tan \varphi(x) \sim \varphi(x),\ 1 - \cos \varphi(x) \sim \frac{\varphi^2(x)}{2},$$

$$\ln(1+\varphi(x)) \sim \varphi(x),\ \mathrm{e}^{\varphi(x)} - 1 \sim \varphi(x),\ \sqrt[n]{1+\varphi(x)} - 1 \sim \frac{1}{n}\varphi(x).$$

例 16   求 $\lim\limits_{x \to 0} \dfrac{\tan 5x}{\sin 7x}$.

解   由于当 $x \to 0$ 时,$\tan 5x \sim 5x$,$\sin 7x \sim 7x$,于是

$$原式 = \lim_{x \to 0} \frac{5x}{7x} = \frac{5}{7}.$$

例 17   求 $\lim\limits_{x \to 0} \dfrac{\sin 3x \cdot \ln(1+5x)}{1 - \cos x}$.

解   由于当 $x \to 0$ 时,$\sin 3x \sim 3x$,$\ln(1+5x) \sim 5x$,$1 - \cos x \sim \dfrac{x^2}{2}$,于是

$$原式 = \lim_{x \to 0} \frac{3x \cdot 5x}{\frac{x^2}{2}} = 30.$$

定理 1.8（具有极限的函数与无穷小量的关系） $\lim_{x \to x_0} f(x) = A$ 的充要条件是 $f(x) = A + \alpha(x)$，其中 $\alpha(x)$ 是当 $x \to x_0$ 时的无穷小量.

证明 必要性. 设 $\lim_{x \to x_0} f(x) = A$，于是有

$$\lim_{x \to x_0}(f(x) - A) = \lim_{x \to x_0} f(x) - A = A - A = 0,$$

即当 $x \to x_0$ 时，$f(x) - A$ 是无穷小量. 令 $f(x) - A = \alpha(x)$，即 $f(x) = A + \alpha(x)$ 其中 $\alpha(x)$ 是当 $x \to x_0$ 时的无穷小量.

充分性. 设 $f(x) = A + \alpha(x)$，其中 $\lim_{x \to x_0} \alpha(x) = 0$，于是

$$\lim_{x \to x_0} f(x) = \lim_{x \to x_0}(A + \alpha(x)) = A + \lim_{x \to x_0} \alpha(x) = A.$$

4. 无穷大量

定义 1.18 如果当 $x \to x_0$ 时，函数 $f(x)$ 的绝对值 $|f(x)|$ 无限增大，则称当 $x \to x_0$ 时，$f(x)$ 是无穷大量，记作 $\lim_{x \to x_0} f(x) = \infty$.

显然，无穷大量与无穷小量有如下关系.

定理 1.9 当 $x \to x_0$ 时，若 $f(x)$ 是无穷大量，则 $\frac{1}{f(x)}$ 是无穷小量；若 $f(x)$ 是无穷小量，且 $f(x) \neq 0$，则 $\frac{1}{f(x)}$ 是无穷大量.

例 18 求 $\lim_{x \to 0} e^{\frac{1}{x}}$.

解 由于当 $x \to 0^-$ 时，$\frac{1}{x} \to -\infty$，于是 $\lim_{x \to 0^-} e^{\frac{1}{x}} = 0$，

当 $x \to 0^+$ 时，$\frac{1}{x} \to +\infty$，于是 $\lim_{x \to 0^+} e^{\frac{1}{x}} = +\infty$，

所以，$\lim_{x \to 0} e^{\frac{1}{x}}$ 不存在.

§1.4 函数的连续性

一、函数连续的概念

连续性是函数的一个重要特性. 直观地讲，所谓函数 $y = f(x)$ 在点 $x = x_0$ 处

连续,就是指函数 $y=f(x)$ 的图形在点 $(x_0,f(x_0))$ 处连而不断. 此时,显然有

$$\lim_{x\to x_0^-}f(x)=\lim_{x\to x_0^+}f(x)=f(x_0),\text{即}\lim_{x\to x_0}f(x)=f(x_0),$$

因此可以很自然地引入如下定义.

1. 函数在一点处连续的定义

定义 1.19 设函数 $f(x)$ 在点 x_0 的某邻域内有定义,如果 $\lim\limits_{x\to x_0}f(x)=f(x_0)$,则称函数 $f(x)$ 在点 x_0 处连续.

从定义可知,函数 $f(x)$ 在点 x_0 处连续必须满足下列 3 个条件:

(1) $f(x)$ 在点 x_0 有定义,即有确定的函数值 $f(x_0)$;

(2) 极限 $\lim\limits_{x\to x_0}f(x)$ 存在,即左右极限 $f(x_0-0)$,$f(x_0+0)$ 存在且相等;

(3) $\lim\limits_{x\to x_0}f(x)=f(x_0)$,即极限值 $\lim\limits_{x\to x_0}f(x)$ 等于函数值 $f(x_0)$.

例 1 设 $f(x)=\begin{cases}(1-x)^{1/x} & (-1<x<1\text{ 且 }x\neq 0),\\ \dfrac{1}{e} & (x=0).\end{cases}$

问:$f(x)$ 在点 $x=0$ 处是否连续?

解 因为 $f(0)=\dfrac{1}{e}$,而

$$\lim_{x\to 0}f(x)=\lim_{x\to 0}(1-x)^{\frac{1}{x}}=\frac{1}{e},$$

可见 $\lim\limits_{x\to 0}f(x)=f(0)$,所以 $f(x)$ 在点 $x=0$ 处连续.

例 2 设 $f(x)=\begin{cases}\dfrac{\sin 2x}{x} & (x<0),\\ a & (x=0),\\ 3+x\sin\dfrac{1}{x}+b & (x>0).\end{cases}$

确定常数 a,b 的值,使 $f(x)$ 在点 $x=0$ 处连续.

解 $f(0)=a$,

$$\lim_{x\to 0^-}f(x)=\lim_{x\to 0^-}\frac{\sin 2x}{x}=2,$$

$$\lim_{x\to 0^+}f(x)=\lim_{x\to 0^+}\left(3+x\sin\frac{1}{x}+b\right)=3+b,$$

又 $f(x)$ 在点 $x=0$ 处连续,即

$$\lim_{x\to 0^-}f(x)=\lim_{x\to 0^+}f(x)=f(0),$$

因此,当 $a=2, b=-1$ 时,有 $\lim\limits_{x\to 0^-} f(x) = \lim\limits_{x\to 0^+} f(x) = f(0)$,即 $f(x)$ 在 $x=0$ 处连续.

函数在一点处连续的定义可用"ε-δ"分析定义来叙述.

任给 $\varepsilon > 0$,存在 $\delta > 0$,当 $|x-x_0| < \delta$ 时,有

$$|f(x) - f(x_0)| < \varepsilon$$

成立,则称 $f(x)$ 在点 x_0 处连续.

下面给出函数在一点处连续的另一等价定义.

由于 $\lim\limits_{x\to x_0} f(x) = f(x_0)$ 可改写为 $\lim\limits_{x\to x_0}[f(x)-f(x_0)] = 0$,若记 $x-x_0 = \Delta x$(称为自变量的改变量),那么 $f(x)-f(x_0) = f(x_0+\Delta x) - f(x_0)$,记作 Δy(称为函数值的改变量),于是得

$$\lim_{\Delta x \to 0} \Delta y = 0.$$

定义 1.20 设函数 $f(x)$ 在点 x_0 的某邻域内有定义,如果当自变量的改变量 Δx 趋近于零时,函数值的相应改变量 Δy 也趋近于零,即 $\lim\limits_{\Delta x \to 0} \Delta y = 0$,则称函数 $f(x)$ 在点 x_0 处连续.

例 3 验证 $y = \sin x$ 在定义域 $(-\infty, +\infty)$ 内任一点 x_0 处都连续.

证明 当自变量 x 从 $x_0 \to x_0 + \Delta x$ 时,函数 y 的值就从 $\sin x_0 \to \sin(x_0 + \Delta x)$,于是

$$\Delta y = \sin(x_0 + \Delta x) - \sin x_0 = 2\cos\left(x_0 + \frac{\Delta x}{2}\right)\sin\frac{\Delta x}{2}.$$

由于

$$\left|\cos\left(x_0 + \frac{\Delta x}{2}\right)\right| \leqslant 1, \quad \lim_{\Delta x \to 0} \sin\frac{\Delta x}{2} = 0,$$

故

$$\lim_{\Delta x \to 0} 2\cos\left(x_0 + \frac{\Delta x}{2}\right)\sin\frac{\Delta x}{2} = 0,$$

即 $\lim\limits_{\Delta x \to 0} \Delta y = 0$. 因此 $y = \sin x$ 在 $(-\infty, +\infty)$ 内任一点 x_0 处连续.

定义 1.21 设函数 $f(x)$ 在区间 $(x_0 - \delta, x_0]$ 有定义 $(\delta > 0)$,如果 $\lim\limits_{x\to x_0^-} f(x) = f(x_0)$,则称函数 $f(x)$ 在点 x_0 处左连续;设函数 $f(x)$ 在区间 $[x_0, x_0+\delta)$ 有定义 $(\delta > 0)$,如果 $\lim\limits_{x\to x_0^+} f(x) = f(x_0)$ 则称 $f(x)$ 在点 x_0 处右连续.

2. 函数在区间上连续的定义

(1) 若函数 $f(x)$ 在开区间 (a, b) 内每一点处都连续,则称函数 $f(x)$ 在

(a,b)内连续；

(2) 若函数$f(x)$在开区间(a,b)内每一点处都连续，且在左端点$x=a$处右连续(即$\lim\limits_{x\to a^+}f(x)=f(a)$)，在右端点$x=b$处左连续(即$\lim\limits_{x\to b^-}f(x)=f(b)$)，则称函数$f(x)$在闭区间$[a,b]$上连续．

二、连续函数的运算与初等函数的连续性

关于连续函数的运算与初等函数的连续性有以下结论(证明从略)：

(1) 连续函数的和、差、积、商(分母不为零)仍为连续函数；

(2) 连续函数的复合函数仍是连续函数；

(3) 基本初等函数在其定义域内都是连续的．

综合(1)、(2)、(3)可得到以下定理．

定理 1.10 一切初等函数在有定义的区间上都是连续的．

由这个定理可知，若$f(x)$是初等函数，x_0是其有定义区间上的任意一点，则有

$$\lim_{x\to x_0}f(x)=f(\lim_{x\to x_0}x)=f(x_0).$$

这说明，对于连续函数求极限，可以把极限符号与函数记号交换，也就是只要把函数式中的x代以x_0即可．例如

$$\lim_{x\to\frac{\pi}{6}}\ln\sin x=\ln\sin\frac{\pi}{6}=\ln\frac{1}{2}=-\ln 2.$$

注意，分段函数一般不是初等函数，因此在定义域内就不一定连续了．

例 4 指出下列函数的连续区间：

(1) $f(x)=\dfrac{\sin x}{x^2-x}$；　(2) $f(x)=\begin{cases}\dfrac{x}{\sqrt{1+x}-1} & (-1<x<1\text{ 且 }x\neq 0),\\ 1 & (x=0).\end{cases}$

解 (1) $f(x)$是初等函数，它的定义域就是连续区间，即为$(-\infty,0)$，$(0,1)$，$(1,+\infty)$．

(2) $f(x)$是分段函数，须考察分段点$x=0$处的连续性．由于

$$\lim_{x\to 0}f(x)=\lim_{x\to 0}\frac{x}{\sqrt{1+x}-1}=\lim_{x\to 0}\frac{x(\sqrt{1+x}+1)}{x}$$

$$=\lim_{x\to 0}(\sqrt{1+x}+1)=2,$$

而 $f(0)=1$,可见 $f(x)$ 在 $x=0$ 处不连续,于是,$f(x)$ 的连续区间是 $(-1,0)$, $(0,1)$.

三、函数的间断点

为了深刻理解函数连续性的概念,讨论函数不连续的情况十分必要.

1. 间断点的定义

定义 1.22 若函数 $f(x)$ 在点 x_0 处不连续,则点 x_0 称为 $f(x)$ 的间断点.

显然,如果有下列 3 种情形中的任何一种发生,则点 x_0 就是函数的间断点.

(1) $f(x)$ 在 x_0 处孤立没有定义;

(2) 虽然 $f(x_0)$ 有定义,但 $\lim\limits_{x \to x_0} f(x)$ 不存在;

(3) 虽然 $f(x_0)$ 有定义,且 $\lim\limits_{x \to x_0} f(x)$ 存在,但极限值不等于函数值,即 $\lim\limits_{x \to x_0} f(x) \neq f(x_0)$.

2. 间断点的分类

若函数 $f(x)$ 当 $x \to x_0$ 时,左右极限都存在但不相等,则称点 x_0 为 $f(x)$ 的跳跃间断点;

若函数 $f(x)$ 当 $x \to x_0$ 时,左右极限都存在且相等,即极限存在,但不等于函数值或函数值无定义,则称点 x_0 为 $f(x)$ 的可去间断点.

若点 x_0 为 $f(x)$ 的可去间断点,如果我们改变或补充定义 $f(x_0) = \lim\limits_{x \to x_0} f(x)$,则函数 $f(x)$ 在点 x_0 处就连续了,此即"可去"的由来.

跳跃间断点和可去间断点统称为第一类间断点

除了第一类间断点外,其他间断点都称为第二类间断点. 例如,$x=0$ 是 $y=\dfrac{1}{x}$ 的第二类间断点(通常称为无穷间断点);$x=0$ 是 $y=\sin\dfrac{1}{x}$ 的第二类间断点(通常称为振荡间断点).

例 5 求下列函数的间断点,并指明类型:

(1) $f(x) = x \sin \dfrac{1}{x}$; (2) $f(x) = \begin{cases} x-2, & x<0, \\ e^x, & x \geqslant 0; \end{cases}$

(3) $f(x) = \dfrac{\sin x}{x^2 - 2x}$.

解 (1) $f(x)$ 在 $x=0$ 处孤立无定义. 由于 $\lim\limits_{x \to 0} x = 0$,即当 $x \to 0$ 时,x 为无穷小量,而 $\sin \dfrac{1}{x}$ 为有界函数,可见 $\lim\limits_{x \to 0} x \sin \dfrac{1}{x} = 0$,所以 $x=0$ 是 $f(x)$ 的可去间

断点.

(2) 它是分段函数,只需考察分段点 $x=0$ 处. 由于

$$\lim_{x \to 0^-} f(x) = \lim_{x \to 0^-} (x-2) = -2,$$

$$\lim_{x \to 0^+} f(x) = \lim_{x \to 0^+} e^x = 1,$$

因此,左右极限都存在但不相等,所以 $x=0$ 是 $f(x)$ 的跳跃间断点.

(3) 它是初等函数,定义域为 $(-\infty, 0) \cup (0, 2) \cup (2, +\infty)$,在 $x=0$,$x=2$ 处孤立无定义.

考察 $x=0$ 处,因为

$$\lim_{x \to 0} f(x) = \lim_{x \to 0} \frac{\sin x}{x(x-2)} = \lim_{x \to 0} \left(\frac{\sin x}{x} \cdot \frac{1}{x-2} \right) = -\frac{1}{2},$$

所以,$x=0$ 是可去间断点.

考察 $x=2$ 处,因为

$$\lim_{x \to 2} f(x) = \lim_{x \to 2} \frac{\sin x}{x(x-2)} = \infty,$$

所以,$x=2$ 是第二类间断点(无穷间断点).

在经济理论中,通常假设所讨论的经济函数是连续的,但是不连续的函数还是有的. 例如,当产量达到一定数量后,需要再增产时,就必须增添新的设备以及增加劳力,这时成本作为产量的函数就可能跳跃上升,它的图形将是一条不连续曲线.

四、闭区间上连续函数的性质

下面介绍闭区间上连续函数的几个重要性质(证明从略).

定理 1.11(最值定理) 设函数 $f(x)$ 在闭区间 $[a, b]$ 上连续,则 $f(x)$ 在 $[a, b]$ 上一定有最大值 M 和最小值 m,即至少存在 $\xi_1, \xi_2 \in [a, b]$,使得对一切 $x \in [a, b]$,均有

$$m = f(\xi_1) \leqslant f(x) \leqslant f(\xi_2) = M.$$

如图 1.22 所示.

注意 定理的条件如果不满足,则最大值与最小值就不一定存在了. 例如 $y=x$ 在开区间 $(0, 1)$ 内就找不到最大值与最小值;$y = \frac{1}{x}$ 在 $[-1, 1]$ 上由于

不连续,也不存在最大值与最小值.

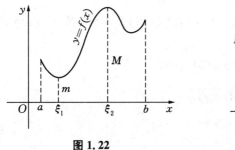

图 1.22   图 1.23

推论 1.2 闭区间上的连续函数必有界.

定理 1.12(介值定理) 设函数 $f(x)$ 在闭区间 $[a,b]$ 上连续,M 与 m 分别为 $f(x)$ 在 $[a,b]$ 上的最大值与最小值,则对任意介于 m 与 M 之间的实数 c,在 $[a,b]$ 上至少存在一点 ξ,使得
$$f(\xi) = c.$$

如图 1.23 所示.

例 6 若 $f(x)$ 在 (a,b) 内连续,且 $a < x_1 < x_2 < x_3 < b$,证明:在 $[x_1, x_3]$ 上至少存在一点 ξ,使得
$$f(\xi) = \frac{f(x_1) + f(x_2) + f(x_3)}{3}.$$

证明 由于 $f(x)$ 在 (a,b) 内连续,且 $a < x_1 < x_2 < x_3 < b$,显然有 $f(x)$ 在 $[x_1, x_3]$ 上连续.

由最值定理可知,在 $[x_1, x_3]$ 上 $f(x)$ 有最大值 M 与最小值 m,即得
$$m \leqslant f(x_1) \leqslant M,$$
$$m \leqslant f(x_2) \leqslant M,$$
$$m \leqslant f(x_3) \leqslant M,$$

即可得
$$m \leqslant \frac{f(x_1) + f(x_2) + f(x_3)}{3} \leqslant M.$$

由介值定理可知,在 $[x_1, x_3]$ 上至少存在一点 ξ,使得

$$f(\xi) = \frac{f(x_1) + f(x_2) + f(x_3)}{3}.$$

定理 1.13(零值定理)　设函数 $f(x)$ 在 $[a, b]$ 上连续,且 $f(a)$ 与 $f(b)$ 异号,即

$$f(a) \cdot f(b) < 0,$$

则在开区间 (a, b) 内至少存在一点 ξ,使得

$$f(\xi) = 0.$$

如图 1.24 所示.

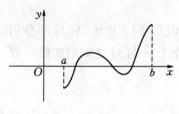

图 1.24

该定理的结论表示了方程 $f(x) = 0$ 在 (a, b) 内至少有一个实根.

从几何图形上看,表明此时曲线 $y = f(x)$ 与 x 轴至少有一个交点.

例 7　证明方程 $x \cdot 2^x = 1$ 至少有一个小于 1 的正根.

证明　设 $f(x) = x \cdot 2^x - 1$,显然,$f(x)$ 在 $[0, 1]$ 上连续,且

$$f(0) = -1 < 0,$$
$$f(1) = 1 > 0.$$

于是,由零值定理可知,在区间 $(0, 1)$ 内至少存在一点 ξ,使得 $f(\xi) = 0$,即方程 $x \cdot 2^x = 1$ 至少有一个小于 1 的正根.

例 8　证明方程 $x^3 - 3x^2 - x + 3 = 0$ 在区间 $(-2, 0)$,$(0, 2)$,$(2, 4)$ 内各有一根.

证明　设 $f(x) = x^3 - 3x^2 - x + 3$,而

$$f(-2) = (x^3 - 3x^2 - x + 3)\big|_{x=-2} = -15,$$
$$f(0) = (x^3 - 3x^2 - x + 3)\big|_{x=0} = 3,$$
$$f(2) = (x^3 - 3x^2 - x + 3)\big|_{x=2} = -3,$$
$$f(4) = (x^3 - 3x^2 - x + 3)\big|_{x=4} = 15,$$

于是由零值定理可知存在 $\xi_1 \in (-2, 0)$,$\xi_2 \in (0, 2)$,$\xi_3 \in (2, 4)$,使 $f(\xi_1) = 0$,$f(\xi_2) = 0$,$f(\xi_3) = 0$.这表明方程 $x^3 - 3x^2 - x + 3 = 0$ 在区间 $(-2, 0)$,

$(0,2)$，$(2,4)$ 内至少各有一根. 但三次方程 $f(x)=0$ 最多有 3 个根, 故 $f(x)$ 在区间 $(-2,0)$，$(0,2)$，$(2,4)$ 内各有一根.

数学家简介

笛 卡 儿

笛卡儿(René Descartes, 1596—1650), 法国数学家、科学家和哲学家. 他是西方近代资产阶级哲学奠基人之一. 他的哲学与数学思想对历史的影响是深远的. 人们在他的墓碑上刻下了这样一句话:"笛卡儿, 欧洲文艺复兴以来, 第一个为人类争取并保证理性权利的人."

笛卡儿在数学上创立了解析几何, 从而打开了近代数学的大门, 在科学史上具有划时代的意义.

笛卡儿的主要数学成果集中在他的"几何学"中. 当时, 代数还是一门比较新的科学, 几何学的思维还在数学家的头脑中占有统治地位. 在笛卡儿之前, 几何与代数是数学中两个不同的研究领域. 笛卡儿站在方法论的自然哲学的高度, 认为希腊人的几何学过于依赖图形, 束缚了人的想象力; 对于当时流行的代数学, 他觉得它完全从属于法则和公式, 不能成为一门改进智力的科学. 因此他提出必须把几何学与代数学的优点结合起来, 建立一种"真正的数学". 笛卡儿的思想核心是: 把几何学的问题归结成代数形式的问题, 用代数学的方法进行计算、证明, 从而达到最终解决几何问题的目的. 依照这种思想他创立了我们现在所称的"解析几何学". 1637 年, 笛卡儿发表了《几何学》, 创立了直角坐标系. 他用平面上的一点到两条固定直线的距离来确定点的位置, 用坐标来描述空间上的点. 他进而又创立了解析几何学, 表明了几何问题不仅可以归结成为代数形式, 而且可以通过代数变换来实现发现几何性质、证明几何性质. 解析几何的出现, 改变了自古希腊以来代数和几何分离的趋向, 把相互对立着的"数"与"形"统一了起来, 使几何曲线与代数方程相结合. 笛卡儿的这一天才创见, 更为微积分的创立奠定了基础, 从而开拓了变量数学的广阔领域. 最为可贵的是, 笛卡儿用运动的观点, 把曲线看成为点的运动的轨迹, 不仅建立了点与实数的对应关系, 而且把"形"(包括点、线、面)和"数"两个对立的对象统一起来, 建立了曲线和方程的对应关系. 这种对应关系的建立, 不仅标志着函数概念的萌芽, 而且标明变数进入了数学, 使数学在思想方法上发生了伟大的转折——由常量数学进入变量数学的时期. 正如恩格斯所说:"数学中的转折点是笛卡儿的变数. 有了变数, 运动进入了数学, 有了变数, 辩证法进入了数学, 有了变数, 微分和积分也就立刻成为必要了."笛卡儿的这些成就,为后来牛顿、莱布尼兹发现微积分,为一大批数学家的新发现开辟了道路.

笛卡儿在其他科学领域的成就同样硕果累累.他在著作《论人》和《哲学原理》中,完整地阐发了关于光的本性的概念.他还从理论上推导了折射定律,他提出了宇宙间运动量总和是常数的观点,创造了运动量守恒定律,为能量守恒定律奠定了基础.他发展了宇宙演化论,创立了漩涡说.

笛卡儿是欧洲近代哲学的奠基人之一,黑格尔称他为"现代哲学之父".他自成体系,融唯物主义与唯心主义于一炉,在哲学史上产生了深远的影响.笛卡儿堪称17世纪的欧洲哲学界和科学界最有影响的巨匠之一,被誉为"近代科学的始祖".

习 题 一

(A)

1. 求下列函数的定义域,并用区间表示:

(1) $y = \sqrt{16 - x^2}$;

(2) $y = \dfrac{x-3}{x^2 - 2x + 4}$;

(3) $y = \dfrac{1}{x} - \sqrt{1 - x^2}$;

(4) $y = \dfrac{\lg(x-1)}{x-2}$;

(5) $y = \arcsin \dfrac{x-1}{2}$;

(6) $y = \begin{cases} x^2 + 1 & (x < 0), \\ \ln x & (x > 0). \end{cases}$

2. 已知 $f(x) = x^2 + 3x - 2$,求:$f(0)$, $f(1)$, $f(-1)$, $f(-x)$, $f\left(\dfrac{1}{x}\right)$, $f(x+1)$.

3. 已知 $f(x) = \begin{cases} 3x + 1 & (x < 1), \\ \ln x & (x \geqslant 1), \end{cases}$ 求:$f(0)$, $f(1)$, $f(2)$.

4. 判别下列函数的奇偶性,并加以验证:

(1) $f(x) = \sin(x^5 - 2x^3 + 3x)$;

(2) $f(x) = \dfrac{\sin x}{x} + \cos x$;

(3) $f(x) = x + \cos x$;

(4) $f(x) = \ln(\sqrt{x^2 + 1} - x)$;

(5) $f(x) = \lg \dfrac{1-x}{1+x}$;

(6) $f(x) = \dfrac{\cos x}{1 - x^2}$.

5. 求下列函数的反函数:

(1) $y = 2x + 3$;

(2) $y = \dfrac{x-2}{x+2}$;

(3) $y = x^3 - 4$; (4) $y = 2 + \lg(3x+1)$;

(5) $y = \dfrac{2^x}{2^x + 1}$; (6) $y = 1 + e^{2+x}$.

6. 已知 $f(x) = \dfrac{x}{1+x}$,求 $f[f(x)]$ 与 $f\{f[f(x)]\}$.

7. 已知 $f(x) = \dfrac{1-x}{1+x}$,求 $f(x+1)$ 与 $f\left(\dfrac{1}{x}\right)$.

8. 设 $f(x+2) = x^2 - x + 3$,求 $f(x)$.

9. 设 $f(x) = x^2 + 3$,$g(x) = \lg(1+x)$,求 $f[g(x)]$,$g[f(x)]$.

10. 将下列函数分解成基本初等函数：

(1) $y = \sqrt{2x+3}$; (2) $y = 3^{\sqrt{x}}$;

(3) $y = \lg \cos^2 x$; (4) $y = \sin^5 \sqrt{x}$;

(5) $y = \arctan e^{\frac{1}{x}}$; (6) $y = \cot^2 \ln x$.

11. 某化肥厂日产量最多为 m 吨,已知固定成本为 a 元,每多生产 1 吨化肥,成本增加 k 元. 若每吨化肥的售价为 p 元,试写出利润与产量 x 的函数关系式.

12. 生产某种产品,固定成本为 2 万元,每多生产 1 百台,成本增加 1 万元,已知需求函数为 $Q = 20 - 4p$(其中 p 表示产品的价格,Q 表示需求量),假设产销平衡,试写出：

(1) 成本函数；

(2) 收益函数；

(3) 利润函数.

13. 某商场以每件 a 元的价格出售某种商品,若顾客一次购买 50 件以上,则超出 50 件以上的以每件 $0.8a$ 元的优惠价出售,试将一次成交的销售收入表示成销售量 x 的函数.

14. 某运输公司规定货物的吨千米运价为:不超过 a 千米,每千米 k 元,超过 a 千米,超出部分为每千米 $\dfrac{4}{5}k$ 元,试求运价 m 与里程 s 之间的函数关系式.

15. 用极限的分析定义验证：

(1) $\lim\limits_{n \to \infty} \dfrac{n+1}{3n+1} = \dfrac{1}{3}$; (2) $\lim\limits_{n \to \infty}\left(1 - \dfrac{1}{2^n}\right) = 1$;

(3) $\lim\limits_{x \to 3}(3x - 1) = 8$.

16. 设 $f(x) = \begin{cases} x & (x \leqslant 2), \\ 2x - 1 & (x > 2). \end{cases}$ 试求：

(1) $\lim\limits_{x\to 0} f(x)$;

(2) $\lim\limits_{x\to 1} f(x)$;

(3) $\lim\limits_{x\to 2} f(x)$.

17. 证明：$\lim\limits_{x\to 0}\dfrac{\lfloor x\rfloor}{x}$ 不存在.

18. 计算下列极限：

(1) $\lim\limits_{x\to 2}(x^2+3x-1)$;

(2) $\lim\limits_{x\to 0}\dfrac{x^2-6x+8}{5x+4}$;

(3) $\lim\limits_{h\to 0}\dfrac{(x+h)^2-x^2}{h}$;

(4) $\lim\limits_{x\to 1}\dfrac{x^2-3x+2}{x^2-1}$;

(5) $\lim\limits_{x\to 1}\dfrac{x^2-6x+8}{x^2-5x+4}$;

(6) $\lim\limits_{x\to 0}\dfrac{4x^3-2x^2+x}{3x^2+2x}$;

(7) $\lim\limits_{x\to 0}\dfrac{x}{\sqrt{1+x}-1}$;

(8) $\lim\limits_{x\to 3}\dfrac{\sqrt{5x+1}-4}{x-3}$;

(9) $\lim\limits_{n\to\infty}\left(\dfrac{1}{n^2}+\dfrac{2}{n^2}+\cdots+\dfrac{n}{n^2}\right)$;

(10) $\lim\limits_{n\to\infty}\left(\dfrac{1}{1\cdot 2}+\dfrac{1}{2\cdot 3}+\cdots+\dfrac{1}{n(n+1)}\right)$;

(11) $\lim\limits_{x\to\infty}\dfrac{x^2-1}{2x^2-x+1}$;

(12) $\lim\limits_{x\to\infty}\dfrac{(x+3)^{10}(3x-2)^{20}}{(2x+1)^{30}}$;

(13) $\lim\limits_{x\to\infty}\dfrac{x^2+x}{x^3-3x^2+5}$;

(14) $\lim\limits_{x\to\infty}\dfrac{x^3+x}{3x^2+5}$;

(15) $\lim\limits_{n\to\infty}\sqrt{n}(\sqrt{n+2}-\sqrt{n})$;

(16) $\lim\limits_{x\to 1}\left(\dfrac{1}{1-x}-\dfrac{3}{1-x^3}\right)$;

(17) $\lim\limits_{x\to+\infty}(\sqrt{x^2+x+1}-\sqrt{x^2-x+1})$;

(18) $\lim\limits_{x\to+\infty}(\sqrt{(x+a)(x+b)}-x)$.

19. 计算下列极限：

(1) $\lim\limits_{x\to 0}\dfrac{\sin 3x}{x}$;

(2) $\lim\limits_{x\to 0}\dfrac{\sin ax}{\sin bx}$ $(a,b\neq 0)$;

(3) $\lim\limits_{x\to 0}\dfrac{\arcsin 2x}{5x}$;

(4) $\lim\limits_{x\to 0}\dfrac{2x-\sin x}{3x+\sin x}$;

(5) $\lim\limits_{h\to 0}\dfrac{\sin(x+h)-\sin x}{h}$;

(6) $\lim\limits_{x\to 0}\dfrac{1-\cos 2x}{x^2}$;

(7) $\lim\limits_{x\to\infty}\left(1+\dfrac{1}{x}\right)^{3x}$;

(8) $\lim\limits_{x\to\infty}\left(1+\dfrac{2}{x}\right)^{x+4}$;

(9) $\lim\limits_{x\to 0}(1-2x)^{\frac{1}{x}}$; (10) $\lim\limits_{x\to 0}(1+3x)^{\frac{-1}{x}}$;

(11) $\lim\limits_{x\to +\infty}\left(1-\frac{1}{x}\right)^{\sqrt{x}}$; (12) $\lim\limits_{x\to \infty}\left(\frac{1+x}{x}\right)^{2x}$;

(13) $\lim\limits_{x\to +\infty}x[\ln(x+1)-\ln x]$; (14) 确定常数 c,使 $\lim\limits_{x\to \infty}\left(\frac{x+c}{x-c}\right)^x=9$.

20. x 趋于何值时,下列函数为无穷小量:

(1) $\frac{1}{x^2}$; (2) $(x-2)\lg(x+1)$;

(3) $\frac{x^2-3x+2}{x^2-1}$; (4) $\frac{\sin x}{1+\cos x}$.

21. 计算下列极限:

(1) $\lim\limits_{x\to \infty}\frac{x^2+1}{x^3+x}(4+\cos x)$; (2) $\lim\limits_{x\to 2}(x^2-4)\sin\frac{1}{x-2}$;

(3) $\lim\limits_{x\to 0}\frac{x^2\cos\frac{1}{x}}{\sin x}$; (4) $\lim\limits_{x\to \infty}\frac{2x+\sin x}{x-\sin x}$.

22. 当 $x\to 0$ 时,将下列无穷小量与无穷小量 x 比较:

(1) $x-3x^2$; (2) x^2+x^3;

(3) $\sqrt{1+x}-1$; (4) $\sqrt{1+x}-\sqrt{1-x}$.

23. 若 $\lim\limits_{x\to 2}\frac{x^2-3x+k}{x-2}=1$,求 k 的值.

24. 若 $\lim\limits_{x\to 1}\frac{x^2+ax+b}{x-1}=2$,求 a,b 的值.

25. 若 $\lim\limits_{x\to \infty}\left(\frac{x^2+1}{x-1}-ax-b\right)=3$,求 a,b 的值.

26. 计算下列极限:

(1) $\lim\limits_{x\to 0}\frac{e^{2x}-1}{x}$; (2) $\lim\limits_{x\to 0}\frac{\ln(1+2x)}{\sin 3x}$.

27. 讨论下列函数在指定点处的连续性:

(1) $f(x)=\begin{cases}\dfrac{\sin 3x}{x} & (x\ne 0),\\ 1 & (x=0),\end{cases}$ 在 $x=0$ 处;

(2) $f(x)=\begin{cases}x^2\sin\dfrac{1}{x} & (x\ne 0),\\ 0 & (x=0),\end{cases}$ 在 $x=0$ 处;

(3) $f(x)=\begin{cases}e^{x-1} & (x<1),\\ 2-x & (x\geqslant 1),\end{cases}$ 在 $x=1$ 处.

(4) $f(x) = \begin{cases} \dfrac{\sqrt{x+2}-2}{x-2} & (x \neq 2), \\ 4 & (x = 2), \end{cases}$ 在 $x = 2$ 处；

(5) $f(x) = \begin{cases} e^x & (x \leqslant 0), \\ \dfrac{\sin x}{x} & (x > 0), \end{cases}$ 在 $x = 0$ 处；

(6) $f(x) = \begin{cases} \dfrac{\sin x}{|x|} & (x \neq 0), \\ 1 & (x = 0), \end{cases}$ 在 $x = 0$ 处；

(7) $f(x) = \begin{cases} 2^{\frac{1}{x}} & (x \neq 0), \\ 0 & (x = 0), \end{cases}$ 在 $x = 0$ 处.

28. 确定 k 的值,使 $f(x)$ 在 $x = 0$ 处连续：

(1) $f(x) = \begin{cases} e^x & (x \leqslant 0), \\ x + k & (x > 0); \end{cases}$

(2) $f(x) = \begin{cases} \dfrac{1}{x}\sin x & (x < 0), \\ k & (x = 0), \\ x\sin\dfrac{1}{x} + 1 & (x > 0); \end{cases}$

(3) $f(x) = \begin{cases} \ln(1-2x)^{\frac{3}{x}} & (x \neq 0), \\ k & (x = 0); \end{cases}$

(4) $f(x) = \begin{cases} \dfrac{x}{\sqrt{1+x}-1} & (x \neq 0), \\ k & (x = 0). \end{cases}$

29. 补充定义 $f(0)$,使 $f(x)$ 在 $x = 0$ 处连续：

(1) $f(x) = \dfrac{\sqrt{1+x} - \sqrt{1-x}}{x}$； (2) $f(x) = \ln(1+kx)^{\frac{m}{x}}$；

(3) $f(x) = \dfrac{\ln(1+x)}{x}$.

30. 指出下列函数的连续区间：

(1) $f(x) = \dfrac{1}{\sqrt{9-x^2}}$；

(2) $f(x) = \begin{cases} \dfrac{2x}{\sqrt{1-x}-\sqrt{1+x}} & (-1 < x < 0), \\ e^{\sin x} - 3 & (x \geqslant 0); \end{cases}$

(3) $f(x) = \begin{cases} \dfrac{1}{x-1} & (0 \leqslant x < 1), \\ 1 & (1 \leqslant x \leqslant 2), \\ \dfrac{\sin(x-2)}{x-2} & (2 < x \leqslant 3). \end{cases}$

31. 指出下列函数的间断点，并指明其类型：

(1) $f(x) = \dfrac{1}{x^2 + x}$；

(2) $f(x) = \dfrac{x^2 - 1}{x^2 - 3x + 2}$；

(3) $f(x) = \dfrac{\sin x}{x^2 - x}$；

(4) $f(x) = \begin{cases} \dfrac{1-x^2}{1-x} & (x \neq 1), \\ 0 & (x = 1); \end{cases}$

(5) $f(x) = \begin{cases} 5 & (x < 1), \\ 4x + 1 & (1 \leqslant x < 2), \\ 3 + x^2 & (x \geqslant 2); \end{cases}$

(6) $f(x) = \begin{cases} \dfrac{\sin x}{x} & (x < 0), \\ 0 & (x = 0), \\ e^{-x} & (x > 0). \end{cases}$

32. 证明：方程 $x^5 - 3x = 1$ 在 1 与 2 之间至少存在一个实根．

33. 证明：曲线 $y = x^4 - 3x^2 + 7x - 10$ 在 $x = 1$ 与 $x = 2$ 之间与 x 轴至少有一个交点．

34. 设 $f(x) = e^x - 2$，试证：在 $(0, 2)$ 内至少有一点 ξ，使得 $f(\xi) = \xi$．

(B)

1. 求下列函数的定义域，并用区间表示：

(1) $y = \dfrac{\sqrt{x-2}}{x-3} + \dfrac{1}{\lg(5-x)}$；

(2) $y = e^{\frac{1}{x-1}} + \dfrac{1}{1 - \ln x}$．

2. 已知 $y = f(x)$ 的定义域是 $[0, 1]$，求下列函数的定义域：

(1) $f(x-4)$；

(2) $f(\lg x)$；

(3) $f(\sin x)$．

3. 设 $f(x) = \begin{cases} x^2 - 1 & (x \geqslant 0), \\ 1 - x^2 & (x < 0), \end{cases}$ 求 $f(x) + f(-x)$．

4. (1) 已知 $f\left(x - \dfrac{1}{x}\right) = \dfrac{x^2}{1 + x^4}$，求 $f(x)$；

(2) 已知 $f(x^2 - 1) = \ln \dfrac{x^2}{x^2 - 2}$，且 $f[\varphi(x)] = \ln x$，求 $\varphi(x)$．

5. $f(x) = \dfrac{1}{1+e^{\frac{1}{x}}}$，求 $\lim\limits_{x\to 0} f(x)$.

6. 设数列 $\{a_n\}$：$\sqrt{2}$，$\sqrt{2+\sqrt{2}}$，$\sqrt{2+\sqrt{2+\sqrt{2}}}$，$\cdots$，$\sqrt{2+a_{n-1}}$，$\cdots$，证明：$\lim\limits_{n\to\infty} a_n$ 存在，并求此极限值.

7. 设 $x_n = \dfrac{1}{n^2+1} + \dfrac{2}{n^2+2} + \cdots + \dfrac{n}{n^2+n}$，求 $\lim\limits_{n\to\infty} x_n$.

8. 计算下列极限：

(1) $\lim\limits_{x\to 0} \dfrac{\sqrt{1+x}-1}{\sin x}$； (2) $\lim\limits_{x\to 0} \dfrac{\sqrt{1-\cos x}}{x}$；

(3) $\lim\limits_{x\to +\infty} (\sin\sqrt{x+1} - \sin\sqrt{x})$； (4) $\lim\limits_{x\to\infty} \dfrac{3x-1}{x^3 \sin\dfrac{1}{x^2}}$.

9. 求 $\lim\limits_{x\to 0} \dfrac{\sqrt[4]{1+2x}-1}{\sin(\sin 2x)}$.

10. 讨论下列函数在指定点处的连续性：

(1) $f(x) = \begin{cases} e^{-\frac{1}{x}} & (x \neq 0), \\ 0 & (x = 0), \end{cases}$ 在 $x = 0$ 处；

(2) $f(x) = \lim\limits_{n\to\infty} \dfrac{x + x^2 e^{nx}}{1 + e^{nx}}$，在 $x = 0$ 处.

11. 指出下列函数的间断点，并指明其类型：

(1) $f(x) = \begin{cases} \dfrac{3^{\frac{1}{x}}-1}{3^{\frac{1}{x}}+1} & (x \neq 0), \\ 1 & (x = 0); \end{cases}$

(2) $f(x) = \dfrac{1}{1-e^{\frac{x}{1-x}}}$.

12. 设 $f(x)$ 在闭区间 $[a,b]$ 上连续，$a < x_1 < x_2 < b$，且 k_1 与 k_2 是任意正常数，证明：在 (a,b) 内至少存在一点 ξ，使得
$$f(\xi) = \dfrac{k_1 f(x_1) + k_2 f(x_2)}{k_1 + k_2}.$$

13. 证明：方程 $x - a\sin x - b = 0$（其中 a, b 为正常数）至少有一个不超过 $a+b$ 的正根.

第二章 导数与微分

我们在解决实际问题时,经常需要了解变量之间变化快慢(即变化率)的问题,例如,城市人口增长的速度、国民经济发展的速度、劳动生产率的提高,等等. 导数就是描述变化率的数学工具. 本章从分析实际问题着手,引进导数的概念、介绍基本的求导公式及运算法则,最后引进微分的概念,讨论导数与微分的关系及其应用.

§2.1 导数概念

一、引例

1. 平面曲线上切线的斜率

设平面曲线 $y=f(x)$(如图 2.1 所示),点 $M_0(x_0,y_0)$ 是曲线上的一个定点,在曲线上任取一个点 $M(x_0+\Delta x, y_0+\Delta y)(\Delta x \neq 0)$,$M$ 是曲线上的动点. 作割线 MM_0,设其倾角(即与 x 轴正向的夹角)为 φ,则割线 MM_0 的斜率为

$$k_{M_0M} = \tan\varphi = \frac{\Delta y}{\Delta x} = \frac{f(x_0+\Delta x)-f(x_0)}{\Delta x}.$$

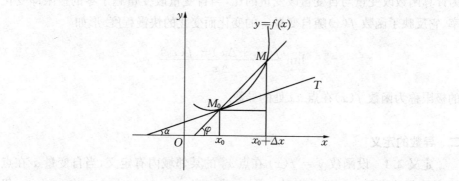

图 2.1

当动点 M 沿曲线趋于定点 M_0，即 $\Delta x \to 0$ 时，若极限

$$\lim_{\Delta x \to 0} \frac{f(x_0 + \Delta x) - f(x_0)}{\Delta x}$$

存在，此时割线 MM_0 有一个极限位置 $M_0 T$，称 $M_0 T$ 是曲线在 M_0 点处的切线. 若其倾角（即与 x 轴正向的夹角）为 α，则有

$$k_{M_0 T} = \tan \alpha = \lim_{\Delta x \to 0} \frac{\Delta y}{\Delta x} = \lim_{\Delta x \to 0} \frac{f(x_0 + \Delta x) - f(x_0)}{\Delta x}.$$

2. 总产量对时间的变化率

设某产品的总产量函数为 $Q = Q(t)$，其中 t 为时间，求总产量在时刻 t_0 的变化率.

当 t 在 t_0 处取得一个改变量 $\Delta t \neq 0$ 时，相应地，总产量 Q 也有一个改变量 $\Delta Q = Q(t_0 + \Delta t) - Q(t_0)$，于是产量从时刻 t_0 到时刻 $t_0 + \Delta t$ 这段时间的平均变化率为

$$\overline{Q}(t) = \frac{\Delta Q}{\Delta t} = \frac{Q(t_0 + \Delta t) - Q(t_0)}{\Delta t}.$$

当 $\Delta t \to 0$ 时，若这个平均变化率的极限存在，则此极限

$$q(t_0) = \lim_{\Delta t \to 0} \frac{\Delta Q}{\Delta t} = \lim_{\Delta t \to 0} \frac{Q(t_0 + \Delta t) - Q(t_0)}{\Delta t},$$

即是总产量在时刻 t_0 的变化率.

以上两个例子虽然反映的具体问题不同，分别属于几何问题和经济问题，我们还可以举出很多例子，例如变速直线运动的速度、质量分布不均匀细棒的密度、人口增长率、能源消耗率等问题，尽管他们的实际意义都各不相同，但都归结为计算函数改变量与自变量改变量的比，当自变量改变量趋于零的极限即变化率，它反映了函数 $f(x)$ 随自变量 x 的变化而变化的快慢程度. 形如

$$\lim_{\Delta x \to 0} \frac{f(x_0 + \Delta x) - f(x_0)}{\Delta x}$$

的极限称为函数 $f(x)$ 在点 x_0 处的导数.

二、导数的定义

定义 2.1 设函数 $y = f(x)$ 在点 x_0 的某邻域内有定义，当自变量 x 在点 x_0 处取得改变量 Δx，即自变量 x 从 x_0 改变到 $x_0 + \Delta x (\Delta x \neq 0$，点 $x_0 + \Delta x$ 仍

在该邻域内)时,函数 $f(x)$ 取得相应改变量为

$$\Delta y = f(x_0 + \Delta x) - f(x_0),$$

若当 $\Delta x \to 0$ 时,比值 $\dfrac{\Delta y}{\Delta x}$ 的极限存在,即

$$\lim_{\Delta x \to 0} \frac{\Delta y}{\Delta x} = \lim_{\Delta x \to 0} \frac{f(x_0 + \Delta x) - f(x_0)}{\Delta x} \tag{2.1}$$

存在,则称此极限值为函数 $f(x)$ 在点 x_0 处的导数,记为

$$f'(x_0),\ y'(x_0),\ \frac{\mathrm{d}y}{\mathrm{d}x}\bigg|_{x=x_0},\ \text{或}\ \frac{\mathrm{d}f}{\mathrm{d}x}\bigg|_{x=x_0},$$

即

$$f'(x_0) = \lim_{\Delta x \to 0} \frac{f(x_0 + \Delta x) - f(x_0)}{\Delta x}.$$

此时,称函数 $f(x)$ 在点 x_0 处可导.

$$\frac{\Delta y}{\Delta x} = \frac{f(x_0 + \Delta x) - f(x_0)}{\Delta x}$$

表示函数 $f(x)$ 在点 x_0 与 $x_0 + \Delta x$ 两点间的平均变化率,而导数

$$f'(x_0) = \lim_{\Delta x \to 0} \frac{\Delta y}{\Delta x} = \lim_{\Delta x \to 0} \frac{f(x_0 + \Delta x) - f(x_0)}{\Delta x}$$

表示函数 $f(x)$ 在点 x_0 处的变化率.

若(2.1)式极限不存在,则称函数 $f(x)$ 在 x_0 处不可导或导数不存在. 特别当(2.1)式的极限为无穷大时,为方便起见,可记为 $f'(x_0) = \infty$.

由导数定义可知,上面介绍的两个引例可叙述如下:

(1) 曲线 $y = f(x)$ 在点 $M_0(x_0, y_0)$ 处切线的斜率 k 是函数 $f(x)$ 在点 x_0 处的导数 $f'(x_0)$,即 $k = f'(x_0)$;

(2) 产品的总产量 $Q = Q(t)$ 在时刻 t_0 的变化率就是总产量在时刻 t_0 处的导数,即 $q(t_0) = Q'(t_0)$.

例1 已知 $f'(x_0)$ 存在,求 $\displaystyle\lim_{\Delta x \to 0} \frac{f(x_0 - 2\Delta x) - f(x_0)}{\Delta x}$.

解 原式 $= \displaystyle\lim_{\Delta x \to 0} \frac{f[x_0 + (-2\Delta x)] - f(x_0)}{-2\Delta x} \cdot (-2) = -2f'(x_0)$.

例2 求 $y = x^2$ 在点 $x = 1$ 处的导数.

解 当 x 由 1 改变到 $1+\Delta x$ 时,函数改变量为

$$\Delta y = (1+\Delta x)^2 - 1^2 = 2 \cdot \Delta x + (\Delta x)^2,$$

即 $\dfrac{\Delta y}{\Delta x} = 2 + \Delta x$,从而

$$\lim_{\Delta x \to 0} \frac{\Delta y}{\Delta x} = \lim_{\Delta x \to 0}(2+\Delta x) = 2,$$

故 $f'(1) = 2$.

在(2.1)式中,若令 $x = x_0 + \Delta x$,则函数 $f(x)$ 在点 x_0 处的导数 $f'(x_0)$ 也可表示成

$$f'(x_0) = \lim_{x \to x_0} \frac{f(x) - f(x_0)}{x - x_0}, \tag{2.2}$$

这是函数 $f(x)$ 在点 x_0 处导数的另一种表达形式,常用于求点 x_0 处的导数.

例 3 设 $f(x) = \begin{cases} x^2 \sin \dfrac{1}{x} & (x \neq 0), \\ 0 & (x = 0), \end{cases}$ 求 $f'(0)$.

解 $f'(0) = \lim\limits_{x \to 0} \dfrac{f(x) - f(0)}{x - 0} = \lim\limits_{x \to 0} \dfrac{x^2 \sin \dfrac{1}{x} - 0}{x - 0} = \lim\limits_{x \to 0} x \sin \dfrac{1}{x} = 0.$

定义 2.2 若函数 $f(x)$ 在区间 (a,b) 内每一点处都可导,则称函数 $f(x)$ 在区间 (a,b) 内可导. 这时对于任一个 $x \in (a,b)$,都对应着函数 $f(x)$ 的一个确定的导数值,这样就构成了一个新的函数,称此函数为 $f(x)$ 的导函数,简称导数,记作

$$f'(x),\ y'(x),\ \frac{\mathrm{d}y}{\mathrm{d}x}, 或 \frac{\mathrm{d}f}{\mathrm{d}x},$$

即

$$f'(x) = \lim_{\Delta x \to 0} \frac{f(x+\Delta x) - f(x)}{\Delta x}.$$

显然,若函数 $f(x)$ 在点 x_0 处可导,则函数 $f(x)$ 在点 x_0 处的导数 $f'(x_0)$ 就是导函数 $f'(x)$ 在点 x_0 处的值,即

$$f'(x_0) = f'(x)\big|_{x=x_0}.$$

例 4 求 $y = \sin x$ 的导数.

解 $y' = \lim\limits_{\Delta x \to 0} \dfrac{\Delta y}{\Delta x} = \lim\limits_{\Delta x \to 0} \dfrac{\sin(x+\Delta x) - \sin x}{\Delta x}$

$= \lim\limits_{\Delta x \to 0} \dfrac{2\cos\left(x+\dfrac{\Delta x}{2}\right)\sin\dfrac{\Delta x}{2}}{\Delta x}$

$= \lim\limits_{\Delta x \to 0} \left[\cos\left(x+\dfrac{\Delta x}{2}\right) \cdot \dfrac{\sin\dfrac{\Delta x}{2}}{\dfrac{\Delta x}{2}}\right] = \cos x,$

即 $(\sin x)' = \cos x.$

类似地,有 $(\cos x)' = -\sin x.$

例 5 求对数函数 $y = \log_a x (a > 0$ 且 $a \neq 1)$ 的导数.

解 $y' = \lim\limits_{\Delta x \to 0} \dfrac{\Delta y}{\Delta x} = \lim\limits_{\Delta x \to 0} \dfrac{\log_a(x+\Delta x) - \log_a x}{\Delta x}$

$= \lim\limits_{\Delta x \to 0} \dfrac{\log_a\left(1+\dfrac{\Delta x}{x}\right)}{\Delta x} = \lim\limits_{\Delta x \to 0} \dfrac{1}{x}\log_a\left(1+\dfrac{\Delta x}{x}\right)^{\frac{x}{\Delta x}}$

$= \dfrac{1}{x}\log_a e = \dfrac{1}{x\ln a},$

即

$$(\log_a x)' = \dfrac{1}{x\ln a}.$$

特别地,当 $a = e$ 时,即得 $(\ln x)' = \dfrac{1}{x}.$

例 6 求幂函数 $y = x^n (n$ 是正整数$)$ 的导数.

解 $y' = \lim\limits_{\Delta x \to 0} \dfrac{\Delta y}{\Delta x} = \lim\limits_{\Delta x \to 0} \dfrac{(x+\Delta x)^n - x^n}{\Delta x},$

利用二项式定理将 $(x+\Delta x)^n$ 展开有

$$(x+\Delta x)^n = x^n + nx^{n-1}\Delta x + \dfrac{n(n-1)}{2!}x^{n-2}(\Delta x)^2 + \cdots + (\Delta x)^n,$$

代入上式,于是得

$y' = \lim\limits_{\Delta x \to 0}\left[nx^{n-1} + \dfrac{n(n-1)}{2!}x^{n-2}\Delta x + \cdots + (\Delta x)^{n-1}\right]$

$= nx^{n-1},$

即 $(x^n)' = nx^{n-1}$.

事实上，对任意实数 μ，都有 $(x^\mu)' = \mu x^{\mu-1}$ 成立，见本章第二节例 10. 这是幂函数的导数公式.

利用导数定义（或下一节中的反函数的求导法则），可以得到

$(c)' = 0$（c 为常数）；

$(a^x)' = a^x \ln a$（其中 $a > 0$ 且 $a \neq 1$）；

$(e^x)' = e^x$.

三、导数的几何意义

由引例 1 可知，函数 $y = f(x)$ 在点 x_0 处的导数 $f'(x_0)$ 在几何上就表示了曲线 $y = f(x)$ 在点 $(x_0, f(x_0))$ 处切线的斜率.

由导数的几何意义及直线的点斜式方程，可知曲线 $y = f(x)$ 上点 (x_0, y_0) 处的切线方程为

$$y - y_0 = f'(x_0)(x - x_0);$$

曲线 $y = f(x)$ 上点 (x_0, y_0) 处的法线方程为

$$y - y_0 = -\frac{1}{f'(x_0)}(x - x_0);$$

其中 $f'(x_0) \neq 0$，$f'(x_0) \neq \infty$.

例 7 求曲线 $y = x^2$ 上点 $(1, 1)$ 处的切线方程及法线方程.

解 由导数的几何意义及例 2 可知，曲线 $y = x^2$ 上点 $(1, 1)$ 处的切线斜率为 $f'(1) = 2$，故切线方程为

$$y - 1 = 2(x - 1),$$

即 $2x - y - 1 = 0$；法线方程为

$$y - 1 = -\frac{1}{2}(x - 1),$$

即 $x + 2y - 3 = 0$.

四、左导数与右导数

定义 2.3 如果极限 $\lim\limits_{x \to x_0^-} \dfrac{f(x) - f(x_0)}{x - x_0}$ 存在，则称此极限值为 $f(x)$ 在点

x_0 处的左导数,记作 $f'_-(x_0)$,即

$$f'_-(x_0) = \lim_{x \to x_0^-} \frac{f(x) - f(x_0)}{x - x_0}.$$

如果极限 $\lim\limits_{x \to x_0^+} \dfrac{f(x) - f(x_0)}{x - x_0}$ 存在,则称此极限值为 $f(x)$ 在点 x_0 处的右导数,记作 $f'_+(x_0)$,即

$$f'_+(x_0) = \lim_{x \to x_0^+} \frac{f(x) - f(x_0)}{x - x_0}.$$

显然,$f(x)$ 在点 x_0 处可导的充要条件是 $f(x)$ 在 x_0 处的左右导数存在且相等,即

$$f'(x_0) = A \Leftrightarrow f'_-(x_0) = f'_+(x_0) = A.$$

如果函数 $f(x)$ 在开区间 (a, b) 内可导,且 $f'_+(a)$ 与 $f'_-(b)$ 存在,则称 $f(x)$ 在 $[a, b]$ 上可导.

例8 设 $f(x) = \begin{cases} \ln(1+x) & (-1 < x < 0), \\ \sqrt{1+x} - \sqrt{1-x} & (0 \leqslant x < 1), \end{cases}$ 求 $f'(0)$.

解 $f'_-(0) = \lim\limits_{x \to 0^-} \dfrac{f(x) - f(0)}{x - 0} = \lim\limits_{x \to 0^-} \dfrac{\ln(1+x)}{x} = 1,$

$f'_+(0) = \lim\limits_{x \to 0^+} \dfrac{f(x) - f(0)}{x - 0} = \lim\limits_{x \to 0^+} \dfrac{\sqrt{1+x} - \sqrt{1-x}}{x} = 1,$

因此,$f'(0) = 1$.

例9 设 $f(x) = \begin{cases} x^2 & (x < 0), \\ 2x & (x \geqslant 0), \end{cases}$ 试判断 $f(x)$ 在 $x = 0$ 处是否可导?

解 $f'_-(0) = \lim\limits_{x \to 0^-} \dfrac{f(x) - f(0)}{x - 0} = \lim\limits_{x \to 0^-} \dfrac{x^2}{x} = \lim\limits_{x \to 0^-} x = 0,$

$f'_+(0) = \lim\limits_{x \to 0^+} \dfrac{f(x) - f(0)}{x - 0} = \lim\limits_{x \to 0^+} \dfrac{2x}{x} = 2,$

可见 $f'_-(0) \neq f'_+(0)$,所以 $f(x)$ 在 $x = 0$ 处不可导.

以上例子说明,如果 $x = x_0$ 是分段函数 $f(x)$ 的分段点,且 $f(x)$ 在点 x_0 左、右两侧的表达式不同,那么应该按导数的定义先求 $f'_-(x_0)$ 与 $f'_+(x_0)$,然后由 $f'_-(x_0)$ 与 $f'_+(x_0)$ 是否相等,判别 $f'(x_0)$ 是否存在.

五、函数可导与连续的关系

定理 2.1 若函数 $y=f(x)$ 在点 x_0 处可导,则函数 $y=f(x)$ 在点 x_0 处连续.

证明 由于 $y=f(x)$ 在点 x_0 处可导,即有

$$\lim_{\Delta x \to 0} \frac{\Delta y}{\Delta x} = \lim_{\Delta x \to 0} \frac{f(x_0+\Delta x)-f(x_0)}{\Delta x} = f'(x_0),$$

于是

$$\lim_{\Delta x \to 0} \Delta y = \lim_{\Delta x \to 0}\left(\frac{\Delta y}{\Delta x} \cdot \Delta x\right) = \lim_{\Delta x \to 0} \frac{\Delta y}{\Delta x} \cdot \lim_{\Delta x \to 0} \Delta x = f'(x_0) \cdot 0 = 0.$$

这就证明了函数 $y=f(x)$ 在点 x_0 处连续.

这个定理的逆命题不成立,即如果函数 $y=f(x)$ 在点 x_0 处连续,但它在点 x_0 处不一定可导. 例如,$y=|x|$,它在 $x=0$ 处连续,但不可导.

可见,"函数在点 x_0 处连续"是"函数在点 x_0 处可导"的必要条件.

例 10 讨论函数 $f(x)=\begin{cases} x\sin\dfrac{1}{x} & (x \neq 0) \\ 0 & (x=0) \end{cases}$ 在 $x=0$ 处的连续性与可导性.

解 因为 $f(0)=0$,而

$$\lim_{x \to 0} f(x) = \lim_{x \to 0} x\sin\frac{1}{x} = 0,$$

所以 $f(x)$ 在 $x=0$ 处连续.

又因为

$$f'(0) = \lim_{x \to 0} \frac{f(x)-f(0)}{x-0} = \lim_{x \to 0} \frac{x\sin\dfrac{1}{x}-0}{x} = \lim_{x \to 0} \sin\frac{1}{x},$$

此极限不存在,所以 $f(x)$ 在 $x=0$ 处不可导.

例 11 讨论函数 $f(x)=\begin{cases} x^2+x & (x \leqslant 1) \\ 2x^3 & (x>1) \end{cases}$ 在 $x=1$ 处的连续性与可导性.

解 $x=1$ 是分段函数的分段点,且其左、右两侧的表达式不同,故讨论其连续性与可导性时,需对其左右两侧情况加以讨论.

因为 $f(1)=2$,而

$$\lim_{x\to 1^-}f(x) = \lim_{x\to 1^-}(x^2+x) = 2,\ \lim_{x\to 1^+}f(x) = \lim_{x\to 1^+}2x^3 = 2,$$

由 $\lim_{x\to 1^-}f(x) = \lim_{x\to 1^+}f(x) = 2$ 知

$$\lim_{x\to 1}f(x) = 2 = f(1),$$

所以函数 $f(x)$ 在 $x=1$ 处连续.

再讨论其可导性.

左导数 $f'_-(1) = \lim\limits_{x\to 1^-}\dfrac{f(x)-f(1)}{x-1} = \lim\limits_{x\to 1^-}\dfrac{x^2+x-2}{x-1}$

$= \lim\limits_{x\to 1^-}\dfrac{(x-1)(x+2)}{x-1} = \lim\limits_{x\to 1^-}(x+2) = 3,$

右导数 $f'_+(1) = \lim\limits_{x\to 1^+}\dfrac{f(x)-f(1)}{x-1} = \lim\limits_{x\to 1^+}\dfrac{2x^3-2}{x-1}$

$= \lim\limits_{x\to 1^+}\dfrac{2(x-1)(x^2+x+1)}{x-1} = \lim\limits_{x\to 1^+}2(x^2+x+1) = 6,$

因此 $f'_-(1) \neq f'_+(1)$,所以函数 $f(x)$ 在 $x=1$ 处不可导.

综上,函数 $f(x)$ 在 $x=1$ 处连续,但不可导.

例 12 设 $f(x) = \begin{cases} e^x & (x \leqslant 0), \\ x^2+ax+b & (x > 0), \end{cases}$ 问 a,b 取何值时,函数 $f(x)$ 在 $x=0$ 处可导?

解 $f(x)$ 在 $x=0$ 处可导,其必要条件是 $f(x)$ 在 $x=0$ 处连续,即

$$\lim_{x\to 0^-}f(x) = \lim_{x\to 0^+}f(x) = f(0).$$

因为 $f(0) = 1$,$\lim\limits_{x\to 0^-}f(x) = \lim\limits_{x\to 0^-}e^x = 1$,

$$\lim_{x\to 0^+}f(x) = \lim_{x\to 0^+}(x^2+ax+b) = b,$$

所以 $b=1$. 又

$$f'_-(0) = \lim_{x\to 0^-}\frac{f(x)-f(0)}{x-0} = \lim_{x\to 0^-}\frac{e^x-1}{x-0} = 1,$$

$$f'_+(0) = \lim_{x\to 0^+}\frac{f(x)-f(0)}{x-0} = \lim_{x\to 0^+}\frac{x^2+ax+1-1}{x} = a,$$

若要 $f(x)$ 在 $x=0$ 处可导,只有 $a=1$.

综上,当 $a=1,b=1$ 时,函数 $f(x)$ 在 $x=0$ 处可导.

根据定理 2.1,如果已经知道函数在某点处不连续,则立即可得出函数在该

点不可导的结论了.

例 13 判别函数 $f(x) = \begin{cases} 3x+1 & (x \leqslant 0) \\ 5^x+1 & (x > 0) \end{cases}$ 在 $x=0$ 处是否连续,是否可导.

解 因为 $\lim\limits_{x \to 0^-} f(x) = \lim\limits_{x \to 0^-}(3x+1) = 1,$

$$\lim\limits_{x \to 0^+} f(x) = \lim\limits_{x \to 0^+}(5^x+1) = 2,$$

可见 $\lim\limits_{x \to 0} f(x)$ 不存在,因此 $f(x)$ 在 $x=0$ 处不连续,当然 $f(x)$ 在 $x=0$ 处也不可导.

§2.2 导数的基本公式与运算法则

导数的定义不仅阐明了导数概念的实质,也给出了求函数 $y=f(x)$ 导数的方法.在上节中,我们已经由此得到了几个函数的导数公式,但如果对每一个函数,都直接用定义去求它的导数,那将是极为复杂和非常困难的,所以需要找到一些基本的导数公式与运算法则,借助它们来解决导数的计算.

一、函数和、差、积、商的求导法则

定理 2.2 若函数 $u(x)$ 与 $v(x)$ 在点 x 处可导,则函数 $y=u(x) \pm v(x)$ 在点 x 处也可导,且有

$$[u(x) \pm v(x)]' = u'(x) \pm v'(x).$$

证明 当自变量 x 有改变量 Δx 时,函数 $u(x)$ 与 $v(x)$ 也分别取得改变量 Δu 与 Δv,于是函数 y 的改变量为

$$\Delta y = [(u+\Delta u) \pm (v+\Delta v)] - (u \pm v)$$
$$= \Delta u \pm \Delta v,$$

已知 $u(x)$ 与 $v(x)$ 在点 x 处可导,则

$$\lim\limits_{\Delta x \to 0} \frac{\Delta u}{\Delta x} = u'(x), \ \lim\limits_{\Delta x \to 0} \frac{\Delta v}{\Delta x} = v'(x),$$

因此

$$y' = \lim\limits_{\Delta x \to 0} \frac{\Delta y}{\Delta x} = \lim\limits_{\Delta x \to 0} \frac{\Delta u \pm \Delta v}{\Delta x} = \lim\limits_{\Delta x \to 0} \frac{\Delta u}{\Delta x} \pm \lim\limits_{\Delta x \to 0} \frac{\Delta v}{\Delta x} = u'(x) \pm v'(x),$$

即
$$[u(x) \pm v(x)]' = u'(x) \pm v'(x).$$

这个结果可推广到有限个可导函数代数和的导数,即
$$[u_1(x) \pm u_2(x) \pm \cdots \pm u_k(x)]' = u_1'(x) \pm u_2'(x) \pm \cdots \pm u_k'(x).$$

例1 设 $y = x^3 - \sin x + 2^x - \ln x + 3\cos 4$,求 y'.

解
$$\begin{aligned}
y' &= (x^3)' - (\sin x)' + (2^x)' - (\ln x)' + (3\cos 4)' \\
&= 3x^2 - \cos x + 2^x \ln 2 - \frac{1}{x} + 0 \\
&= 3x^2 - \cos x + 2^x \ln 2 - \frac{1}{x}.
\end{aligned}$$

定理 2.3 若函数 $u(x)$ 与 $v(x)$ 在点 x 处可导,则函数 $y = u(x) \cdot v(x)$ 在点 x 处也可导,且有
$$[u(x) \cdot v(x)]' = u'(x) \cdot v(x) + u(x) \cdot v'(x).$$

证明 当自变量 x 有改变量 Δx 时,函数 $u(x)$ 与 $v(x)$ 也分别取得改变量 Δu 与 Δv,于是函数 $y = u(x) \cdot v(x)$ 的改变量为
$$\begin{aligned}
\Delta y &= (u + \Delta u)(v + \Delta v) - u \cdot v \\
&= \Delta u \cdot v + u \Delta v + \Delta u \cdot \Delta v,
\end{aligned}$$

于是
$$y' = \lim_{\Delta x \to 0} \frac{\Delta y}{\Delta x} = \lim_{\Delta x \to 0} \left(\frac{\Delta u}{\Delta x} \cdot v + u \frac{\Delta v}{\Delta x} + \frac{\Delta u}{\Delta x} \cdot \Delta v \right).$$

已知 $u(x)$ 与 $v(x)$ 在点 x 处可导,则
$$\lim_{\Delta x \to 0} \frac{\Delta u}{\Delta x} = u'(x),$$

$$\lim_{\Delta x \to 0} \frac{\Delta v}{\Delta x} = v'(x),$$

又由于可导必连续,故当 $\Delta x \to 0$ 时,$\Delta v \to 0$,因此
$$y' = u'(x)v(x) + u(x)v'(x),$$

即
$$[u(x) \cdot v(x)]' = u'(x)v(x) + u(x)v'(x).$$

特别地，当 $u(x) = c$ (c 为常数) 时，有
$$(cv)' = cv',$$
这表明了常数因子可移到导数符号的外面.

这个公式可推广到有限个可导函数乘积的导数，即
$$(u_1 \cdot u_2 \cdot \cdots \cdot u_k)' = u_1' \cdot u_2 \cdot \cdots \cdot u_k + u_1 \cdot u_2' \cdot \cdots \cdot u_k + \cdots + u_1 \cdot u_2 \cdot \cdots \cdot u_k'.$$

例 2 求 $y = (3 + 2x)(5x^3 - 3x^2)$ 的导数.

解 $y' = (3 + 2x)'(5x^3 - 3x^2) + (3 + 2x)(5x^3 - 3x^2)'$
$= 2 \cdot (5x^3 - 3x^2) + (3 + 2x) \cdot (15x^2 - 6x)$
$= 40x^3 + 27x^2 - 18x.$

例 3 求 $y = x^2 \cdot \sin x \cdot e^x$ 的导数.

解 $y' = (x^2 \cdot \sin x \cdot e^x)'$
$= (x^2)' \cdot \sin x \cdot e^x + x^2 \cdot (\sin x)' \cdot e^x + x^2 \cdot \sin x \cdot (e^x)'$
$= 2x \sin x \cdot e^x + x^2 \cdot \cos x \cdot e^x + x^2 \sin x \cdot e^x.$

定理 2.4 若函数 $u(x)$ 与 $v(x)$ 在点 x 处可导，且 $v(x) \neq 0$，则函数 $y = \dfrac{u(x)}{v(x)}$ 在点 x 处也可导，且有

$$\left[\frac{u(x)}{v(x)}\right]' = \frac{u'(x) \cdot v(x) - u(x) \cdot v'(x)}{v^2(x)}.$$

证明 当自变量 x 有改变量 Δx 时，函数 $u(x)$ 与 $v(x)$ 也分别取得改变量 Δu 与 Δv，于是函数 $y = \dfrac{u(x)}{v(x)}$ 的改变量为

$$\Delta y = \frac{u + \Delta u}{v + \Delta v} - \frac{u}{v} = \frac{v \Delta u - u \Delta v}{(v + \Delta v) \cdot v},$$

于是

$$y' = \lim_{\Delta x \to 0} \frac{\Delta y}{\Delta x} = \lim_{\Delta x \to 0} \frac{v \dfrac{\Delta u}{\Delta x} - u \dfrac{\Delta v}{\Delta x}}{(v + \Delta v) \cdot v}.$$

已知 $u(x)$ 与 $v(x)$ 在点 x 处可导，则

$$\lim_{\Delta x \to 0} \frac{\Delta u}{\Delta x} = u'(x),$$

$$\lim_{\Delta x \to 0} \frac{\Delta v}{\Delta x} = v'(x),$$

又因为可导必连续,故当 $\Delta x \to 0$ 时,$\Delta v \to 0$,所以

$$y' = \frac{u' \cdot v - u v'}{v^2},$$

即

$$\left[\frac{u(x)}{v(x)}\right]' = \frac{u'(x) \cdot v(x) - u(x) \cdot v'(x)}{v^2(x)}.$$

特别地,当 $u(x) = 1$ 时,有

$$\left[\frac{1}{v(x)}\right]' = -\frac{v'(x)}{v^2(x)}.$$

例 4 求正切函数 $y = \tan x$ 的导数.

解 $(\tan x)' = \left(\frac{\sin x}{\cos x}\right)'$

$= \frac{(\sin x)' \cdot \cos x - \sin x \cdot (\cos x)'}{(\cos x)^2}$

$= \frac{\cos x \cdot \cos x - \sin x \cdot (-\sin x)}{\cos^2 x}$

$= \frac{1}{\cos^2 x} = \sec^2 x,$

类似地,可求得

$$(\cot x)' = -\frac{1}{\sin^2 x} = -\csc^2 x.$$

例 5 求正割函数 $y = \sec x$ 的导数.

解 $(\sec x)' = \left(\frac{1}{\cos x}\right)' = -\frac{(\cos x)'}{\cos^2 x}$

$= -\frac{-\sin x}{\cos^2 x} = \sec x \cdot \tan x.$

类似地,可求得

$$(\csc x)' = -\csc x \cdot \cot x.$$

例 6 设 $f(x) = \frac{\ln x}{x^2}$,求 $f'(e)$.

解 $f'(x) = \dfrac{(\ln x)' \cdot x^2 - \ln x \cdot (x^2)'}{x^4} = \dfrac{\dfrac{1}{x} \cdot x^2 - \ln x \cdot 2x}{x^4} = \dfrac{1 - 2\ln x}{x^3},$

于是

$$f'(e) = f'(x)|_{x=e} = -\dfrac{1}{e^3}.$$

二、反函数的求导法则

定理 2.5 设函数 $x = \varphi(y)$ 在某一区间内单调、可导,且 $\varphi'(y) \neq 0$,则它的反函数 $y = f(x)$ 在对应区间内也单调可导,且有

$$f'(x) = \dfrac{1}{\varphi'(y)}.$$

证明 由于 $x = \varphi(y)$ 在某一区间内单调,可知它的反函数 $y = f(x)$ 在其对应区间内也单调,于是

$$\text{当 } \Delta x \neq 0 \text{ 时}, \Delta y = f(x + \Delta x) - f(x) \neq 0,$$

因此

$$\dfrac{\Delta y}{\Delta x} = \dfrac{1}{\dfrac{\Delta x}{\Delta y}}.$$

又由于 $x = \varphi(y)$ 在某一区间内可导,显然连续,于是其反函数 $y = f(x)$ 在对应区间内也连续,即有当 $\Delta x \to 0$ 时, $\Delta y \to 0$,又由 $\varphi'(y) \neq 0$,从而有

$$f'(x) = \lim_{\Delta x \to 0} \dfrac{\Delta y}{\Delta x} = \lim_{\Delta x \to 0} \dfrac{1}{\dfrac{\Delta x}{\Delta y}} = \dfrac{1}{\lim_{\Delta y \to 0} \dfrac{\Delta x}{\Delta y}} = \dfrac{1}{\varphi'(y)},$$

即

$$f'(x) = \dfrac{1}{\varphi'(y)}.$$

简单地说就是:反函数的导数等于已知函数导数的倒数.

例 7 求指数函数 $y = a^x (a > 0, a \neq 1)$ 的导数.

解 设 $x = \log_a y$ 为已知函数,则 $y = a^x$ 是它的反函数. 由于函数 $x = \log_a y$ 在 $(0, +\infty)$ 内单调、可导,且

$$(\log_a y)' = \frac{1}{y \ln a} \neq 0,$$

因此 $y = a^x$ 在 $(-\infty, +\infty)$ 内单调可导,且有

$$y' = (a^x)' = \frac{1}{(\log_a x)'} = \frac{1}{1/(y\ln a)} = y\ln a = a^x \ln a,$$

即

$$(a^x)' = a^x \ln a.$$

特别,当 $a = e$ 时,$(e^x)' = e^x$.

例 8 求反正弦函数 $y = \arcsin x (-1 < x < 1)$ 的导数.

解 设 $x = \sin y$ 为已知函数,则 $y = \arcsin x$ 是它的反函数. 由于 $x = \sin y$ 在 $\left(-\frac{\pi}{2}, \frac{\pi}{2}\right)$ 内单调、可导,且 $(\sin y)' = \cos y \neq 0$,因此 $y = \arcsin x$ 在 $(-1, 1)$ 内单调可导,且有

$$(\arcsin x)' = \frac{1}{(\sin y)'} = \frac{1}{\cos y} = \frac{1}{\sqrt{1 - \sin^2 y}} = \frac{1}{\sqrt{1-x^2}},$$

即

$$(\arcsin x)' = \frac{1}{\sqrt{1-x^2}},$$

类似地,可得

$$(\arccos x)' = -\frac{1}{\sqrt{1-x^2}}.$$

例 9 求反正切函数 $y = \arctan x$ 的导数.

解 设 $x = \tan y$ 是已知函数,则 $y = \arctan x$ 是它的反函数,由于 $x = \tan y$ 在 $\left(-\frac{\pi}{2}, \frac{\pi}{2}\right)$ 内单调、可导,且 $(\tan y)' = \sec^2 y > 0$,因此 $y = \arctan x$ 在 $(-\infty, +\infty)$ 内单调可导,且有

$$(\arctan x)' = \frac{1}{(\tan y)'} = \frac{1}{\sec^2 y} = \frac{1}{1 + \tan^2 y} = \frac{1}{1+x^2},$$

即

$$(\arctan x)' = \frac{1}{1+x^2},$$

类似地,可得

$$(\text{arccot } x)' = -\frac{1}{1+x^2}.$$

三、复合函数的求导法则

定理 2.6 设函数 $y = f(u)$ 与 $u = \varphi(x)$ 构成复合函数 $y = f[\varphi(x)]$,若 $u = \varphi(x)$ 在点 x 处可导,$y = f(u)$ 在对应点 u 处可导,则复合函数 $y = f[\varphi(x)]$ 在点 x 处也可导,且有

$$\{f[\varphi(x)]\}' = f'(u) \cdot \varphi'(x) \text{ 或 } \frac{\mathrm{d}y}{\mathrm{d}x} = \frac{\mathrm{d}y}{\mathrm{d}u} \cdot \frac{\mathrm{d}u}{\mathrm{d}x}.$$

证明 设 x 取得改变量 Δx,此时 u 取得相应的改变量 Δu,从而 y 取得相应改变量 Δy. 由于函数 $y = f(u)$ 在点 u 处可导,即有

$$\lim_{\Delta u \to 0} \frac{\Delta y}{\Delta u} = f'(u),$$

因此

$$\frac{\Delta y}{\Delta u} = f'(u) + \alpha,$$

其中 $\lim_{\Delta u \to 0} \alpha = 0$.

两边同乘以 Δu(当 $\Delta u \neq 0$ 时),得到

$$\Delta y = f'(u) \cdot \Delta u + \alpha \cdot \Delta u.$$

因 u 是中间变量,所以 Δu 可能为零,但当 $\Delta u = 0$ 时,显然 $\Delta y = f(u + \Delta u) - f(u) = 0$,而上式右边不论 α 为任何确定数时也为零,故不论 Δu 是否为零上式都成立.

现用 $\Delta x \neq 0$ 同除上式两边,得到

$$\frac{\Delta y}{\Delta x} = f'(u) \frac{\Delta u}{\Delta x} + \alpha \frac{\Delta u}{\Delta x},$$

再令 $\Delta x \to 0$,这时 $\Delta u \to 0$(也可能取零),从而

$$\alpha \to 0 \text{ 及 } \frac{\Delta u}{\Delta x} \to \varphi'(x),$$

于是可得

$$\lim_{\Delta x \to 0} \frac{\Delta y}{\Delta x} = f'(u) \cdot \varphi'(x),$$

即复合函数 $y = f[\varphi(x)]$ 可导,且
$$\{f[\varphi(x)]\}' = f'(u) \cdot \varphi'(x).$$

也就是说,复合函数的导数等于函数对中间变量的导数乘以中间变量对自变量的导数.

复合函数的求导法则可以推广到任意有限个函数构成的复合函数,例如设 $y = f(u)$,$u = \varphi(v)$,$v = \psi(x)$ 构成复合函数,且它们都可导,则 $y = f\{\varphi[\psi(x)]\}$ 也可导,且

$$\frac{dy}{dx} = \frac{dy}{du} \cdot \frac{du}{dv} \cdot \frac{dv}{dx} = f'(u) \cdot \varphi'(v) \cdot \psi'(x).$$

例 10 求幂函数 $y = x^\mu$(μ 为任意实数)的导数.

解 $y = x^\mu = e^{\mu \ln x}$ 可看作由 $y = e^u$,$u = \mu \ln x$ 复合而成,于是

$$\frac{dy}{dx} = \frac{dy}{du} \cdot \frac{du}{dx} = e^u \cdot \mu \cdot \frac{1}{x} = e^{\mu \ln x} \cdot \mu \cdot \frac{1}{x} = x^\mu \cdot \mu \cdot \frac{1}{x} = \mu x^{\mu-1},$$

所以 $(x^\mu)' = \mu x^{\mu-1}$.

例 11 设 $y = (2x+3)^{50}$,求 y'.

解 $y = (2x+3)^{50}$ 由 $y = u^{50}$,$u = 2x+3$ 复合而成,由于

$$\frac{dy}{du} = 50u^{49}, \frac{du}{dx} = 2,$$

于是

$$y' = \frac{dy}{du} \cdot \frac{du}{dx} = 50u^{49} \cdot 2 = 100(2x+3)^{49}.$$

例 12 设 $y = \sin \frac{1}{x}$,求 y'.

解 $y = \sin \frac{1}{x}$ 由 $y = \sin u$,$u = \frac{1}{x}$ 复合而成,由于

$$\frac{dy}{du} = \cos u, \frac{du}{dx} = -\frac{1}{x^2},$$

于是

$$y' = \frac{dy}{du} \cdot \frac{du}{dx} = \cos u \cdot \left(-\frac{1}{x^2}\right) = \cos \frac{1}{x} \cdot \left(-\frac{1}{x^2}\right) = -\frac{1}{x^2} \cos \frac{1}{x}.$$

例 13 已知 $y = \cot[\ln(2+x^3)]$,求 y'.

解 $y = \cot u$, $u = \ln v$, $v = 2 + x^3$, 则有

$$\frac{dy}{du} = -\csc^2 u, \quad \frac{du}{dv} = \frac{1}{v}, \quad \frac{dv}{dx} = 3x^2,$$

因此

$$\frac{dy}{dx} = \frac{dy}{du} \cdot \frac{du}{dv} \cdot \frac{dv}{dx} = -\csc^2 u \cdot \frac{1}{v} \cdot 3x^2$$

$$= -\csc^2 \ln(2 + x^3) \cdot \frac{1}{2 + x^3} \cdot 3x^2.$$

以后为了书写的简便,中间变量不必写出,只须直接根据复合函数的求导法则,即由表及里、逐层求出导数再连乘就可以得到结论.

例14 设 $y = \ln \arctan \frac{1}{x}$, 求 y'.

解 $y' = \left(\ln \arctan \frac{1}{x}\right)' = \frac{1}{\arctan \frac{1}{x}} \cdot \left(\arctan \frac{1}{x}\right)'$

$$= \frac{1}{\arctan \frac{1}{x}} \cdot \frac{1}{1 + \left(\frac{1}{x}\right)^2} \cdot \left(\frac{1}{x}\right)'$$

$$= \frac{1}{\arctan \frac{1}{x}} \cdot \frac{1}{1 + \left(\frac{1}{x}\right)^2} \cdot \left(-\frac{1}{x^2}\right)$$

$$= -\frac{1}{(1 + x^2)\arctan \frac{1}{x}}.$$

例15 设 $y = \ln(x + \sqrt{x^2 + a^2})$, 求 y'.

解 $y' = \frac{1}{x + \sqrt{x^2 + a^2}} \cdot (x + \sqrt{x^2 + a^2})'$

$$= \frac{1}{x + \sqrt{x^2 + a^2}} \left[1 + \frac{1}{2\sqrt{x^2 + a^2}} \cdot (x^2 + a^2)'\right]$$

$$= \frac{1}{x + \sqrt{x^2 + a^2}} \left(1 + \frac{x}{\sqrt{x^2 + a^2}}\right) = \frac{1}{\sqrt{x^2 + a^2}}.$$

例16 设 $y = x(\sin \ln x + \cos \ln x)$, 求 y'.

解 由乘积的求导法则得

$$y = x' \cdot (\sin \ln x + \cos \ln x) + x \cdot (\sin \ln x + \cos \ln x)'$$
$$= (\sin \ln x + \cos \ln x) + x \cdot [\cos \ln x \cdot (\ln x)' - \sin \ln x \cdot (\ln x)']$$
$$= (\sin \ln x + \cos \ln x) + (\cos \ln x - \sin \ln x)$$
$$= 2\cos \ln x.$$

例 17 设 $f(x) = \left(\dfrac{2x+1}{2-x}\right)^n$，求 $f'(x)$.

解 $f'(x) = n\left(\dfrac{2x+1}{2-x}\right)^{n-1} \cdot \left(\dfrac{2x+1}{2-x}\right)'$
$= n\left(\dfrac{2x+1}{2-x}\right)^{n-1} \cdot \dfrac{(2x+1)' \cdot (2-x) - (2x+1) \cdot (2-x)'}{(2-x)^2}$
$= n\left(\dfrac{2x+1}{2-x}\right)^{n-1} \cdot \dfrac{5}{(2-x)^2} = \dfrac{5n(2x+1)^{n-1}}{(2-x)^{n+1}}.$

例 18 设 $y = f(e^{-3x})$，其中 $f(u)$ 可导，求 $\dfrac{dy}{dx}$.

解 $\dfrac{dy}{dx} = [f(e^{-3x})]' = f'(e^{-3x}) \cdot (e^{-3x})' = f'(e^{-3x}) \cdot e^{-3x} \cdot (-3x)'$
$= f'(e^{-3x}) \cdot e^{-3x} \cdot (-3) = -3e^{-3x} f'(e^{-3x}).$

应当注意，例 18 中的记号 $[f(e^{-3x})]'$ 表示函数 $f(e^{-3x})$ 对自变量 x 的导数，即 $\dfrac{dy}{dx}$，而记号 $f'(e^{-3x})$ 表示函数 $f(u)$ 对 u 的导数，其中 $u = e^{-3x}$. 因此这两个记号要注意区分.

四、导数基本公式

为了便于记忆和使用，下面列出一些基本初等函数的求导公式与导数运算法则如下：

(1) $(c)' = 0$（c 为常数）；

(2) $(x^\mu)' = \mu x^{\mu-1}$（μ 为实数）；

(3) $(a^x)' = a^x \ln a$，$(e^x)' = e^x$；

(4) $(\log_a x)' = \dfrac{1}{x \ln a}$，$(\ln x)' = \dfrac{1}{x}$；

(5) $(\sin x)' = \cos x$；

(6) $(\cos x)' = -\sin x$；

(7) $(\tan x)' = \sec^2 x = \dfrac{1}{\cos^2 x}$;

(8) $(\cot x)' = -\csc^2 x = -\dfrac{1}{\sin^2 x}$;

(9) $(\sec x)' = \sec x \cdot \tan x$;

(10) $(\csc x)' = -\csc x \cdot \cot x$;

(11) $(\arcsin x)' = \dfrac{1}{\sqrt{1-x^2}}$;

(12) $(\arccos x)' = -\dfrac{1}{\sqrt{1-x^2}}$;

(13) $(\arctan x)' = \dfrac{1}{1+x^2}$;

(14) $(\text{arccot}\, x)' = -\dfrac{1}{1+x^2}$;

(15) $(u+v)' = u' \pm v'$;

(16) $(u \cdot v)' = u' \cdot v + u \cdot v'$, $(c \cdot u)' = cu'$ (c 为常数);

(17) $\left(\dfrac{u}{v}\right)' = \dfrac{u' \cdot v - u \cdot v'}{v^2}$ ($v \neq 0$);

(18) $\dfrac{\mathrm{d}y}{\mathrm{d}x} = f'(u) \cdot \varphi'(x)$,其中 $y = f(u)$, $u = \varphi(x)$.

五、隐函数的导数

两个变量之间的对应关系如果由表达式 $y = f(x)$ 给出,当自变量取定义域内任一值时,由这个式子能确定对应的函数值,则这种形式的函数叫做显函数,例如 $y = \mathrm{e}^{\sin x}$, $y = \arctan \dfrac{1}{x}$ 等等. 两个变量间的对应关系如果由一个方程 $F(x, y) = 0$ 所确定,则这种形式的函数叫做隐函数. 也就是说,如果在方程 $F(x, y) = 0$ 中,当 x 取某区间内的任一确定值时,相应地总有满足方程的唯一的 y 值存在,那么就称方程 $F(x, y) = 0$ 在该区间上确定了 y 是 x 的一个隐函数.

可以利用复合函数求导法则来求出隐函数的导数. 例如,由方程 $y - x^3 + \mathrm{e}^y = 0$ 确定了 y 是 x 的一个隐函数,为了求 y 对 x 的导数,我们将方程两边对 x 求导,则有
$$y' - 3x^2 + \mathrm{e}^y \cdot y' = 0,$$
即得到 $y' = \dfrac{3x^2}{1+\mathrm{e}^y}$.

由此可见，隐函数的求导方法是：在方程两边同时对自变量 x 求导(注意 y 是 x 的函数)，即可得到一个含 y' 的方程，从中解出 y'，即为所求隐函数的导数.

在隐函数导数的结果中，既含有自变量 x，又含有因变量 y，通常不能也无需求得只含自变量的表达式.

例 19 已知方程 $y^2 = x\ln y$ 确定了 y 是 x 的函数，求 y'.

解 方程两边对 x 求导，得

$$2yy' = \ln y + x \cdot \frac{1}{y} \cdot y',$$

解得

$$y' = \frac{y\ln y}{2y^2 - x}.$$

例 20 已知方程 $x^2 + xy + y^2 = 4$ 确定了隐函数 $y = f(x)$，求曲线 $y = f(x)$ 上点 $(2, -2)$ 处的切线方程.

解 方程两边对 x 求导，得

$$2x + y + xy' + 2y \cdot y' = 0,$$

解得

$$y' = -\frac{2x + y}{x + 2y},$$

可见，在点 $(2, -2)$ 处的切线斜率为

$$k_{切} = y'\Big|_{x=2} = -\frac{2x+y}{x+2y}\Big|_{(2,-2)} = 1,$$

因此，所求的切线方程为 $y - (-2) = 1 \cdot (x - 2)$，即

$$y = x - 4.$$

六、对数求导法

这个方法适用于幂指函数(形如 $f(x)^{g(x)}$ 的函数)以及由多个因子积、商形式构成的函数.

例如，

$$y = (2 + x^2)^{\cos x}, \quad y = \sqrt{\frac{(x+1)(2x-1)^2}{(3x+4)^2}}.$$

对数求导法的具体方法是：先两边取以 e 为底的对数，并利用对数的性质化

简,再两边同时对自变量 x 求导数,然后求得 y'.

例 21 已知 $y=(3+x^2)^{\cos x}$,求 y'.

解 两边取对数,得
$$\ln y = \cos x \cdot \ln(3+x^2),$$

两边对 x 求导,得
$$\frac{1}{y} \cdot y' = -\sin x \cdot \ln(3+x^2) + \cos x \cdot \frac{2x}{3+x^2},$$

于是得到
$$y' = (3+x^2)^{\cos x}\left[-\sin x \ln(3+x^2) + \frac{2x\cos x}{3+x^2}\right].$$

例 22 设 $y = \sqrt[3]{\dfrac{(2x+1)(1-7x)^5}{(3x+4)^2}}$,求 y'.

解 两边取对数,得
$$\ln y = \frac{1}{3}[\ln(2x+1) + 5\ln(1-7x) - 2\ln(3x+4)],$$

两边对 x 求导,得
$$\frac{1}{y} \cdot y' = \frac{1}{3}\left[\frac{2}{2x+1} + 5 \cdot \frac{-7}{1-7x} - 2 \cdot \frac{3}{3x+4}\right],$$

于是得到
$$y' = \sqrt[3]{\frac{(2x+1)(1-7x)^5}{(3x+4)^2}} \cdot \frac{1}{3}\left[\frac{2}{2x+1} - \frac{35}{1-7x} - \frac{6}{3x+4}\right].$$

七、综合举例

例 23 设 $\arctan\dfrac{y}{x} = \ln\sqrt{x^2+y^2}$ 确定了 y 是 x 的函数,求 y'.

解 先将方程化简
$$\arctan\frac{y}{x} = \frac{1}{2}\ln(x^2+y^2),$$

方程两边对 x 求导,得

$$\frac{1}{1+\left(\frac{y}{x}\right)^2} \cdot \left(\frac{y}{x}\right)' = \frac{1}{2} \frac{1}{x^2+y^2} \cdot (x^2+y^2)',$$

即

$$\frac{1}{1+\left(\frac{y}{x}\right)^2} \cdot \frac{xy'-y}{x^2} = \frac{1}{2} \frac{1}{x^2+y^2} \cdot (2x+2yy'),$$

化简得

$$xy' - y = x + yy',$$

解得

$$y' = \frac{x+y}{x-y}.$$

例 24 设 $y = (\cos\sqrt{x})^4$, 求 $\lim\limits_{x \to 0^+} y'$.

解 $y' = 4(\cos\sqrt{x})^3 \cdot (\cos\sqrt{x})' = 4(\cos\sqrt{x})^3 \cdot (-\sin\sqrt{x}) \cdot (\sqrt{x})'$

$= 4(\cos\sqrt{x})^3 \cdot (-\sin\sqrt{x}) \cdot \frac{1}{2\sqrt{x}},$

所以

$$\lim_{x \to 0^+} y' = \lim_{x \to 0^+} \left[-2(\cos\sqrt{x})^3 \cdot \frac{\sin\sqrt{x}}{\sqrt{x}}\right]$$

$$= -2 \lim_{x \to 0^+} (\cos\sqrt{x})^3 \cdot \lim_{x \to 0^+} \frac{\sin\sqrt{x}}{\sqrt{x}} = -2.$$

例 25 设 $f(x) = \begin{cases} x-1 & (x \leqslant 0), \\ 2x & (0 < x \leqslant 1), \\ x^2+1 & (x > 1), \end{cases}$ 求 $f'(x)$.

解 当 $x < 0$ 时, $f'(x) = (x-1)' = 1$;

当 $0 < x < 1$ 时, $f'(x) = (2x)' = 2$;

当 $x > 1$ 时, $y' = (x^2+1)' = 2x$;

在 $x = 0$ 处, 因为 $f(0) = (x-1)|_{x=0} = -1,$

$$\lim_{x \to 0^-} f(x) = \lim_{x \to 0^-} (x-1) = -1,$$

$$\lim_{x \to 0^+} f(x) = \lim_{x \to 0^+} (2x) = 0,$$

所以 $f(x)$ 在 $x=0$ 处不连续，故 $f(x)$ 在 $x=0$ 处不可导，即 $f'(0)$ 不存在；
在 $x=1$ 处，$f(x)$ 连续，又因为

$$f'_-(1) = \lim_{x \to 1^-} \frac{f(x)-f(1)}{x-1} = \lim_{x \to 1^-} \frac{2x-2}{x-1} = 2,$$

$$f'_+(1) = \lim_{x \to 1^+} \frac{f(x)-f(1)}{x-1} = \lim_{x \to 1^+} \frac{x^2+1-2}{x-1} = 2,$$

所以 $f(x)$ 在 $x=1$ 处可导，且 $f'(1)=2$.
故

$$f'(x) = \begin{cases} 1 & (x<0), \\ 2 & (0<x\leqslant 1), \\ 2x & (x>1). \end{cases}$$

例 26 已知 $y = f\left(\dfrac{3x-2}{3x+2}\right)$，且 $f'(x)=x^2$，求 $\dfrac{dy}{dx}\Big|_{x=0}$.

解 $\dfrac{dy}{dx} = f'\left(\dfrac{3x-2}{3x+2}\right) \cdot \left(\dfrac{3x-2}{3x+2}\right)' = \left(\dfrac{3x-2}{3x+2}\right)^2 \cdot \dfrac{12}{(3x+2)^2},$

于是有 $\dfrac{dy}{dx}\Big|_{x=0} = 3$.

例 27 设球半径 R 以 2 厘米/秒的速度匀速增加，求当球半径 R 为 10 厘米时，其球体体积 V 增加的速度.

解 球的体积 $V = \dfrac{4}{3}\pi R^3$，由题意 $\dfrac{dR}{dt} = 2$，由

$$\frac{dV}{dt} = \frac{dV}{dR} \cdot \frac{dR}{dt} = \frac{4}{3}\pi \cdot 3R^2 \cdot \frac{dR}{dt},$$

得出

$$\frac{dV}{dt}\Big|_{R=10} = 800\pi.$$

答 当球半径 R 为 10 厘米时，其球体体积 V 增加的速度为 800π（立方厘米/秒）.

§2.3 高 阶 导 数

在很多问题中，不仅要研究函数 $y=f(x)$ 的导数，而且要研究导函数

$f'(x)$ 的导数.

一般地,函数 $y=f(x)$ 的导数 $y'=f'(x)$ 仍是 x 的函数,如果这个函数 $f'(x)$ 在点 x 处可导,则称它的导数为已知函数 $y=f(x)$ 的二阶导数,记作

$$y'',\ f''(x),\ \text{或}\ \frac{\mathrm{d}^2 y}{\mathrm{d}x^2},\ \frac{\mathrm{d}^2 f}{\mathrm{d}x^2}.$$

按导数定义,可以得出

$$f''(x)=\lim_{\Delta x\to 0}\frac{f'(x+\Delta x)-f'(x)}{\Delta x}.$$

类似地,二阶导数 y'' 的导数就称为函数 $f(x)$ 的三阶导数,记作

$$y''',\ f'''(x),\ \text{或}\ \frac{\mathrm{d}^3 y}{\mathrm{d}x^3},\ \frac{\mathrm{d}^3 f}{\mathrm{d}x^3}.$$

$y=f(x)$ 的 n 阶导数就是 $f(x)$ 的 $n-1$ 阶导数的导数,即

$$y^{(n)}=(y^{(n-1)})'.$$

函数 $f(x)$ 的 n 阶导数记作

$$y^{(n)},\ f^{(n)}(x),\ \text{或}\ \frac{\mathrm{d}^n y}{\mathrm{d}x^n},\ \frac{\mathrm{d}^n f}{\mathrm{d}x^n}.$$

二阶和二阶以上的导数统称为高阶导数. 函数 $f(x)$ 的各阶导数在点 $x=x_0$ 处的数值记为

$$y'(x_0),\ y''(x_0),\ \cdots,\ y^{(n)}(x_0),$$

$$f'(x_0),\ f''(x_0),\ \cdots,\ f^{(n)}(x_0),$$

$$\text{或}\ \frac{\mathrm{d}y}{\mathrm{d}x}\bigg|_{x=x_0},\ \frac{\mathrm{d}^2 y}{\mathrm{d}x^2}\bigg|_{x=x_0},\ \cdots,\ \frac{\mathrm{d}^n y}{\mathrm{d}x^n}\bigg|_{x=x_0},$$

$$\frac{\mathrm{d}f}{\mathrm{d}x}\bigg|_{x=x_0},\ \frac{\mathrm{d}^2 f}{\mathrm{d}x^2}\bigg|_{x=x_0},\ \cdots,\ \frac{\mathrm{d}^n f}{\mathrm{d}x^n}\bigg|_{x=x_0}.$$

容易看出,求函数的高阶导数只需一次一次地求导数,连续运用求一阶导数的公式与运算法则就可以了.

例1 求 $y=x^3$ 的各阶导数.

解 $y'=3x^2,\ y''=6x,\ y'''=6,$

$$y^{(4)}=y^{(5)}=\cdots=0.$$

例2 求下列函数的 n 阶导数：

(1) $y = e^x$； (2) $y = 3^x$.

解 (1) $y' = e^x$，$y'' = e^x$，$\cdots$，故 $y^{(n)} = e^x$.

(2) $y' = (3^x)' = 3^x \cdot \ln 3$,

$y'' = (3^x \cdot \ln 3)' = 3^x \cdot (\ln 3)^2$,

$\cdots\cdots$

故 $(3^x)^{(n)} = 3^x \cdot (\ln 3)^n$.

例3 求下列函数的 n 阶导数：

(1) $y = \ln(1+x)$； (2) $y = \ln(3+2x)$.

解 (1) $y' = \dfrac{1}{1+x} = (1+x)^{-1}$,

$y'' = (-1)(1+x)^{-2}$,

$y''' = (-1)(-2)(1+x)^{-3}$,

$\cdots\cdots$

故

$$y^{(n)} = (-1)^{n-1} \dfrac{(n-1)!}{(1+x)^n}.$$

(2) $y' = \dfrac{2}{3+2x} = (3+2x)^{-1} \cdot 2$,

$y'' = (-1)(3+2x)^{-2} \cdot 2^2$,

$y''' = (-1)(-2)(3+2x)^{-3} \cdot 2^3$,

$\cdots\cdots$

故

$$y^{(n)} = (-1)^{n-1} \dfrac{(n-1)! \cdot 2^n}{(3+2x)^n}.$$

例4 求 $y = \sin x$ 的 n 阶导数.

解 $y' = (\sin x)' = \cos x = \sin\left(x + \dfrac{\pi}{2}\right)$,

$y'' = (\cos x)' = -\sin x = \sin\left(x + 2 \cdot \dfrac{\pi}{2}\right)$,

$y''' = (-\sin x)' = -\cos x = \sin\left(x + 3 \cdot \dfrac{\pi}{2}\right)$,

$\cdots\cdots$

一般地,有
$$y^{(n)} = (\sin x)^{(n)} = \sin\left(x + n \cdot \frac{\pi}{2}\right).$$

同理可得
$$(\cos x)^{(n)} = \cos\left(x + n \cdot \frac{\pi}{2}\right).$$

例 5 求 $f(x) = \dfrac{1}{x^2 + 5x + 6}$ 的 n 阶导数.

解 $f(x) = \dfrac{1}{x^2 + 5x + 6} = \dfrac{1}{(x+2)(x+3)} = (x+2)^{-1} - (x+3)^{-1}$,

$f'(x) = (-1)(x+2)^{-2} - (-1)(x+3)^{-2}$,

$f''(x) = (-1)(-2)(x+2)^{-3} - (-1)(-2)(x+3)^{-3}$,

$f'''(x) = (-1)(-2)(-3)(x+2)^{-4} - (-1)(-2)(-3)(x+3)^{-4}$,

....

故
$$f^{(n)}(x) = (-1)^n \cdot n! \cdot [(x+2)^{-n-1} - (x+3)^{-n-1}].$$

例 6 已知 $y = \ln(x + \sqrt{x^2 + 3})$,求 y''.

解 $y' = \dfrac{1}{x + \sqrt{x^2 + 3}}(x + \sqrt{x^2 + 3})'$

$= \dfrac{1}{x + \sqrt{x^2 + 3}}(1 + (\sqrt{x^2 + 3})')$

$= \dfrac{1}{x + \sqrt{x^2 + 3}}\left(1 + \dfrac{x}{\sqrt{x^2 + 3}}\right)$

$= \dfrac{1}{\sqrt{x^2 + 3}}$,

从而 $y'' = (y')' = \left(\dfrac{1}{\sqrt{x^2 + 3}}\right)' = ((x^2 + 3)^{-\frac{1}{2}})'$

$= -\dfrac{1}{2}(x^2 + 3)^{-\frac{3}{2}} \cdot (x^2 + 3)' = \dfrac{-x}{(x^2 + 3)^{\frac{3}{2}}}$.

例 7 设方程 $\ln\sqrt{x^2 + y^2} = \arctan\dfrac{y}{x}$ 确定了 y 是 x 的一个隐函数,求 y''.

解 原方程即为 $\dfrac{1}{2}\ln(x^2 + y^2) = \arctan\dfrac{y}{x}$,

两边对自变量 x 求导,得

$$\frac{1}{2} \cdot \frac{1}{x^2+y^2}(x^2+y^2)' = \frac{1}{1+\left(\frac{y}{x}\right)^2} \cdot \left(\frac{y}{x}\right)',$$

即得

$$\frac{1}{2} \cdot \frac{1}{x^2+y^2}(2x+2yy') = \frac{1}{1+\left(\frac{y}{x}\right)^2} \cdot \frac{y'x-y}{x^2},$$

经整理后解出

$$y' = \frac{x+y}{x-y},$$

于是

$$y'' = \frac{(x+y)' \cdot (x-y) - (x+y) \cdot (x-y)'}{(x-y)^2}$$

$$= \frac{(1+y')(x-y) - (x+y)(1-y')}{(x-y)^2} = \frac{2xy' - 2y}{(x-y)^2},$$

以 $y' = \dfrac{x+y}{x-y}$ 代入上式，得

$$y'' = \frac{2(x^2+y^2)}{(x-y)^3}.$$

§2.4 参数式函数的导数

有些函数关系可以用参数方程

$$\begin{cases} x = \varphi(t), \\ y = \psi(t), \end{cases} \alpha \leqslant t \leqslant \beta$$

来确定，

例如，圆 $x^2+y^2=R^2$ 的参数方程是

$$\begin{cases} x = R\cos t, \\ y = R\sin t, \end{cases} 0 \leqslant t \leqslant 2\pi,$$

通过参数 t 确定了变量 x 与 y 之间的函数关系．

在实际问题中，需要计算由参数方程 $\begin{cases} x = \varphi(t), \\ y = \psi(t), \end{cases}$ $\alpha \leqslant t \leqslant \beta$ 所确定的函数

的导数,但从中消去参数 t 有时会有困难.因此,我们希望有一种方法能直接由此参数方程算出它所确定的函数的导数来.下面讨论此参数方程所确定的函数的求导方法.

在 $\begin{cases} x = \varphi(t), \\ y = \psi(t), \end{cases}$ $\alpha \leqslant t \leqslant \beta$ 中,假定 $x = \varphi(t)$,$y = \psi(t)$ 都可导,且 $\varphi'(t) \neq 0$,则由反函数定理推得 $x = \varphi(t)$ 具有反函数 $t = \varphi^{-1}(x)$,且此反函数能与函数 $y = \psi(t)$ 构成复合函数,那么由此参数方程所确定的函数可以看成是由函数 $y = \psi(t)$,$t = \varphi^{-1}(x)$ 复合而成的复合函数 $y = \psi[\varphi^{-1}(x)]$.于是根据复合函数的求导法则与反函数的求导法则,就有

$$\frac{dy}{dx} = \frac{dy}{dt} \cdot \frac{dt}{dx} = \frac{dy}{dt} \cdot \frac{1}{\frac{dx}{dt}} = \frac{\psi'(t)}{\varphi'(t)},$$

即

$$\frac{dy}{dx} = \frac{\psi'(t)}{\varphi'(t)},$$

上式也可写成

$$\frac{dy}{dx} = \frac{dy/dt}{dx/dt}.$$

上面两式就是由此参数方程所确定的 x 的函数的导数公式.

例 1 求由参数方程 $\begin{cases} x = \ln(1+t^2) \\ y = t - \arctan t \end{cases}$ 确定的函数 $y = y(x)$ 的导数.

解 $\dfrac{dy}{dx} = \dfrac{dy/dt}{dx/dt} = \dfrac{1 - \dfrac{1}{1+t^2}}{\dfrac{2t}{1+t^2}} = \dfrac{t}{2}.$

例 2 已知椭圆的参数方程为 $\begin{cases} x = a\cos t, \\ y = b\sin t, \end{cases}$ 求椭圆在 $t = \dfrac{\pi}{4}$ 的相应点 $M_0(x_0, y_0)$ 处的切线方程.

解 由 $t = \dfrac{\pi}{4}$,得

$$x_0 = \frac{\sqrt{2}}{2}a, \quad y_0 = \frac{\sqrt{2}}{2}b.$$

椭圆在点 M_0 的切线的斜率为

$$k = y'\big|_{t=\frac{\pi}{4}} = \frac{(b\sin t)'}{(a\cos t)'}\bigg|_{t=\frac{\pi}{4}} = \frac{b\cos t}{-a\sin t}\bigg|_{t=\frac{\pi}{4}} = -\frac{b}{a},$$

故所求的切线方程为

$$y = -\frac{b}{a}\left(x - \frac{\sqrt{2}}{2}a\right) + \frac{\sqrt{2}}{2}b,$$

即
$$bx + ay - \sqrt{2}ab = 0.$$

如果在参数方程 $\begin{cases} x = \varphi(t), \\ y = \psi(t), \end{cases} \alpha \leqslant t \leqslant \beta$ 中，$x = \varphi(t)$，$y = \psi(t)$ 二阶可导，且 $\varphi'(t) \neq 0$，那么从一阶导数公式又可得到函数的二阶导数公式

$$\frac{d^2 y}{dx^2} = \frac{d}{dx}\left(\frac{dy}{dx}\right) = \frac{d}{dt}\left(\frac{\psi'(t)}{\varphi'(t)}\right) \cdot \frac{dt}{dx}$$

$$= \frac{\psi''(t)\varphi'(t) - \psi'(t)\varphi''(t)}{[\varphi'(t)]^2} \cdot \frac{1}{\varphi'(t)},$$

即
$$\frac{d^2 y}{dx^2} = \frac{\psi''(t) \cdot \varphi'(t) - \psi'(t) \cdot \varphi''(t)}{[\varphi'(t)]^3}.$$

例3 求由参数方程

$$\begin{cases} x = a(t - \sin t), \\ y = a(1 - \cos t) \end{cases}$$

所确定的函数 $y = y(x)$ 的二阶导数 $\frac{d^2 y}{dx^2}$.

解 $\dfrac{dy}{dx} = \dfrac{dy/dt}{dx/dt} = \dfrac{a\sin t}{a(1 - \cos t)} = \dfrac{\sin t}{1 - \cos t} = \cot\dfrac{t}{2} \ (t \neq 2n\pi, n \in \mathbf{Z}),$

$$\frac{d^2 y}{dx^2} = \frac{d}{dt}\left(\cot\frac{t}{2}\right) \cdot \frac{1}{\frac{dx}{dt}} = -\frac{1}{2\sin^2\frac{t}{2}} \cdot \frac{1}{a(1 - \cos t)}$$

$$= -\frac{1}{a(1 - \cos t)^2} \quad (t \neq 2n\pi, n \in \mathbf{Z}).$$

§2.5 函数的微分

前面我们讨论了函数的导数，导数表示函数在点 x 处的变化率，它描述函

数在点 x 处相对于自变量变化的快慢程度. 有时我们需要了解函数在某一点当自变量取得一个微小的改变量时, 函数取得的相应改变量的近似值. 一般而言, 计算函数改变量是比较困难的, 为了能找到计算函数改变量的近似表达式, 下面引进微分的概念.

一、微分的定义

我们先看一个例子.

如图 2.2 所示, 设有一块正方形金属薄板受温度变化的影响, 其边长从 x_0 改变到 $x_0+\Delta x$, 问此薄板的面积改变了多少?

设此薄板的边长为 x, 面积为 S, 则 $S=x^2$.

金属薄板受温度变化的影响时面积的改变量, 可以看成是当自变量 x 自 x_0 取得改变量 Δx 时, 函数 S 相应的改变量 ΔS, 即

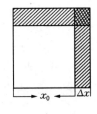

图 2.2

$$\Delta S=(x_0+\Delta x)^2-x_0^2=2x_0\Delta x+(\Delta x)^2.$$

从上式可以看出, ΔS 分为两部分, 第一部分 $2x_0\Delta x$ 是 Δx 的线性函数, 即图中带有斜线的两个矩形面积之和, 而第二部分 $(\Delta x)^2$ 为图中带有交叉斜线的小正方形面积, 当 $\Delta x \to 0$ 时, 第二部分 $(\Delta x)^2$ 是比 Δx 高阶的无穷小, 即 $(\Delta x)^2=o(\Delta x)$. 因此, 当 $|\Delta x|$ 很小时, 面积的改变量 ΔS 可近似地用第一部分来代替.

定义 2.4 设函数 $y=f(x)$ 在点 x_0 的某个邻域内有定义, 自变量 x 自 x_0 取得改变量 $\Delta x(\Delta x \neq 0, x_0+\Delta x$ 仍在该邻域内), 若函数的相应改变量

$$\Delta y=f(x_0+\Delta x)-f(x_0),$$

可表示为

$$\Delta y=A\cdot\Delta x+o(\Delta x), \tag{2.3}$$

其中 A 是只与 x_0 有关而与 Δx 无关的常数, $o(\Delta x)$ 是当 $\Delta x \to 0$ 时比 Δx 高阶的无穷小量, 则称函数 $y=f(x)$ 在点 x_0 处可微, 并称 $A\cdot\Delta x$ 为函数 $y=f(x)$ 在点 x_0 处的微分, 记作

$$\mathrm{d}y\big|_{x=x_0},\ \mathrm{d}f\big|_{x=x_0}, 或 \mathrm{d}f(x_0),$$

即

$$\mathrm{d}y\big|_{x=x_0}=A\cdot\Delta x.$$

当 $A\neq 0$ 时, $A\cdot\Delta x$ 也称为 (2.3) 式的线性主要部分. "线性"是因为 $A\cdot$

Δx 是 Δx 的一次函数;"主要"是因为(2.3)式右端当 $\Delta x \to 0$ 时 $o(\Delta x)$ 是比 Δx 高阶的无穷小量,所以 $A \cdot \Delta x$ 在(2.3)式中起主要作用.

如果 $y = f(x)$ 在点 x_0 可微,即 $dy|_{x=x_0} = A \cdot \Delta x$,那么常数 A 等于什么? 下面的定理回答了这个问题.

定理 2.7 函数 $y = f(x)$ 在点 x_0 可微的充分必要条件是函数 $y = f(x)$ 在点 x_0 处可导,此时 $A = f'(x_0)$.

证明 必要性. 若函数 $y = f(x)$ 在点 x_0 处可微,则按定义 2.4 有(2.3)式成立,即

$$\Delta y = A \cdot \Delta x + o(\Delta x),$$

其中 A 是只与 x_0 有关而与 Δx 无关的常数,$o(\Delta x)$ 是当 $\Delta x \to 0$ 时比 Δx 高阶的无穷小量. 两边同除以 $\Delta x (\Delta x \neq 0)$,得

$$\frac{\Delta y}{\Delta x} = A + \frac{o(\Delta x)}{\Delta x}.$$

于是,当 $\Delta x \to 0$ 时,由上式得到

$$A = \lim_{\Delta x \to 0} \frac{\Delta y}{\Delta x} = f'(x_0),$$

即若函数 $y = f(x)$ 在点 x_0 可微,则它在点 x_0 处可导,且 $A = f'(x_0)$.

充分性. 若函数 $y = f(x)$ 在点 x_0 处可导,有

$$\lim_{\Delta x \to 0} \frac{\Delta y}{\Delta x} = f'(x_0).$$

根据极限与无穷小的关系可得

$$\frac{\Delta y}{\Delta x} = f'(x_0) + \alpha, \text{其中} \lim_{\Delta x \to 0} \alpha = 0,$$

以 Δx 乘上式两边,得到

$$\Delta y = f'(x_0) \cdot \Delta x + \alpha \cdot \Delta x.$$

当 $\Delta x \to 0$ 时,$\alpha \cdot \Delta x$ 这一项是比 Δx 高阶的无穷小量,且 $f'(x_0)$ 是只与 x_0 有关而与 Δx 无关的常数,所以函数 $y = f(x)$ 在点 x_0 处可微.

由此可见,函数 $y = f(x)$ 在点 x_0 处可微与可导是等价的,且 $A = f'(x_0)$. 于是,函数 $y = f(x)$ 在点 x_0 的微分为

$$dy|_{x=x_0} = f'(x_0) \cdot \Delta x,$$

而
$$\Delta y = f'(x_0) \cdot \Delta x + \alpha \cdot \Delta x, \lim_{\Delta x \to 0} \alpha = 0.$$

由于

① 当 $f'(x_0) \neq 0$ 时,微分 $\mathrm{d}y \mid_{x=x_0}$ 是 Δx 的线性函数,计算简便;

② $\Delta y - \mathrm{d}y = o(\Delta x)$,当 $\Delta x \to 0$ 时,它是 Δx 的高阶无穷小量,近似程度好.

故我们得到结论:在 $|\Delta x|$ 很小时,有精确度较好的近似公式

$$\Delta y \approx \mathrm{d}y.$$

例1 求函数 $y = x^2$,当 x 由 1 改变到 1.01 时的微分 $\mathrm{d}y$ 与改变量 Δy.

解 先求函数在任意点 x 的微分

$$\mathrm{d}y = y'\Delta x = (x^2)'\Delta x = 2x\Delta x,$$

当 $x = 1$,$\Delta x = 0.01$ 时,$\mathrm{d}y \mid_{\substack{x=1 \\ \Delta x=0.01}} = 2x\Delta x \mid_{\substack{x=1 \\ \Delta x=0.01}} = 0.02$,

$$\Delta y = (1.01)^2 - 1^2 = 0.0201,$$

可见 Δy 与 $\mathrm{d}y$ 相差很小,而当 $\Delta x \to 0$ 时,$\Delta y - \mathrm{d}y$ 将更快趋向于零.

若函数 $y = f(x)$ 在区间 (a, b) 内每一点 x 处可微,则称函数 $y = f(x)$ 在区间 (a, b) 内可微,函数 $y = f(x)$ 在点 x 处的微分,记作 $\mathrm{d}y$,即

$$\mathrm{d}y = f'(x)\Delta x.$$

通常把自变量 x 的改变量 Δx 称为自变量的微分,记作 $\mathrm{d}x$,即 $\mathrm{d}x = \Delta x$. 于是函数 $y = f(x)$ 的微分 $\mathrm{d}y$ 又可记作

$$\mathrm{d}y = f'(x)\mathrm{d}x,$$

即

$$\frac{\mathrm{d}y}{\mathrm{d}x} = f'(x).$$

记号 $\dfrac{\mathrm{d}y}{\mathrm{d}x}$ 作为一个整体用来表示导数,此记号现可以理解为函数的微分与自变量的微分之商,所以导数也称为微商.

可见,对于一元函数,函数可导与函数可微是等价的.

二、微分的几何意义

设曲线 $y = f(x)$ 在点 $M(x, y)$ 处的切线为 MT,点 $N(x+\Delta x, y+\Delta y)$ 为

曲线上点 M 的邻近点(如图 2.3 所示). 易知切线 MT 的斜率

$$k = \tan \alpha = f'(x),$$

$$PQ = MQ \cdot \tan \alpha = \Delta x \cdot f'(x) = dy.$$

因此,函数 $y = f(x)$ 的微分 dy 在几何上表示当自变量 x 改变了 Δx 时,切线上相应点纵坐标的改变量. 在图 2.3 中 $NQ = \Delta y$,它是当自变量 x 改变了 Δx 时,曲线上相应点纵坐标的改变量.

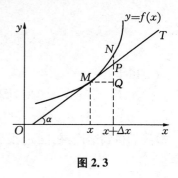

图 2.3

三、微分的运算

由微分的定义 $dy = f'(x)dx$ 可知,一个函数的微分就是它的导数与自变量微分的乘积,所以只要导数公式熟记,基本初等函数的微分公式与运算法则立即可得,现列出如下:

(1) $dc = 0$ (c 为常数);

(2) $d(x^\mu) = \mu x^{\mu-1} dx$ (μ 为实数);

(3) $d(a^x) = a^x \ln a \, dx$, $d(e^x) = e^x dx$;

(4) $d(\log_a x) = \dfrac{1}{x \ln a} dx$, $d(\ln x) = \dfrac{1}{x} dx$;

(5) $d(\sin x) = \cos x \, dx$;

(6) $d(\cos x) = -\sin x \, dx$;

(7) $d(\tan x) = \sec^2 x \, dx = \dfrac{1}{\cos^2 x} dx$;

(8) $d(\cos x) = -\csc^2 x \, dx = -\dfrac{1}{\sin^2 x} dx$;

(9) $d(\sec x) = \sec x \cdot \tan x \, dx$;

(10) $d(\csc x) = -\csc x \cdot \cot x \, dx$;

(11) $d(\arcsin x) = \dfrac{1}{\sqrt{1-x^2}} dx$;

(12) $d(\arccos x) = -\dfrac{1}{\sqrt{1-x^2}} dx$;

(13) $d(\arctan x) = \dfrac{1}{1+x^2} dx$;

(14) $d(\text{arccot}\, x) = -\dfrac{1}{1+x^2} dx$;

(15) $d(u \pm v) = du \pm dv$;

(16) $d(u \cdot v) = udv + vdu$, $d(cu) = cdu$ (c 为常数);

(17) $d\left(\dfrac{u}{v}\right) = \dfrac{vdu - udv}{v^2}$ ($v \neq 0$).

例 2 求 $y = \ln \sin x$,在 $x = \dfrac{\pi}{4}$ 处的微分.

解 $dy = y'dx = (\ln \sin x)'dx = \cot x dx$,

所以

$$dy\big|_{x=\frac{\pi}{4}} = \cot x\big|_{x=\frac{\pi}{4}} dx = \cot \frac{\pi}{4} dx = dx.$$

例 3 求下列函数的微分:

(1) $y = e^{ax+bx^2}$; (2) $y = x^2 \ln(1-3x)$;

(3) $y = \dfrac{e^x}{1-x}$; (4) $y = \ln \sqrt{2+x^3}$.

解 (1) $dy = y'dx = (e^{ax+bx^2})'dx = e^{ax+bx^2}(ax+bx^2)'dx$
$= e^{ax+bx^2}(a+2bx)dx.$

(2) 解法一

$$dy = y'dx = [x^2\ln(1-3x)]'dx = \left[2x\ln(1-3x) - \frac{3x^2}{1-3x}\right]dx.$$

解法二 由积的微分法则

$dy = d[x^2\ln(1-3x)] = \ln(1-3x)d(x^2) + x^2 d\ln(1-3x)$

$= 2x\ln(1-3x)dx + x^2 \cdot \dfrac{-3}{1-3x}dx = 2x\ln(1-3x)dx - \dfrac{3x^2}{1-3x}dx.$

(3) 解法一

$dy = y'dx = \left(\dfrac{e^x}{1-x}\right)'dx = \dfrac{(e^x)' \cdot (1-x) - e^x(1-x)'}{(1-x)^2}dx = \dfrac{(2-x)e^x}{(1-x)^2}dx.$

解法二 由商的微分法则

$dy = d\left(\dfrac{e^x}{1-x}\right) = \dfrac{(1-x)de^x - e^x d(1-x)}{(1-x)^2}$

$= \dfrac{(1-x)e^x dx - e^x(-1)dx}{(1-x)^2} = \dfrac{(2-x)e^x dx}{(1-x)^2}.$

(4) $y = \ln\sqrt{3+x^2} = \frac{1}{2}\ln(3+x^2)$,

$$dy = y'dx = \left[\frac{1}{2}\ln(3+x^2)\right]'dx = \frac{x}{3+x^2}dx.$$

例 4 求下列隐函数的微分:

(1) $x^2 + y^2 = 3$;   (2) $x + y = \ln(xy)$.

(1) **解法一** 两边对 x 求导,得

$$2x + 2yy' = 0,$$

解得

$$y' = -\frac{x}{y},$$

故

$$dy = y'dx = -\frac{x}{y}dx.$$

解法二 两边微分,得

$$2xdx + 2ydy = 0,$$

故

$$dy = -\frac{x}{y}dx.$$

(2) **解法一** $x+y = \ln x + \ln y$,两边对 x 求导,得

$$1 + y' = \frac{1}{x} + \frac{1}{y}y',$$

解得

$$y' = \frac{y(1-x)}{x(y-1)},$$

故

$$dy = y'dx = \frac{y(1-x)}{x(y-1)}dx.$$

解法二 对 $x+y = \ln x + \ln y$ 两边微分,得

$$dx + dy = \frac{1}{x}dx + \frac{1}{y}dy,$$

故
$$dy = \frac{y(1-x)}{x(y-1)}dx.$$

四、微分形式不变性

设函数 $y = f(u)$ 可导，则

(1) 当 u 是自变量时，函数 y 的微分为
$$dy = f'(u)du.$$

(2) 当 u 是中间变量时，即 $y = f(u)$，$u = \varphi(x)$，那么复合函数 $y = f[\varphi(x)]$ 的微分为
$$dy = \{f[\varphi(x)]\}'dx = f'(u) \cdot \varphi'(x)dx = f'(u)du.$$

由此可见，对函数 $y = f(u)$ 而言，不论 u 是自变量还是中间变量，函数的微分 $dy = f'(u)du$ 形式相同，这称为一阶微分形式不变性。

例 5 设 $y = \sin^3 x$，求 dy。

解法一　$dy = y'dx = (\sin^3 x)'dx$
$$= 3\sin^2 x \cos x\, dx.$$

解法二　令 $y = u^3$，$u = \sin x$，由微分形式不变性，得
$$dy = (u^3)'du = 3u^2 du = 3\sin^2 x\, d\sin x$$
$$= 3\sin^2 x \cos x\, dx.$$

五、微分在近似计算中的应用

有时难以计算函数的改变量 Δy，而较容易计算函数的微分 dy。

由微分的定义可知，若函数 $y = f(x)$ 在点 x_0 处导数 $f'(x_0) \neq 0$，则当 $|\Delta x|$ 相对于 x_0 很小时，有
$$\Delta y \approx dy = f'(x_0)\Delta x.$$

于是，可以用函数的微分来近似代替函数值的改变量，即
$$\Delta y = f(x_0 + \Delta x) - f(x_0) \approx f'(x_0) \cdot \Delta x, \tag{2.4}$$

或可以利用它计算某点处函数值的近似值，即
$$f(x_0 + \Delta x) \approx f(x_0) + f'(x_0)\Delta x. \tag{2.5}$$

例 6 半径为 10 厘米的金属圆片加热后，半径增长了 0.1 厘米，问面积

大约增加了多少?

解 设 S, R 分别表示金属圆片的面积及半径,则
$$S = \pi R^2,$$
于是
$$\Delta S \approx \mathrm{d}S = (\pi R^2)' \Delta R = 2\pi R \Delta R,$$
以 $R = 10$ 厘米, $\Delta R = 0.1$ 厘米代入得
$$\Delta S \approx 2\pi \cdot 10 \cdot 0.1 = 2\pi (\text{厘米}^2).$$

答 面积大约增加了 2π 平方厘米.

例 7 求 $\arctan 1.02$ 的近似值(精确到 0.001).

解 令 $f(x) = \arctan x$,于是 $f'(x) = \dfrac{1}{1+x^2}$,

$$\arctan 1.02 = f(1.02) = f(1+0.02) \approx f(1) + f'(1) \cdot 0.02$$
$$= \frac{\pi}{4} + \frac{1}{2} \cdot 0.02 \approx 0.795.$$

在近似式 $f(x_0 + \Delta x) \approx f(x_0) + f'(x_0) \cdot \Delta x$ 中,如果令 $x_0 + \Delta x = x$,则有
$$f(x) \approx f(x_0) + f'(x_0)(x - x_0).$$
再令 $x_0 = 0$,于是得到
$$f(x) \approx f(0) + f'(0) \cdot x. \tag{2.6}$$

此式表明,不论 $f(x)$ 多么复杂,只要 $f'(0)$ 存在,那么在 $x = 0$ 附近,函数 $f(x)$ 都可以用线性函数来近似代替.

例 8 证明:当 $|x|$ 很小时,有 $\sqrt[n]{1+x} \approx 1 + \dfrac{1}{n}x$.

证明 令 $f(x) = \sqrt[n]{1+x}$,于是
$$f'(x) = \frac{1}{n}(1+x)^{\frac{1}{n}-1},$$
$$f(0) = 1, \ f'(0) = \frac{1}{n},$$
代入 $f(x) \approx f(0) + f'(0)x$,即得到

$$\sqrt[n]{1+x} \approx 1 + \frac{1}{n}x.$$

类似地,当$|x|$很小时,可得以下近似式:

$$\sin x \approx x,\ \tan x \approx x,\ e^x \approx 1+x,\ \ln(1+x) \approx x, 等等.$$

例9 求$\sqrt[4]{82}$的近似值(精确到0.001).

解法一 令$f(x)=\sqrt[4]{x}$,则$f'(x)=\frac{1}{4}x^{-\frac{3}{4}}$,设$x_0=81$,$\Delta x=1$,由(2.5)式得

$$\sqrt[4]{82}=f(81+1)\approx f(81)+f'(81)\cdot 1 = 3+\frac{1}{4}x^{-\frac{3}{4}}\Big|_{x=81}\cdot 1 = 3+\frac{1}{108}$$
$$\approx 3.009.$$

解法二 由公式$\sqrt[n]{1+x}\approx 1+\frac{1}{n}x$(当$x\to 0$时),得

$$\sqrt[4]{82}=\sqrt[4]{81\left(1+\frac{1}{81}\right)}=3\sqrt[4]{1+\frac{1}{81}}=3\left(1+\frac{1}{4}\cdot\frac{1}{81}\right)=3+\frac{1}{108}\approx 3.009.$$

数学家简介

罗 尔

罗尔(Michel Rolle,1652—1719),法国数学家,1652年4月生于昂贝尔特,1719年11月8日卒于巴黎.

罗尔出生于小店主家庭,只受到初等教育,且结婚过早,年轻时贫困潦倒,靠充当公证人和律师抄录员的微薄收入养家糊口.他利用业余时间刻苦自学代数学和丢番图的著作,并很有心得.1682年他解决了数学家奥扎南提出的一个数论难题,受到学术界的好评,从而声名鹊起,也使他的生活有了转机,此后,他担任初等数学教师和陆军部行政官员.1685年,他进入法国科学院,担任低级职务,直到1699年才获得科学院发给的薪水.此后他一直在科学院供职,1719年因中风去世.

罗尔在数学上的成就主要是在代数学方面,专长于丢番图方程的研究.罗尔所处的时代正当牛顿、莱布尼兹微积分诞生不久,由于这一新生事物还存在逻辑上的缺陷,从而受到许多方面的非议,其中也包括罗尔,并且他是反对派中最直言不讳的一员.1700年在法国科学院发生了一场无穷小方法是否真实的论战.

在这场论战中,罗尔认为无穷小方法由于缺少理论基础将导致谬误,并说"微积分是巧妙的谬论的汇集".瓦里格农则为无穷小分析的新方法辩护.从而罗尔和瓦里格农、索弗尔等人之间展开了激烈的争论.约翰·贝努利还讽刺罗尔不懂微积分.由于对此问题表现得异常激动,致使科学院不得不屡次出面干预.直到1706年秋天,罗尔才向瓦里格农、方单等人承认他已经放弃了自己的观点,并充分认识到无穷小分析新方法的价值.

罗尔于1691年在题为"任意次方程的一个解法的证明"的论文中指出了:在多项式方程 $f(x)=0$ 的两个相邻实根之间,方程至少有一个实根. 100多年后,即1846年,龙斯托·伯拉维提斯将这一定理推广到可微函数,即函数 $f(x)$ 在 $[a,b]$ 上连续,在 (a,b) 内可导,且 $f(a)=f(b)$,则在 (a,b) 内至少存在一点 c,使 $f'(c)=0$,并把此定理命名为罗尔定理,一直沿用至今.

习 题 二

(A)

1. 设 $f'(x_0)=a$,求:

(1) $\lim\limits_{\Delta x \to 0} \dfrac{f(x_0+2\Delta x)-f(x_0)}{\Delta x}$; (2) $\lim\limits_{\Delta x \to 0} \dfrac{f(x_0-\Delta x)-f(x_0)}{\Delta x}$;

(3) $\lim\limits_{h \to 0} \dfrac{f(x_0+h)-f(x_0-h)}{h}$; (4) $\lim\limits_{h \to 0} \dfrac{f(x_0+2h)-f(x_0-h)}{h}$.

2. 根据导数的定义求下列函数的导数:

(1) $y=x^3$,求 $y'|_{x=1}$;

(2) $y=\sqrt{x+1}$,求 $y'(3)$;

(3) $y=\ln x$,求 y';

(4) $f(x)=\begin{cases} x^2\sin\dfrac{1}{x} & (x\neq 0), \\ 0 & (x=0), \end{cases}$ 求 $f'(0)$.

3. 求下列函数表示的平面曲线在给定点处的切线方程与法线方程:

(1) $y=x^3$,点 $(1,1)$; (2) $y=\sqrt{x}$,点 $(1,1)$;

(3) $y=\ln x$,点 $(1,0)$; (4) $y=e^x$,点 $(1,e)$.

4. 一物体作变速直线运动,已知路程与时间的函数关系式为 $S=t^3+10$,求该物体在时刻 $t=3$ 时的瞬时速度.

5. 设 $f(x)=\begin{cases} x & (x<0), \\ \ln(1+x) & (x\geqslant 0), \end{cases}$ 求 $f'(0)$.

6. 讨论函数 $f(x) = x|x|$ 在 $x = 0$ 处的可导性.

7. 函数 $f(x) = \begin{cases} x^2 + 1 & (0 \leqslant x < 1) \\ 3x - 1 & (x \geqslant 1) \end{cases}$ 在点 $x = 1$ 处是否可导？为什么？

8. 讨论下列函数在给定点处的连续性与可导性：

(1) $f(x) = \begin{cases} \ln(1+x) & (-1 < x \leqslant 0), \\ \sqrt{1+x} - \sqrt{1-x} & (0 < x < 1), \end{cases}$ 在 $x = 0$ 处；

(2) $f(x) = \begin{cases} x^2 & (x \leqslant 1), \\ 2x - 1 & (x > 1), \end{cases}$ 在 $x = 1$ 处；

(3) $f(x) = \begin{cases} x\cos\dfrac{1}{x} & (x \neq 0), \\ 0 & (x = 0), \end{cases}$ 在 $x = 0$ 处；

(4) $f(x) = \begin{cases} x^2\sin\dfrac{1}{x} & (x \neq 0), \\ 0 & (x = 0), \end{cases}$ 在 $x = 0$ 处.

9. 设函数 $f(x) = \begin{cases} ax + 1 & (x \leqslant 2) \\ x^2 + b & (x > 2) \end{cases}$ 在 $x = 2$ 处可导，试确定 a, b 的值.

10. 求下列函数的导数（其中 a, b 为常数）：

(1) $y = 3x^4 - 2x + 5$；

(2) $y = \sqrt{x} - \dfrac{1}{x} + \sqrt{3}$；

(3) $y = x^5 + 2\sqrt{x} - \dfrac{1}{x^2} + 2$；

(4) $y = x^a + 2\sin x - \ln b$；

(5) $y = \ln x - 2\lg x + 3\log_2 x$；

(6) $y = 2\sec x + \cot x - 1$；

(7) $y = \dfrac{1-x^2}{\sqrt{x}}$；

(8) $y = x^2(3x+1)$；

(9) $y = (x-a)(x+b)$；

(10) $y = x\ln x$；

(11) $y = x^n \ln x$；

(12) $y = (1+x^2)\arctan x$；

(13) $y = \dfrac{\sin x}{x}$；

(14) $y = \dfrac{5x}{1+x^2}$；

(15) $y = \dfrac{x}{2 - \cos x}$；

(16) $y = \dfrac{x+1}{x-1}$；

(17) $y = 3x - \dfrac{5x}{2-x}$；

(18) $y = x\sin x - \cos x$；

(19) $y = \dfrac{1 - \ln x}{1 + \ln x}$；

(20) $y = \dfrac{1 + x - x^2}{1 - x + x^2}$；

(21) $y = \dfrac{\sin x}{x} + \dfrac{x}{\sin x}$；

(22) $y = x\sin x \ln x$.

11. 求下列函数在给定点处的导数值：

(1) $y = \sin x - \cos x$，求 $y'|_{x=\frac{\pi}{6}}$ 和 $y'|_{x=\frac{\pi}{4}}$；

(2) $y = \dfrac{x^2}{x+1} + x\mathrm{e}^x$，求 $\dfrac{\mathrm{d}y}{\mathrm{d}x}\bigg|_{x=0}$；

(3) $f(t) = \dfrac{1-\sqrt{t}}{1+\sqrt{t}}$，求 $f'(4)$；

(4) 设 $f(x) = x\ln x$，求 $\lim\limits_{\Delta x \to 0} \dfrac{f(\mathrm{e}+\Delta x)-f(\mathrm{e})}{\Delta x}$.

12. 求下列函数的导数（a, n 为常数）：

(1) $y = (2x^3 + 5)^{100}$；

(2) $y = \sqrt{x^2 - 1}$；

(3) $y = (3x+5)(x+7)^2$；

(4) $y = (3x^2+4)(2-x)$；

(5) $y = \dfrac{x}{\sqrt{1-x^2}}$；

(6) $y = \ln(1+x^2)$；

(7) $y = \sin nx$；

(8) $y = \sin x^n$；

(9) $y = \sin^n x$；

(10) $y = \ln \dfrac{1+\sqrt{x}}{1-\sqrt{x}}$；

(11) $y = \tan \dfrac{x}{2}$；

(12) $y = \tan \dfrac{1}{x}$；

(13) $y = \ln \ln x$；

(14) $y = (\ln x)^2$；

(15) $y = x^2 \sin \dfrac{1}{x}$；

(16) $y = \ln \tan \dfrac{x}{2}$；

(17) $y = x\mathrm{e}^{-x^2}$；

(18) $y = \operatorname{arccot} \dfrac{1}{x}$；

(19) $y = \sqrt{\ln x} + \ln \sqrt{x}$；

(20) $y = \arctan \dfrac{a}{x} + \ln\sqrt{\dfrac{x-a}{x+a}}$；

(21) $y = \ln \dfrac{1-x^2}{1+x^2}$；

(22) $y = \mathrm{e}^{-\sin^2 \frac{1}{x}}$；

(23) $y = \sqrt[3]{\tan \dfrac{x}{2}}$；

(24) $y = 2^{\frac{x}{\ln x}}$；

(25) $y = x\sqrt{1-x^2} + \arcsin x$；

(26) $y = \mathrm{e}^{-x^2 \cos \frac{1}{x}}$；

(27) $y = \sec^3 2x$；

(28) $y = \ln(x + \sqrt{x^2+a^2}) - \dfrac{\sqrt{x^2+a^2}}{x}$.

13. 设 $f(x)$ 为可导函数，求下列函数的导数 $\dfrac{\mathrm{d}y}{\mathrm{d}x}$：

(1) $y = f(\cos^2 x)$; (2) $y = \sqrt{f(x)}$;

(3) $y = f\left(\arcsin \dfrac{1}{x}\right)$; (4) $y = f(\sin \sqrt{x})$;

(5) $y = x^2 e^{f(x)}$; (6) $y = e^{f(x)} f(e^x)$.

14. 已知 $y = f\left(\dfrac{x-1}{x+1}\right)$,且 $f'(x) = x^3$,求 $\left.\dfrac{dy}{dx}\right|_{x=0}$.

15. 求曲线 $y = (x+1)\sqrt[3]{3-x}$,在点 $A(-1, 0)$,$B(2, 3)$,$C(3, 0)$各点处的切线方程.

16. 设球半径 R 以每秒 0.5 厘米的速度匀速增加,求当球半径 R 为 10 厘米时,其体积的变化率.

17. 求下列由方程确定的隐函数 $y = y(x)$ 的导数:

(1) $x^2 - xy + y^2 = 1$; (2) $xy^3 - e^x + e^y = 0$;

(3) $y = x + \ln y$; (4) $y = 1 + xe^y$;

(5) $\sin(xy) = x$; (6) $y = \cos(x+y)$.

18. 利用对数求导法,求下列函数的导数:

(1) $y = (x + \sqrt{1+x^2})^n$; (2) $y = \sqrt{x \sin x \sqrt{(x+e^{2x})}}$;

(3) $y = \dfrac{x^2}{1-x}\sqrt[5]{\dfrac{3-2x}{(7+x)^2}}$; (4) $y = \dfrac{\sqrt{7x+2} \cdot (1-4x)^3}{(2x-3)^5}$.

19. 求下列函数的二阶导数:

(1) $y = (3+x^2)^5$; (2) $y = \ln(1+x^2)$;

(3) $y = \tan x$; (4) $y = \sqrt{2x^2+3}$;

(5) $y = (1+x^2)\arctan x$; (6) $y = xe^{x^2}$;

(7) $y = \ln(x + \sqrt{1+x^2})$; (8) $y = x(\sin \ln x + \cos \ln x)$.

20. 求下列函数在指定点处的导数值:

(1) $y = \dfrac{\ln x}{x}$,求 $\left.\dfrac{d^2 y}{dx^2}\right|_{x=1}$;

(2) $f(x) = 3x + \ln(1+2x)$,求 $f''(1)$.

21. 求下列函数的 n 阶导数(a, b 为常数):

(1) $y = a^x$; (2) $y = \ln(1+x)$;

(3) $y = \dfrac{1}{x+2}$; (4) $y = \dfrac{1}{ax+b}$;

(5) $y = \sin^2 \dfrac{x}{2}$; (6) $y = \sin^2 x$;

(7) $y = x\ln x$;　　　　　　　(8) $y = \dfrac{1-x}{1+x}$.

22. 求下列曲线在所给参数值相应点处的切线方程：

(1) $\begin{cases} x = 2e^t, \\ y = e^{-t} \end{cases}$ 在 $t = 0$ 处；

(2) $\begin{cases} x = a\cos^3\theta, \\ y = a\sin^3\theta, \end{cases}$ 在 $\theta = \dfrac{\pi}{4}$ 处.

23. 求下列参数方程所确定的函数 $y = y(x)$ 的一阶和二阶导数：

(1) $\begin{cases} x = \cos t, \\ y = \sin t; \end{cases}$　　　　　(2) $\begin{cases} x = a\cos t, \\ y = at\sin t; \end{cases}$

(3) $\begin{cases} x = 1 - t^3, \\ y = t - t^3; \end{cases}$　　　　　(4) $\begin{cases} x = \ln(1 + t^2), \\ y = t - \arctan t. \end{cases}$

24. 求 $y = x^2 - 3x + 5$ 在 $x = 1$ 处，当 $\Delta x = 0.01$ 时的 Δy 与 dy.

25. 求下列函数的微分：

(1) $y = x^5 - 4x^3 + 2x + 7$;　　　(2) $y = (2x + 3)^5$;

(3) $y = \sqrt{1 - x^2}$;　　　　　(4) $y = \dfrac{x}{1 - x^2}$;

(5) $y = e^{-x}\cos x$;　　　　　(6) $y = \arcsin\sqrt{x}$;

(7) $y = f(\cos\sqrt{x})$;　　　　(8) $\dfrac{x^2}{a^2} + \dfrac{y^2}{b^2} = 1$.

26. 已知一立方体边长为 10 厘米，当边长增加到 10.02 厘米时，求立方体体积改变量的精确值与近似值.

27. 利用微分计算下列各式的近似值（精确到 0.001）：

(1) $\sqrt[3]{8.02}$;　　　　　　(2) $\arctan 0.98$;

(3) $\sqrt[6]{63}$;　　　　　　(4) $e^{0.05}$.

(B)

1. 设 $f(x)$ 在 $x = 0$ 处可导，且 $\lim\limits_{x \to 0}\dfrac{f(x) - f(kx)}{x} = L$（其中 k, L 为常数，且 $L \neq 1$），试求 $f'(0)$.

2. 在抛物线 $y = x^2$ 上依次取横坐标为 $x_1 = 1$，$x_2 = 3$ 的两点，作过这两点的割线，问：抛物线上哪一点的切线平行于这条割线？

3. 设 $f(x) = \begin{cases} x^2 + 2x & (x \leqslant 1), \\ 4x^2 - 1 & (x > 1), \end{cases}$ 试求 $f'(x)$.

4. 求下列函数的导数（a 为常数）：

(1) $y = e^{-x}\sin 2x$;　　　　　　(2) $y = \dfrac{\arccos x}{\sqrt{1-x^2}}$;

(3) $y = x\ln(x + \sqrt{x^2+a^2}) - \sqrt{x^2+a^2}$;

(4) $y = \ln\dfrac{x+\sqrt{1+x^2}}{x}$.

5. 设 $f(x)$ 为可导函数,求下列函数的导数 $\dfrac{dy}{dx}$：

(1) $y = \dfrac{1}{1-f(x)}$;　　　　　(2) $y = e^{-x}\ln f(-x)$.

6. 设 $f(x)$ 是可导的偶函数,且 $f'(0)$ 存在,证明：$f'(0) = 0$.

7. 设 $f(x)$ 在 $(-\infty, +\infty)$ 内可导,且 $F(x) = f(x^2-1) + f(1-x^2)$,证明：$F'(1) = F'(-1)$.

8. 求下列由方程确定的隐函数 $y = y(x)$ 的导数：

(1) $xy = e^{x+y}$;　　　　　　　(2) $y = f(x+y)$.

9. 求椭圆 $3x^2 + 4y^2 = 12$ 上点 $A\left(1, \dfrac{3}{2}\right)$ 处的切线方程与法线方程.

10. 求下列函数的二阶导数(其中所有函数均二阶可导)：

(1) $y = f(x^2+3)$;　　　　　　(2) $y = \ln f(x)$.

11. 求下列隐函数的二阶导数：

(1) $x^2 + y^2 = 1$;　　　　　　(2) $y = \tan(x+y)$.

12. 已知方程 $e^y + xy = e$,求 $y''(0)$.

13. 利用微分证明近似公式,当 $|x|$ 很小时：$\sqrt{a^2+x} \approx a + \dfrac{x}{2a}\ (a > 0)$.

第三章 中值定理与导数的应用

本章是微积分的重要部分,主要利用导数和微分来研究函数以及曲线的某些性质,并以此进一步解决经济(极值)数学模型等方面的一些实际应用问题. 为此,我们首先介绍微分学的几个基本定理,然后利用导数来研究函数以及曲线的某些性态,它们反映了导数更深刻的性质,也是导数应用的理论基础.

§3.1 微分中值定理

一、罗尔定理

定理 3.1(罗尔(Rolle)定理) 若函数 $f(x)$ 满足下列条件:

(1) 在闭区间 $[a,b]$ 上连续;

(2) 在开区间 (a,b) 内可导;

(3) $f(a) = f(b)$;

则在 (a,b) 内至少存在一点 ξ,使得

$$f'(\xi) = 0, \quad \xi \in (a,b). \tag{3.1}$$

证明 因为函数 $f(x)$ 在闭区间 $[a,b]$ 上连续,根据闭区间上连续函数的最值定理,$f(x)$ 在 $[a,b]$ 上必取得最大值 M 和最小值 m.

(1) 当 $M = m$ 时,$f(x)$ 在 $[a,b]$ 上是常数函数,即 $f(x) = M$,从而在 (a,b) 内恒有 $f'(x) = 0$,所以对 (a,b) 内每一点都可取作点 ξ,使得 $f'(\xi) = 0$.

(2) 当 $M > m$ 时,因为 $f(a) = f(b)$,所以 M 与 m 中至少有一个不等于端点的函数值. 不妨设 $M \neq f(a)$(如果设 $m \neq f(a)$ 证法完全类似),则在 (a,b) 内至少存在一点 ξ,使得 $f(\xi) = M$,下面证明 $f'(\xi) = 0$.

由于 $f(\xi) = M$ 是 $f(x)$ 在 $[a,b]$ 上的最大值,因此不论 Δx 为正或负,只要 $\xi + \Delta x \in [a,b]$,恒有

$$f(\xi + \Delta x) - f(\xi) \leqslant 0.$$

当 $\Delta x > 0$ 时,有
$$\frac{f(\xi + \Delta x) - f(\xi)}{\Delta x} \leqslant 0,$$
从而,根据函数极限的保号性,有
$$f'_+(\xi) = \lim_{\Delta x \to 0^+} \frac{f(\xi + \Delta x) - f(\xi)}{\Delta x} \leqslant 0.$$
同理,当 $\Delta x < 0$ 时,有
$$\frac{f(\xi + \Delta x) - f(\xi)}{\Delta x} \geqslant 0,$$
从而
$$f'_-(\xi) = \lim_{\Delta x \to 0^-} \frac{f(\xi + \Delta x) - f(\xi)}{\Delta x} \geqslant 0.$$

由于 ξ 是开区间 (a, b) 内的点,根据假设可知 $f'(\xi)$ 存在,且 $f'(\xi) = f'_-(\xi) = f'_+(\xi)$,因此必定有
$$f'(\xi) = 0.$$

罗尔定理的几何意义:如果 $\overset{\frown}{AB}$ 是一条连续的光滑曲线弧,且两个端点的纵坐标相等,那么在曲线弧 $\overset{\frown}{AB}$ 上至少存在一点 $C(\xi, f(\xi))$,在该点处曲线的切线平行于 x 轴,如图 3.1 所示.

罗尔定理常被用来判别函数 $f'(x)$ 的零点.

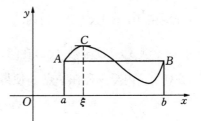

图 3.1

例 1 验证函数 $f(x) = 2x^2 - x - 3$ 在 $[-1, 1.5]$ 上满足罗尔定理,并求定理中 ξ 的值.

解 $f(x) = 2x^2 - x - 3 = (2x - 3)(x + 1)$ 是初等函数,在其定义域内连续,因此 $f(x)$ 在 $[-1, 1.5]$ 上连续.

$f'(x) = 4x - 1$,在 $(-1, 1.5)$ 内有意义,即 $f(x)$ 在 $(-1, 1.5)$ 内可导;又 $f(-1) = f(1.5) = 0$;故 $f(x)$ 满足罗尔定理条件:$f(x) = 2x^2 - x - 3$ 在 $[-1, 1.5]$ 上连续;$f'(x) = 4x - 1$ 在 $(-1, 1.5)$ 内有意义,即 $f(x)$ 在 $(-1, 1.5)$ 内可导;且 $f(-1) = f(1.5) = 0$.

由 $f'(x) = 0$ 解得 $x = \dfrac{1}{4}$,即 $\xi = \dfrac{1}{4} \in (-1, 1.5)$,使 $f'(\xi) = 0$.

例 2 不求导数,判别函数 $f(x)=x(2x-1)(x-2)$ 的导数方程(即 $f'(x)=0$) 有几个实根,以及它们所在范围.

解 由于 $f(x)$ 为多项式函数,故 $f(x)$ 在 $\left[0,\frac{1}{2}\right]$,$\left[\frac{1}{2},2\right]$ 上连续;在 $\left(0,\frac{1}{2}\right)$,$\left(\frac{1}{2},2\right)$ 内可导,且 $f(0)=f\left(\frac{1}{2}\right)=f(2)=0$,即函数 $f(x)$ 在 $\left[0,\frac{1}{2}\right]$,$\left[\frac{1}{2},2\right]$ 上满足罗尔定理条件.

由罗尔定理可知,在 $\left(0,\frac{1}{2}\right)$ 内至少存在一点 ξ_1,使得 $f'(\xi_1)=0$,即 ξ_1 为 $f'(x)=0$ 的一个实根,$\xi_1 \in \left(0,\frac{1}{2}\right)$.

在 $\left(\frac{1}{2},2\right)$ 内至少存在一点 ξ_2,使得 $f'(\xi_2)=0$,即 ξ_2 为 $f'(x)=0$ 的一个实根,$\xi_2 \in \left(\frac{1}{2},2\right)$.

又 $f'(x)=0$ 为二次方程,至多有两个实根. 故 $f'(x)=0$ 有两个实根,它们分别在 $\left(0,\frac{1}{2}\right)$ 及 $\left(\frac{1}{2},2\right)$ 内.

例 3 设函数 $f(x)$ 在 $[0,1]$ 上连续,在 $(0,1)$ 内可导,且 $f(1)=0$,证明在 $(0,1)$ 内至少存在一点 ξ,使得
$$f(\xi)+\xi f'(\xi)=0.$$

解 令 $F(x)=xf(x)$,由于 $f(x)$ 在 $[0,1]$ 上连续,在 $(0,1)$ 内可导,因此 $F(x)$ 在 $[0,1]$ 上连续,在 $(0,1)$ 内可导,又因为 $F(1)=F(0)=0$,由罗尔定理可知,在 $(0,1)$ 内至少存在一点 ξ,使得 $F'(\xi)=0$,即 $f(\xi)+\xi f'(\xi)=0$.

注意 定理的 3 个条件是结论的充分条件,即如果缺少某一条件,结论就可能不成立.但是,即使 3 个条件全破坏,结论中的 ξ 仍可能存在.

二、拉格朗日中值定理

定理 3.2(拉格朗日(Lagrange)中值定理) 若函数 $f(x)$ 满足下列条件:
(1) 在闭区间 $[a,b]$ 上连续;
(2) 在开区间 (a,b) 内可导;
则在 (a,b) 内至少存在一点 ξ,使得

$$f'(\xi) = \frac{f(b)-f(a)}{b-a}, \quad \xi \in (a,b); \tag{3.2}$$

或

$$f(b)-f(a) = f'(\xi)(b-a), \xi \in (a,b). \tag{3.3}$$

在证明定理之前,我们先分析一下定理的几何意义,从而引出证明定理的方法.

假设函数 $f(x)$ 在 $[a,b]$ 上的图形是连续光滑曲线弧 $\overset{\frown}{AB}$,如图 3.2 所示.

割线 AB 的斜率为 $k_{AB} = \dfrac{f(b)-f(a)}{b-a}$,而点 C 处的斜率为 $f'(\xi)$,因此拉格朗日中值定理的几何意义是:连续光滑曲线 $y = f(x)$ 的弧 $\overset{\frown}{AB}$ 上,至少有一点 $C(\xi, f(\xi))$,使曲线在该点处切线平行于割线 AB.

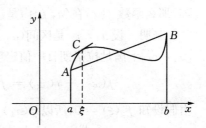

图 3.2

显然,罗尔定理是拉格朗日中值定理当 $f(a) = f(b)$ 时的特殊情形. 故想到利用罗尔定理来证明拉格朗日中值定理.

连接 A,B 两点的直线方程为

$$y = f(a) + \frac{f(b)-f(a)}{b-a}(x-a).$$

因为曲线 $y = f(x)$ 和直线 AB 在 $x = a$ 和 $x = b$ 两点重合. 若令辅助函数 $F(x)$ 为曲线和直线的纵坐标之差,即

$$F(x) = f(x) - \left[f(a) + \frac{f(b)-f(a)}{b-a}(x-a) \right],$$

显然有 $F(a) = F(b) = 0$.

证明 引进辅助函数

$$F(x) = f(x) - \left[f(a) + \frac{f(b)-f(a)}{b-a}(x-a) \right],$$

容易验证 $F(x)$ 在 $[a,b]$ 上满足罗尔定理的条件,且

$$F'(x) = f'(x) - \frac{f(b)-f(a)}{b-a},$$

由罗尔定理可知,在 (a,b) 内至少存在一点 ξ,使 $F'(\xi) = 0$,即

$$f'(\xi) = \frac{f(b)-f(a)}{b-a}, \quad \xi \in (a,b);$$

或

$$f(b)-f(a) = f'(\xi)(b-a), \quad \xi \in (a,b).$$

显然上述定理结论对于 $b<a$ 也成立.(3.3)式也叫拉格朗日中值公式.∎

易知,罗尔定理是拉格朗日中值定理当 $f(a)=f(b)$ 时的特殊情形,拉格朗日中值定理是罗尔定理的推广.

推论 3.1 如果函数 $f(x)$ 在区间 (a,b) 内任意一点的导数 $f'(x)$ 都等于零,那么函数 $f(x)$ 在 (a,b) 内是一个常数.

证明 设 x_1, x_2 是区间 (a,b) 内的任意两点,且 $x_1<x_2$,则函数 $f(x)$ 在 $[x_1, x_2]$ 上满足拉格朗日中值定理条件,故有

$$f(x_2)-f(x_1) = f'(\xi)(x_2-x_1), \quad \xi \in (x_1, x_2),$$

由假设知 $f'(\xi)=0$,所以 $f(x_1)=f(x_2)$.

由于 x_1, x_2 是 (a,b) 内的任意两点,因此上面等式表明:函数 $f(x)$ 在 (a,b) 内的函数值总是相等的,即函数 $f(x)$ 在 (a,b) 内是一个常数.∎

由此可知,函数 $f(x)$ 在 (a,b) 内是一个常数的充要条件是在 (a,b) 内 $f'(x)=0$.

推论 3.2 如果函数 $f(x)$ 与 $g(x)$ 在区间 (a,b) 内每一点的导数 $f'(x)$ 与 $g'(x)$ 都相等,则这两个函数在区间 (a,b) 内至多相差一个常数,即

$$f(x) = g(x)+c, \quad x \in (a,b),$$

这里 c 是一个确定的常数.

读者可根据推论 3.1,证明之.

例 4 验证函数 $f(x)=x^3$ 在 $[-1,0]$ 上满足拉格朗日中值定理的条件,并求定理中 ξ 的值.

解 显然 $f(x)$ 在 $[-1,0]$ 上连续,$f'(x)=3x^2$ 在 $(-1,0)$ 内有意义,即 $f(x)$ 在 $(-1,0)$ 内可导,故 $f(x)$ 在 $[-1,0]$ 上满足拉格朗日中值定理的条件,根据定理,得

$$f(0)-f(-1) = f'(\xi)[0-(-1)] = 3\xi^2,$$

所以 $\xi^2 = \frac{1}{3}$,即

$$\xi = -\frac{\sqrt{3}}{3}, \quad \xi \in (-1,0).$$

例5 设 $a>b>0$,$n>1$,证明:$nb^{n-1}(a-b)<a^n-b^n<na^{n-1}(a-b)$.

解 设 $f(x)=x^n$,显然 $f(x)$ 在区间 $[b,a]$ 上连续,(b,a) 内可导,$f(x)$ 在区间 $[b,a]$ 上满足拉格朗日中值定理的条件,根据定理,得
$$f(a)-f(b)=f'(\xi)(a-b),\xi\in(b,a).$$
由于 $f'(x)=nx^{n-1}$,因此上式即为
$$a^n-b^n=n\xi^{n-1}(a-b),$$
又由 $b<\xi<a$,有
$$nb^{n-1}(a-b)<a^n-b^n<na^{n-1}(a-b).$$

三、柯西中值定理

定理 3.3(柯西(Cauchy)中值定理) 若函数 $f(x)$,$g(x)$ 满足下列条件:
(1) 在闭区间 $[a,b]$ 上连续;
(2) 在开区间 (a,b) 内可导,且 $g'(x)\neq 0$;
则在 (a,b) 内至少存在一点 ξ,使得
$$\frac{f(b)-f(a)}{g(b)-g(a)}=\frac{f'(\xi)}{g'(\xi)},\quad \xi\in(a,b). \tag{3.4}$$

证明 首先由题设可得 $g(b)-g(a)\neq 0$. 事实上,由于 $g(x)$ 在 $[a,b]$ 上满足拉格朗日中值定理的条件,且 $g'(x)\neq 0$,所以
$$g(b)-g(a)=g'(\xi)(b-a)\neq 0,\xi\in(a,b).$$

其次考虑辅助函数
$$F(x)=\frac{f(b)-f(a)}{g(b)-g(a)}g(x)-f(x).$$
容易验证 $F(x)$ 在 $[a,b]$ 上满足罗尔定理的条件:$F(x)$ 在 $[a,b]$ 上连续,$F(x)$ 在 (a,b) 内可导,且 $F(a)=F(b)$,又
$$F'(x)=\frac{f(b)-f(a)}{g(b)-g(a)}g'(x)-f'(x),$$
根据罗尔定理可知,在 (a,b) 内至少存在一点 ξ,使 $F'(\xi)=0$,即
$$F'(\xi)=\frac{f(b)-f(a)}{g(b)-g(a)}g'(\xi)-f'(\xi).$$

由此得

$$\frac{f(b)-f(a)}{g(b)-g(a)} = \frac{f'(\xi)}{g'(\xi)}, \xi \in (a, b).$$

易知,拉格朗日中值定理是柯西中值定理当 $g(x) = x$ 时的特殊情形,柯西中值定理是拉格朗日中值定理的推广.

§3.2 洛必达法则

由于两个无穷小量之比的极限或两个无穷大量之比的极限,有可能存在,也有可能不存在,通常称这类极限为未定式,记为 $\frac{0}{0}$ 或 $\frac{\infty}{\infty}$. 过去只能解决某些未定式的极限,这一节我们将根据柯西中值定理来推出求这类未定式极限的一种简便且重要的法则——洛必达(L'Hospital)法则.

一、基本未定式

定理 3.4 设函数 $f(x)$, $g(x)$ 满足下列条件：

(1) $\lim\limits_{x \to x_0} f(x) = \lim\limits_{x \to x_0} g(x) = 0$;

(2) 在点 x_0 的某个邻域内(点 x_0 可除外), $f'(x)$ 与 $g'(x)$ 都存在,且 $g'(x) \neq 0$;

(3) $\lim\limits_{x \to x_0} \dfrac{f'(x)}{g'(x)} = A(\text{或} \infty)$;

则有

$$\lim_{x \to x_0} \frac{f(x)}{g(x)} = \lim_{x \to x_0} \frac{f'(x)}{g'(x)} = A(\text{或} \infty).$$

证明 由于我们要讨论的是函数 $\dfrac{f(x)}{g(x)}$ 在点 x_0 的极限,与 $f(x_0)$, $g(x_0)$ 无关,所以假设 $f(x_0) = g(x_0) = 0$,这样由定理条件的(1),(2)可知, $f(x)$, $g(x)$ 在点 x_0 的某一邻域内就连续了. 设点 x 是这邻域内的一点,则在以 x_0, x 为端点的区间上,满足柯西中值定理的条件,由柯西中值定理有

$$\frac{f(x)}{g(x)} = \frac{f(x)-f(x_0)}{g(x)-g(x_0)} = \frac{f'(\xi)}{g'(\xi)}, \xi \text{ 在 } x_0, x \text{ 之间},$$

由于当 $x \to x_0$ 时, $\xi \to x_0$, 因此对上式两边取 $x \to x_0$ 的极限,便得定理的结论.

若 $\lim\limits_{x \to x_0} \dfrac{f'(x)}{g'(x)}$ 仍为 $\dfrac{0}{0}$ 型未定式,且函数 $f'(x)$, $g'(x)$ 仍满足定理中 $f(x)$, $g(x)$ 的条件,则可以继续使用洛必达法则,即有

$$\lim_{x \to x_0} \frac{f(x)}{g(x)} = \lim_{x \to x_0} \frac{f'(x)}{g'(x)} = \lim_{x \to x_0} \frac{f''(x)}{g''(x)},$$

且依此类推,直到求出极限为止.

若无法判定 $\dfrac{f'(x)}{g'(x)}$ 的极限状态,或能判定它振荡而无极限,则洛必达法则失效. 此时,需用别的方法来求 $\lim\limits_{x \to x_0} \dfrac{f(x)}{g(x)}$.

例 1 求下列极限:

(1) $\lim\limits_{x \to 1} \dfrac{x^3 - 5x + 4}{2x^3 - x^2 - 3x + 2}$;

(2) $\lim\limits_{x \to 2} \dfrac{\sqrt{5+2x} - 3}{\sqrt{2+x} - 2}$;

(3) $\lim\limits_{x \to 0} \dfrac{x - \sin x}{x^3}$;

(4) $\lim\limits_{x \to 0} \dfrac{e^x - e^{-x} - 2x}{x - \sin x}$;

(5) $\lim\limits_{x \to 0} \dfrac{\ln(1+x)}{x^2}$;

(6) $\lim\limits_{x \to 0} \dfrac{x^2 \sin \dfrac{1}{x}}{\sin x}$.

解 (1) $\lim\limits_{x \to 1} \dfrac{x^3 - 5x + 4}{2x^3 - x^2 - 3x + 2} \xlongequal{0/0} \lim\limits_{x \to 1} \dfrac{3x^2 - 5}{6x^2 - 2x - 3} = -2.$

(2) $\lim\limits_{x \to 2} \dfrac{\sqrt{5+2x} - 3}{\sqrt{2+x} - 2} \xlongequal{0/0} \lim\limits_{x \to 2} \dfrac{\dfrac{2}{2\sqrt{5+2x}}}{\dfrac{1}{2\sqrt{2+x}}} = \dfrac{4}{3}.$

(3) $\lim\limits_{x \to 0} \dfrac{x - \sin x}{x^3} \xlongequal{0/0} \lim\limits_{x \to 0} \dfrac{1 - \cos x}{3x^2} \xlongequal{0/0} \lim\limits_{x \to 0} \dfrac{\sin x}{6x} = \dfrac{1}{6}.$

(4) $\lim\limits_{x \to 0} \dfrac{e^x - e^{-x} - 2x}{x - \sin x} \xlongequal{0/0} \lim\limits_{x \to 0} \dfrac{e^x + e^{-x} - 2}{1 - \cos x} \xlongequal{0/0} \lim\limits_{x \to 0} \dfrac{e^x - e^{-x}}{\sin x}$

$\xlongequal{0/0} \lim\limits_{x \to 0} \dfrac{e^x + e^{-x}}{\cos x} = 2.$

(5) $\lim\limits_{x \to 0} \dfrac{\ln(1+x)}{x^2} \xlongequal{0/0} \lim\limits_{x \to 0} \dfrac{\dfrac{1}{1+x}}{2x} = \infty.$

(6) 这个问题属于 $\frac{0}{0}$ 型未定式,但分子,分母分别求导数后的极限为振荡型的,即

$$\frac{\left(x^2\sin\frac{1}{x}\right)'}{(\sin x)'} = \frac{2x\sin\frac{1}{x} - \cos\frac{1}{x}}{\cos x},$$

其极限 $\lim\limits_{x\to 0}\dfrac{2x\sin\frac{1}{x} - \cos\frac{1}{x}}{\cos x}$ 为振荡不存在,故洛必达法则失效,需用其他方法求此极限.

$$\lim_{x\to 0}\frac{x^2\sin\frac{1}{x}}{\sin x} = \lim_{x\to 0}\left(\frac{x}{\sin x} \cdot x\sin\frac{1}{x}\right) = 0.$$

对于 $\frac{\infty}{\infty}$ 型未定式的极限有如下定理.

定理 3.5 设函数 $f(x)$,$g(x)$ 满足下列条件:

(1) $\lim\limits_{x\to x_0} f(x) = \lim\limits_{x\to x_0} g(x) = \infty$;

(2) 在点 x_0 的某个邻域内(点 x_0 可除外),$f'(x)$ 与 $g'(x)$ 都存在,且 $g'(x) \neq 0$;

(3) $\lim\limits_{x\to x_0} \dfrac{f'(x)}{g'(x)} = A$(或 ∞);

则有

$$\lim_{x\to x_0}\frac{f(x)}{g(x)} = \lim_{x\to x_0}\frac{f'(x)}{g'(x)} = A(\text{或}\ \infty).$$

例 2 求下列极限:

(1) $\lim\limits_{x\to 0^+}\dfrac{\ln x}{\cot x}$;

(2) $\lim\limits_{x\to \frac{\pi}{2}}\dfrac{\tan x - 6}{\sec x + 5}$.

解 (1) $\lim\limits_{x\to 0^+}\dfrac{\ln x}{\cot x} \xlongequal{\infty/\infty} \lim\limits_{x\to 0^+} -\dfrac{\frac{1}{x}}{\csc^2 x} = -\lim\limits_{x\to 0^+}\dfrac{\sin^2 x}{x} = 0.$

(2) $\lim\limits_{x\to \frac{\pi}{2}}\dfrac{\tan x - 6}{\sec x + 5} \xlongequal{\infty/\infty} \lim\limits_{x\to \frac{\pi}{2}}\dfrac{\sec^2 x}{\sec x \tan x} = \lim\limits_{x\to \frac{\pi}{2}}\dfrac{1}{\sin x} = 1.$

将定理 3.4 与定理 3.5 中的 $x\to x_0$ 改为 $x\to\infty$ 时,洛必达法则同样有效,即同样有

$$\lim_{x\to\infty}\frac{f(x)}{g(x)} = \lim_{x\to\infty}\frac{f'(x)}{g'(x)}.$$

例3 求下列极限:

(1) $\lim\limits_{x \to +\infty} \dfrac{\ln\left(1+\dfrac{1}{x}\right)}{\operatorname{arccot} x}$;

(2) $\lim\limits_{x \to +\infty} \dfrac{\ln x}{x^n}$ $(n \in \mathbf{N}_+)$;

(3) $\lim\limits_{x \to +\infty} \dfrac{x^n}{\mathrm{e}^{\lambda x}}$ $(n \in \mathbf{N}_+, \lambda > 0)$.

解 (1) $\lim\limits_{x \to +\infty} \dfrac{\ln\left(1+\dfrac{1}{x}\right)}{\operatorname{arccot} x} \xlongequal{0/0} \lim\limits_{x \to +\infty} \dfrac{\dfrac{1}{1+\dfrac{1}{x}}\left(-\dfrac{1}{x^2}\right)}{-\dfrac{1}{1+x^2}} = \lim\limits_{x \to +\infty} \dfrac{1+x^2}{x^2+x} = 1.$

(2) $\lim\limits_{x \to +\infty} \dfrac{\ln x}{x^n} \xlongequal{\infty/\infty} \lim\limits_{x \to +\infty} \dfrac{\dfrac{1}{x}}{n x^{n-1}} = \lim\limits_{x \to +\infty} \dfrac{1}{n x^n} = 0.$

(3) $\lim\limits_{x \to +\infty} \dfrac{x^n}{\mathrm{e}^{\lambda x}} \xlongequal{\infty/\infty} \lim\limits_{x \to +\infty} \dfrac{n x^{n-1}}{\lambda \mathrm{e}^{\lambda x}} \xlongequal{\infty/\infty} \lim\limits_{x \to +\infty} \dfrac{n(n-1)x^{n-2}}{\lambda^2 \mathrm{e}^{\lambda x}} = \cdots = \lim\limits_{x \to +\infty} \dfrac{n!}{\lambda^n \mathrm{e}^{\lambda x}}$
$= 0.$

从以上例的(2),(3)我们可注意到:当 $x \to +\infty$ 时,幂函数比对数函数增大得快,而指数函数比幂函数又增大得快.

洛必达法则是求未定式极限的一种有效方法,但如果与其他求极限的方法(化简,等价无穷小量替换,两个重要极限等)结合使用能使运算更为简捷.

例4 求 $\lim\limits_{x \to 0} \dfrac{\sin x - x}{x \tan x^2}$.

解 $\lim\limits_{x \to 0} \dfrac{\sin x - x}{x \tan x^2} = \lim\limits_{x \to 0} \dfrac{\sin x - x}{x^3} \xlongequal{0/0} \lim\limits_{x \to 0} \dfrac{\cos x - 1}{3x^2} \xlongequal{0/0} \lim\limits_{x \to 0} \dfrac{-\sin x}{6x}$
$= -\dfrac{1}{6}.$

二、其他未定式

未定式还有 $0 \cdot \infty, \infty - \infty, 1^\infty, 0^0, \infty^0$ 型等,它们经过适当的变形,可变为基本未定式 $\dfrac{0}{0}$ 型或 $\dfrac{\infty}{\infty}$ 型,然后用洛必达法则来计算.

对于 $1^\infty, 0^0, \infty^0$ 型,由于它们都是 $\lim\limits_{x \to x_0} f(x)^{g(x)}$,又 $f(x)^{g(x)} = \mathrm{e}^{g(x) \ln f(x)}$,故

$$\lim\limits_{x \to x_0} f(x)^{g(x)} = \mathrm{e}^{\lim\limits_{x \to x_0} g(x) \ln f(x)},$$

而 $\lim\limits_{x \to x_0} g(x) \ln f(x)$ 属于 $0 \cdot \infty$ 型.

例5 求下列极限：

(1) $\lim\limits_{x\to+\infty} x\left(\dfrac{\pi}{2} - \arctan x\right)$ （$0 \cdot \infty$ 型）；

(2) $\lim\limits_{x\to 1}\left(\dfrac{x}{x-1} - \dfrac{1}{\ln x}\right)$ （$\infty - \infty$ 型）； (3) $\lim\limits_{x\to 0}(\cos x)^{\frac{1}{x^2}}$ （1^∞ 型）；

(4) $\lim\limits_{x\to 0^+}(\sin x)^x$ （0^0 型）； (5) $\lim\limits_{x\to+\infty}(1+x)^{\frac{1}{x}}$ （∞^0 型）.

解 (1) $\lim\limits_{x\to+\infty} x\left(\dfrac{\pi}{2} - \arctan x\right) = \lim\limits_{x\to+\infty} \dfrac{\dfrac{\pi}{2} - \arctan x}{\dfrac{1}{x}}$

$$\xlongequal{0/0} \lim_{x\to+\infty} \dfrac{-\dfrac{1}{1+x^2}}{-\dfrac{1}{x^2}} = \lim_{x\to+\infty} \dfrac{x^2}{1+x^2} = 1.$$

(2) $\lim\limits_{x\to 1}\left(\dfrac{x}{x-1} - \dfrac{1}{\ln x}\right) = \lim\limits_{x\to 1}\dfrac{x\ln x - x + 1}{(x-1)\ln x} \xlongequal{0/0} \lim\limits_{x\to 1}\dfrac{\ln x + 1 - 1}{\ln x + \dfrac{x-1}{x}}$

$$= \lim_{x\to 1}\dfrac{\ln x}{\ln x + 1 - \dfrac{1}{x}} \xlongequal{0/0} \lim_{x\to 1}\dfrac{\dfrac{1}{x}}{\dfrac{1}{x} + \dfrac{1}{x^2}} = \dfrac{1}{2}.$$

(3) $\lim\limits_{x\to 0}(\cos x)^{\frac{1}{x^2}} = e^{\lim\limits_{x\to 0}\frac{\ln\cos x}{x^2}} = e^{\lim\limits_{x\to 0}\frac{-\tan x}{2x}} = e^{-\frac{1}{2}}$.

(4) $\lim\limits_{x\to 0^+}(\sin x)^x = e^{\lim\limits_{x\to 0^+} x\ln\sin x} = e^{\lim\limits_{x\to 0^+}\frac{\ln\sin x}{\frac{1}{x}}} = e^{\lim\limits_{x\to 0^+}\frac{\cot x}{-\frac{1}{x^2}}}$

$$= e^{-\lim\limits_{x\to 0^+}\frac{x^2\cos x}{\sin x}} = e^{-\lim\limits_{x\to 0^+}\left(\frac{x}{\sin x}\cdot x\cos x\right)} = e^0 = 1.$$

(5) $\lim\limits_{x\to+\infty}(1+x)^{\frac{1}{x}} = e^{\lim\limits_{x\to+\infty}\frac{\ln(1+x)}{x}} = e^{\lim\limits_{x\to+\infty}\frac{\frac{1}{1+x}}{1}} = e^0 = 1$.

在应用洛必达法则求未定式极限时，应该注意以下几点：

① 对基本未定式 $\left(\dfrac{0}{0}\text{型或}\dfrac{\infty}{\infty}\text{型}\right)$ 才能直接应用洛必达法则，其他未定式 ($0 \cdot \infty$，$\infty - \infty$，1^∞，0^0，∞^0 型等) 必须先化为 $\dfrac{0}{0}$ 型或 $\dfrac{\infty}{\infty}$ 型后方可应用此法则.

② 有时需要重复应用几次洛必达法则才能求出结果，但计算中对每一步都应加以判别，若不是基本未定式就不能应用洛必达法则.

③ 若无法判定 $\dfrac{f'(x)}{g'(x)}$ 的极限状态，或能判定其极限状态振荡不存在，则洛

必达法则失效,需用其他方法求 $\lim\limits_{x \to x_0} \dfrac{f(x)}{g(x)}$.

§3.3 函数单调性的判别法

一个函数在某个区间内单调增减的变化规律是研究函数图形时首要考虑的问题. 在第一章中我们已经给出了函数在某个区间单调增减的定义,下面我们将利用函数的导数来判别函数的单调增减性.

先从几何直观图形来观察.

若区间(a,b)内,曲线$y=f(x)$是上升的,即函数$f(x)$是单调增加的,则曲线$y=f(x)$上每一点的切线斜率都非负,也即$f'(x) \geqslant 0$(如图3.3(a)所示).

若区间(a,b)内,曲线$y=f(x)$是下降的,即函数$f(x)$是单调减少的,则曲线$y=f(x)$上每一点的切线斜率都非正,也即$f'(x) \leqslant 0$(如图3.3(b)所示).

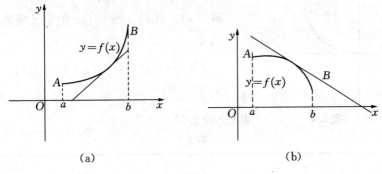

图 3.3

反过来,能否用导数的符号来判别函数的单调性呢?

定理3.6 设函数$f(x)$在(a,b)内可导,那么

(1) 如果$\forall x \in (a,b)$,恒有$f'(x) > 0$,则$f(x)$在(a,b)内单调增加;

(2) 如果$\forall x \in (a,b)$,恒有$f'(x) < 0$,则$f(x)$在(a,b)内单调减少.

证明 在区间(a,b)内任取两点x_1,x_2,设$x_1 < x_2$,则函数$f(x)$在$[x_1,x_2]$上连续,在(x_1,x_2)内可导,由拉格朗日中值定理,得

$$f(x_2) - f(x_1) = f'(\xi)(x_2 - x_1), \xi \in (x_1, x_2).$$

(1) 如果$\forall x \in (a,b)$,恒有$f'(x) > 0$,则$f'(\xi) > 0$,于是$f(x_2) > f(x_1)$,即函数$f(x)$在(a,b)内单调增加.

(2) 如果 $\forall x \in (a, b)$,恒有 $f'(x) < 0$,则 $f'(\xi) < 0$,于是 $f(x_2) < f(x_1)$,即函数 $f(x)$ 在 (a, b) 内单调减少.

注意 若 $\forall x \in (a, b)$ 有 $f'(x) \geqslant 0$(或 $f'(x) \leqslant 0$),且等号只是在个别点处成立,则函数 $f(x)$ 在 (a, b) 内仍单调增加(或单调减少).

由此,讨论函数 $f(x)$ 的单调性的步骤:

① 确定函数 $f(x)$ 的定义域;

② 求 $f'(x)$,找出 $f'(x) = 0$ 或 $f'(x)$ 不存在的分界点,这些分界点将定义域分成若干区间;

③ 列表在各区间判别 $f'(x)$ 的符号,从而确定函数 $f(x)$ 的单调性.

例1 判断函数 $y = x^3$ 的单调性.

解 $y = x^3$ 的定义域为 $(-\infty, +\infty)$,又 $y' = 3x^2 \geqslant 0$,且只有当 $x = 0$ 时,$y' = 0$,所以 $y = x^3$ 在 $(-\infty, +\infty)$ 内单调增加(如图 3.4 所示).

例2 确定下列函数的单调区间:

(1) $f(x) = x^3 - 3x$; (2) $f(x) = \sqrt[3]{x^2}$.

解 (1) $f(x) = x^3 - 3x$ 的定义域为 $(-\infty, +\infty)$,又

$$f'(x) = 3x^2 - 3 = 3(x+1)(x-1),$$

令 $f'(x) = 0$,得 $x = -1$,$x = 1$,列表判断(见表3.1).

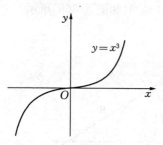

图 3.4

表 3.1

x	$(-\infty, -1)$	-1	$(-1, 1)$	1	$(1, +\infty)$
$f'(x)$	$+$	0	$-$	0	$+$
$f(x)$	↗	2	↘	-2	↗

注 表3.1中的符号"↗"表示单调增加;"↘"表示单调减少,以下同.

由表 3.1 可见,$f(x)$ 在区间 $(-\infty, -1)$,$(1, +\infty)$ 内单调增加;在区间 $(-1, 1)$ 内单调减少(如图3.5所示).

(2) $f(x) = \sqrt[3]{x^2}$ 的定义域为 $(-\infty, +\infty)$,又

$$f'(x) = \frac{2}{3\sqrt[3]{x}},$$

当 $x = 0$ 时,$f'(x)$ 不存在. 列表判断(见表3.2).

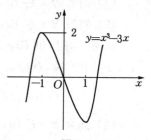

图 3.5

表 3.2

x	$(-\infty, 0)$	0	$(0, +\infty)$
$f'(x)$	$-$	不存在	$+$
$f(x)$	↘	0	↗

由表 3.2 可见,$f(x)$ 在 $(-\infty, 0)$ 内单调减少;在 $(0, +\infty)$ 内单调增加(如图 3.6 所示).

例 3 已知 $f(x)$ 在 $[0, +\infty)$ 连续,在 $(0, +\infty)$ 内可导,且 $f(0) = 0$,$f'(x)$ 单调增加,证明函数 $g(x) = \dfrac{f(x)}{x}$ 在 $(0, +\infty)$ 内也单调增加.

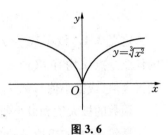

图 3.6

证明 由于

$$g'(x) = \frac{xf'(x) - f(x)}{x^2} = \frac{xf'(x) - [f(x) - f(0)]}{x^2},$$

而 $f(x)$ 在 $[0, x]$ 上满足拉格朗日中值定理的条件,由拉格朗日中值定理,有

$$f(x) - f(0) = f'(\xi)x, \xi \in (0, x),$$

因此

$$g'(x) = \frac{f'(x) - f'(\xi)}{x}.$$

又由于 $f'(x)$ 单调增加,$f'(x) > f'(\xi)$,因此 $g'(x) > 0$,即 $g(x) = \dfrac{f(x)}{x}$ 在 $(0, +\infty)$ 内单调增加.

例 4 证明当 $x > 0$ 时,$1 + \dfrac{1}{2}x > \sqrt{1+x}$.

证明 令 $f(x) = 1 + \dfrac{1}{2}x - \sqrt{1+x}$,则

$$f'(x) = \frac{1}{2} - \frac{1}{2\sqrt{1+x}} = \frac{1}{2} \cdot \frac{\sqrt{1+x} - 1}{\sqrt{1+x}}.$$

当 $x > 0$ 时,$f'(x) > 0$,所以 $f(x)$ 在 $(0, +\infty)$ 内单调增加,即 $f(x) > f(0) = 0$,故

$$f(x) = 1 + \frac{1}{2}x - \sqrt{1+x} > 0,$$

也即
$$1+\frac{1}{2}x > \sqrt{1+x} \ (x>0).$$

§3.4 函数的极值及其求法

定义 3.1 设函数 $f(x)$ 在点 x_0 的某个邻域内有定义,对于邻域内异于 x_0 的任意一点 x 均有 $f(x) < f(x_0)$(或 $f(x) > f(x_0)$),则称 $f(x_0)$ 是函数 $f(x)$ 的极大值(或极小值),称 x_0 是函数 $f(x)$ 的极大值点(或极小值点).

函数的极大值和极小值统称极值;函数的极大值点和极小值点统称极值点.

显然,函数的极值是一个局部性的概念,它只是在与极值点 x_0 附近局部范围内的所有点的函数值相比较而言.

为了研究函数极值的求法,先观察(如图 3.7 所示)函数 $f(x)$ 的图形.

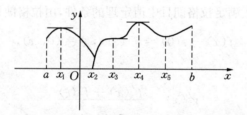

图 3.7

函数 $f(x)$ 在点 x_1,x_4 有极大值 $f(x_1)$,$f(x_4)$,在点 x_2,x_5 有极小值 $f(x_2)$,$f(x_5)$;在函数取得极值处,如果曲线的切线存在,那么该切线平行于 x 轴,即该切线的斜率为零,但曲线上有水平切线的地方,函数不一定取得极值.例如图中在 x_3 处曲线有水平切线,但 $f(x_3)$ 不是极值.

定理 3.7(必要条件) 设函数 $f(x)$ 在 x_0 处可导,且在 x_0 处取得极值,则函数 $f(x)$ 在 x_0 处的导数为零,即 $f'(x_0) = 0$.

证明 不妨设 $f(x_0)$ 为极大值(极小值情形可类似证明),由极大值的定义,在 x_0 的某个去心邻域内,对于任何点 $x = x_0 + \Delta x$,总有 $f(x_0) > f(x_0 + \Delta x)$ 成立,于是

$$当 \Delta x < 0 \text{ 时}, \frac{f(x_0 + \Delta x) - f(x_0)}{\Delta x} > 0;$$

当 $\Delta x > 0$ 时,$\dfrac{f(x_0 + \Delta x) - f(x_0)}{\Delta x} < 0,$

由极限的保号性,可知

$$f'_-(x_0) = \lim_{\Delta x \to 0^-} \dfrac{f(x_0 + \Delta x) - f(x_0)}{\Delta x} \geqslant 0;$$

$$f'_+(x_0) = \lim_{\Delta x \to 0^+} \dfrac{f(x_0 + \Delta x) - f(x_0)}{\Delta x} \leqslant 0,$$

又由假设 $f(x)$ 在 x_0 处可导,所以

$$f'_-(x_0) = f'_+(x_0) = f'(x_0),$$

即有 $f'(x_0) = 0$.

注意 (1) 定理 3.7 是必要条件,而非充分条件,即逆定理不一定成立. 例 $y = x^3$,$x = 0$ 处 $f'(0) = 0$,但非极值点.

使导数为零(即 $f'(x) = 0$)的点称为函数 $f(x)$ 的驻点. 驻点可能是极值点,也可能不是极值点.

定理 3.7 即可导函数 $f(x)$ 的极值点一定是它的驻点,但函数的驻点不一定是极值点.

(2) 定理 3.7 是对函数在 x_0 处可导而言的. 由图 3.7 可知,在导数不存在的点(例如 x_2)也可能是函数的极值点.

所以函数 $f(x)$ 可能的极值点在 $f'(x) = 0$ 或 $f'(x)$ 不存在的点中. 下面给出函数极值的判别法.

定理 3.8(第一充分条件) 设函数 $f(x)$ 在点 x_0 的某一邻域 $(x_0 - \delta, x_0 + \delta)$ 内连续,在去心邻域 $(x_0 - \delta, x_0) \bigcup (x_0, x_0 + \delta)$ 内可导.

(1) 若当 $x \in (x_0 - \delta, x_0)$ 时,$f'(x) > 0$;当 $x \in (x_0, x_0 + \delta)$ 时,$f'(x) < 0$,则 x_0 是函数 $f(x)$ 的极大值点;

(2) 若当 $x \in (x_0 - \delta, x_0)$ 时,$f'(x) < 0$;当 $x \in (x_0, x_0 + \delta)$ 时,$f'(x) > 0$,则 x_0 是函数 $f(x)$ 的极小值点;

(3) 若当 $x \in (x_0 - \delta, x_0) \bigcup (x_0, x_0 + \delta)$ 时,$f'(x)$ 保号,则 x_0 不是函数 $f(x)$ 的极值点.

证明 (1) 根据函数单调性判别法,由(1)中假设可知,函数 $f(x)$ 在点 x_0 的左邻域单调增加,函数 $f(x)$ 在点 x_0 的右邻域单调减少,且 $f(x)$ 在 x_0 处连续,所以在点 x_0 的某一邻域内恒有 $f(x_0) > f(x)$,即 $f(x_0)$ 是极大值,x_0 是函

数 $f(x)$ 的极大值点.

同理可证明(2).

(3) 因为在 $x \in (x_0 - \delta, x_0) \bigcup (x_0, x_0 + \delta)$, $f'(x)$ 保号, 因此 $f(x)$ 在 x_0 左右两边均单调增加或单调减少, 所以不可能是函数 $f(x)$ 的极值点.

由此判别函数极值的一般步骤如下:

① 确定函数 $f(x)$ 的定义域;

② 求 $f'(x)$, 找出定义域内 $f'(x) = 0$ 或 $f'(x)$ 不存在的点, 这些分界点将定义域分成若干区间;

③ 列表由 $f'(x)$ 在分界点两侧的符号, 确定是否是极值点, 是极大值点还是极小值点;

④ 求出极值.

例 1 求函数 $f(x) = (x-1)^2(x+1)^3$ 的极值.

解 定义域 $x \in (-\infty, +\infty)$, 且有

$$f'(x) = 2(x-1)(x+1)^3 + (x-1)^2 3(x+1)^2 = (x-1)(x+1)^2(5x-1).$$

令 $f'(x) = 0$, 得驻点 $x_1 = -1$, $x_2 = \dfrac{1}{5}$, $x_3 = 1$. 将结果列成表(见表 3.3).

表 3.3

x	$(-\infty, -1)$	-1	$\left(-1, \dfrac{1}{5}\right)$	$\dfrac{1}{5}$	$\left(\dfrac{1}{5}, 1\right)$	1	$(1, +\infty)$
$f'(x)$	+	0	+	0	−	0	+
$f(x)$	↗	非极值	↗	极大值	↘	极小值	↗

由表 3.3 可见, 函数 $f(x)$ 在 $x = \dfrac{1}{5}$ 处取得极大值 $f\left(\dfrac{1}{5}\right) = \dfrac{3\,456}{3\,125}$, 在 $x = 1$ 处取得极小值 $f(1) = 0$.

例 2 求函数 $f(x) = x - \dfrac{3}{2} x^{\frac{2}{3}}$ 的单调区间和极值.

解 定义域 $x \in (-\infty, +\infty)$, 且有

$$f'(x) = 1 - x^{-\frac{1}{3}} = \dfrac{\sqrt[3]{x} - 1}{\sqrt[3]{x}}.$$

令 $f'(x) = 0$, 得驻点 $x_1 = 1$; 当 $x_2 = 0$ 时, $f'(x)$ 不存在. 将结果列成表(见表 3.4).

表 3.4

x	$(-\infty, 0)$	0	$(0, 1)$	1	$(1, +\infty)$
$f'(x)$	$+$	不存在	$-$	0	$+$
$f(x)$	↗	极大值	↘	极小值	↗

由表 3.4 可见,函数 $f(x)$ 在 $(-\infty, 0)$,$(1, +\infty)$ 内单调增加,在 $(0, 1)$ 内单调减少;在 $x=0$ 处取得极大值 $f(0)=0$,在 $x=1$ 处取得极小值 $f(1)=-\dfrac{1}{2}$.

当函数 $f(x)$ 在驻点处有不等于零的二阶导数时,有下面的判定定理.

定理 3.9(第二充分条件) 设函数 $f(x)$ 在点 x_0 处有二阶导数,且 $f'(x_0)=0$,$f''(x_0) \neq 0$,那么

(1) 若 $f''(x_0) < 0$,则函数 $f(x)$ 在 x_0 处取得极大值;

(2) 若 $f''(x_0) > 0$,则函数 $f(x)$ 在 x_0 处取得极小值.

证明 (1) 由二阶导数的定义,及 $f'(x_0)=0$,$f''(x_0)<0$ 得

$$f''(x_0) = \lim_{x \to x_0} \frac{f'(x) - f'(x_0)}{x - x_0} = \lim_{x \to x_0} \frac{f'(x)}{x - x_0} < 0,$$

由极限的保号性,可知

$$\frac{f'(x)}{x - x_0} < 0 \quad (x \neq x_0),$$

所以,当 $x < x_0$ 时,$f'(x) > 0$;当 $x > x_0$ 时,$f'(x) < 0$.

由定理 3.8 可知,函数 $f(x)$ 在 x_0 处取得极大值.

同理可证明(2).

由此,判别可导函数极值的一般步骤如下:

① 求 $f'(x)$ 及 $f''(x)$,并求出驻点 x_0(即 $f'(x)=0$ 的点);

② 由 $f''(x_0)$ 的符号,确定 x_0 是极大值点还是极小值点;

③ 求出极值.

例 3 求函数 $f(x) = x^3 - 3x$ 的极值.

解 $f'(x) = 3x^2 - 3 = 3(x+1)(x-1)$,

$f''(x) = 6x$.

令 $f'(x) = 0$,得驻点 $x_1 = -1$,$x_2 = 1$. 因为 $f''(-1) = -6 < 0$,所以函数 $f(x)$ 在 $x=-1$ 处取得极大值 $f(-1) = 2$;因为 $f''(1) = 6 > 0$,所以函数 $f(x)$ 在 $x=1$ 处取得极小值 $f(1) = -2$.

注意 当 $f'(x_0) = f''(x_0) = 0$ 时,定理 3.9 失效,此时需用定理 3.8 或极值定义判别.

§3.5 曲线的凹向与拐点

在本章第三节及第四节,我们研究了函数的单调性与极值,这对描绘函数的

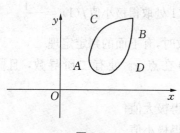

图 3.8

图形有很大的作用,但是,仅仅知道这些,还不能比较准确地描绘函数的图形.同样是上升(或下降)的曲线弧却有不同的弯曲状况(如图 3.8所示)$\overset{\frown}{ACB}$向上弯曲,$\overset{\frown}{ADB}$向下弯曲,因此研究函数图形时,还要研究曲线的弯曲状况,即曲线的凹向.

从几何上看到(如图 3.9(a),(b)所示),在有的曲线弧上,如果任取两点,则连接这两点间的弦总位于这两点间的弧段上方(如图 3.9(a)),而有的曲线弧,则正好相反(如图 3.9(b)).曲线的这种性质就是曲线的凹凸性.

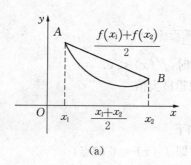
(a)

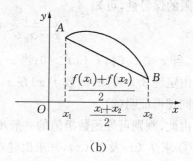
(b)

图 3.9

定义 3.2 设 $f(x)$ 在区间 (a, b) 内连续,$\forall x_1 < x_2 \in (a, b)$,恒有

$$f\left(\frac{x_1 + x_2}{2}\right) < \frac{f(x_1) + f(x_2)}{2},$$

则称 $f(x)$ 在区间 (a, b) 内上凹(下凸);如果恒有

$$f\left(\frac{x_1 + x_2}{2}\right) > \frac{f(x_1) + f(x_2)}{2},$$

则称 $f(x)$ 在区间 (a, b) 内下凹(上凸).

如果 $f(x)$ 在区间 (a, b) 内具有二阶导数,那么可以利用二阶导数的符号来

判定曲线的凹凸性.

定理 3.10 设函数 $f(x)$ 在区间 (a,b) 内具有二阶导数,那么
(1) 若当 $x \in (a,b)$ 时,$f''(x) > 0$,则曲线 $y = f(x)$ 在 (a,b) 内上凹;
(2) 若当 $x \in (a,b)$ 时,$f''(x) < 0$,则曲线 $y = f(x)$ 在 (a,b) 内下凹.

证明 (1) 设 x_1, x_2 为 (a,b) 内任意两点,且 $x_1 < x_2$,记 $\dfrac{x_1 + x_2}{2} = x_0$,并记 $x_1 = x_0 - h, x_2 = x_0 + h$ 由拉格朗日中值公式,得

$$f(x_0 + h) - f(x_0) = f'(\xi_1)h,$$

$$f(x_0) - f(x_0 - h) = f'(\xi_2)h,$$

其中 $x_0 < \xi_1 < x_0 + h$, $x_0 - h < \xi_2 < x_0$. 将上面两式相减,即得

$$f(x_0 + h) + f(x_0 - h) - 2f(x_0) = [f'(\xi_1) - f'(\xi_2)]h.$$

对 $f'(x)$ 在区间 $[\xi_2, \xi_1]$ 上再利用拉格朗日中值定理,得

$$f'(\xi_1) - f'(\xi_2) = f''(\xi)(\xi_1 - \xi_2),$$

其中 $\xi_2 < \xi < \xi_1$. 由假设 $f''(x) > 0$,故有

$$f(x_0 + h) + f(x_0 - h) - 2f(x_0) > 0,$$

即

$$\frac{f(x_0 + h) + f(x_0 - h)}{2} > f(x_0),$$

也即

$$f\left(\frac{x_1 + x_2}{2}\right) < \frac{f(x_1) + f(x_2)}{2}.$$

所以曲线 $y = f(x)$ 在 (a,b) 内上凹.

同理可证明(2).

定义 3.3 设 $M(x_0, f(x_0))$ 为曲线 $y = f(x)$ 上一点,若曲线在点 M 的两侧有不同的凹向,则点 M 称为曲线 $y = f(x)$ 的拐点.

注意 极值点,驻点是指 x 轴上的点,而拐点是指曲线上的点.

由此,判别曲线的凹向与拐点的一般步骤如下:

① 确定函数的定义域;

② 求 $f''(x)$,并找出定义域内 $f''(x) = 0$ 或 $f''(x)$ 不存在的点,这些分界点将定义域分成若干区间;

③ 列表判别 $f''(x)$ 在各区间内的符号,从而确定曲线的凹向与拐点.

例1 求曲线 $y=x^4-2x^3+1$ 的凹向区间与拐点.

解 定义域 $x\in(-\infty,+\infty)$,于是
$$y'=4x^3-6x^2,\ y''=12x^2-12x=12x(x-1).$$
令 $y''=0$,得 $x_1=0$,$x_2=1$. 将结果列于表3.5中.

表 3.5

x	$(-\infty,0)$	0	$(0,1)$	1	$(1,+\infty)$
y''	+	0	−	0	+
y	∪	拐点	∩	拐点	∪

注 表3.5中的符号"∪"表示上凹,"∩"表示下凹.

由此,曲线在 $(-\infty,0)$,$(1,+\infty)$ 内上凹;在 $(0,1)$ 内下凹;曲线的拐点为 $(0,1)$ 和 $(1,0)$.

例2 求曲线 $y=x^{\frac{1}{3}}$ 的凹向区间与拐点.

解 定义域 $x\in(-\infty,+\infty)$,$y'=\dfrac{1}{3}x^{-\frac{2}{3}}$,$y''=-\dfrac{2}{9}x^{-\frac{5}{3}}=-\dfrac{2}{9}\dfrac{1}{\sqrt[3]{x^5}}$,

当 $x=0$ 时,y'' 不存在. 将结果列于表3.6中.

表 3.6

x	$(-\infty,0)$	0	$(0,+\infty)$
y''	+	不存在	−
y	∪	拐点	∩

由表3.6可见,曲线在 $(-\infty,0)$ 内上凹;在 $(0,+\infty)$ 内下凹;曲线的拐点为 $(0,0)$.

例3 确定 a,b,c 的值,使 $f(x)=ax^3+bx^2+cx$ 有一拐点 $(1,2)$,且曲线在该点处的切线斜率为 -1.

解 $f(x)=ax^3+bx^2+cx$,

$f'(x)=3ax^2+2bx+c$,

$f''(x)=6ax+2b$,

由于 $(1,2)$ 为 $f(x)$ 的拐点,因此有 $f''(1)=0$,$f(1)=2$,即 $6a+2b=0$,$a+b+c=2$;又由于曲线在点 $(1,2)$ 处的切线斜率为 -1,因此有 $f'(1)=-1$,即 $3a+2b+c=-1$. 由方程组

$$\begin{cases} 6a+2b=0, \\ a+b+c=2, \\ 3a+2b+c=-1, \end{cases}$$

解得 $a=3, b=-9, c=8$.

§3.6 曲线的渐近线

当曲线向无穷远处伸展时,常会发现曲线有时向某固定直线无限靠近,于是产生了"渐近线"的概念.它将使我们能了解曲线向无穷远处伸展时的走向,有助于函数图形的描绘.

定义 3.4 当曲线 $y=f(x)$ 上的一动点 p 沿着曲线趋于无穷远时,如果该点 p 与某定直线 l 的距离趋于零,那么直线 l 称为曲线 $y=f(x)$ 的渐近线.

给定曲线 $y=f(x)$,如何确定该曲线是否有渐近线呢?如果有又怎样求渐近线呢?下面分 3 种情形讨论:

一、水平渐近线

设曲线 $y=f(x)$,如果 $\lim\limits_{x\to+\infty}f(x)=b$ 或 $\lim\limits_{x\to-\infty}f(x)=b$ 或 $\lim\limits_{x\to\infty}f(x)=b$,那么 $y=b$ 是曲线 $y=f(x)$ 的水平渐近线.

二、垂直渐近线

设曲线 $y=f(x)$,如果 $\lim\limits_{x\to c^+}f(x)=\infty$ 或 $\lim\limits_{x\to c^-}f(x)=\infty$ 或 $\lim\limits_{x\to c}f(x)=\infty$,那么 $x=c$ 是曲线 $y=f(x)$ 的垂直渐近线.

三、斜渐近线

设曲线 $y=f(x)$,直线 $y=ax+b$,如果 $\lim\limits_{x\to+\infty}[f(x)-(ax+b)]=0$ 或 $\lim\limits_{x\to-\infty}[f(x)-(ax+b)]=0$ 或 $\lim\limits_{x\to\infty}[f(x)-(ax+b)]=0$,那么 $y=ax+b$ 是曲线 $y=f(x)$ 的斜渐近线.

下面给出求 a,b 的公式.由

$$\lim_{x\to\infty}[f(x)-(ax+b)]=0,$$

有

$$\lim_{x\to\infty}\left(\frac{f(x)}{x}-a-\frac{b}{x}\right)=0,$$

所以

$$a=\lim_{x\to\infty}\frac{f(x)}{x},\ b=\lim_{x\to\infty}(f(x)-ax).$$

例1 求曲线 $y=xe^{-x}$ 的渐近线.

解 因为

$$\lim_{x\to+\infty}xe^{-x}=\lim_{x\to+\infty}\frac{x}{e^x}=0,$$

故曲线 $y=xe^{-x}$ 有一条水平渐近线 $y=0$.

例2 求曲线 $y=\dfrac{1}{x-1}$ 的渐近线.

解 因为

$$\lim_{x\to 1}\frac{1}{x-1}=\infty,$$

故曲线 $y=\dfrac{1}{x-1}$ 有一条垂直渐近线 $x=1$.

例3 求曲线 $y=\dfrac{x+1}{|x|}$ 的渐近线.

解 因为

$$\lim_{x\to+\infty}\frac{x+1}{|x|}=\lim_{x\to+\infty}\frac{x+1}{x}=1,$$

又因为

$$\lim_{x\to-\infty}\frac{x+1}{|x|}=\lim_{x\to-\infty}\frac{x+1}{-x}=-1,$$

所以曲线 $y=\dfrac{x+1}{|x|}$ 有两条水平渐近线 $y=1$ 与 $y=-1$. 而

$$\lim_{x\to 0}\frac{x+1}{|x|}=\infty,$$

所以曲线 $y=\dfrac{x+1}{|x|}$ 有一条垂直渐近线 $x=0$.

例4 求曲线 $y=\dfrac{x^2}{x+1}$ 的渐近线.

解 因为

$$\lim_{x\to -1}\frac{x^2}{x+1}=\infty,$$

所以曲线 $y=\dfrac{x^2}{x+1}$ 有一条垂直渐近线 $x=-1$；又因为

$$\lim_{x\to\infty}\frac{f(x)}{x}=\lim_{x\to\infty}\frac{x}{x+1}=1=a,$$

且

$$\lim_{x\to\infty}(f(x)-ax)=\lim_{x\to\infty}\left(\frac{x^2}{x+1}-x\right)=\lim_{x\to\infty}\frac{-x}{x+1}=-1=b,$$

所以曲线 $y=\dfrac{x^2}{x+1}$ 有一条斜渐近线 $y=x-1$.

§3.7 函数图形的描绘

前面几节讨论了函数的单调性与极值，以及曲线的凹向与拐点，曲线的渐近线，下面我们就可以将函数的图形比较准确地画出来了.

一般描绘函数图形的步骤如下：

① 确定函数的定义域；

② 确定曲线的渐近线；

③ 求 $f'(x)$，$f''(x)$，找出定义域内 $f'(x)=0$ 或 $f'(x)$ 不存在的点及 $f''(x)=0$ 或 $f''(x)$ 不存在的点；

④ 列表确定函数的单调性与极值点，曲线的凹向与拐点，并求出极值与拐点坐标；

⑤ 计算 $y=f(x)$ 与坐标轴的交点，并作图.

例 1 作函数 $y=\dfrac{x^2}{1+2x}$ 的图形.

解 (1) 定义域 $x\in\left(-\infty,-\dfrac{1}{2}\right)\cup\left(-\dfrac{1}{2},+\infty\right)$.

(2) 因为

$$\lim_{x\to -\frac{1}{2}}\frac{x^2}{1+2x}=\infty,$$

所以 $x=-\dfrac{1}{2}$ 为曲线的垂直渐近线；又因为

$$\lim_{x\to\infty}\frac{f(x)}{x}=\lim_{x\to\infty}\frac{x}{1+2x}=\frac{1}{2}=a,$$

且

$$\lim_{x\to\infty}(f(x)-ax)=\lim_{x\to\infty}\left(\frac{x^2}{1+2x}-\frac{1}{2}x\right)=\lim_{x\to\infty}\frac{-x}{2(1+2x)}=-\frac{1}{4}=b,$$

所以 $y=\frac{1}{2}x-\frac{1}{4}$ 为曲线的斜渐近线.

(3) $y'=\dfrac{2x(x+1)}{(1+2x)^2}$, $y''=\dfrac{2}{(1+2x)^3}$.

令 $y'=0$, 得 $x_1=-1$, $x_2=0$.

(4) 列表(见表 3.7).

表 3.7

x	$(-\infty,-1)$	-1	$\left(-1,-\frac{1}{2}\right)$	$\left(-\frac{1}{2},0\right)$	0	$(0,+\infty)$
y'	$+$	0	$-$	$-$	0	$+$
y''	$-$	-2	$-$	$+$	2	$+$
y	↗	极大值 $f(-1)=-1$	↘	↘	极小值 $f(0)=0$	↗

(5) 作图(见图 3.10).

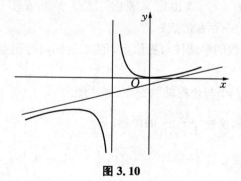

图 3.10

例 2 作函数 $y=\dfrac{1}{\sqrt{2\pi}}\mathrm{e}^{-\frac{x^2}{2}}$ 的图形.

解 (1) 定义域 $x\in(-\infty,+\infty)$.

(2) 因为

$$\lim_{x\to\infty}\frac{1}{\sqrt{2\pi}}e^{-\frac{x^2}{2}}=0,$$

所以 $y=0$ 为曲线的水平渐近线.

(3) $y'=\dfrac{-x}{\sqrt{2\pi}}e^{-\frac{x^2}{2}}$, $y''=\dfrac{(x+1)(x-1)}{\sqrt{2\pi}}e^{-\frac{x^2}{2}}$.

令 $y'=0$, 得 $x_1=0$, 令 $y''=0$, 得 $x_2=-1$, $x_3=1$.

(4) 列表(见表 3.8).

表 3.8

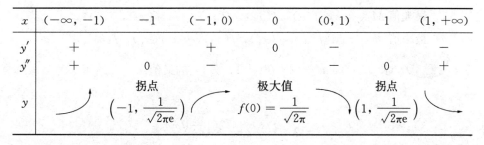

(5) 作图(见图 3.11).

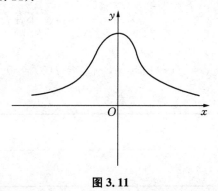

图 3.11

此函数图形是概率论与数理统计中非常重要的正态分布曲线.

§3.8 函数的最值

函数的最大值和最小值统称函数的最值. 若函数 $f(x)$ 在闭区间 $[a,b]$ 上连续,则根据闭区间上连续函数的性质,它一定能取得最大值和最小值至少各一次. 显然,函数的最值是指某区间上的最大值和最小值,是整体性概念;函数的极大值和极小值是某点邻域内的最大值和最小值,是局部性概念.

对于可导函数而言,若 $f(x)$ 在区间 (a,b) 内点 x_0 取得最值,则在 x_0 处有 $f'(x_0)=0$,即 x_0 为驻点,而且 x_0 是 $f(x)$ 的极值点;又最值还可能在区间端点处取得.

因此,求函数 $f(x)$ 在闭区间 $[a,b]$ 上最值的步骤如下:

① 求出 $f(x)$ 在 (a,b) 内的一切可能的极值点,即 $f'(x)=0$ 或 $f'(x)$ 不存在的点,$x_1, x_2, \cdots, x_n$;

② 计算函数值 $f(a), f(x_1), f(x_2), \cdots, f(x_n), f(b)$;

③ 最大值 $M = \max\{f(a), f(x_1), f(x_2), \cdots, f(x_n), f(b)\}$,

最小值 $m = \min\{f(a), f(x_1), f(x_2), \cdots, f(x_n), f(b)\}$.

例1 求 $y = 3\sqrt[3]{x^2} - 2x$ 在 $\left[-1, \dfrac{1}{2}\right]$ 上的最值.

解

$$y' = 2x^{-\frac{1}{3}} - 2 = \frac{2(1-\sqrt[3]{x})}{\sqrt[3]{x}},$$

令 $y'=0$,得 $x=1 \notin \left[-1, \dfrac{1}{2}\right]$. 又当 $x=0$ 时,y' 不存在. 计算结果见表 3.9. 所以

$$y_{\max} = f(-1) = 5, \quad y_{\min} = f(0) = 0.$$

表 3.9

x	-1	0	$\dfrac{1}{2}$
$f(x)$	5	0	$\dfrac{3}{\sqrt[3]{4}} - 1$

我们应该特别注意的是:

① 若函数 $f(x)$ 在区间 $[a,b]$ 上单调增加,则 $f(a)$ 为最小值,$f(b)$ 为最大值;若函数 $f(x)$ 在区间 $[a,b]$ 上单调减少,则 $f(b)$ 为最小值,$f(a)$ 为最大值.

② 若连续函数 $f(x)$ 在 (a,b) 内有且仅有一个极值点(极大值点或极小值点),则此极值点即函数 $f(x)$ 在 $[a,b]$ 上的最值点.

很多最小值和最大值的实际问题,属于此种类型,对此,可用求极值的方法来解决.

例2 要做一个容积为 V 的圆柱形罐头筒(有盖),怎样设计才能使所用

材料最省?

解 显然,要材料最省,就是要罐头筒的总表面积最小. 设罐头筒的底半径为 r,高为 h,则它的侧面积为 $2\pi rh$,底面积为 πr^2,因此总表面积为

$$S = 2\pi r^2 + 2\pi rh,$$

由体积公式 $V = \pi r^2 h$,有

$$h = \frac{V}{\pi r^2},$$

所以

$$S = 2\pi r^2 + 2\frac{V}{r}, \ r \in (0, +\infty),$$

$$S' = 4\pi r - 2\frac{V}{r^2} = \frac{2(2\pi r^3 - V)}{r^2}.$$

令 $S' = 0$,得 $r = \sqrt[3]{\dfrac{V}{2\pi}}$,又

$$S'' = 4\pi + \frac{4V}{r^3},$$

因为 π, V 都是正数,$r > 0$,所以 $S''\left(\sqrt[3]{\dfrac{V}{2\pi}}\right) > 0$. 因此 S 在点 $r = \sqrt[3]{\dfrac{V}{2\pi}}$ 处取极小值,也即最小值. 这时相应的高为

$$h = \frac{V}{\pi r^2} = 2\sqrt[3]{\frac{V}{2\pi}} = 2r,$$

于是得出结论:当所做罐头筒的高和底直径相等时,所用材料最省.

例3 某工厂生产某产品的年产量为 a 件,分若干批进行生产,每批生产准备费为 b 元. 设产品均匀投放市场,且上一批销完即生产下一批(即平均库存量为批量的一半). 设每年每件库存费为 c 元,问:每批生产多少件,才能使生产准备费与库存费之和最小?

解 设每批生产 x 件,于是批数为 $\dfrac{a}{x}$,则生产准备费为 $b \cdot \dfrac{a}{x}$ 元. 因为库存量为 $\dfrac{x}{2}$ 件,故库存费为 $c \cdot \dfrac{x}{2}$ 元,因此总费用

$$y = \frac{ab}{x} + \frac{cx}{2}, \ x \in (0, a),$$

$$y' = -\frac{ab}{x^2} + \frac{c}{2}.$$

令 $y' = 0$，有
$$cx^2 - 2ab = 0,$$
所以
$$x = \sqrt{\frac{2ab}{c}}, \text{又 } y''\left(\sqrt{\frac{2ab}{c}}\right) > 0.$$

因此，当 $x = \sqrt{\frac{2ab}{c}}$ 时，y 取得极小值，也即最小值。于是得出结论：要使一年中生产准备费与库存费之和最小的最优批量为 $\sqrt{\frac{2ab}{c}}$ 件。

§3.9 导数在经济分析中的应用

一、导数的经济意义

在经济学中，边际概念是反映一种经济变量 y 相对于另一种经济变量 x 的变化率 $\frac{\Delta y}{\Delta x}$ 或 $\lim\limits_{\Delta x \to 0} \frac{\Delta y}{\Delta x}$。

1. 边际成本

设 $C(q)$ 表示生产 q 单位某种产品的总成本。

平均成本 $\overline{C}(q) = \frac{C(q)}{q}$ 表示生产 q 单位产品时，平均每单位产品的成本。

$C'(q)$ 表示产量为 q 时的边际成本。

由微分近似公式，当 $|\Delta q|$ 很小时，有
$$C(q + \Delta q) - C(q) \approx C'(q) \Delta q,$$

在经济上对大量产品而言，$\Delta q = 1$ 认为很小，不妨令 $\Delta q = 1$，得
$$C(q+1) - C(q) \approx C'(q).$$

因此边际成本 $C'(q)$ 表示产量从 q 单位时再生产一单位产品所需的成本，即表示生产第 $q+1$ 单位产品的成本。

2. 边际收益

设 $R(q)$ 表示销售 q 单位某种商品的总收益。

平均收益 $\overline{R}(q) = \dfrac{R(q)}{q}$ 表示销售 q 单位商品时，平均每单位商品的收益．

$R'(q)$ 表示销量为 q 时的边际收益．

由微分近似公式，得

$$R(q+1) - R(q) \approx R'(q).$$

因此边际收益 $R'(q)$ 表示销量从 q 单位时再销售一单位商品所得的收益，即表示销售第 $q+1$ 单位商品的收益．

3. 边际利润

设 $L(q) = R(q) - C(q)$ 表示生产或销售 q 单位某种商品的总利润．

平均利润 $\overline{L}(q) = \dfrac{L(q)}{q}$ 表示生产或销售 q 单位商品时，平均每单位商品的利润．

$L'(q)$ 表示产量或销量为 q 时的边际利润．

由微分近似公式，得

$$R(q+1) - R(q) \approx R'(q).$$

因此边际利润 $L'(q)$ 表示产量或销量从 q 单位时再生产或销售一单位商品所得的利润，即表示生产或销售第 $q+1$ 单位商品的利润．

例1 设生产某商品的固定成本为 20 000 元，每生产一个单位产品，成本增加 100 元，总收益函数 $R(q) = 400q - \dfrac{1}{2}q^2$（$q$ 表示销售量），设产销平衡，试求边际成本，边际收益及边际利润．

解 总成本函数 $C(q) = 20\,000 + 100q$（元），

边际成本 $C'(q) = 100$；

总收益函数 $R(q) = 400q - \dfrac{1}{2}q^2$（元），

边际收益 $R'(q) = 400 - q$；

总利润函数 $L(q) = R(q) - C(q) = -\dfrac{1}{2}q^2 + 300q - 20\,000$（元），

边际利润 $L'(q) = R'(q) - C'(q) = -q + 300$．

二、弹性

在经济理论（特别是计量经济学）中，还经常存在一种变量 y 对于另一种变量 x 的微小百分比变动关系——弹性，即

$$\frac{\frac{\Delta y}{y}}{\frac{\Delta x}{x}} \text{ 或 } \lim_{\Delta x \to 0} \frac{\frac{\Delta y}{y}}{\frac{\Delta x}{x}}.$$

1. 函数弹性的定义

定义 3.5 设函数 $f(x)$ 在点 x_0 可导,函数的相对改变量

$$\frac{\Delta y}{y_0} = \frac{f(x_0 + \Delta x) - f(x_0)}{y_0}$$

与自变量的相对改变量 $\frac{\Delta x}{x_0}$(它们分别表示函数与自变量变化的百分数)之比 $\frac{\frac{\Delta y}{y_0}}{\frac{\Delta x}{x_0}}$ 称为函数 $f(x)$ 在点 x_0 与点 $x_0 + \Delta x$ 间的相对变化率,或称两点间的弹性.

当 $\Delta x \to 0$ 时,$\frac{\frac{\Delta y}{y_0}}{\frac{\Delta x}{x_0}}$ 的极限值为函数 $f(x)$ 在点 x_0 处的相对变化率,或称弹性,记作

$$\left.\frac{Ey}{Ex}\right|_{x=x_0} \text{ 或 } \left.\frac{E}{Ex}f(x)\right|_{x=x_0},$$

即

$$\left.\frac{Ey}{Ex}\right|_{x=x_0} = \lim_{\Delta x \to 0} \frac{\frac{\Delta y}{y_0}}{\frac{\Delta x}{x_0}} = \frac{x_0}{y_0} \lim_{\Delta x \to 0} \frac{\Delta y}{\Delta x} = \frac{x_0}{f(x_0)} f'(x_0). \tag{3.5}$$

如果函数 $f(x)$ 在区间 (a, b) 内的每一点 x 处都存在弹性,则称函数 $f(x)$ 在区间 (a, b) 内有弹性,它是 x 的一个函数,一般记为

$$\frac{Ey}{Ex} = \frac{x}{f(x)} f'(x),$$

则

$$\left.\frac{Ey}{Ex}\right|_{x=x_0} = \frac{x_0}{f(x_0)} f'(x_0).$$

从弹性定义可知:函数的弹性概念与导数概念密切相关,同时,函数的弹性是函数相对改变量与自变量的相对改变量之间的数量关系,它反映 $f(x)$ 随 x 变

化的幅度大小,也即 $f(x)$ 对 x 变化反应的强烈程度或灵敏度. 在研究经济变量间变化关系时,弹性概念比导数概念更有用,更方便.

由 3.5 式,有

$$\frac{\frac{\Delta y}{y_0}}{\frac{\Delta x}{x_0}} = \frac{Ey}{Ex}\bigg|_{x=x_0} + \alpha, \text{其中} \lim_{\Delta x \to 0} \alpha = 0,$$

即

$$\frac{\Delta y}{y_0} = \frac{Ey}{Ex}\bigg|_{x=x_0} \cdot \frac{\Delta x}{x_0} + \alpha \cdot \frac{\Delta x}{x_0},$$

所以,当 $|\Delta x|$ 很小时,有

$$\frac{\Delta y}{y_0} \approx \frac{Ey}{Ex}\bigg|_{x=x_0} \cdot \frac{\Delta x}{x_0}. \tag{3.6}$$

上式表示当 x 从 x_0 改变 1% 时,$f(x)$ 从 $f(x_0)$ 近似地改变 $\frac{Ey}{Ex}\bigg|_{x=x_0}\%$. 实际问题中解释弹性意义时,略去"近似".

例2 求函数 $y = 2e^{-3x}$ 的弹性函数 $\frac{Ey}{Ex}$ 及 $\frac{Ey}{Ex}\bigg|_{x=2}$.

解 $\frac{Ey}{Ex} = \frac{x}{y}y' = \frac{x}{2e^{-3x}}(2e^{-3x})' = \frac{x}{2e^{-3x}}(-6e^{-3x}) = -3x,$

$\frac{Ey}{Ex}\bigg|_{x=2} = -3x\bigg|_{x=2} = -6.$

例3 求幂函数 $y = x^a$(a 为常数)的弹性函数.

解

$$\frac{Ey}{Ex} = \frac{x}{y}y' = \frac{x}{x^a}(x^a)' = \frac{x}{x^a}(ax^{a-1}) = a.$$

由此可见,幂函数的弹性函数为常数,所以也称幂函数为不变弹性函数.

2. 需求弹性

定义3.6 已知某商品的需求函数 $Q = f(p)$,p 表示价格,Q 表示需求量,在点 p_0 可导,$\dfrac{\frac{\Delta Q}{Q_0}}{\frac{\Delta p}{p_0}}$ 称该商品在 p_0 与 $p_0 + \Delta p$ 两点间的需求弹性,而

$$\lim_{\Delta p \to 0} \frac{\frac{\Delta Q}{Q_0}}{\frac{\Delta p}{p_0}} = \frac{p_0}{f(p_0)} f'(p_0)$$

称为该商品在点 p_0 处的需求弹性，记作

$$\eta(p)\big|_{p=p_0} = \eta(p_0) = \frac{p_0}{f(p_0)} f'(p_0).$$

一般而言，需求量 Q 是价格 p 的减函数，因此 $\eta(p_0)$ 一般为负值，由

$$\frac{\Delta Q}{Q_0} \approx \eta(p_0) \cdot \frac{\Delta p}{p_0}$$

可知需求弹性 $\eta(p_0)$ 的经济意义：当价格 p 从 p_0 上涨（或下跌）1% 时，需求量 Q 从 $Q(p_0)$ 减少（或增加）$|\eta(p_0)|$%.

例 4 设某商品的需求函数 $Q = e^{-\frac{p}{5}}$，求 $p=3$，$p=5$，$p=6$ 时的需求弹性，并说明其经济意义.

解 $\eta(p) = \dfrac{EQ}{Ep} = \dfrac{p}{f(p)} f'(p)$

$$= \frac{p}{e^{-\frac{p}{5}}} (e^{-\frac{p}{5}})' = \frac{p}{e^{-\frac{p}{5}}} \left(-\frac{1}{5} e^{-\frac{p}{5}}\right) = -\frac{p}{5}.$$

$$\eta(3) = -\frac{3}{5}, \quad \eta(5) = -1, \quad \eta(6) = -\frac{6}{5}.$$

这说明：

当 $p=3$ 时，当价格 p 从 3 上涨（或下跌）1%，需求量 Q 相应减少（或增加）$\frac{3}{5}$%；

当 $p=5$ 时，当价格 p 从 5 上涨（或下跌）1%，需求量 Q 相应减少（或增加）1%；

当 $p=6$ 时，当价格 p 从 6 上涨（或下跌）1%，需求量 Q 相应减少（或增加）$\frac{6}{5}$%.

若 $|\eta(p_0)| < 1$，表示需求变动幅度小于价格变动幅度，此时称低弹性；

若 $|\eta(p_0)| = 1$，表示需求变动幅度与价格变动幅度相同，此时称单位弹性；

若 $|\eta(p_0)| > 1$，表示需求变动幅度大于价格变动幅度，此时称高弹性.

3. 用需求弹性分析总收益的变化

总收益 R 是商品价格 p 与销售量 Q 的乘积,即

$$R(p) = pQ(p),$$

$$R'(p) = Q(p) + pQ'(p)$$

$$= Q(p)\left[1 + \frac{p}{Q(p)}Q'(p)\right]$$

$$= Q(p)(1 + \eta).$$

(1) 若 $|\eta| < 1$,即低弹性,此时 $R'(p) > 0$,即 $R(p)$ 单调增加. 价格上涨,总收益增加;价格下跌,总收益减少;

(2) 若 $|\eta| > 1$,即高弹性,此时 $R'(p) < 0$,即 $R(p)$ 单调减少. 价格上涨,总收益减少;价格下跌,总收益增加;

(3) 若 $|\eta| = 1$,即单位弹性,此时 $R'(p) = 0$. 价格的改变对总收益的影响微乎其微,且此时总收益达到最大.

综上所述,总收益的变化受需求弹性的制约,随商品需求弹性的变化而变化,其变化关系如图 3.12 所示.

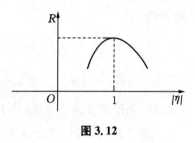

图 3.12

例 5 设某商品的需求函数 $Q = 100 - 2p$,讨论其弹性的变化对总收益的影响.

解 在 $Q = 100 - 2p$ 中,当 $Q = 0$ 时,$p = 50$,50 是需求函数 $Q = 100 - 2p$ 的最高价格.

$$\eta = \frac{EQ}{Ep} = \frac{p}{Q(p)}Q'(p)$$

$$= \frac{p}{100 - 2p}(100 - 2p)' = \frac{-p}{50 - p},$$

$$|\eta| = \left|\frac{EQ}{Ep}\right| = \left|-\frac{p}{50 - p}\right| = \frac{p}{50 - p}.$$

当 $p = 25$ 时,$|\eta| = 1$,此时为单位弹性,总收益达到最大;

当 $25 < p < 50$ 时,$|\eta| > 1$,此时为高弹性,若在此范围内采用提价措施,则因为需求下降的百分比大于价格增加的百分比,企业的总收入反而会减少;

当 $0 < p < 25$ 时,$|\eta| < 1$,此时为低弹性,若在此范围内采用压价措施,则

因为需求增加的百分比小于价格减少的百分比,企业的总收入也会减少.

4. 供给弹性

定义 3.7 已知某商品的供给函数 $Q = g(p)$,p 表示价格,Q 表示供应量,在点 p_0 处可导,$\dfrac{\frac{\Delta Q}{Q_0}}{\frac{\Delta p}{p_0}}$ 称该商品在 p_0 与 $p_0 + \Delta p$ 两点间的供给弹性,而

$$\lim_{\Delta p \to 0} \frac{\frac{\Delta Q}{Q_0}}{\frac{\Delta p}{p_0}} = \frac{p_0}{f(p_0)} f'(p_0),$$

称为该商品在点 p_0 处的供给弹性,记作

$$\varepsilon(p)\Big|_{p=p_0} = \varepsilon(p_0) = \frac{p_0}{f(p_0)} f'(p_0).$$

一般而言,供应量 Q 是价格 p 的增函数,因此 $\varepsilon(p_0)$ 一般为正值.

例 6 设某商品的供给函数 $Q = 3e^{2p}$,求供给弹性函数及 $p=1$ 时的供给弹性.

解 $\varepsilon = \dfrac{EQ}{Ep} = \dfrac{p}{Q(p)} Q'(p) = \dfrac{p}{3e^{2p}} (3e^{2p})' = \dfrac{p}{3e^{2p}} 6e^{2p} = 2p,$

$\varepsilon(1) = 2p \mid_{p=1} = 2,$

这说明,当价格 p 从 1 上涨(或下跌)1%时,供给量 Q 相应增加(或减少)2%.

例 7 设某厂生产某种产品 q 件的总成本函数 $C(q) = 1\,200 + 2q$(万元),又需求函数为 $p = \dfrac{100}{\sqrt{q}}$,其中 p 为产品的价格(单位:万元/件),若需求量等于产量,则

(1) 求需求对价格的弹性;

(2) 当产量 q 为多少时,总利润最大?并求最大总利润.

解 (1) 需求对价格的弹性

$$\frac{Eq}{Ep} = \frac{p}{f(p)} f'(p) = \frac{p}{\frac{10\,000}{p^2}} \left(\frac{10\,000}{p^2}\right)'$$

$$= \frac{p}{\frac{10\,000}{p^2}} \cdot \frac{-2 \cdot 10\,000}{p^3} = -2.$$

(2) 总利润

$$L(q) = R(q) - C(q) = pq - C(q) = \frac{100}{\sqrt{q}}q - 1\,200 - 2q$$

$$= 100\sqrt{q} - 1\,200 - 2q,$$

$$L'(q) = \frac{100}{2\sqrt{q}} - 2.$$

令 $L'(q) = 0$,得

$$q = 625(\text{件}), \quad L(625) = 50(\text{万元}).$$

而又因为 $L''(625) < 0$,所以当产量为 625 件时总利润最大,最大总利润为 50 万元.

数学家简介

拉 格 朗 日

约翰·路易斯·拉格朗日(Joseph Louis Lagrange, 1736—1813),意大利数学家,1736 年生于意大利的都灵市,1813 年卒于法国的巴黎,是著名的数学家与天文学家.

拉格朗日的父亲原本希望他将来能当一位律师,因此他在都灵市大学就读法律,这段时间也曾读过一点欧几里得的《几何原本》和了解阿基米德的一些几何学著作,但他对这些数学并不感兴趣;直到有一天,他看到英国天文学家 Halley 所发表的"近代代数在一些光学问题上的优点"一文后,引发他对数学的高度兴趣,因而开始投身于数学研究,并在短短的时间里,独创了一门数学的新分支——"变分学",这是研究力学的一种重要工具.

他在 19 岁就获聘为都灵市皇家炮兵学校的数学教授,教导那些年纪比他大很多的学生.在这段时间里,他写信给当时在欧洲最著名的数学家欧拉,说明他如何利用变分学解决了当时众人讨论的问题——"等周问题",他的方法深受欧拉的肯定.他在 1758 年成立一个学会,讨论物理、天文及数学的问题,并连续出版了 5 本科学论著,其中包含:声波的传播、解析力学、如何利用变分学来解决一些力学问题等等.他也曾用力学上的"虚功"去解释:为什么人类观看月球表面时,总是看到同一面,而看不到另外一面?

1766 年他在欧拉的推荐下,前往德国柏林担任斐得烈大帝的宫廷数学家,直到1786年斐得烈大帝去世后才离开,在这段时间,他完成了他的名著——《解析力学》。在他的解析力学书中,曾提出力学可以看成是四维空间的几何问题:其中三维是用来表示物体位置,另外一维是作为时间坐标。这个观点在日后爱因斯坦的广义相对论提出后,才普遍被人们接受。

离开德国后,他受法国路易十六之邀前往巴黎工作,成为法国科学院之一员,并居住在卢浮宫。法国大革命后,拿破仑于1797年成立工艺学院,聘请他为数学基础不好的军官讲解数学,并时常与他讨论哲学、数学问题及建设国家的意见。拿破仑曾以"数学上崇高的金字塔"这句话来赞誉他。

他在天文学上的最大成就,是创立了大行星运动的理论。系统地阐述了他对太阳系稳定问题的计算,证明由观测所得的行星运动的各种误差,确实是由行星间相互摄动所引起的长期振动造成的。这些摄动绝不会使太阳系不稳定而终于瓦解,它们完全表现周期性的变化,所以在长时期内,太阳系是绝对稳定的。从而打消了18世纪初期人们对太阳系瓦解的担心。此外他还详细推导了月球的长期加速运动并创立了公式。

拉格朗日小时候的家境是相当富裕的,后来由于父亲从事投机事业失败,耗尽家产,而使他生活变得十分拮据。他曾回忆说:假如我继承了父亲的财产,那我可能就不会投身于数学事业。

拉格朗日是一位十分害羞、谦虚的人,他死后葬于巴黎的圣贤祠。

习 题 三

(A)

1. 下列函数在给定区间上是否满足罗尔定理的条件?如果满足求出定理中的ξ值:

(1) $y = x^2 - x - 5$, $x \in [-2, 3]$;

(2) $y = \dfrac{1}{1+x^2}$, $x \in [-2, 2]$;

(3) $y = x\sqrt{3-x}$, $x \in [0, 3]$;

(4) $y = \ln(\sin x)$, $x \in \left[\dfrac{\pi}{6}, \dfrac{5}{6}\pi\right]$.

2. 不求导数,证明函数 $f(x) = (x-1)(x-2)(x-3)$ 在 $(1, 3)$ 内有一点 ξ,使 $f''(\xi) = 0$.

3. 设方程 $a_0 x^n + a_1 x^{n-1} + \cdots + a_{n-1} x = 0$ 有一个正根 x_0,试证明方程
$$na_0 x^{n-1} + (n-1)a_1 x^{n-2} + \cdots + a_{n-1} = 0$$

有一个小于 x_0 的正根.

4. 下列函数在给定区间上是否满足拉格朗日定理的条件？如果满足,则求出定理中的 ξ 值：

(1) $y = x^3$, $x \in [0, 2]$;

(2) $y = \ln x$, $x \in [1, e]$;

(3) $y = \sqrt{x}$, $x \in [1, 4]$;

(4) $y = x^3 - 5x^2 + x - 2$, $x \in [-1, 0]$.

5. 证明不等式：

(1) $|\sin x - \sin y| \leqslant |x - y|$;

(2) $\dfrac{b-a}{b} < \ln \dfrac{b}{a} < \dfrac{b-a}{a}$, $0 < a < b$;

(3) $\dfrac{b-a}{1+b^2} < \arctan b - \arctan a < \dfrac{b-a}{1+a^2}$, $0 < a < b$.

6. 证明：若函数 $f(x)$ 的导数为常数,则 $f(x)$ 为 x 的线性函数.

7. 设 $f(x)$ 在 $[a, b]$ 上连续,在 (a, b) 内可导,则 (a, b) 内至少存在一点 ξ,使

$$f(\xi) + \xi f'(\xi) = \dfrac{bf(b) - af(a)}{b-a}.$$

8. 证明下列等式：

(1) $\arcsin x + \arcsin \sqrt{1-x^2} = \dfrac{\pi}{2}$, $x \in [0, 1]$;

(2) $\arctan x + \operatorname{arccot} x = \dfrac{\pi}{2}$, $x \in (-\infty, +\infty)$.

9. 函数 $f(x) = x^3$ 与 $g(x) = x^2 + 1$ 在区间 $[1, 2]$ 上是否满足柯西定理的条件,若满足求出定理中的 ξ 值.

10. 用洛必达法则求下列极限：

(1) $\lim\limits_{x \to 0} \dfrac{e^x - e^{-x}}{\sin x}$;

(2) $\lim\limits_{x \to 1} \dfrac{\ln x}{x-1}$;

(3) $\lim\limits_{x \to 0} \dfrac{x - \tan x}{x^3}$;

(4) $\lim\limits_{x \to 0} \dfrac{e^x - 1 - x}{x^2}$;

(5) $\lim\limits_{x \to 0} \dfrac{\tan x - x}{x - \sin x}$;

(6) $\lim\limits_{x \to \frac{\pi}{2}^+} \dfrac{\ln\left(x - \dfrac{\pi}{2}\right)}{\tan x}$;

(7) $\lim\limits_{x \to \infty} [x(e^{\frac{1}{x}} - 1)]$;

(8) $\lim\limits_{x \to 0^+} x^a \ln x$ $(a > 0)$;

(9) $\lim\limits_{x \to 0} x^2 e^{\frac{1}{x^2}}$;

(10) $\lim\limits_{x \to 1} (1-x) \tan \dfrac{\pi}{2} x$;

(11) $\lim\limits_{x\to 0}\left(\dfrac{1}{x}-\dfrac{1}{e^x-1}\right)$;

(12) $\lim\limits_{x\to 0}\left(\cot x-\dfrac{1}{x}\right)$;

(13) $\lim\limits_{x\to 1}(2-x)^{\tan\frac{\pi}{2}x}$;

(14) $\lim\limits_{x\to 0}\left(\dfrac{2^x+3^x+4^x}{3}\right)^{\frac{1}{x}}$;

(15) $\lim\limits_{x\to +\infty}(e^x+x)^{\frac{1}{x}}$;

(16) $\lim\limits_{x\to 0^+}x^{\sin x}$;

(17) $\lim\limits_{x\to 0^+}\left(\dfrac{1}{x}\right)^{\tan x}$;

(18) $\lim\limits_{x\to \infty}(1+x^2)^{\frac{1}{x}}$.

11. 说明下列极限为什么不能使用洛必达法则，并用其他方法求之：

(1) $\lim\limits_{x\to\infty}\dfrac{x-\sin x}{x+\sin x}$;

(2) $\lim\limits_{x\to 0}\dfrac{x^2\sin\dfrac{1}{x}}{\sin x}$;

(3) $\lim\limits_{x\to\infty}\dfrac{\sqrt{1+x^2}}{x}$;

(4) $\lim\limits_{x\to +\infty}\dfrac{e^x-e^{-x}}{e^x+e^{-x}}$.

12. 求下列函数的单调区间：

(1) $y=2x^3-6x+5$;

(2) $y=x^3+x$;

(3) $f(x)=x-e^x$;

(4) $f(x)=2x^2-\ln x$;

(5) $y=\dfrac{x^2}{1+x}$;

(6) $y=x-\sqrt{x}$;

(7) $y=\dfrac{\ln x}{x}$;

(8) $y=\dfrac{x+1}{x-1}$.

13. 证明下列不等式：

(1) 当 $x>1$ 时，$3-\dfrac{1}{x}<2\sqrt{x}$;

(2) 当 $x>0$ 时，$x-\dfrac{x^3}{6}<\sin x<x$.

14. 证明函数 $y=x-\ln(1+x^2)$ 单调增加.

15. 证明函数 $y=\sin x-x$ 单调减少.

16. 设在 $(-\infty,+\infty)$ 内 $f''(x)>0$，且 $f(0)<0$，证明：$F(x)=\dfrac{f(x)}{x}$ 在 $(-\infty,0)$ 和 $(0,+\infty)$ 内单调增加.

17. 求下列函数的极值：

(1) $y=x^3-9x^2-27$;

(2) $y=x-\ln(1+x)$;

(3) $y=x+\sqrt{1-x}$;

(4) $y=\dfrac{2x}{1+x^2}$;

(5) $y=x^2e^{-x}$;

(6) $y=(x+1)^{\frac{2}{3}}(x-5)^2$;

(7) $y = \sqrt{2+x-x^2}$; (8) $y = 3 - 2(x+1)^{\frac{1}{3}}$.

18. 试问：当 a 为何值时，函数 $f(x) = a\sin x + \frac{1}{3}\sin 3x$ 在 $x = \frac{\pi}{3}$ 处取得极值？它是极大值还是极小值？并求此极值.

19. 试问：当 a, b, c, d 为何值时，函数 $y = ax^3 + bx^2 + cx + d$ 在 $x = 0$ 处有极大值 1，在 $x = 2$ 处有极小值 0？

20. 确定下列曲线的凹向区间，并求拐点：

(1) $y = x^2 - x^3$; (2) $y = x + \frac{1}{x}$;

(3) $y = xe^{-x}$; (4) $y = \ln(x^2 + 1)$;

(5) $y = 3x^{-\frac{1}{3}} + 2x$; (6) $y = \frac{2x}{1+x^2}$.

21. 试问：当 a, b 为何值时，点 $(1, 3)$ 为曲线 $y = ax^3 + bx^2$ 的拐点？

22. 求下列曲线的渐近线：

(1) $y = e^x$; (2) $y = e^{-x^2}$;

(3) $y = \ln x$; (4) $y = e^{-\frac{1}{x}}$;

(5) $y = x + \ln x$; (6) $y = \frac{2(x-2)(x+3)}{x-1}$;

(7) $y = \frac{x^3}{2(x+1)^3}$; (8) $y = x + e^{-x}$;

(9) $y = \frac{x^2}{x-1}$; (10) $y = \frac{x^3}{(x-1)^2}$.

23. 作下列函数的图形：

(1) $y = 3x - x^3$; (2) $y = \frac{1}{1+x^2}$;

(3) $y = \frac{2x}{1+x^2}$; (4) $y = \frac{x^2}{1+2x}$;

(5) $y = \ln(1 + x^2)$; (6) $y = xe^{-x}$.

24. 求下列函数的最大值和最小值：

(1) $y = x^4 - 2x^2 + 5$, $x \in [-2, 2]$;

(2) $y = \ln(1 + x^2)$, $x \in [-1, 2]$;

(3) $y = x + \sqrt{1-x}$, $x \in [-5, 1]$;

(4) $y = 4e^x + e^{-x}$, $x \in [-1, 1]$;

(5) $y = xe^x$, $x \in [0, 4]$;

(6) $y = x^2 \sqrt{2-x}, x \in [0, 2]$.

25. 设某商品生产 x 单位的总成本函数为 $C(x) = 1\,100 + \dfrac{x^2}{1\,200}$，试求：

(1) 生产 900 单位产品时的总成本和平均成本；

(2) 生产 900 单位到 1 000 单位时的平均变化率；

(3) 生产 900 单位和 1 000 单位时的边际成本.

26. 设某产品生产 x 单位的总收入 R 为 x 的函数，$R(x) = 200x - 0.01x^2$，试求生产 50 单位产品时的总收入及平均收入和边际收入.

27. 若某商品的需求函数为 $p = \dfrac{b}{a+Q} + c$（其中 $Q \geqslant 0, a, b, c$ 为常数），p 表示某商品的价格，Q 表示某商品的需求量，试求：

(1) 总收益函数；

(2) 边际收益函数.

28. 求下列函数的弹性：

(1) $y = ax^2 + bx + c$;   (2) $y = xe^x$;

(3) $y = a^{bx}$;   (4) $y = \ln x$.

29. 设某商品的需求量 y 是价格 x 的函数

$$y = 1\,000 - 100x,$$

求价格 x 为 8 时的需求弹性，并解释其经济意义.

30. 设某商品的需求函数为 $Q = e^{-\frac{p}{4}}$，求需求弹性函数和收益弹性函数，并求 $p=3, p=4, p=5$ 时的需求弹性和收益弹性，解释其经济意义.

31. 设某商品的供给函数为 $Q = 2 + 3p$，求供给弹性函数及 $p=3$ 时的供给弹性，并解释其经济意义.

32. 要造一圆柱形油罐，体积为 v，问：底半径 r 和高 h 取何值时能使表面积最小？此时底半径与高的比为多少？

33. 欲用围墙围成面积为 216 平方米的一块矩形场地，并在正中用一堵墙将其隔成两块，问：这块土地的长和宽选取多大尺寸，才能使所用建筑材料最省？

34. 某产品的总成本函数为 $C(x) = \dfrac{x^2}{4} + 3x + 400$，其中 x 是产量，当产量为何水平时，其平均成本最小？并求此最小值.

35. 设某产品的需求函数为 $p = 10 - 3Q$，其中 p 为价格，Q 为需求量，且平均成本 $\overline{C} = Q$，问：当产品的需求量为多少时，可使利润最大？并求此最大利润.

36. 某厂生产某种商品,其年产量为 100 万件,每批生产需增加准备费 1 000 元,而每件的年库存费为 0.05 元,如果均匀销售,且上批销售完后,立即生产下一批(此时商品库存数为批量的一半),试问:应分几批生产,能使生产准备费与库存费之和最小?

37. 某工厂生产某产品,其固定成本为 100 元,每多生产一单位产品,成本增加 10 元,该产品的需求函数为 $Q=50-2p$,求:当 Q 为多少时,工厂日总利润最大?

38. 某商品的需求函数为 $Q(p)=75-p^2$.

(1) 求 $p=4$ 时的边际需求,并说明其经济意义;

(2) 求 $p=4$ 时的需求弹性,并说明其经济意义;

(3) 当 $p=4$ 及 $p=6$ 时,若价格 p 上涨 1%,总收益将分别变化百分之几,是增加还是减少?

(4) p 为多少时,总收益最大?

(B)

1. 下列函数在给定区间上是否满足罗尔定理的条件? 如果满足求出定理中的 ξ 值:

(1) $y = e^{x^2}-1, x \in [-1,1]$;

(2) $y = \begin{cases} x\sin\dfrac{1}{x} & (x \neq 0), \\ 0 & (x=0), \end{cases} x \in \left[-\dfrac{\pi}{2}, \dfrac{\pi}{2}\right]$.

2. 证明方程 $x^3+x^2+x+1=0$ 只有一个实根.

3. 证明曲线 $y=e^x$ 与 $y=ax^2+bx+c$ 的交点不超过 3 个.

4. 若 $a_0, a_1, \cdots, a_n$ 是满足 $a_0 + \dfrac{a_1}{2} + \dfrac{a_2}{3} + \cdots + \dfrac{a_n}{n+1} = 0$ 的实数,证明方程

$$a_0 + a_1 x + a_2 x^2 + \cdots + a_n x^n = 0$$

在 $(0,1)$ 内至少有一个实根.

5. 设 $f(x)$ 在 $[a,b]$ 上可微,且 $f(a)=f(b)=0$,试证明:在 (a,b) 内存在一点 ξ,使 $f'(\xi)=f(\xi)$.

6. 设 $f(x)$ 在 $[0,1]$ 上二阶可导,且 $f(0)=f(1)=0$,又 $F(x)=xf(x)$,证明:$F(x)$ 在 $(0,1)$ 内至少存在一点 ξ,使 $F''(\xi)=0$.

7. 下列函数在给定区间上是否满足拉格朗日定理的条件? 如果满足求出定理中的 ξ 值:

(1) $y = \sqrt[3]{(x-1)^2}$, $x \in [-1, 2]$;

(2) $y = \begin{cases} \dfrac{3-x^2}{2}, & x \leqslant 1, \\ \dfrac{1}{x}, & x > 1, \end{cases}$ $x \in [0, 2]$.

8. 证明不等式：$\dfrac{x}{1+x} < \ln(x+1) < x$ $(x > 0)$.

9. 设 $f(x)$ 在 $[a, b]$ 上连续，在 (a, b) 内可导，则 (a, b) 内至少存在一点 ξ，使
$$\dfrac{b^n f(b) - a^n f(a)}{b - a} = [nf(\xi) + \xi f'(\xi)]\xi^{n-1} \quad (n \geqslant 1).$$

10. 证明：若函数 $f(x)$ 在 $[a, b]$ 上连续，在 (a, b) 内存在二阶导数，且 $f(a) = f(b) = 0$，$f(c) > 0$，其中 $a < c < b$，则在 (a, b) 内至少存在一点 ξ，使 $f''(\xi) < 0$.

11. 用洛必达法则求下列极限：

(1) $\lim\limits_{x \to a} \dfrac{x^m - a^m}{x^n - a^n}$;

(2) $\lim\limits_{x \to 0} \dfrac{2^x - 3^x}{x}$;

(3) $\lim\limits_{x \to \frac{\pi}{2}} \dfrac{\ln \sin x}{(\pi - 2x)^2}$;

(4) $\lim\limits_{x \to +\infty} (e^{\frac{1}{x}} - 1)^{\frac{1}{\ln x}}$;

(5) $\lim\limits_{x \to 0^+} x^{\frac{1}{\ln(e^x - 1)}}$;

(6) $\lim\limits_{x \to 0^+} \left(\ln \dfrac{1}{x} \right)^x$.

12. 证明下列不等式：

(1) 当 $x > 1$ 时，$\ln x > \dfrac{2(x-1)}{x+1}$;

(2) 当 $0 < x < 1$ 时，$e^{2x} < \dfrac{1+x}{1-x}$;

(3) 当 $b > a > e$ 时，$a^b > b^a$.

13. 证明方程 $\sin x = x$ 只有一个实根.

14. 设函数
$$f(x) = \begin{cases} x^{2x} & (x > 0), \\ x + 1 & (x \leqslant 0). \end{cases}$$

(1) 研究函数 $f(x)$ 在 $x = 0$ 处的连续性；

(2) 问：当 x 为何值时，$f(x)$ 取得极值？

15. 试确定 p 的取值范围，使得方程 $x^3 - 3x + p = 0$：

(1) 有 1 个实根；

(2) 有 2 个实根；

(3) 有 3 个实根.

16. 试问：当 a,b,c,d 为何值时，使曲线 $y=ax^3+bx^2+cx+d$ 在 $x=-2$ 处有水平切线，$(1,-10)$ 为拐点，且 $(-2,44)$ 在曲线上？

17. 求下列曲线的渐近线：

(1) $y=4x^2+\dfrac{1}{x}$；

(2) $y=\ln\dfrac{x^2-3x+2}{x^2+1}$；

(3) $y=x\mathrm{e}^{\frac{1}{x^2}}$；

(4) $y=\sqrt{x^2-2x}$.

第四章 不定积分

在第二章中,我们讨论了如何求一个函数的导数问题,但是在实际问题中,常常会遇到相反的问题,即寻求一个可导函数,使它的导函数等于已知函数.本章介绍不定积分的概念,性质及求不定积分的基本方法.

§4.1 不定积分的概念与性质

一、原函数

定义 4.1 设 $f(x)$ 是定义在区间 I 上的已知函数,如果存在一个可导函数 $F(x)$,对区间 I 上任意一点 x,都有

$$F'(x) = f(x) \text{ 或 } \mathrm{d}F(x) = f(x)\mathrm{d}x, \tag{4.1}$$

则称函数 $F(x)$ 为函数 $f(x)$ 在区间 I 上的一个原函数.

例如,在 $(-\infty, +\infty)$ 内,

$$[\arctan x]' = \frac{1}{x^2+1},$$

故 $\arctan x$ 是 $\frac{1}{x^2+1}$ 在区间 $(-\infty, +\infty)$ 内的一个原函数.

显然,$\arctan x + 2$,$\arctan x + \sqrt{2}$ 等都是 $\frac{1}{x^2+1}$ 的原函数,一般地,对任意常数 C,$\arctan x + C$ 都是 $\frac{1}{x^2+1}$ 的原函数.

例如,在经济分析中,往往已知产品的边际成本 $C'(x)$,求产品的总成本函数 $C(x)$,这里的 $C(x)$ 是 $C'(x)$ 的原函数;已知产品的边际收益 $R'(x)$,求产品的总收益函数 $R(x)$,$R(x)$ 是 $R'(x)$ 的原函数,等等.

进一步,我们可以得到下面结论:

(1) 如果有一个函数 $F(x)$,使得对于区间 I 上任一 x 都有 $F'(x)=f(x)$,那么,对任何常数 C,显然有
$$[F(x)+C]'=f(x),$$
即对任何常数 C,函数 $F(x)+C$ 也是函数 $f(x)$ 的原函数. 这说明,如果函数 $f(x)$ 在区间 I 上有一个原函数 $F(x)$,那么,$f(x)$ 在区间 I 上就有无穷多个原函数.

(2) 如果 $F(x)$ 是 $f(x)$ 在区间 I 上的一个原函数,那么,$F(x)+C(C$ 为任意常数$)$ 是 $f(x)$ 在区间 I 上的全体原函数.

事实上,设 $G(x)$ 是 $f(x)$ 在区间 I 上的另一个原函数,即对任何 $x\in I$,有
$$G'(x)=f(x)=F'(x),$$
于是
$$[G(x)-F(x)]'=G'(x)-F'(x)=f(x)-f(x)=0.$$
由于在一个区间上导数恒等于零的函数必为常数,因此
$$G(x)-F(x)=C_0\ (C_0\text{ 为某个常数}).$$
这表明在 I 上 $G(x)$ 与 $F(x)$ 至多只相差一个常数,也就是一个函数的任意两个原函数之间相差一个常数.

由此知道,若 $F(x)$ 为 $f(x)$ 在区间 I 上的一个原函数,则函数 $f(x)$ 的全体原函数为 $F(x)+C$(C 为任意常数).

原函数的存在定理将在下一章证明,这里先介绍一个结论.

定理 4.1(原函数的存在定理) 如果函数 $f(x)$ 在区间 I 上连续,那么在区间 I 上存在可导函数 $F(x)$,使对任一 $x\in I$,都有
$$F'(x)=f(x).$$
简单地说:区间 I 上的连续函数一定有原函数.

必须指出:对初等函数来说,在其定义区间上,它的原函数一定存在,但原函数不一定都是初等函数,如 $\int e^{x^2}dx$, $\int \dfrac{\sin x}{x}dx$, $\int \dfrac{dx}{\ln x}$, $\cdots$ 等,原函数存在,但不能用初等函数表示,以后学了无穷级数就清楚了.

二、不定积分的概念

1. 不定积分的定义

定义 4.2 在区间 I 上,函数 $f(x)$ 的带有任意常数项的原函数称为函数

$f(x)$(或 $f(x)dx$)在区间 I 上的不定积分,记作

$$\int f(x)dx,$$

其中 $\int$ 称为不定积分号,$f(x)$ 称为被积函数,$f(x)dx$ 称为被积表达式,x 称为积分变量.

由定义知,如果 $F(x)$ 是 $f(x)$ 在区间 I 上的一个原函数,那么

$$\int f(x)dx = F(x) + C, \tag{4.2}$$

其中 C 称为积分常数.

由此可知,求已知函数 $f(x)$ 的不定积分,就是求 $f(x)$ 的全体原函数. 在 $\int f(x)dx$ 中,积分号 $\int$ 表示对函数 $f(x)$ 实行求原函数的运算,故求不定积分的运算实质上就是求导(或求微分)运算的逆运算.

例 1 问:$\dfrac{d}{dx}\left(\int f(x)dx\right)$ 与 $\int f'(x)dx$ 是否相等?

解 不相等. 事实上,设 $F'(x) = f(x)$,则

$$\frac{d}{dx}\left(\int f(x)dx\right) = (F(x) + C)' = F'(x) + 0 = f(x),$$

而由不定积分定义可得

$$\int f'(x)dx = f(x) + C \ (C \text{ 为任意常数}),$$

所以 $\dfrac{d}{dx}\left(\int f(x)dx\right) \neq \int f'(x)dx$.

例 2 求 $\int \dfrac{1}{x}dx$.

解 当 $x > 0$ 时,$(\ln |x|)' = (\ln x)' = \dfrac{1}{x}$,

所以 $\ln x$ 是 $\dfrac{1}{x}$ 在 $(0, +\infty)$ 内的一个原函数. 因此,在 $(0, +\infty)$ 内,有

$$\int \frac{1}{x}dx = \ln x + C.$$

当 $x < 0$ 时,$(\ln |x|)' = (\ln(-x))' = \dfrac{1}{-x}(-1) = \dfrac{1}{x}$,

所以 $\ln(-x)$ 是 $\dfrac{1}{x}$ 在 $(-\infty, 0)$ 内的一个原函数. 因此, 在 $(-\infty, 0)$ 内, 有

$$\int \frac{1}{x}\mathrm{d}x = \ln(-x) + C.$$

结合当 $x > 0$ 和 $x < 0$ 时的结果, 可得

$$\int \frac{1}{x}\mathrm{d}x = \ln|x| + C.$$

有时要从全体原函数中, 确定一个满足条件 $y(x_0) = y_0$ (称为初始条件) 的原函数, 也即通过点 (x_0, y_0) 的积分曲线, 此条件可唯一确定积分常数 C 的值, 这时原函数就唯一确定了.

例 3 设某产品的边际成本函数可由下面的函数给出

$$C'(q) = 2q + 3,$$

其中 q 是产量, 已知固定成本为 2, 求成本函数.

解 因为 $(q^2 + 3q)' = 2q + 3$, 所以 $q^2 + 3q$ 是 $2q + 3$ 的一个原函数, 从而

$$C(q) = q^2 + 3q + k\ (k\ \text{为积分常数}).$$

由 $C(0) = 2$ 可得

$$C(0) = 0^2 + 3 \cdot 0 + k.$$

于是 $k = 2$, 因此, 所求的成本函数为

$$C(q) = q^2 + 3q + 2.$$

2. 不定积分的几何意义

设函数 $F(x)$ 是函数 $f(x)$ 的一个原函数, 则 $y = F(x)$ 的图形是平面直角坐标系中一条曲线, 称为 $f(x)$ 的一条积分曲线. 而 $y = F(x) + C$ 的图形则是上述积分曲线沿着 y 轴方向任意平行移动而得到的 $f(x)$ 的无穷多条积分曲线, 称为 $f(x)$ 的积分曲线族. 不定积分的几何意义就是一个积分曲线族, 它的特点是: 各积分曲线在横坐标相同的点 x_0 处的切线斜率相等均为 $f(x_0)$, 即各切线相互平行.

例 4 求经过 $(1, 3)$, 且其切线斜率为 $2x$ 的曲线方程.

解 由题设 $y' = 2x$, 所以有

$$y = \int 2x\mathrm{d}x = x^2 + C,$$

将 $x=1$, $y=3$ 代入上式,得 $C=2$,故所求曲线方程为
$$y = x^2 + 2.$$

三、基本积分公式

由于积分运算是微分运算的逆运算,因此从导数公式得相应的积分公式.

(1) $\int k\mathrm{d}x = kx + C$, ($k$ 是常数);

(2) $\int x^\mu \mathrm{d}x = \dfrac{x^{\mu+1}}{\mu+1} + C$ ($\mu \neq -1$);

(3) $\int \dfrac{1}{x} \mathrm{d}x = \ln|x| + C$;

(4) $\int a^x \mathrm{d}x = \dfrac{a^x}{\ln a} + C$;

(5) $\int \mathrm{e}^x \mathrm{d}x = \mathrm{e}^x + C$;

(6) $\int \sin x \mathrm{d}x = -\cos x + C$;

(7) $\int \cos x \mathrm{d}x = \sin x + C$;

(8) $\int \sec x \tan x \mathrm{d}x = \sec x + C$;

(9) $\int \csc x \cot x \mathrm{d}x = -\csc x + C$;

(10) $\int \sec^2 x \mathrm{d}x = \tan x + C$;

(11) $\int \csc^2 x \mathrm{d}x = -\cot x + C$;

(12) $\int \dfrac{1}{\sqrt{1-x^2}} \mathrm{d}x = \arcsin x + C$;

(13) $\int \dfrac{1}{1+x^2} \mathrm{d}x = \arctan x + C$.

要验证这些公式,只需验证等式右端的导数等于左端不定积分的被积函数,这种方法也是我们验证不定积分的计算是否正确的常用方法.

例5 求 $\int \dfrac{\mathrm{d}x}{x\sqrt[3]{x}}$.

解 $\int \dfrac{\mathrm{d}x}{x\sqrt[3]{x}} = \int x^{-\frac{4}{3}} \mathrm{d}x = \dfrac{x^{-\frac{4}{3}+1}}{-\frac{4}{3}+1} + C = -3x^{-\frac{1}{3}} + C = -\dfrac{3}{\sqrt[3]{x}} + C.$

四、不定积分的基本性质

根据不定积分的定义,可以推得不定积分具有以下基本性质:

(1) 设函数 $f(x)$ 的原函数存在,k 为非零常数,则

$$\int kf(x)dx = k\int f(x)dx.$$

即被积函数不为零的常数因子可移到积分号的外面.

(2) 设函数 $f(x)$ 和 $g(x)$ 的原函数存在,则

$$\int [f(x) \pm g(x)]dx = \int f(x)dx \pm \int g(x)dx.$$

上式可推广到有限个函数代数和的积分情形.

$$\int [f_1(x) \pm \cdots \pm f_n(x)]dx = \int f_1(x)dx \pm \cdots \pm \int f_n(x)dx.$$

直接积分法 利用不定积分的运算性质和基本积分公式,直接求出不定积分.

例 6 求下列不定积分:

(1) $\int \sqrt[3]{x}(x^2-4)dx$; (2) $\int \frac{(x-1)^2}{x}dx$;

(3) $\int 3^x(e^x-1)dx$; (4) $\int \frac{x^4+1}{x^2+1}dx$.

解 (1) 原式 $= \int \sqrt[3]{x}(x^2-4)dx = \int (x^{\frac{7}{3}} - 4x^{\frac{1}{3}})dx$

$= \int x^{\frac{7}{3}}dx - 4\int x^{\frac{1}{3}}dx = \frac{3}{10}x^{\frac{10}{3}} - 3x^{\frac{4}{3}} + C.$

(2) 原式 $= \int \frac{x^2-2x+1}{x}dx = \int \left(x - 2 + \frac{1}{x}\right)dx$

$= \int xdx - 2\int dx + \int \frac{1}{x}dx = \frac{1}{2}x^2 - 2x + \ln|x| + C.$

(3) 原式 $= \int 3^x(e^x-1)dx = \int (3e)^x dx - \int 3^x dx$

$= \frac{(3e)^x}{1+\ln 3} - \frac{3^x}{\ln 3} + C.$

(4) 原式 $= \int \frac{x^4+1}{x^2+1}dx = \int \left(x^2 - 1 + \frac{2}{x^2+1}\right)dx$

$= \int x^2 dx - \int dx + 2\int \frac{1}{x^2+1}dx$

$$= \frac{1}{3}x^3 - x + 2\arctan x + C.$$

例7 求下列不定积分：

(1) $\int \cos^2 \frac{x}{2} dx$；

(2) $\int \frac{1}{\sin^2 \frac{x}{2} \cos^2 \frac{x}{2}} dx$；

(3) $\int (\tan x + \cot x)^2 dx$；

(4) $\int \frac{1}{\sin^2 x \cos^2 x} dx$.

解 (1) 原式 $= \int \cos^2 \frac{x}{2} dx = \int \frac{1+\cos x}{2} dx$

$$= \frac{1}{2} \int dx + \frac{1}{2} \int \cos x dx = \frac{1}{2} x + \frac{1}{2} \sin x + C.$$

(2) 原式 $= \int \frac{1}{\sin^2 \frac{x}{2} \cos^2 \frac{x}{2}} dx = \int \frac{1}{\left(\frac{\sin x}{2}\right)^2} dx$

$$= 4 \int \csc^2 x dx = -4 \cot x + C.$$

(3) 原式 $= \int (\tan x + \cot x)^2 dx = \int (\tan^2 x + 2 + \cot^2 x) dx$

$$= \int \sec^2 x dx + \int \csc^2 x dx = \tan x - \cot x + C.$$

(4) 原式 $= \int \frac{1}{\sin^2 x \cos^2 x} dx = \int \frac{\sin^2 x + \cos^2 x}{\sin^2 x \cos^2 x} dx$

$$= \int \sec^2 x dx + \int \csc^2 x dx = \tan x - \cot x + C.$$

例8 已知 $f'(\ln x) = \begin{cases} 1, & 0 < x \leqslant 1, \\ x, & 1 < x < +\infty, \end{cases}$ 且 $f(0) = 0$，求 $f(x)$.

解 设 $t = \ln x$，则当 $0 < x \leqslant 1$ 时，$-\infty < t \leqslant 0$，$f'(t) = 1$，于是

$$f(t) = \int f'(t) dt = t + C_1, \ f(x) = x + C_1.$$

当 $1 < x < +\infty$ 时，$0 < t < +\infty$，$f'(t) = e^t$，于是

$$f(t) = \int f'(t) dt = e^t + C_2, \text{即} f(x) = e^x + C_2,$$

所以

$$f(x) = \begin{cases} x + C_1, & -\infty < x \leqslant 0, \\ e^x + C_2, & 0 < x < +\infty. \end{cases}$$

由于函数 $f(x)$ 可导,因此 $f(x)$ 在 $x=0$ 处连续,再由 $f(0)=0$ 得 $C_1=0$,故有
$$f(0)=\lim_{x\to 0^+}f(x),$$
于是有 $C_2=-1$,所以可得
$$f(x)=\begin{cases}x, & -\infty<x\leqslant 0,\\ e^x-1, & 0<x<+\infty.\end{cases}$$

例 9 设某商品的需求量 Q 是价格 p 的函数,该商品的最大需求量为 1 000(即当 $p=0$ 时,$Q=1\,000$),已知需求量的变化率(边际需求)为
$$Q'(p)=-1\,000\ln 3\cdot\left(\frac{1}{3}\right)^p,$$
试求需求量 Q 与价格 p 的函数关系.

解 $Q(p)=-1\,000\ln 3\int\left(\frac{1}{3}\right)^p\mathrm{d}p$
$$=-1\,000\ln 3\,\frac{1}{\ln\frac{1}{3}}\left(\frac{1}{3}\right)^p+C=1\,000\left(\frac{1}{3}\right)^p+C.$$

因为当 $p=0$ 时,$Q=1\,000$,所以有 $C=0$. 于是
$$Q(p)=1\,000\cdot\left(\frac{1}{3}\right)^p.$$

§4.2 不定积分的换元积分法

能直接利用基本的积分公式表计算不定积分是十分有限的. 本节我们把复合函数的微分法反过来用于求不定积分,利用中间变量的代换,把某些不定积分化为可利用基本积分公式的形式,得到较为有效的积分方法——换元积分法. 下面介绍两类换元法:第一类换元法和第二类换元法.

一、第一类换元法(凑微分法)

如果不定积分 $\int g(x)\mathrm{d}x$ 用直接积分的方法不易求出,但是可以把被积函数 $g(x)$ 化为
$$g(x)=f(u)\cdot u',\ u=\varphi(x),$$

而 $\int f(u)\mathrm{d}u$ 用直接积分法容易求出,这样我们就可以求出不定积分 $\int g(x)\mathrm{d}x$. 这就是下面要叙述的第一类换元法的基本思想. 更精确地,我们可以如下表述第一类换元法.

设 $F(u)$ 是 $f(u)$ 的一个原函数,即 $F'(u)=f(u)$,则

$$\int f(u)\mathrm{d}u = F(u)+C.$$

如果 u 是 x 的函数 $u=\varphi(x)$,且 $\varphi(x)$ 可微,那么,由复合函数微分法有

$$\mathrm{d}F[\varphi(x)] = f[\varphi(x)]\varphi'(x)\mathrm{d}x,$$

根据不定积分的定义就得

$$\int f[\varphi(x)]\varphi'(x)\mathrm{d}x = \int f[\varphi(x)]\mathrm{d}\varphi(x)$$

$$\xrightarrow{u=\varphi(x)} \int f(u)\mathrm{d}u = F(u)+C$$

$$\xrightarrow{\text{代回}} F[\varphi(x)]+C.$$

以上方法我们称为第一类换元法,也称凑微分法.

定理 4.2 设 $f(u)$ 有原函数 $F(u)$,$u=\varphi(x)$ 可导,则

$$\int f[\varphi(x)]\varphi'(x)\mathrm{d}x = F[\varphi(x)]+C. \tag{4.3}$$

此定理给出了一种求 $\int g(x)\mathrm{d}x$ 的方法:如果 $g(x)$ 可以化为 $g(x)=f[\varphi(x)]\varphi'(x)$ 的形式,那么

$$\int g(x)\mathrm{d}x = \int f[\varphi(x)]\varphi'(x)\mathrm{d}x = \left[\int f(u)\mathrm{d}u\right]_{u=\varphi(x)},$$

这样,函数 $g(x)$ 的积分即转化为函数 $f(u)$ 的积分. 如果能求得 $f(u)$ 的原函数,那么也就得到了 $g(x)$ 的原函数. 从这里也可看出,关键之一是转化后的函数 $f(u)$ 的原函数必须容易求得.

在利用凑微分法求不定积分时,以下的凑微分情形经常出现:

(1) $\int f(ax+b)\mathrm{d}x = \dfrac{1}{a}\int f(ax+b)\mathrm{d}(ax+b)\ (a\neq 0)$;

(2) $\int f(\mathrm{e}^x)\mathrm{e}^x\mathrm{d}x = \int f(\mathrm{e}^x)\mathrm{d}\mathrm{e}^x$;

(3) $\int f(x^\mu) x^{\mu-1} dx = \frac{1}{\mu} \int f(x^\mu) dx^\mu (\mu \neq 0)$;

(4) $\int f(\ln x) \frac{1}{x} dx = \int f(\ln x) d\ln x$;

(5) $\int f(\cos x) \sin x dx = -\int f(\cos x) d\cos x$;

(6) $\int f(\sin x) \cos x dx = \int f(\sin x) d\sin x$;

(7) $\int f(\tan x) \sec^2 x dx = \int f(\tan x) d\tan x$;

(8) $\int f(\cot x) \csc^2 x dx = -\int f(\cot x) d\cot x$;

(9) $\int f(\arcsin x) \frac{1}{\sqrt{1-x^2}} dx = \int f(\arcsin x) d\arcsin x$;

(10) $\int f(\arctan x) \frac{1}{1+x^2} dx = \int f(\arctan x) d\arctan x$.

例1 求下列不定积分：

(1) $\int \frac{1}{3+2x} dx$; (2) $\int (2x-3)^{10} dx$;

(3) $\int \frac{1}{5+x^2} dx$; (4) $\int \frac{1}{x^2-9} dx$;

(5) $\int \frac{1}{\sqrt[3]{5-4x}} dx$; (6) $\int \frac{x}{(1+x)^3} dx$.

解 (1) 因为 $\frac{1}{3+2x} = \frac{1}{2} \cdot \frac{1}{3+2x} \cdot (3+2x)'$，于是有

$$\int \frac{1}{3+2x} dx = \frac{1}{2} \int \frac{1}{3+2x} \cdot (3+2x)' dx \ (\diamondsuit\ u = 3+2x)$$

$$= \frac{1}{2} \int \frac{1}{u} du = \frac{1}{2} \ln u + C = \frac{1}{2} \ln(3+2x) + C.$$

熟练后可不再出现使用中间变量 u 的过程.

(2) $\int (2x-3)^{10} dx = \frac{1}{2} \int (2x-3)^{10} d(2x-3)$

$$= \frac{1}{2} \cdot \frac{1}{11} (3x-2)^{11} + C = \frac{1}{22} (2x-3)^{11} + C.$$

(3) $\int \frac{1}{5+x^2} dx = \frac{1}{5} \int \frac{1}{1+\left(\frac{x}{\sqrt{5}}\right)^2} dx$

$$= \frac{1}{\sqrt{5}} \int \frac{1}{1+\left(\frac{x}{\sqrt{5}}\right)^2} d\left(\frac{x}{\sqrt{5}}\right) = \frac{1}{\sqrt{5}} \arctan \frac{x}{\sqrt{5}} + C.$$

(4) $\int \frac{1}{x^2-9} dx = \int \frac{1}{(x-3)(x+3)} dx = \frac{1}{6} \int \left(\frac{1}{x-3} - \frac{1}{x+3}\right) dx$

$$= \frac{1}{6}\left[\int \frac{1}{x-3} d(x-3) - \int \frac{1}{x+3} d(x+3)\right]$$

$$= \frac{1}{6}(\ln|x-3| - \ln|x+3|) + C$$

$$= \frac{1}{6} \ln\left|\frac{x-3}{x+3}\right| + C.$$

(5) $\int \frac{1}{\sqrt[3]{5-4x}} dx = \int (5-4x)^{-\frac{1}{3}} dx = -\frac{1}{4} \int (5-4x)^{-\frac{1}{3}} d(5-4x)$

$$= -\frac{1}{4} \cdot \frac{3}{2} (5-4x)^{\frac{2}{3}} + C$$

$$= -\frac{3}{8} (5-4x)^{\frac{2}{3}} + C.$$

(6) $\int \frac{x}{(1+x)^3} dx = \int \frac{x+1-1}{(1+x)^3} dx$

$$= \int \left[\frac{1}{(1+x)^2} - \frac{1}{(1+x)^3}\right] d(1+x)$$

$$= -\frac{1}{1+x} + \frac{1}{2(1+x)^2} + C.$$

例2 求下列不定积分：

(1) $\int \frac{\cos\sqrt{x}}{\sqrt{x}} dx$;　　　　(2) $\int x\sqrt{1-x^2} dx$;

(3) $\int \cot x\, dx$;　　　　(4) $\int \frac{1}{x(\ln^2 x + 1)} dx$;

(5) $\int \frac{1}{x^2-8x+25} dx$;　　　　(6) $\int \frac{1}{1+e^x} dx.$

解 (1) $\int \frac{\cos\sqrt{x}}{\sqrt{x}} dx = 2\int \cos\sqrt{x}\, d\sqrt{x}$

$$= 2\sin\sqrt{x} + C.$$

(2) $\int x\sqrt{1-x^2} dx = \frac{1}{2} \int (1-x^2)^{\frac{1}{2}} dx^2$

$$= -\frac{1}{2} \int (1-x^2)^{\frac{1}{2}} d(1-x^2)$$

$$=-\frac{1}{3}(1-x^2)^{\frac{3}{2}}+C.$$

(3) $\int \cot x \, dx = \int \frac{\cos x}{\sin x} dx$

$$= \int \frac{1}{\sin x} d\sin x = \ln|\sin x| + C.$$

(4) $\int \frac{1}{x(\ln^2 x + 1)} dx = \int \frac{1}{x(\ln^2 x + 1)} dx = \int \frac{1}{\ln^2 x + 1} d\ln x$

$$= \arctan \ln x + C.$$

(5) $\int \frac{1}{x^2 - 8x + 25} dx = \int \frac{1}{(x-4)^2 + 9} dx$

$$= \frac{1}{3^2} \int \frac{1}{\left(\frac{x-4}{3}\right)^2 + 1} dx = \frac{1}{3} \int \frac{1}{\left(\frac{x-4}{3}\right)^2 + 1} d\left(\frac{x-4}{3}\right)$$

$$= \frac{1}{3} \arctan \frac{x-4}{3} + C.$$

(6) $\int \frac{1}{1+e^x} dx = \int \frac{1+e^x - e^x}{1+e^x} dx$

$$= \int \left(1 - \frac{e^x}{1+e^x}\right) dx = \int dx - \int \frac{e^x}{1+e^x} dx$$

$$= \int dx - \int \frac{1}{1+e^x} d(1+e^x)$$

$$= x - \ln(1+e^x) + C.$$

例3 求下列不定积分:

(1) $\int \cos^{10} x \sin x \, dx$; (2) $\int \cos^4 x \, dx$.

解 (1) $\int \cos^{10} x \sin x \, dx = -\int \cos^{10} x \, d\cos x = -\frac{1}{11} \cos^{11} x + C.$

(2) $\int \cos^4 x \, dx = \frac{1}{4} \int \left(\frac{3}{2} + 2\cos 2x + \frac{1}{2} \cos 4x\right) dx$

$$= \frac{1}{4} \left[\frac{3}{2} \int dx + \int \cos 2x \, d2x + \frac{1}{8} \int \cos 4x \, d4x\right]$$

$$= \frac{3}{8} x + \frac{1}{4} \sin 2x + \frac{1}{32} \sin 4x + C.$$

例4 求下列不定积分:

(1) $\int \sec^4 x \, dx$; (2) $\int \cot^3 x \csc x \, dx$;

(3) $\int \sec x \mathrm{d}x$; (4) $\int \dfrac{1}{\sqrt{4-x^2}\arcsin \dfrac{x}{2}} \mathrm{d}x.$

解 (1) $\int \sec^4 x \mathrm{d}x = \int \sec^2 x \cdot \sec^2 x \mathrm{d}x$

$$= \int (\tan^2 x + 1) \mathrm{d}\tan x = \frac{1}{3}\tan^3 x + \tan x + C.$$

(2) $\int \cot^3 x \csc x \mathrm{d}x = \int \cot^2 x \cdot \cot x \csc x \mathrm{d}x$

$$= -\int (\csc^2 x - 1) \mathrm{d}\csc x = -\frac{1}{3}\csc^3 x + \csc x + C.$$

(3) $\int \sec x \mathrm{d}x = \int \dfrac{1}{\cos x} \mathrm{d}x = \int \dfrac{\cos x}{\cos^2 x} \mathrm{d}x$

$$= \int \frac{1}{1-\sin^2 x} \mathrm{d}\sin x = \frac{1}{2}\int \left(\frac{1}{1+\sin x} + \frac{1}{1-\sin x}\right) \mathrm{d}\sin x$$

$$= \frac{1}{2}\ln \left|\frac{1+\sin x}{1-\sin x}\right| + C = \ln|\sec x + \tan x| + C.$$

类似地，可得 $\int \csc \mathrm{d}x = \ln|\csc x - \cot x| + C.$

(4) $\int \dfrac{1}{\sqrt{4-x^2}\arcsin \dfrac{x}{2}} \mathrm{d}x = \int \dfrac{1}{\sqrt{1-\left(\dfrac{x}{2}\right)^2}\arcsin \dfrac{x}{2}} \mathrm{d}\left(\dfrac{x}{2}\right)$

$$= \int \dfrac{1}{\arcsin \dfrac{x}{2}} \mathrm{d}\left(\arcsin \dfrac{x}{2}\right) = \ln\left|\arcsin \dfrac{x}{2}\right| + C.$$

二、第二类换元法（变量代换法）

第一类换元法是通过变量代换 $u = \varphi(x)$ 将积分 $\int f[\varphi(x)]\varphi'(x) \mathrm{d}x$ 化为积分 $\int f(u) \mathrm{d}u$. 如果 $\int g(x) \mathrm{d}x$ 用直接积分法或第一类换元法不易求得，但作适当的变量替换 $x = \Psi(t)$ 后所得的关于新积分变量 t 的不定积分

$$\int g[\Psi(t)]\Psi'(t) \mathrm{d}t$$

容易求出，则可解决 $\int g(x) \mathrm{d}x$ 求解问题. 这就是第二类换元法的基本思想.

定理 4.3 设 $x = \Psi(t)$ 是单调、可导的函数，且 $\Psi'(t) \neq 0$，又假设

$f[\Psi(t)]\Psi'(t)$ 具有原函数 $G(t)$，则

$$\int g(x)\mathrm{d}x = \int g[\Psi(t)]\Psi'(t)\mathrm{d}t = G[\Psi^{-1}(x)] + C, \tag{4.4}$$

其中 $\Psi^{-1}(x)$ 是 $x = \Psi(t)$ 的反函数.

证明 因为 $G(t)$ 是 $g(\Psi(t))\Psi'(t)$ 的原函数，令 $F(x) = G[\Psi^{-1}(x)]$，由复合函数和反函数的求导法则得到

$$F'(x) = \frac{\mathrm{d}G}{\mathrm{d}t} \cdot \frac{\mathrm{d}t}{\mathrm{d}x} = g[\Psi(t)]\Psi'(t) \cdot \frac{1}{\Psi'(t)} = g[\Psi(t)] = g(x),$$

即 $F(x)$ 是 $g(x)$ 的原函数. 从而结论得证.

1. 根式代换

如果被积函数中含有根式 $\sqrt[n]{ax+b}$ 或 $\sqrt[n]{\dfrac{ax+b}{cx+d}}$，即根号内的 x 是一次的，此时，可作根式代换 $t = \sqrt[n]{ax+b}$ 或 $t = \sqrt[n]{\dfrac{ax+b}{cx+d}}$. 对于被积函数中含有根式其他的形式可以用类似地解决.

例 5 求下列不定积分：

(1) $\displaystyle\int \frac{1}{1+\sqrt[3]{2x+1}}\mathrm{d}x$；

(2) $\displaystyle\int \frac{1}{\sqrt{x}+\sqrt[3]{x}}\mathrm{d}x$；

(3) $\displaystyle\int \frac{1}{\sqrt{1+\mathrm{e}^x}}\mathrm{d}x$；

(4) $\displaystyle\int \frac{1}{x}\sqrt{\frac{1+x}{x}}\mathrm{d}x$.

解 (1) 令 $t = \sqrt[3]{2x+1}$，则

$$x = \frac{t^3-1}{2}, \mathrm{d}x = \frac{3}{2}t^2\mathrm{d}t,$$

$$\text{原式} = \int \frac{1}{1+t} \cdot \frac{3}{2}t^2\mathrm{d}t = \frac{3}{2}\int \frac{t^2}{t+1}\mathrm{d}t$$

$$= \frac{3}{2}\int \left(t-1+\frac{1}{t+1}\right)\mathrm{d}t$$

$$= \frac{3}{4}t^2 - \frac{3}{2}t + \frac{3}{2}\ln|t+1| + C$$

$$= \frac{3}{4}(\sqrt[3]{2x+1})^2 - \frac{3}{2}\sqrt[3]{2x+1} + \frac{3}{2}\ln|\sqrt[3]{2x+1}+1| + C.$$

(2) 令 $t = \sqrt[6]{x}$，则

$$x = t^6, \mathrm{d}x = 6t^5\mathrm{d}t,$$

$$原式 = \int \frac{1}{t^3+t^2} 6t^5 \mathrm{d}t = 6\int \frac{t^3}{t+1}\mathrm{d}t$$

$$= 6\int \left(t^2 - t + 1 - \frac{1}{t+1}\right)\mathrm{d}t$$

$$= 2t^3 - 3t^2 + 6t - 6\ln|t+1| + C$$

$$= 2\sqrt{x} - 3\sqrt[3]{x} + 6\sqrt[6]{x} - 6\ln|\sqrt[6]{x}+1| + C.$$

(3) 令 $t = \sqrt{1+\mathrm{e}^x}$，则

$$\mathrm{e}^x = t^2 - 1, \ x = \ln(t^2-1), \ \mathrm{d}x = \frac{2t\mathrm{d}t}{t^2-1},$$

于是，有

$$\int \frac{1}{\sqrt{1+\mathrm{e}^x}}\mathrm{d}x = \int \frac{2}{t^2-1}\mathrm{d}t = \int\left(\frac{1}{t-1} - \frac{1}{t+1}\right)\mathrm{d}t$$

$$= \ln\left|\frac{t-1}{t+1}\right| + C = 2\ln(\sqrt{1+\mathrm{e}^x} - 1) - x + C.$$

(4) 令 $\sqrt{\dfrac{1+x}{x}} = t$，即有 $\dfrac{1+x}{x} = t^2$，则

$$x = \frac{1}{t^2-1}, \ \mathrm{d}x = -\frac{2t\mathrm{d}t}{(t^2-1)^2},$$

于是，有

$$\int \frac{1}{x}\sqrt{\frac{1+x}{x}}\mathrm{d}x = -\int (t^2-1) t \frac{2t}{(t^2-1)^2}\mathrm{d}t = -2\int \frac{t^2\mathrm{d}t}{t^2-1}$$

$$= -2\int \left(1 + \frac{1}{t^2-1}\right)\mathrm{d}t = -2t - \ln\left|\frac{t-1}{t+1}\right| + C$$

$$= -2\sqrt{\frac{1+x}{x}} - \ln\left|x\left(\sqrt{\frac{1+x}{x}}-1\right)^2\right| + C.$$

2. 三角代换

如果被积函数中含有如下 x 的二次根式，可以利用三角恒等关系式代换来

去掉根式.

若被积函数中含有因式 $\sqrt{a^2-x^2}$，则可令 $x = a\sin t$ $\left(|t| < \dfrac{\pi}{2}\right)$；

若被积函数中含有因式 $\sqrt{a^2+x^2}$，则可令 $x = a\tan t$ $\left(|t| < \dfrac{\pi}{2}\right)$；

若被积函数中含有因式 $\sqrt{x^2-a^2}$，则可令 $x = a\sec t$ $\left(0 < |t| < \dfrac{\pi}{2}\right)$.

例 6 求下列不定积分：

(1) $\int x^3 \sqrt{4-x^2}\,\mathrm{d}x$；

(2) $\int \dfrac{\mathrm{d}x}{\sqrt{x^2+a^2}}$ $(a > 0)$；

(3) $\int \dfrac{1}{\sqrt{x^2-9}}\,\mathrm{d}x$；

(4) $\int \dfrac{x}{\sqrt{1+2x-x^2}}\,\mathrm{d}x$.

解 (1) 令 $x = 2\sin t$，$t \in \left(-\dfrac{\pi}{2}, \dfrac{\pi}{2}\right)$，如图 4.1 所示，那么 $\mathrm{d}x = 2\cos t\,\mathrm{d}t$，于是，有

$$\int x^3 \sqrt{4-x^2}\,\mathrm{d}x = \int (2\sin t)^3 \sqrt{4-4\sin^2 t} \cdot 2\cos t\,\mathrm{d}t$$

$$= 32\int \sin^3 t \cos^2 t\,\mathrm{d}t = 32\int \sin t(1-\cos^2 t)\cos^2 t\,\mathrm{d}t$$

$$= -32\int (\cos^2 t - \cos^4 t)\,\mathrm{d}\cos t$$

$$= -32\left(\dfrac{1}{3}\cos^3 t - \dfrac{1}{5}\cos^5 t\right) + C$$

$$= -\dfrac{4}{3}(\sqrt{4-x^2})^3 + \dfrac{1}{5}(\sqrt{4-x^2})^5 + C.$$

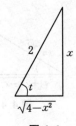

图 4.1

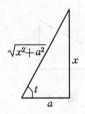

图 4.2

(2) 设 $x = a\tan t$，$t \in \left(-\dfrac{\pi}{2}, \dfrac{\pi}{2}\right)$，如图 4.2 所示，则 $\mathrm{d}x = a\sec^2 t\,\mathrm{d}t$，于是

$$\int \frac{1}{\sqrt{x^2+a^2}} dx = \int \frac{1}{a\sec t} \cdot a\sec^2 t \, dt$$

$$= \int \sec t \, dt = \ln|\sec t + \tan t| + C$$

$$= \ln\left|\frac{x}{a} + \frac{\sqrt{x^2+a^2}}{a}\right| + C.$$

(3) 当 $x > 3$ 时，令 $x = 3\sec t \left(0 < t < \frac{\pi}{2}\right)$，如图 4.3 所示，则

$$\sqrt{x^2-9} = 3\tan t, \quad dx = 3\sec t \tan t \, dt,$$

$$\text{原式} = \int \frac{3\sec t \tan t}{3\tan t} dt = \int \sec t \, dt$$

$$= \ln|\sec t + \tan t| + C$$

$$= \ln(x + \sqrt{x^2-9}) + C.$$

当 $x < -3$ 时，令 $x = -u$ 则 $u > 3$，由上面结果，有

$$\text{原式} = -\int \frac{du}{\sqrt{u^2-9}} = -\ln(u + \sqrt{u^2-9}) + C$$

$$= -\ln(-x + \sqrt{x^2-9}) + C$$

$$= \ln(-x - \sqrt{x^2-9}) + C.$$

将 $x > 3$ 及 $x < -3$ 的结果合起来，得

$$\text{原式} = \ln|x + \sqrt{x^2-9}| + C.$$

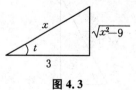

图 4.3

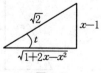

图 4.4

(4) 由于 $\sqrt{1+2x-x^2} = \sqrt{2-(x-1)^2}$，令 $x-1 = \sqrt{2}\sin t \left(|t| < \frac{\pi}{2}\right)$ 如图 4.4 所示，则

$$\sqrt{1+2x-x^2} = \sqrt{2}\cos t, \ dx = \sqrt{2}\cos t dt,$$

$$原式 = \int \frac{\sqrt{2}\sin t + 1}{\sqrt{2}\cos t}\sqrt{2}\cos t dt = \int(\sqrt{2}\sin t + 1)dt$$

$$= -\sqrt{2}\cos t + t + C$$

$$= -\sqrt{1+2x-x^2} + \arcsin\frac{x-1}{\sqrt{2}} + C.$$

下述几个比较重要的积分公式,可以补充到基本积分公式表中(其中 $a \neq 0$):

$$\int \tan x dx = -\ln|\cos x| + C;$$

$$\int \cot x dx = \ln|\sin x| + C;$$

$$\int \sec x dx = \ln|\sec x + \tan x| + C;$$

$$\int \csc x dx = \ln|\csc x - \cot x| + C;$$

$$\int \frac{1}{a^2 + x^2} dx = \frac{1}{a}\arctan\frac{x}{a} + C;$$

$$\int \frac{1}{x^2 - a^2} dx = \frac{1}{2a}\ln\left|\frac{x-a}{x+a}\right| + C;$$

$$\int \frac{1}{\sqrt{a^2 - x^2}} dx = \arcsin\frac{x}{a} + C;$$

$$\int \frac{1}{\sqrt{x^2 + a^2}} dx = \ln|x + \sqrt{x^2 + a^2}| + C;$$

$$\int \frac{1}{\sqrt{x^2 - a^2}} dx = \ln|x + \sqrt{x^2 - a^2}| + C.$$

§4.3 不定积分的分部积分法

前面我们由复合函数求导法则,得到了换元积分法,虽然可以解决许多积分的计算问题,但有些积分(如 $\int xe^x dx$, $\int x^2 \sin x dx$ 等)利用换元法较难求出. 下面我们利用两个函数乘积的求导法则,推得另一个基本积分法——分部积分法.

定理 4.4(分部积分法) 设函数 $u = u(x)$, $v = v(x)$ 有连续导数,则有分部积分公式

$$\int u(x)v'(x)\mathrm{d}x = u(x)v(x) - \int u'(x)v(x)\mathrm{d}x, \tag{4.5}$$

或

$$\int u\mathrm{d}v = uv - \int v\mathrm{d}u. \tag{4.6}$$

证明 由两个函数乘积的导数公式

$$[u(x)v(x)]' = u'(x)v(x) + u(x)v'(x),$$

移项并两边积分,得

$$\int u(x)v'(x)\mathrm{d}x = u(x)v(x) - \int u'(x)v(x)\mathrm{d}x, \text{或} \int u\mathrm{d}v = uv - \int v\mathrm{d}u. \quad \blacksquare$$

如果 $\int uv'\mathrm{d}x$(或 $\int u\mathrm{d}v$)不易求,而 $\int u'v\mathrm{d}x$(或 $\int v\mathrm{d}u$)容易求出,分部积分公式就可以利用了. 当被积函数为两类不同函数乘积(幂函数和正弦函数或余弦函数乘积;幂函数和指数函数乘积;幂函数和对数函数乘积;幂函数和反三角函数乘积;指数函数和正弦函数或余弦函数乘积)时就可以用分部积分法,而分部积分的关键是选择 u, v.

形如 $\int x^a \mathrm{e}^{bx}\mathrm{d}x$, $\int x^a \sin bx\,\mathrm{d}x$, $\int x^a \cos bx\,\mathrm{d}x$,可选 $u = x^a$;

形如 $\int x^a \ln^m x\mathrm{d}x$, $\int x^a \arcsin bx\,\mathrm{d}x$, $\int x^a \arccos bx\,\mathrm{d}x$, $\int x^a \arctan bx\,\mathrm{d}x$, $\int x^a \mathrm{arccot}\, bx\,\mathrm{d}x$,可选 $\mathrm{d}v = x^a\mathrm{d}x$.

例1 求下列不定积分:

(1) $\int x\mathrm{e}^{-x}\mathrm{d}x$;   (2) $\int \ln x\mathrm{d}x$;

(3) $\int x\sin^2 x\mathrm{d}x$;   (4) $\int x\,\mathrm{arccot}\,x\mathrm{d}x$.

解 (1) 设 $u = x$, $v = -\mathrm{e}^{-x}$,那么,$\mathrm{d}v = -\mathrm{d}\mathrm{e}^{-x}$,于是

$$\int x\mathrm{e}^{-x}\mathrm{d}x = -\int x\mathrm{d}\mathrm{e}^{-x} = -\left(x\mathrm{e}^{-x} - \int \mathrm{e}^{-x}\mathrm{d}x\right)$$

$$= -x\mathrm{e}^{-x} - \mathrm{e}^{-x} + C.$$

(2) $\int \ln x \, dx = x\ln x - \int x \, d\ln x = x\ln x - \int x \cdot \dfrac{1}{x} dx$

$= x\ln x - \int dx = x\ln x - x + C.$

(3) $\int x\sin^2 x \, dx = \int x \cdot \dfrac{1-\cos 2x}{2} dx = \dfrac{1}{2}\int x \, dx - \dfrac{1}{2}\int x\cos 2x \, dx$

$= \dfrac{1}{4}x^2 - \dfrac{1}{4}\int x \, d\sin 2x = \dfrac{1}{4}x^2 - \dfrac{1}{4}\left(x\sin 2x - \int \sin 2x \, dx\right)$

$= \dfrac{1}{4}x^2 - \dfrac{1}{4}x\sin 2x - \dfrac{1}{8}\cos 2x + C.$

(4) $\int x\text{arccot}\, x \, dx = \dfrac{1}{2}\int \text{arccot}\, x \, dx^2 = \dfrac{1}{2}\left(x^2\text{arccot}\, x - \int x^2 \, d\text{arccot}\, x\right)$

$= \dfrac{1}{2}\left(x^2\text{arccot}\, x + \int \dfrac{x^2}{1+x^2} dx\right) = \dfrac{1}{2}x^2\text{arccot}\, x$

$\quad + \dfrac{1}{2}\int \left(1 - \dfrac{1}{1+x^2}\right) dx$

$= \dfrac{1}{2}x^2\text{arccot}\, x + \dfrac{1}{2}x - \dfrac{1}{2}\arctan x + C.$

例2 求下列不定积分：

(1) $\int x^2\cos 2x \, dx$； (2) $\int e^x \sin x \, dx.$

解 (1) $\int x^2\cos 2x \, dx = \dfrac{1}{2}\int x^2 \, d\sin 2x = \dfrac{1}{2}\left(x^2\sin 2x - \int \sin 2x \, dx^2\right)$

$= \dfrac{1}{2}\left(x^2\sin 2x - 2\int x\sin 2x \, dx\right)$

$= \dfrac{1}{2}x^2\sin 2x + \dfrac{1}{2}\int x \, d\cos 2x$

$= \dfrac{1}{2}x^2\sin 2x + \dfrac{1}{2}\left(x\cos 2x - \int \cos 2x \, dx\right)$

$= \dfrac{1}{2}x^2\sin 2x + \dfrac{1}{2}x\cos 2x - \dfrac{1}{4}\sin 2x + C.$

(2) $\int e^x \sin x \, dx = \int \sin x \, de^x = e^x\sin x - \int e^x \, d\sin x$

$= e^x\sin x - \int e^x\cos x \, dx = e^x\sin x - \int \cos x \, de^x$

$= e^x\sin x - \left(e^x\cos x - \int e^x \, d\cos x\right)$

$= e^x\sin x - \left(e^x\cos x + \int e^x\sin x \, dx\right),$

故
$$\int e^x \sin x \, dx = \frac{1}{2} e^x (\sin x - \cos x) + C.$$

例 3 求 $\int e^{\sqrt{x}} \, dx$.

解 令 $\sqrt{x} = t$, 则 $x = t^2$, $dx = 2t \, dt$, 于是

$$\int e^{\sqrt{x}} \, dx = \int e^t 2t \, dt = 2 \int t \, de^t$$

$$= 2\left(te^t - \int e^t \, dt\right) = 2te^t - 2e^t + C$$

$$= 2e^{\sqrt{x}}(\sqrt{x} - 1) + C.$$

从上例我们看到求一个不定积分往往要用到多种方法. 一般我们应根据被积函数的特点,选择适当的方法.

§4.4 有理函数的积分

前面已经介绍了求不定积分的两个基本方法——换元积分法与分部积分法. 本节将介绍比较简单的特殊类型函数的不定积分——有理函数的积分.

有理函数是指由两个多项式的商所表示的函数,其形式为

$$\frac{P(x)}{Q(x)} = \frac{a_0 x^n + a_1 x^{n-1} + \cdots + a_{n-1} x + a_n}{b_0 x^m + b_1 x^{m-1} + \cdots + b_{m-1} x + b_m}, \tag{4.7}$$

其中 m 和 n 是非负整数;a_0, a_1, $\cdots$, a_n 及 b_0, b_1, $\cdots$, b_m 都是实常数,且 $a_0 \neq 0$, $b_0 \neq 0$. 当 $n < m$ 时,称为真分式;当 $n \geqslant m$ 时,称为假分式.

利用多项式的除法,总可以将一个假分式化为一个多项式与一个真分式之和,而多项式的积分容易求得,例如

$$\frac{x^5 + x^3 + x^2 + x + 3}{x^2 + 1} = x^2 + 1 + \frac{x + 2}{x^2 + 1}.$$

因此研究有理函数的积分可归结为研究真分式的积分.

由代数学中实系数多项式的因式分解定理:任何一个 m 次实系数多项式 $Q(x)$ 在实数范围内可唯一地分解成若干个一次因式乘幂和若干个二次质因式乘幂的积,即

$$Q(x) = a_0(x-a)^k \cdots (x-c)^l (x^2+px+q)^\lambda \cdots (x^2+rx+s)^\mu,$$

其中 $a_0 \neq 0$,k,$\cdots$,l,λ,$\cdots$,μ 为正整数,$k+\cdots+l+2(\lambda+\cdots+\mu) = m$, $p^2-4q<0$,$\cdots$,$r^2-4s<0$(即 x^2+px+q、x^2+rx+s 等在实数范围内不能再分解),那么,真分式 $\dfrac{P(x)}{Q(x)}$ 可以唯一地分解为如下部分分式:

$$\frac{P(x)}{Q(x)} = \frac{A_1}{x-a} + \frac{A_2}{(x-a)^2} + \cdots + \frac{A_k}{(x-a)^k} + \cdots + \frac{B_1}{x-c} + \frac{B_2}{(x-c)^2} + \cdots$$

$$+ \frac{B_l}{(x-c)^l} + \frac{C_1 x+D_1}{x^2+px+q} + \frac{C_2 x+D_2}{(x^2+px+q)^2} + \cdots + \frac{C_\lambda x+D_\lambda}{(x^2+px+q)^\lambda}$$

$$+ \cdots + \frac{E_1 x+F_1}{x^2+rx+s} + \frac{E_2 x+F_2}{(x^2+rx+s)^2} + \cdots + \frac{E_\mu x+F_\mu}{(x^2+rx+s)^\mu},$$

其中 A_i,$\cdots$,B_i,C_i,D_i,$\cdots$,E_i,F_i 都是待定常数.

有理函数化为部分分式之和的一般规律:

(1) 若分母中含有因式 $(x-a)^k$,则分解后为

$$\frac{A_1}{(x-a)^k} + \frac{A_2}{(x-a)^{k-1}} + \cdots + \frac{A_k}{x-a},$$

其中 A_1,A_2,$\cdots$,A_k 都是常数.特殊地,$k=1$ 时,分解后为 $\dfrac{A}{x-a}$.

(2) 若分母中含有因子 $(x^2+px+q)^k$,其中 $p^2-4q<0$,则分解后为

$$\frac{M_1 x+N_1}{(x^2+px+q)^k} + \frac{M_2 x+N_2}{(x^2+px+q)^{k-1}} + \cdots + \frac{M_k x+N_k}{x^2+px+q},$$

其中 M_i,N_i 都是常数 $(i=1,2,\cdots,k)$.特殊地,$k=1$ 时,分解后为 $\dfrac{Mx+N}{x^2+px+q}$.

从上面的讨论可以得到:有理函数(真分式)的积分可以归结为下面两种形式的积分:

(Ⅰ) $\displaystyle\int \frac{A}{(x-a)^m} \mathrm{d}x$; (Ⅱ) $\displaystyle\int \frac{Mx+N}{(x^2+px+q)^n} \mathrm{d}x$ $(p^2-4q<0)$.

以上积分可用换元积分法及分部积分法求解.

例1 分解 $\dfrac{x^3-4x+10}{x^2+x-6}$ 成最简分式.

解 $\dfrac{x^3-4x+10}{x^2+x-6} = x-1 + \dfrac{3x+4}{x^2+x-6} = x-1 + \dfrac{3x+4}{(x-2)(x+3)},$

而真分式 $\dfrac{3x+4}{(x-2)(x+3)}$ 可以分解为

$$\dfrac{3x+4}{(x-2)(x+3)}=\dfrac{A}{x-2}+\dfrac{B}{x+3},$$

其中 A，B 为待定常数，可用下面的方法求出待定系数，有两种方法求出．

解法一 比较法．两端去分母后，得

$$3x+4=A(x+3)+B(x-2),$$
$$3x+4=(A+B)x+(3A-2B).$$

上式是恒等式，比较等式两边 x 的同次幂系数相等，得

$$\begin{cases} A+B=3,\\ 3A-2B=4, \end{cases}$$

即 $A=2$，$B=1$．

解法二 赋值法．在恒等式 $3x+4=A(x+3)+B(x-2)$ 中代入特殊的 x 值，从而求出待定的系数．

$$令\ x=2, 得\ A=2;$$
$$令\ x=-3, 得\ B=1.$$

于是得到

$$\dfrac{x^3-4x+10}{x^2+x-6}=x-1+\dfrac{2}{x-2}+\dfrac{1}{x+3}.$$

例2 求 $\displaystyle\int\dfrac{x^3-4x+10}{x^2+x-6}\mathrm{d}x$．

解 因为

$$\dfrac{x^3-4x+10}{x^2+x-6}=x-1+\dfrac{2}{x-2}+\dfrac{1}{x+3},$$

所以

$$\begin{aligned}\int\dfrac{x^3-4x+10}{x^2+x-6}\mathrm{d}x&=\int\left(x-1+\dfrac{2}{x-2}+\dfrac{1}{x+3}\right)\mathrm{d}x\\ &=\int(x-1)\mathrm{d}x+\int\dfrac{2}{x-2}\mathrm{d}x+\int\dfrac{1}{x+3}\mathrm{d}x\\ &=\dfrac{1}{2}x^2-x+2\ln|x-2|+\ln|x+3|+C.\end{aligned}$$

例3 求下列不定积分：

(1) $\int \dfrac{5x+1}{x^2-3x+2}\mathrm{d}x$; (2) $\int \dfrac{x^5-3x^4+2x^3-5x^2+3}{x^2(x^2+1)}\mathrm{d}x$.

解 (1) 因为 $\dfrac{5x+1}{x^2-3x+2}=\dfrac{5x+1}{(x-1)(x-2)}$，所以真分式 $\dfrac{5x+1}{(x-1)(x-2)}$ 的分解式可表示为

$$\dfrac{5x+1}{(x-1)(x-2)}=\dfrac{A}{x-1}+\dfrac{B}{x-2}=\dfrac{A(x-2)+B(x-1)}{(x-1)(x-2)}.$$

得恒等式 $5x+1=A(x-2)+B(x-1)$，令 $x=1$，得 $A=-6$；令 $x=2$，得 $B=11$，故有

$$\dfrac{5x+1}{(x-1)(x-2)}=\dfrac{-6}{x-1}+\dfrac{11}{x-2},$$

所以

$$\int\dfrac{5x+1}{x^2-3x+2}\mathrm{d}x=-6\int\dfrac{1}{x-1}\mathrm{d}x+11\int\dfrac{1}{x-2}\mathrm{d}x$$

$$=-6\ln|x-1|+11\ln|x-2|+C.$$

(2) $\dfrac{x^5-3x^4+2x^3-5x^2+3}{x^2(x^2+1)}=x-3+\dfrac{x^3-2x^2+3}{x^2(x^2+1)},$

其中 $\dfrac{x^3-2x^2+3}{x^2(x^2+1)}$ 的分解式为

$$\dfrac{x^3-2x^2+3}{x^2(x^2+1)}=\dfrac{A}{x}+\dfrac{B}{x^2}+\dfrac{Cx+D}{x^2+1}=\dfrac{Ax(x^2+1)+B(x^2+1)+(Cx+D)x^2}{x^2(x^2+1)},$$

得恒等式

$$x^3-2x^2+3=Ax(x^2+1)+B(x^2+1)+(Cx+D)x^2,$$

$$x^3-2x^2+3=(A+C)x^3+(B+D)x^2+Ax+B.$$

比较恒等式两边 x 的同次幂系数相等，有

$$\begin{cases}A+C=1,\\ B+D=-2,\\ A=0,\\ B=3.\end{cases}$$

于是，可得 $A=0, B=3, C=1, D=-5$，故

$$\frac{x^5 - 3x^4 + 2x^3 - 5x^2 + 3}{x^2(x^2+1)} = x - 3 + \frac{3}{x^2} + \frac{x-5}{x^2+1},$$

所以

$$\int \frac{x^5 - 3x^4 + 2x^3 - 5x^2 + 3}{x^2(x^2+1)} dx = \int \left(x - 3 + \frac{3}{x^2} + \frac{x-5}{x^2+1}\right) dx$$

$$= \frac{1}{2}x^2 - 3x - \frac{3}{x} + \int \frac{x}{x^2+1} dx - 5\int \frac{1}{x^2+1} dx$$

$$= \frac{1}{2}x^2 - 3x - \frac{3}{x} + \frac{1}{2}\ln(1+x^2) - 5\arctan x + C.$$

利用将有理函数分解成部分分式之和的方法求真分式的积分是一种行之有效的方法,但是,有时用此方法,计算较麻烦,故对有理函数积分,可根据被积函数的特点,找出比较简捷的方法将有理分式化简.

例 4 求 $\int \frac{x^3 + x^2 + 1}{x^2(1+x^2)} dx$.

解
$$\int \frac{x^3 + x^2 + 1}{x^2(1+x^2)} dx = \int \left(\frac{x^3}{x^2(1+x^2)} + \frac{x^2+1}{x^2(1+x^2)}\right) dx$$

$$= \int \left(\frac{x}{1+x^2} + \frac{1}{x^2}\right) dx = \int \frac{x}{1+x^2} dx + \int \frac{1}{x^2} dx$$

$$= \frac{1}{2}\ln(1+x^2) - \frac{1}{x} + C.$$

数学家简介

柯 西

柯西(Augustin Louis Cauchy, 1789—1857), 1789 年 8 月 21 日出生于巴黎,他在父亲的带领下,有机会遇到参议员拉普拉斯和拉格朗日两位大数学家. 他们对他的才能十分赏识;拉格朗日认为他将来必定会成为大数学家.

柯西在 22 岁时,向法国科学院提交了两篇论文,其中主要成果是:

(1) 证明了凸正多面体只有 5 种(面数分别是 4, 6, 8, 12, 20),星形正多面体只有 4 种(面数是 12 的 3 种,面数是 20 的 1 种).

(2) 得到了欧拉(Euler)关于多面体的顶点、面和棱的个数关系式的另一证明并加以推广.

(3) 证明了各面固定的多面体必然是固定的,从此可导出从未证明过的欧几里得(Euclid)的一个定理.

此后两年,柯西继续潜心研究数学并且参加学术活动.这一时期他的主要贡献是:

(1) 研究代换理论,发表了代换理论和群论在历史上的基本论文.

(2) 证明了费马关于多角形数的猜测.这一猜测当时已提出了100多年,经过许多数学家研究,都没有能够解决.以上两项研究是柯西在瑟堡时开始进行的.

(3) 用复变函数的积分计算实积分,这是复变函数论中柯西积分定理的出发点.

(4) 研究液体表面波的传播问题,得到流体力学中的一些经典结果,于1815年获得法国科学院数学大奖.

此后,柯西从事教学工作和科学研究长达40余年.直到1857年他在巴黎逝世时为止.柯西直到逝世前仍不断参加学术活动,不断发表科学论文.

柯西是一位多产的数学家,他的全集从1882年开始出版到1974年才出齐最后一卷,总计28卷.他的主要贡献如下:

1. 单复变函数

柯西最重要和最有首创性的工作是关于单复变函数论的.18世纪的数学家们采用过上、下限是虚数的定积分.但没有给出明确的定义.柯西首先阐明了有关概念,并且用这种积分来研究多种多样的问题,如实定积分的计算,级数展开,用含参变量的积分表示微分方程的解等等.

2. 分析基础

柯西在综合工科学校所授分析课程及有关教材给数学界造成了极大的影响.自从牛顿和莱布尼兹发明微积分(即无穷小分析,简称分析)以来,这门学科的理论基础是模糊的.为了进一步发展,必须建立严格的理论.柯西为此首先成功地建立了极限论.

他关于连续函数及其积分的定义是确切的,他首先准确地证明了泰勒公式,他给出了级数收敛的定义和一些判别法.

3. 常微分方程

柯西在分析方面最深刻的贡献在常微分方程领域.他首先证明了方程解的存在和唯一性.柯西提出的3种主要方法,即柯西-利普希茨(Lipschitz)法,逐渐逼近法和强级数法,用于解的近似计算和估计.

4. 其他贡献

柯西在数学中其他贡献如下:

(1) 分析方面：在一阶偏微分方程论中引进了特征线的基本概念；认识到傅里叶变换在解微分方程中的作用等等.

(2) 几何方面：开创了积分几何，得到了把平面凸曲线的长用它在平面直线上一些正交投影表示出来的公式.

(3) 代数方面：首先证明了阶数超过 2 的矩阵有特征值；与比内同时发现两行列式相乘的公式，首先明确提出置换群概念，并得到群论中的一些非平凡的结果；独立发现了所谓"代数要领"，即格拉斯曼（Grassmann）的外代数原理.

习 题 四

(A)

1. 已知一曲线经过 $(0, 5)$，且其上任一点 (x, y) 处的切线斜率等于 $\sin x$，求此曲线方程.

2. 设 $F(x)$ 是 $\dfrac{\sin x}{x}$ 的一个原函数，求 $\dfrac{\mathrm{d}F(\sqrt{x})}{\mathrm{d}x}$.

3. 求下列不定积分：

(1) $\displaystyle\int (1-3x^2)\mathrm{d}x$；

(2) $\displaystyle\int (2^x+2x)\mathrm{d}x$；

(3) $\displaystyle\int \left(\sqrt[3]{x}-\dfrac{1}{\sqrt{x}}\right)\mathrm{d}x$；

(4) $\displaystyle\int \dfrac{x^2+1}{\sqrt{x}}\mathrm{d}x$；

(5) $\displaystyle\int (\sqrt{x}-1)(\sqrt[3]{x}+2)\mathrm{d}x$；

(6) $\displaystyle\int \dfrac{x^2}{x^2+1}\mathrm{d}x$；

(7) $\displaystyle\int \dfrac{3x^4+2x^3+4x^2+2x+5}{1+x^2}\mathrm{d}x$；

(8) $\displaystyle\int \dfrac{\mathrm{e}^x(x-\mathrm{e}^{-x})}{x}\mathrm{d}x$；

(9) $\displaystyle\int \sqrt{x\sqrt{x\sqrt{x}}}\,\mathrm{d}x$；

(10) $\displaystyle\int \sec x(\sec x-\tan x)\mathrm{d}x$；

(11) $\displaystyle\int \sin^2 \dfrac{u}{2}\mathrm{d}u$；

(12) $\displaystyle\int \dfrac{\mathrm{e}^{2t}-1}{\mathrm{e}^t-1}\mathrm{d}t$；

(13) $\displaystyle\int \dfrac{\cos 2x}{\cos x+\sin x}\mathrm{d}x$；

(14) $\displaystyle\int \dfrac{\cos 2x}{\sin^2 x\cos^2 x}\mathrm{d}x$；

(15) $\displaystyle\int \dfrac{1+\sin 2x}{\sin x+\cos x}\mathrm{d}x$；

(16) $\displaystyle\int \dfrac{1}{1+\cos 2x}\mathrm{d}x$.

4. 求下列不定积分：

(1) $\displaystyle\int (2-x)^{\frac{5}{2}}\mathrm{d}x$；

(2) $\displaystyle\int \sqrt[5]{8-3x}\,\mathrm{d}x$；

(3) $\int \left(\dfrac{1}{\sqrt{3-x^2}} + \dfrac{1}{4+x^2} \right) dx$;   (4) $\int e^{-2x} dx$;

(5) $\int a^{5x} dx$;   (6) $\int \cos \dfrac{2}{3} x\, dx$;

(7) $\int \sin^2 3x\, dx$;   (8) $\int \dfrac{2x}{1+x^2} dx$;

(9) $\int \dfrac{1}{x^2} \sqrt[3]{1+\dfrac{1}{x}}\, dx$;   (10) $\int \dfrac{e^{\frac{1}{x}}}{x^2} dx$;

(11) $\int \dfrac{1}{\sqrt{x}\sqrt{1+\sqrt{x}}} dx$;   (12) $\int \dfrac{x^2}{\sqrt[3]{(x^3-5)^2}} dx$;

(13) $\int \dfrac{dx}{x \ln x}$;   (14) $\int \dfrac{1}{x \ln x \ln \ln x} dx$;

(15) $\int \dfrac{x}{\sqrt{2-3x^2}} dx$;   (16) $\int \dfrac{x-1}{x^2+1} dx$;

(17) $\int \dfrac{dx}{\sqrt{4-9x^2}}$;   (18) $\int \dfrac{1}{x^2-x-2} dx$;

(19) $\int \dfrac{x}{4+x^4} dx$;   (20) $\int \dfrac{dx}{4x^2+4x+5}$;

(21) $\int \cos^5 x\, dx$;   (22) $\int e^x \cos e^x\, dx$;

(23) $\int e^{\sin x} \cos x\, dx$;   (24) $\int \sin^2 x \cos^5 x\, dx$;

(25) $\int \sin^3 x\, dx$;   (26) $\int \dfrac{dx}{\sin^4 x}$;

(27) $\int \tan^3 x\, dx$;   (28) $\int \tan^4 x\, dx$;

(29) $\int \dfrac{dt}{e^t+e^{-t}}$;   (30) $\int \dfrac{e^x}{e^x+1} dx$;

(31) $\int \dfrac{dx}{\sin x \cos x}$;   (32) $\int \tan^{10} x \sec^2 x\, dx$;

(33) $\int x \cos(x^2) dx$;   (34) $\int \dfrac{\sin x + \cos x}{\sqrt[3]{\sin x - \cos x}} dx$;

(35) $\int \dfrac{dx}{\sqrt{(x^2+1)^3}}$;   (36) $\int \dfrac{dx}{1+\sqrt{1-x^2}}$.

5. 求下列不定积分：

(1) $\int \ln(x^2+1)\,dx$;

(2) $\int \arctan x\,dx$;

(3) $\int xe^x\,dx$;

(4) $\int x\sin x\,dx$;

(5) $\int \dfrac{\ln x}{x^2}\,dx$;

(6) $\int x^2 e^{-x}\,dx$;

(7) $\int e^x \sin x\,dx$;

(8) $\int x\tan^2 x\,dx$;

(9) $\int e^{\sqrt{x}}\,dx$;

(10) $\int x\ln(x-1)\,dx$;

(11) $\int \sec^3 x\,dx$;

(12) $\int \cos\ln x\,dx$.

6. 求下列不定积分：

(1) $\int f'(ax+b)\,dx$;

(2) $\int xf''(x)\,dx$;

(3) $\int e^{2x}(\tan x+1)^2\,dx$. （提示：$e^{2x}(\tan x+1)^2 = e^{2x}(\sec^2 x + 2\tan x) = 2e^{2x}\tan x + e^{2x}\sec^2 x = (e^{2x}\tan x)'$.）

7. 设生产某产品 x 单位的总成本 C 是 x 的函数 $C(x)$，固定成本（即 $C(0)$）为 20 元，边际成本函数为 $C'(x) = 2x+10$（元/单位），求总成本函数 $C(x)$.

8. 已知 $f(x) = \dfrac{e^x}{x}$，求 $\int xf''(x)\,dx$.

9. 求下列不定积分：

(1) $\int \dfrac{2x+3}{x^2+3x-10}\,dx$;

(2) $\int \dfrac{x^5+x^4-8}{x^3-x}\,dx$;

(3) $\int \dfrac{x^2+1}{(x+1)^2(x-1)}\,dx$;

(4) $\int \dfrac{1}{(1+2x)(1+x^2)}\,dx$.

(B)

1. 设 $f(x)$ 的原函数为 $\dfrac{\sin x}{x}$，试求 $\int xf'(x)\,dx$.

2. 已知 $f'(\sin^2 x) = \cos 2x + \tan^2 x$，当 $0 < x < 1$ 时，求 $f(x)$.

3. 设 $f(x)$ 的原函数 $F(x)$ 非负，且 $F(0)=1$，当 $x \geqslant 0$ 时，有 $f(x)F(x) = \sin^2 2x$，试证明：

$$f(x) = \frac{\sin^2(2x)}{\sqrt{x - \frac{1}{4}\sin 4x + 1}}.$$

4. 求不定积分 $\displaystyle\int \frac{x\mathrm{e}^x}{\sqrt{1+\mathrm{e}^x}}\mathrm{d}x.$

5. 求不定积分 $\displaystyle\int \frac{x^2}{(2x+1)^{10}}\mathrm{d}x.$

6. 求不定积分 $\displaystyle\int \frac{\mathrm{d}x}{x^8(1+x^2)}.$

7. 确定系数 A, B, 使下式成立：

$$\int \frac{\mathrm{d}x}{(a+b\cos x)^2} = \frac{A\sin x}{a+b\cos x} + B\int \frac{\mathrm{d}x}{a+b\cos x}.$$

8. 求不定积分 $\displaystyle\int \frac{\sin x\cos x}{\sin^4 x + \cos^4 x}\mathrm{d}x.$

第五章 定积分及其应用

定积分是积分学的另一基本问题.它在几何学,物理学,经济学等领域有着广泛的应用.本章将从分析和解决几个典型问题入手,来看定积分的概念是怎样从现实原型抽象出来的,然后讨论它的性质与计算方法.

§5.1 定积分的概念与性质

一、引例

1. 曲边梯形的面积

设曲线 $y = f(x)$ 在区间 $[a, b]$ 上非负、连续.由直线 $x = a$,$x = b$,$y = 0$ 及曲线 $y = f(x)$ 所围成的平面图形(如图 5.1(a)所示)称为曲边梯形,其中曲线弧称为曲边.

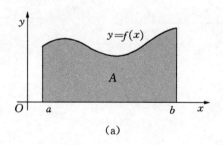
(a)

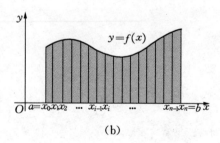
(b)

图 5.1

下面我们来求此曲边梯形的面积 A.

我们知道,矩形的高是不变的,它的面积可按公式

$$矩形面积 = 高 \times 底$$

来定义和计算.但是曲边梯形在底边上各点处的高 $f(x)$ 在区间 $[a, b]$ 上是变动的,因此它的面积不能直接按上述矩形面积公式来定义和计算.注意到,由于曲

边梯形的高 $f(x)$ 在区间 $[a,b]$ 上连续变化的,在很小一段区间上变化很小,可以认为是不变的. 因此,若把区间 $[a,b]$ 分成许多小区间,在每个小区间上用其中某一点处的高来近似同一小区间上的小曲边梯形的高,则每个小曲边梯形就可以近似看成小矩形,这样就可以用所有这些小矩形的面积之和作为曲边梯形面积的近似值. 当把区间无限细分,使得每个小区间的长度均趋近于零,这时所有小矩形面积之和的极限就可以定义为曲边梯形的面积. 下面给出详细过程.

(1) 分割. 如图 5.1(b) 所示,在区间 (a,b) 内任意插入 $n-1$ 个分点 x_1, x_2, $\cdots$, x_{n-1},即

$$a = x_0 < x_1 < x_2 < \cdots < x_{n-1} < x_n = b,$$

把区间 $[a,b]$ 分成 n 个小区间 $[x_{i-1}, x_i]$ $(i = 1, 2, \cdots, n)$,它们的长度分别为 $\Delta x_i = x_i - x_{i-1}$ $(i = 1, 2, \cdots, n)$.

过每个分点 x_i $(i = 1, 2, \cdots, n)$ 作平行于 y 轴的直线段,把曲边梯形分成 n 个小曲边梯形,它们的面积分别记为 ΔA_i $(i = 1, 2, \cdots, n)$.

在每个小区间 $[x_{i-1}, x_i]$ $(i = 1, 2, \cdots, n)$ 上任取一点 ξ_i,以 Δx_i 为底, $f(\xi_i)$ 为高的小矩形面积近似替代第 i 个小曲边梯形的面积,于是

$$\Delta A_i \approx f(\xi_i) \Delta x_i \quad (i = 1, 2, \cdots, n).$$

(2) 求和. 将这 n 个小矩形面积加起来,得到一个和式 $\sum_{i=1}^{n} f(\xi_i) \Delta x_i$,它是曲边梯形的面积 A 的近似值,即

$$A = \sum_{i=1}^{n} \Delta A_i \approx \sum_{i=1}^{n} f(\xi_i) \Delta x_i.$$

(3) 取极限. 只有当分割充分细时,上面和式就可以无限接近曲边梯形的面积 A. 记 $\lambda = \max_{1 \leq i \leq n} \{\Delta x_i\}$,为保证所有小区间的长度趋于零,我们要求所有小区间长度的最大值趋于零,即当 $\lambda \to 0$ 时,则有

$$A = \lim_{\lambda \to 0} \sum_{i=1}^{n} f(\xi_i) \Delta x_i.$$

2. 由边际成本求可变成本

设边际成本函数 $f(q)$ (q 为产量) 是定义在 $[0, Q]$ 上的连续函数,求可变成本 C_v 的表达式.

当产量从 0 逐步增大到 Q,由于在增长过程中,成本对于产量的增长率(即边际成本)并不相同,但是,若将 $[0, Q]$ 分割成 n 个小区间,这样,在每个小区间

内成本的增长速度可近似地看作是相等的. 具体做法如下.

(1) 分割. 在区间$(0, Q)$内任意插入$n-1$个分点$q_1, q_2, \cdots, q_{n-1}$, 即
$$0 = q_0 < q_1 < q_2 < \cdots < q_{n-1} < q_n = Q,$$
把区间$[0, Q]$分成n个小区间
$$[q_0, q_1], [q_1, q_2], \cdots, [q_{n-1}, q_n],$$
它们的长度为$\Delta q_i = q_i - q_{i-1}(i = 1, 2, \cdots, n)$.

在第i个小区间$[q_{i-1}, q_i]$上任取一点η_i, 将成本的增长速度(即边际成本)看作不变的, 于是当产量增长Δq_i时, 成本的增长额
$$\Delta C_{vi} \approx f(\eta_i) \Delta q_i (i = 1, 2, \cdots, n).$$

(2) 求和.
$$C_v = \sum_{i=1}^{n} \Delta C_{vi} \approx \sum_{i=1}^{n} f(\eta_i) \Delta q_i.$$

(3) 取极限. 记$\lambda = \max_{1 \leqslant i \leqslant n}\{\Delta q_i\}$, 则有
$$C_v = \lim_{\lambda \to 0} \sum_{i=1}^{n} f(\eta_i) \Delta q_i.$$

以上两个例子虽然实际背景完全不同, 但从数学的角度来看, 其解决问题的思想和方法是相同的, 都是通过"分割、求和、取极限", 最后能转化为形如$\sum_{i=1}^{n} f(\xi_i) \Delta x_i$和式的极限问题. 在工程技术和经济领域中有大量的问题归结为这类数学模型, 因此, 把这一方法加以概括抽象, 得到了定积分的定义.

二、定积分的定义

定义 5.1 设函数$f(x)$在区间$[a, b]$上有定义, 在区间(a, b)内任意插入$n-1$个分点$x_1, x_2, \cdots, x_{n-1}$, 即
$$a = x_0 < x_1 < x_2 < \cdots < x_{n-1} < x_n = b,$$
将区间$[a, b]$分成n个小区间
$$[x_0, x_1], [x_1, x_2], \cdots, [x_{n-1}, x_n],$$
各小区间的长度依次为
$$\Delta x_1 = x_1 - x_0, \Delta x_2 = x_2 - x_1, \cdots, \Delta x_n = x_n - x_{n-1},$$

在各个小区间 $[x_{i-1}, x_i]$ $(i=1, 2, \cdots, n)$ 上任取一点 ξ_i,作乘积

$$f(\xi_i)\Delta x_i (i = 1, 2, \cdots, n),$$

求和

$$I_n = \sum_{i=1}^{n} f(\xi_i)\Delta x_i,$$

记 $\lambda = \max_{1 \leqslant i \leqslant n}\{\Delta x_i\}$. 如果不论对区间 $[a, b]$ 如何分割,也无论在小区间 $[x_{i-1}, x_i]$ 上点 ξ_i 怎样的取法,只要当 $\lambda \to 0$ 时,极限

$$\lim_{\lambda \to 0} I_n = \lim_{\lambda \to 0}\sum_{i=1}^{n} f(\xi_i)\Delta x_i$$

都存在,则称此极限值为函数 $f(x)$ 在区间 $[a, b]$ 上的定积分,记作 $\int_a^b f(x)\mathrm{d}x$,即

$$\int_a^b f(x)\mathrm{d}x = \lim_{\lambda \to 0}\sum_{i=1}^{n} f(\xi_i)\Delta x_i, \tag{5.1}$$

这时,称函数 $f(x)$ 在区间 $[a, b]$ 上可积,其中 $[a, b]$ 称为积分区间,a 称为积分下限,b 称为积分上限,$f(x)$ 叫做被积函数,$f(x)\mathrm{d}x$ 叫做被积函数表达式,x 叫做积分变量.

由定积分定义,上面引例中的两个具体问题可用定积分表示如下:

(1) 由连续曲线 $y = f(x)$ $(f(x) \geqslant 0)$、直线 $x = a$,$x = b$ 及 x 轴所围成的曲边梯形(图 5.1(a)所示)的面积 A 是函数 $f(x)$ $(f(x) \geqslant 0)$ 在区间 $[a, b]$ 上的定积分,即

$$A = \int_a^b f(x)\mathrm{d}x.$$

(2) 边际成本函数 $f(q)$ (q 为产量)是定义在 $[0, Q]$ 上的连续函数,那么产量从 0 到 Q 的可变成本是边际成本函数 $f(q)$ 在产量区间 $[0, Q]$ 上的定积分,即

$$C_v = \int_0^Q f(q)\mathrm{d}q.$$

要注意的几点是:

① $\sum_{i=1}^{n} f(\xi_i)\Delta x_i$ 通常称为函数 $f(x)$ 的积分和. 当函数 $f(x)$ 在区间 $[a, b]$ 上的积分存在时,称函数 $f(x)$ 在区间 $[a, b]$ 上可积,否则称为函数 $f(x)$ 在区间 $[a, b]$ 上不可积. 定积分 $\int_a^b f(x)\mathrm{d}x$ 是和式 $\sum_{i=1}^{n} f(\xi_i)\Delta x_i$ 的极限,因此它是一个

数,这与不定积分不同.

② 定积分的值只与被积函数 $f(x)$ 及积分区间 $[a,b]$ 有关,而与积分变量用哪个字母无关,即

$$\int_a^b f(x)\mathrm{d}x = \int_a^b f(t)\mathrm{d}t = \int_a^b f(u)\mathrm{d}u.$$

③ 极限过程是 $\lambda \to 0$,而不仅仅只是 $n \to \infty$,前者表示的是无限细分的过程,后者表示的是分点无限增加的过程,无限细分,分点必然无限增加,但分点无限增加,并不能保证无限细分.

④ 在定积分定义中,假定了 $a < b$,但是,为了计算及应用方便,我们规定:

当 $a > b$ 时,$\int_a^b f(x)\mathrm{d}x = -\int_b^a f(x)\mathrm{d}x$;

当 $a = b$ 时,$\int_a^b f(x)\mathrm{d}x = 0$,

所以定积分上、下限无大小限制.若交换积分的上下限,则积分结果的绝对值不变而符号相反.

⑤ 关于函数的可积性,在此不加证明地给出下面两个关于函数可积性的重要结论:

结论1 若函数 $f(x)$ 在 $[a,b]$ 上连续,则函数 $f(x)$ 在区间 $[a,b]$ 上可积.

结论2 若函数 $f(x)$ 在 $[a,b]$ 上有界,且只有有限个间断点,则函数 $f(x)$ 在区间 $[a,b]$ 上可积.

三、定积分的几何意义

(1) 若连续函数 $f(x)$ 在 $[a,b]$ 上非负,即 $f(x) \geqslant 0$,则定积分 $\int_a^b f(x)\mathrm{d}x$ 表示由曲线 $y=f(x)$、直线 $x=a$,$x=b$,以及 x 轴所围成的曲边梯形的面积 A,如图 5.2 所示.

(2) 若连续函数 $f(x)$ 在 $[a,b]$ 上非正,即 $f(x) \leqslant 0$,则定积分 $\int_a^b f(x)\mathrm{d}x$ 表示由曲线 $y=f(x)$、直线 $x=a$,$x=b$,以及 x 轴所围成的曲边梯形的面积的相反数 $-A$.

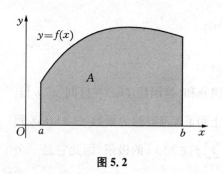

图 5.2

(3) 若连续函数 $f(x)$ 在 $[a,b]$ 上既取得正值又取得负值时,即函数 $f(x)$ 的图形某些部分在 x 轴的上方,而其他部分在 x 轴的下方,如图 5.3 所示,则定积分 $\int_a^b f(x)\mathrm{d}x$ 表示由曲线 $y=f(x)$,直线 $x=a$,$x=b$,以及 x 轴所围成的曲边梯形面积的代数和,即

$$\int_a^b f(x)\mathrm{d}x = A_1 - A_2 + A_3.$$

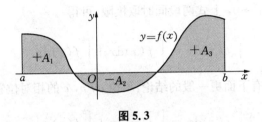

图 5.3

四、定积分的性质

设下面性质中各函数在所讨论的区间上均可积.

性质 5.1 常数可提到积分号的外面,即

$$\int_a^b kf(x)\mathrm{d}x = k\int_a^b f(x)\mathrm{d}x \ (k \text{ 为常数}).$$

证明 $\int_a^b kf(x)\mathrm{d}x = \lim_{\lambda \to 0}\sum_{i=1}^n kf(\xi_i)\Delta x_i = \lim_{\lambda \to 0} k\sum_{i=1}^n f(\xi_i)\Delta x_i$

$$= k\lim_{\lambda \to 0}\sum_{i=1}^n f(\xi_i)\Delta x_i = k\int_a^b f(x)\mathrm{d}x.$$

性质 5.2 函数代数和的定积分等于定积分的代数和,即

$$\int_a^b [f(x) \pm g(x)]\mathrm{d}x = \int_a^b f(x)\mathrm{d}x \pm \int_a^b g(x)\mathrm{d}x.$$

证明 $\int_a^b [f(x) \pm g(x)]\mathrm{d}x = \lim_{\lambda \to 0}\sum_{i=1}^n [f(\xi_i) \pm g(\xi_i)]\Delta x_i$

$$= \lim_{\lambda \to 0}\sum_{i=1}^n f(\xi_i)\Delta x_i \pm \lim_{\lambda \to 0}\sum_{i=1}^n g(\xi_i)\Delta x_i$$

$$= \int_a^b f(x)\mathrm{d}x \pm \int_a^b g(x)\mathrm{d}x.$$

此性质可推广到有限个函数.

性质 5.3(定积分对积分区间的可加性)

$$\int_a^b f(x)\mathrm{d}x = \int_a^c f(x)\mathrm{d}x + \int_c^b f(x)\mathrm{d}x, c \in [a, b].$$

证明 由于被积函数 $f(x)$ 在区间 $[a, b]$ 上可积,因此,对区间 $[a, b]$ 无论怎样划分,积分和的极限总是不变的. 于是,我们总可以使 c 永远是个分点,那么,在区间 $[a, b]$ 上的积分和等于区间 $[a, c]$ 上的积分和加上 $[c, b]$ 上的积分和,即

$$\sum_{[a,b]} f(\xi_i)\Delta x_i = \sum_{[a,c]} f(\xi_i)\Delta x_i + \sum_{[c,b]} f(\xi_i)\Delta x_i.$$

令 $\lambda = \max\limits_{1 \leqslant i \leqslant n}\{\Delta x_i\} \to 0$,上式两段同时取极限,可得

$$\int_a^b f(x)\mathrm{d}x = \int_a^c f(x)\mathrm{d}x + \int_c^b f(x)\mathrm{d}x.$$

进一步,我们有下面更一般的结论:不论 a, b, c 的相对位置如何,总有等式

$$\int_a^b f(x)\mathrm{d}x = \int_a^c f(x)\mathrm{d}x + \int_c^b f(x)\mathrm{d}x.$$

请读者按各种情况验证.

性质 5.4 若在区间 $[a, b]$ 上 $f(x) \equiv 1$,则 $\int_a^b \mathrm{d}x = b - a$.

由定积分的几何意义立即可得,定积分 $\int_a^b \mathrm{d}x$ 在几何上表示以 $[a, b]$ 为底、以 $f(x) = 1$ 为高的矩形的面积.

性质 5.5 若在区间 $[a, b]$ 上有 $f(x) \geqslant 0$,则 $\int_a^b f(x)\mathrm{d}x \geqslant 0$.

证明 因为被积函数 $f(x) \geqslant 0$,所以有

$$f(\xi_i) \geqslant 0 \ (i = 1, 2, \cdots, n),$$

又因为 $\Delta x_i \geqslant 0 \ (i = 1, 2, \cdots, n)$,因此

$$\sum_{i=1}^n f(\xi_i)\Delta x_i \geqslant 0,$$

令 $\lambda = \max\{\Delta x_1, \Delta x_2, \cdots, \Delta x_n\} \to 0$,立即可得所要证的不等式.

推论 5.1 若在区间 $[a, b]$ 上有 $f(x) \leqslant g(x)$,则 $\int_a^b f(x)\mathrm{d}x \leqslant \int_a^b g(x)\mathrm{d}x$.

证明 注意到 $g(x) - f(x) \geqslant 0$,立即可得结论.

例1 比较定积分 $\int_0^1 e^{x^2}\mathrm{d}x$ 与 $\int_0^1 e^x\mathrm{d}x$ 的大小.

解 在区间 $[0, 1]$ 上,有 $x^2 \leqslant x$,从而有

$$e^{x^2} \leqslant e^x,$$

等号在 $x=0$ 与 $x=1$ 两点成立. 由推论 5.1 知

$$\int_0^1 e^{x^2} dx < \int_0^1 e^x dx.$$

推论 5.2 $\left|\int_a^b f(x) dx\right| \leqslant \int_a^b |f(x)| dx \ (a<b).$

证明 因为 $-|f(x)| \leqslant f(x) \leqslant |f(x)|$，所以

$$-\int_a^b |f(x)| dx \leqslant \int_a^b f(x) dx \leqslant \int_a^b |f(x)| dx,$$

也就是

$$\left|\int_a^b f(x) dx\right| \leqslant \int_a^b |f(x)| dx.$$

注 $|f(x)|$ 在区间 $[a,b]$ 上的可积性可由 $f(x)$ 在 $[a,b]$ 上的可积性推出.

性质 5.6(估值定理) 若函数 $f(x)$ 在区间 $[a,b]$ 上的最大值与最小值分别为 M 与 m，则

$$m(b-a) \leqslant \int_a^b f(x) dx \leqslant M(b-a).$$

证明 因为 $m \leqslant f(x) \leqslant M$，由推论 5.1，得

$$m\int_a^b dx \leqslant \int_a^b f(x) dx \leqslant M\int_a^b dx,$$

于是由性质 5.1 和性质 5.4 立即可知

$$m(b-a) \leqslant \int_a^b f(x) dx \leqslant M(b-a).$$

此性质说明，由被积函数在积分区间上的最大值和最小值，可估计积分值的范围.

例 2 证明 $2e^{-\frac{1}{4}} \leqslant \int_0^2 e^{x^2-x} dx \leqslant 2e^2.$

证明 设 $f(x) = e^{x^2-x}$, $x \in [0,2]$，则

$$f'(x) = e^{x^2-x}(2x-1),$$

令 $f'(x) = 0$，得驻点 $x = \dfrac{1}{2} \in (0,2)$，而 $f(0) = 1$, $f\left(\dfrac{1}{2}\right) = e^{-\frac{1}{4}}$, $f(2) = e^2$,

即 $f(x)$ 在 $[0,2]$ 上的最大值和最小值分别为

$$M = e^2, \quad m = e^{-\frac{1}{4}}.$$

由性质 5.6,有

$$e^{-\frac{1}{4}}(2-0) \leqslant \int_0^2 e^{x^2-x} dx \leqslant e^2(2-0),$$

即

$$2e^{-\frac{1}{4}} \leqslant \int_0^2 e^{x^2-x} dx \leqslant 2e^2.$$

性质 5.7(积分中值定理) 设函数 $f(x)$ 在闭区间 $[a,b]$ 上连续,则在区间 $[a,b]$ 上至少存在一点 ξ,使

$$\int_a^b f(x) dx = f(\xi)(b-a), \quad a \leqslant \xi \leqslant b, \tag{5.2}$$

或

$$f(\xi) = \frac{\int_a^b f(x) dx}{b-a}. \tag{5.3}$$

证明 因为 $f(x)$ 在闭区间 $[a,b]$ 上连续,所以 $f(x)$ 在区间 $[a,b]$ 上有最大值 M 和最小值 m,由性质 5.6,得

$$m(b-a) \leqslant \int_a^b f(x) dx \leqslant M(b-a),$$

从而

$$m \leqslant \frac{\int_a^b f(x) dx}{b-a} \leqslant M.$$

根据闭区间上连续函数的介值定理知,在区间 $[a,b]$ 上至少存在一点 ξ,使

$$f(\xi) = \frac{\int_a^b f(x) dx}{b-a}, \quad a \leqslant \xi \leqslant b,$$

即

$$\int_a^b f(x) dx = f(\xi)(b-a), \quad a \leqslant \xi \leqslant b.$$

性质 5.7 的几何意义是:若函数 $f(x)$ 在区间 $[a,b]$ 上连续,且 $f(x) \geqslant 0$,则

由 $x=a$, $x=b$, x 轴以及 $y=f(x)$ 所围成的曲边梯形的面积一定与某个以 $[a,b]$ 为底边而高为 $f(\xi)$ ($\xi\in[a,b]$) 的矩形面积相等,如图 5.4 所示.

通常称 $f(\xi)=\dfrac{1}{b-a}\int_a^b f(x)\mathrm{d}x$ 为函数 $f(x)$ 在区间 $[a,b]$ 上的平均值.

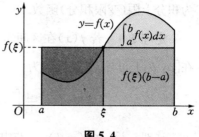

图 5.4

例 3 利用积分中值定理证明 $\lim\limits_{n\to\infty}\int_0^{1/2}\dfrac{x^n}{1+x^n}\mathrm{d}x=0$.

证明 函数 $\dfrac{x^n}{1+x^n}$ 在 $\left[0,\dfrac{1}{2}\right]$ 上连续,由积分的中值定理可知,在区间 $\left[0,\dfrac{1}{2}\right]$ 上至少存在一点 ξ,使得

$$\int_0^{1/2}\dfrac{x^n}{1+x^n}\mathrm{d}x=\dfrac{\xi^n}{1+\xi^n}\cdot\dfrac{1}{2},$$

因为 $0\leqslant\xi\leqslant\dfrac{1}{2}$,所以 $\lim\limits_{n\to\infty}\xi^n=0$,于是可得

$$\lim\limits_{n\to\infty}\int_0^{1/2}\dfrac{x^n}{1+x^n}\mathrm{d}x=0.$$

§5.2 微积分基本定理

如果从定义出发,即使被积函数比较简单,计算定积分也不是一件容易的事. 本节将给出计算定积分的一般方法.

一、积分上限(变限积分)函数及其导数

设函数 $f(x)$ 在区间 $[a,b]$ 上连续,x 为 $[a,b]$ 上的一点,于是 $f(t)$ 在区间 $[a,x]$ 上也连续,因此 $\int_a^x f(t)\mathrm{d}t$ 存在. 如果上限 x 在区间 $[a,b]$ 上任意变动,则对于每一个取定的 x 值,定积分 $\int_a^x f(t)\mathrm{d}t$ 有一个对应的值,这样就在 $[a,b]$ 上定义了一个函数.

定义 5.2 若 $f(x)$ 在区间 $[a,b]$ 上连续,称

$$\Phi(x)=\int_a^x f(t)\mathrm{d}t,\ x\in[a,b]$$

为积分上限(变限积分)函数.

定理5.1 若$f(x)$在区间$[a,b]$上连续,则积分上限函数$\Phi(x)=\int_a^x f(t)\mathrm{d}t$在$[a,b]$上可导,且其导数为

$$\Phi'(x)=\frac{\mathrm{d}}{\mathrm{d}x}\int_a^x f(t)\mathrm{d}t=f(x),\ x\in[a,b]. \tag{5.4}$$

证明 设$x\in(a,b)$,x获得增量Δx,且$x+\Delta x\in(a,b)$,则当$\Delta x\neq 0$时,

$$\Delta\Phi=\Phi(x+\Delta x)-\Phi(x)=\int_a^{x+\Delta x}f(t)\mathrm{d}t-\int_a^x f(t)\mathrm{d}t$$

$$=\left(\int_a^x f(t)\mathrm{d}t+\int_x^{x+\Delta x}f(t)\mathrm{d}t\right)-\int_a^x f(t)\mathrm{d}t$$

$$=\int_x^{x+\Delta x}f(t)\mathrm{d}t,$$

由于$f(x)$在$[a,b]$上连续,由积分中值定理知,在x与$x+\Delta x$之间存在ξ,使

$$\int_x^{x+\Delta x}f(t)\mathrm{d}t=f(\xi)\Delta x,$$

且当$\Delta x\to 0$时,$\xi\to x$,从而

$$\Phi'(x)=\lim_{\Delta x\to 0}\frac{\Delta\Phi}{\Delta x}=\lim_{\xi\to x}f(\xi)=f(x).\quad\blacksquare$$

公式(5.4)是积分上限函数的求导公式.下面讨论它的一般形式.

定理5.2 设$f(x)$在$[a,b]$上连续,$\varphi(x)$在$[a,b]$上可导,且$a\leqslant\varphi(x)\leqslant b$,$x\in[a,b]$,则

$$\frac{\mathrm{d}}{\mathrm{d}x}\int_a^{\varphi(x)}f(t)\mathrm{d}t=f[\varphi(x)]\varphi'(x). \tag{5.5}$$

证明 设$F(x)=\int_a^x f(t)\mathrm{d}t$,则

$$\int_a^{\varphi(x)}f(t)\mathrm{d}t=F[\varphi(x)].$$

由复合函数求导法则及公式(5.4),得

$$\frac{\mathrm{d}}{\mathrm{d}x}\int_a^{\varphi(x)}f(t)\mathrm{d}t=\frac{\mathrm{d}}{\mathrm{d}x}F[\varphi(x)]=F'[\varphi(x)]\varphi'(x)$$

$$=f[\varphi(x)]\varphi'(x),$$

即(5.5)式成立.

例1 求下列函数的导数：

(1) 已知 $\Phi(x) = \int_x^2 \dfrac{\sin t}{t} dt$，求 $\Phi'\left(\dfrac{\pi}{2}\right)$；

(2) 已知 $F(x) = \int_2^{\sqrt{x}} e^{t^2} dt$，求 $F'(x)$；

(3) 已知 $G(x) = \int_{\sqrt{x}}^{x^2} e^{-t^2} dt$，求 $G'(x)$；

(4) 已知 $H(x) = \int_1^{x^2} xf(t) dt$，求 $H''(x)$.

解 (1) 因为 $\Phi(x) = \int_x^2 \dfrac{\sin t}{t} dt = -\int_2^x \dfrac{\sin t}{t} dt$，所以 $\Phi'(x) = -\dfrac{\sin x}{x}$，于是

$$\Phi'\left(\dfrac{\pi}{2}\right) = -\dfrac{\sin \dfrac{\pi}{2}}{\dfrac{\pi}{2}} = -\dfrac{2}{\pi}.$$

(2) $F'(x) = e^{(\sqrt{x})^2} \cdot (\sqrt{x})' = e^x \cdot \dfrac{1}{2\sqrt{x}}$.

(3) $G(x) = \int_{\sqrt{x}}^{x^2} e^{-t^2} dt = \int_{\sqrt{x}}^0 e^{-t^2} dt + \int_0^{x^2} e^{-t^2} dt$

$= -\int_0^{\sqrt{x}} e^{-t^2} dt + \int_0^{x^2} e^{-t^2} dt,$

故

$$G'(x) = -e^{-(\sqrt{x})^2}(\sqrt{x})' + e^{-(x^2)^2}(x^2)'$$

$$= -\dfrac{e^{-x}}{2\sqrt{x}} + 2xe^{-x^4}.$$

(4) 因为 $H(x) = x\int_1^{x^2} f(t) dt$，所以

$$H'(x) = (x)'\int_1^{x^2} f(t) dt + x\left(\int_1^{x^2} f(t) dt\right)'$$

$$= \int_1^{x^2} f(t) dt + 2x^2 f(x^2),$$

故

$$H''(x) = \left(\int_1^{x^2} f(t)dt\right)' + 2[(x^2)'f(x^2) + x^2(f(x^2))']$$
$$= f(x^2)(x^2)' + 2[2xf(x^2) + x^2 f'(x^2)(x^2)']$$
$$= 6xf(x^2) + 4x^3 f'(x^2).$$

例2 求下列极限：

(1) $\lim\limits_{x\to 0}\dfrac{\int_{\cos x}^{1} e^{-t^2}dt}{\sin x^2}$；   (2) $\lim\limits_{x\to \infty}\dfrac{1}{x}\int_0^x t^2 e^{t^2-x^2}dt$.

解 (1) 这是 $\dfrac{0}{0}$ 型未定式，用洛必达法则来计算：

$$\lim_{x\to 0}\frac{\int_{\cos x}^{1} e^{-t^2}dt}{\sin x^2} = \lim_{x\to 0}\frac{-\int_1^{\cos x} e^{-t^2}dt}{x^2}$$

$$= \lim_{x\to 0}\frac{-e^{-\cos^2 x}(-\sin x)}{2x} = \frac{1}{2e}.$$

(2) 这是 $\dfrac{\infty}{\infty}$ 型未定式，用洛必达法则来计算：

$$\lim_{x\to\infty}\frac{1}{x}\int_0^x t^2 e^{t^2-x^2}dt = \lim_{x\to\infty}\frac{\int_0^x t^2 e^{t^2}dt}{x e^{x^2}}$$

$$= \lim_{x\to\infty}\frac{x^2 e^{x^2}}{e^{x^2} + x e^{x^2} 2x} = \frac{1}{2}.$$

例3 设连续函数 $f(x)$ 在 $[a,b]$ 上单调增加，证明：$G(x) = \dfrac{1}{x-a}\int_a^x f(t)dt$ 在 $[a,b]$ 上也单调增加.

证明 由于 $f(x)$ 在 $[a,b]$ 上连续，因此 $G(x)$ 在 $[a,b]$ 上可导，且

$$G'(x) = \frac{f(x)(x-a) - \int_a^x f(t)dt}{(x-a)^2},$$

由积分中值定理，至少存在一点 $\xi\in[a,x]$，使得

$$\int_a^x f(t)dt = f(\xi)(x-a).$$

因此
$$G'(x) = \frac{f(x) - f(\xi)}{x - a}.$$

又 $f(x)$ 在 $[a, b]$ 上单调增加,故 $f(x) \geqslant f(\xi)$,即
$$G'(x) \geqslant 0,$$

因此,函数 $G(x)$ 在 $[a, b]$ 上单调增加.

二、微积分基本定理

定理 5.3(微积分基本定理) 若函数 $F(x)$ 是连续函数 $f(x)$ 在区间 $[a, b]$ 上的一个原函数,则
$$\int_a^b f(x) \mathrm{d}x = F(b) - F(a). \tag{5.6}$$

证明 已知函数 $F(x)$ 是连续函数 $f(x)$ 的一个原函数,又根据定理 5.2 知,积分上限函数
$$\Phi(x) = \int_a^x f(t) \mathrm{d}t, x \in [a, b]$$

也是 $f(x)$ 的一个原函数,因此这两个原函数之差 $F(x) - \Phi(x)$ 在 $[a, b]$ 上必是某一个常数 C,即
$$F(x) - \int_a^x f(t) \mathrm{d}t = C, x \in [a, b], \tag{5.7}$$

在 (5.7) 式中令 $x = a$,由 $\Phi(a) = \int_a^a f(t) \mathrm{d}t = 0$,得 $C = F(a)$,于是有
$$\int_a^x f(t) \mathrm{d}t = F(x) - F(a), \tag{5.8}$$

在 (5.8) 式中令 $x = b$,得
$$\int_a^b f(x) \mathrm{d}x = F(b) - F(a).$$

(5.6) 式也常表示为
$$\int_a^b f(x) \mathrm{d}x = F(x) \Big|_a^b = F(b) - F(a). \tag{5.9}$$

公式(5.6)称为牛顿-莱布尼兹(Newton-Leibniz)公式,它进一步揭示了定积分与被积函数的原函数或不定积分之间的联系,它表明:一个连续函数在区间$[a,b]$上的定积分等于它的一个原函数在区间$[a,b]$上的增量,这给定积分提供了一个有效而简便的计算方法.

例4 求下列定积分:

(1) $\int_0^1 x^3 \mathrm{d}x$;

(2) $\int_{-1}^0 \left(\mathrm{e}^x + \dfrac{1}{1+x^2} \right) \mathrm{d}x$;

(3) $\int_{\frac{\pi}{6}}^{\frac{\pi}{3}} \dfrac{1}{\sin^2 x \cos^2 x} \mathrm{d}x$;

(4) $\int_0^\pi \sqrt{1-\sin^2 x} \, \mathrm{d}x$.

解 (1) 因为 $\dfrac{x^4}{4}$ 是 x^3 的一个原函数,所以由牛顿-莱布尼兹公式,有

$$\int_0^1 x^3 \mathrm{d}x = \frac{x^4}{4} \bigg|_0^1 = \frac{1}{4}.$$

(2) 因为 e^x 是 e^x 的一个原函数,$\arctan x$ 是 $\dfrac{1}{1+x^2}$ 的一个原函数,所以

$$\int_{-1}^0 \left(\mathrm{e}^x + \frac{1}{1+x^2} \right) \mathrm{d}x = \int_{-1}^0 \mathrm{e}^x \mathrm{d}x + \int_{-1}^0 \frac{1}{1+x^2} \mathrm{d}x$$

$$= \mathrm{e}^x \bigg|_{-1}^0 + \arctan x \bigg|_{-1}^0 = 1 - \mathrm{e}^{-1} + \frac{\pi}{4}.$$

(3) 因为

$$\frac{1}{\sin^2 x \cos^2 x} = \frac{\sin^2 x + \cos^2 x}{\sin^2 x \cos^2 x} = \sec^2 x + \csc^2 x,$$

而 $\tan x$ 是 $\sec^2 x$ 的一个原函数,$-\cot x$ 是 $\csc^2 x$ 的一个原函数,所以

$$\int_{\frac{\pi}{6}}^{\frac{\pi}{3}} \frac{1}{\sin^2 x \cos^2 x} \mathrm{d}x = \int_{\frac{\pi}{6}}^{\frac{\pi}{3}} \sec^2 x \mathrm{d}x + \int_{\frac{\pi}{6}}^{\frac{\pi}{3}} \csc^2 x \mathrm{d}x$$

$$= \tan x \bigg|_{\frac{\pi}{6}}^{\frac{\pi}{3}} - \cot x \bigg|_{\frac{\pi}{6}}^{\frac{\pi}{3}}$$

$$= \left(\tan \frac{\pi}{3} - \tan \frac{\pi}{6} \right) - \left(\cot \frac{\pi}{3} - \cot \frac{\pi}{6} \right)$$

$$= \frac{4\sqrt{3}}{3}.$$

熟练以后可这样解：

$$\int_{\frac{\pi}{6}}^{\frac{\pi}{3}} \frac{1}{\sin^2 x \cos^2 x} dx = \int_{\frac{\pi}{6}}^{\frac{\pi}{3}} \frac{\sin^2 x + \cos^2 x}{\sin^2 x \cos^2 x} dx$$

$$= \int_{\frac{\pi}{6}}^{\frac{\pi}{3}} \sec^2 x dx + \int_{\frac{\pi}{6}}^{\frac{\pi}{3}} \csc^2 x dx$$

$$= \tan x \Big|_{\frac{\pi}{6}}^{\frac{\pi}{3}} - \cot x \Big|_{\frac{\pi}{6}}^{\frac{\pi}{3}}$$

$$= \frac{4\sqrt{3}}{3}.$$

(4) $\int_0^\pi \sqrt{1-\sin^2 x}\, dx = \int_0^\pi |\cos x|\, dx = \int_0^{\frac{\pi}{2}} \cos x dx + \int_{\frac{\pi}{2}}^\pi -\cos x dx$

$$= \sin x \Big|_0^{\frac{\pi}{2}} - \sin x \Big|_{\frac{\pi}{2}}^\pi$$

$$= 2.$$

例5 设 $f(x)$ 在 $\left[0, \frac{\pi}{2}\right]$ 上连续，且满足

$$f(x) = x^2 \int_0^{\frac{\pi}{2}} f(x) dx + \cos x,$$

求：$\int_0^{\frac{\pi}{2}} f(x) dx$ 及 $f(x)$.

解 设 $\int_0^{\frac{\pi}{2}} f(x) dx = A$，则

$$f(x) = Ax^2 + \cos x,$$

对上式两边在 $\left[0, \frac{\pi}{2}\right]$ 上求积分，有

$$\int_0^{\frac{\pi}{2}} f(x) dx = A \int_0^{\frac{\pi}{2}} x^2 dx + \int_0^{\frac{\pi}{2}} \cos x dx,$$

所以，$A = \frac{\pi^3}{24} A + 1$. 于是可得 $\int_0^{\frac{\pi}{2}} f(x) dx = A = \frac{24}{24 - \pi^3}$，那么有

$$f(x) = \frac{24}{24 - \pi^3} x^2 + \cos x.$$

§5.3 定积分的换元积分法

由牛顿-莱布尼兹公式可以知道,计算定积分 $\int_a^b f(x)\mathrm{d}x$ 的简便方法是把它转化为求 $f(x)$ 的原函数的增量.本质上来看,求定积分的问题归结为求原函数或不定积分的问题,这样可把求不定积分的换元积分法移植到定积分的计算中来,得定积分的换元积分法.

定理 5.4 设函数 $f(x)$ 在区间 $[a,b]$ 上连续,函数 $x=\varphi(t)$ 满足条件:
(1) $\varphi(t)$ 在区间 $[\alpha,\beta]$ 或 $[\beta,\alpha]$ 上是单调连续函数;
(2) $\varphi(\alpha)=a$, $\varphi(\beta)=b$;
(3) $\varphi'(t)$ 在 $[\alpha,\beta]$ 上连续;
则

$$\int_a^b f(x)\mathrm{d}x = \int_\alpha^\beta f[\varphi(t)]\varphi'(t)\mathrm{d}t. \tag{5.10}$$

公式(5.10)为定积分的换元积分公式.

证明 由假设知,(5.10)式两边的被积函数都是连续的,故不仅(5.10)式两边的定积分都存在,而且由上节定理 5.2 知,被积函数的原函数也都存在.所以(5.10)式两边的定积分都可应用牛顿-莱布尼兹公式.设 $F(x)$ 是 $f(x)$ 的一个原函数,由复合函数导数知 $F[\varphi(t)]$ 是 $f[\varphi(t)]\varphi'(t)$ 的一个原函数,则

$$\int_a^b f(x)\mathrm{d}x = F(x)\Big|_a^b = F(b)-F(a),$$

$$\int_\alpha^\beta f[\varphi(t)]\varphi'(t)\mathrm{d}t = F[\varphi(t)]\Big|_\alpha^\beta = F[\varphi(\beta)]-F[\varphi(\alpha)] = F(b)-F(a),$$

这就证明了公式(5.10)成立.

注意 与不定积分不同,用 $x=\varphi(t)$ 把原来变量 x 换成新的变量 t,在求出其原函数后不必变回 x,只需将积分限换成相应于新变量 t 的积分限就可以了.

例1 计算下列定积分:

(1) $\int_0^1 \dfrac{x}{1+x^2}\mathrm{d}x$;

(2) $\int_0^8 \dfrac{\mathrm{d}x}{1+\sqrt[3]{x}}$;

(3) $\int_0^4 \dfrac{x+2}{\sqrt{2x+1}}\mathrm{d}x$;

(4) $\int_0^{\ln 2} \sqrt{1-\mathrm{e}^{-2x}}\mathrm{d}x$;

(5) $\int_0^a \sqrt{a^2-x^2}\,dx\ (a>0)$;　　　(6) $\int_1^{\sqrt{3}} \dfrac{1}{x^2\sqrt{1+x^2}}\,dx$.

解 (1) $\int_0^1 \dfrac{x}{1+x^2}\,dx = \dfrac{1}{2}\int_0^1 \dfrac{d(1+x^2)}{1+x^2} = \dfrac{1}{2}\ln(1+x^2)\Big|_0^1 = \dfrac{1}{2}\ln 2$.

(2) 设 $x=t^3$，则 $dx=3t^2\,dt$. 当 $x=0$ 时，$t=0$；当 $x=8$ 时，$t=2$. 于是

$$\int_0^8 \dfrac{dx}{1+\sqrt[3]{x}} = \int_0^2 \dfrac{3t^2}{1+t}\,dt = 3\left(\dfrac{t^2}{2}-t+\ln(1+t)\right)\Big|_0^2 = 3\ln 3.$$

(3) 设 $t=\sqrt{2x+1}$，则 $x=\dfrac{t^2-1}{2}$，$dx=t\,dt$. 当 $x=0$ 时，$t=1$；当 $x=4$ 时，$t=3$. 于是

$$\int_0^4 \dfrac{x+2}{\sqrt{2x+1}}\,dx = \int_1^3 \dfrac{\dfrac{t^2-1}{2}+2}{t}\,t\,dt = \dfrac{1}{2}\int_1^3 (t^2+3)\,dt$$

$$= \dfrac{1}{2}\left(\dfrac{1}{3}t^3+3t\right)\Big|_1^3 = \dfrac{22}{3}.$$

(4) 令 $\sqrt{1-e^{-2x}}=t$，则 $x=-\dfrac{1}{2}\ln(1-t^2)$，$dx=\dfrac{t}{1-t^2}\,dt$. 当 $x=0$ 时，$t=0$；当 $x=\ln 2$ 时，$t=\dfrac{\sqrt{3}}{2}$. 于是

$$\int_0^{\ln 2}\sqrt{1-e^{-2x}}\,dx = \int_0^{\frac{\sqrt{3}}{2}} \dfrac{t^2}{1-t^2}\,dt = \left(-t+\dfrac{1}{2}\ln\left|\dfrac{1+t}{1-t}\right|\right)\Big|_0^{\frac{\sqrt{3}}{2}}$$

$$= \ln(2+\sqrt{3}) - \dfrac{\sqrt{3}}{2}.$$

(5) 令 $x=a\sin t$，则 $dx=a\cos t\,dt$，$\sqrt{a^2-x^2}=a\cos t$. 当 $x=0$ 时，$t=0$；当 $x=a$ 时，$t=\dfrac{\pi}{2}$. 于是

$$\int_0^a \sqrt{a^2-x^2}\,dx = \int_0^{\frac{\pi}{2}} a\cos t\cdot a\cos t\,dt$$

$$= a^2\int_0^{\frac{\pi}{2}} \dfrac{1+\cos 2t}{2}\,dt$$

$$= \dfrac{a^2}{2}\left[t+\dfrac{1}{2}\sin 2t\right]\Big|_0^{\frac{\pi}{2}} = \dfrac{\pi a^2}{4}.$$

注 积分 $\int_0^a \sqrt{a^2-x^2}\,dx\ (a>0)$ 可由定积分几何意义求得. 在区间$[0,a]$上曲线 $y=\sqrt{a^2-x^2}$ 是圆周 $x^2+y^2=a^2$ 的 $\frac{1}{4}$ 部分, 故 $\int_0^a \sqrt{a^2-x^2}\,dx$ 是半径为 a 的圆面积的 $\frac{1}{4}$ 倍, 因此 $\int_0^a \sqrt{a^2-x^2}\,dx = \frac{\pi a^2}{4}$.

(6) 令 $x=\tan t$, 则 $dx=\sec^2 t\,dt$. 当 $x=1$ 时, $t=\frac{\pi}{4}$; 当 $x=\sqrt{3}$ 时, $t=\frac{\pi}{3}$. 于是

$$\int_1^{\sqrt{3}} \frac{1}{x^2\sqrt{1+x^2}}\,dx = \int_{\frac{\pi}{4}}^{\frac{\pi}{3}} \frac{\sec^2 t}{\tan^2 t \sec t}\,dt$$

$$= \int_{\frac{\pi}{4}}^{\frac{\pi}{3}} \frac{\cos t}{\sin^2 t}\,dt = \int_{\frac{\pi}{4}}^{\frac{\pi}{3}} \frac{d\sin t}{\sin^2 t}$$

$$= -\frac{1}{\sin t}\bigg|_{\frac{\pi}{4}}^{\frac{\pi}{3}} = \sqrt{2} - \frac{2}{3}\sqrt{3}.$$

例2 设 $f(x)$ 在 $[-a, a]\ (a>0)$ 上连续, 证明:

$$\int_{-a}^a f(x)\,dx = \int_0^a [f(x)+f(-x)]\,dx,$$

并由此得:

当 $f(x)$ 是奇函数时, $\int_{-a}^a f(x)\,dx = 0$;

当 $f(x)$ 是偶函数时, $\int_{-a}^a f(x)\,dx = 2\int_0^a f(x)\,dx$.

证明 因为 $\int_{-a}^a f(x)\,dx = \int_{-a}^0 f(x)\,dx + \int_0^a f(x)\,dx$, 对积分 $\int_{-a}^0 f(x)\,dx$ 作代换 $x=-t$, 则

$$\int_{-a}^0 f(x)\,dx = -\int_a^0 f(-t)\,dt = \int_0^a f(-t)\,dt$$

$$= \int_0^a f(-x)\,dx,$$

所以

$$\int_{-a}^{a} f(x)\mathrm{d}x = \int_{0}^{a} f(x)\mathrm{d}x + \int_{0}^{a} f(-x)\mathrm{d}x$$

$$= \int_{0}^{a} [f(x) + f(-x)]\mathrm{d}x.$$

(1) 当 $f(x)$ 是奇函数时，$f(x) + f(-x) = 0$，因此 $\int_{-a}^{a} f(x)\mathrm{d}x = 0$；

(2) 当 $f(x)$ 是偶函数时，$f(x) + f(-x) = 2f(x)$，因此

$$\int_{-a}^{a} f(x)\mathrm{d}x = 2\int_{0}^{a} f(x)\mathrm{d}x.$$

利用例 2 的结论，计算奇函数、偶函数在关于原点对称的区间上的定积分时，可使计算更简单.

例如，因为 $\dfrac{|x|\sin x}{(1+x^2)\cos x^3}$ 是奇函数，所以 $\int_{-2}^{2} \dfrac{|x|\sin x}{(1+x^2)\cos x^3}\mathrm{d}x = 0$.

例 3 设 $f(x)$ 是 $(-\infty, +\infty)$ 内的连续函数，且满足：

$$\int_{0}^{x} tf(x-t)\mathrm{d}t = \mathrm{e}^{-2x} + 2x - 1,$$

求 $f(x)$.

解 令 $u = x - t$，则 $x = u + t$，$\mathrm{d}t = -\mathrm{d}u$，且当 $t = 0$ 时，$u = x$；当 $t = x$ 时，$u = 0$. 于是

$$\int_{0}^{x} tf(x-t)\mathrm{d}t = -\int_{x}^{0} (x-u)f(u)\mathrm{d}u$$

$$= \int_{0}^{x} (x-u)f(u)\mathrm{d}u$$

$$= x\int_{0}^{x} f(u)\mathrm{d}u - \int_{0}^{x} uf(u)\mathrm{d}u,$$

即 $x\int_{0}^{x} f(u)\mathrm{d}u - \int_{0}^{x} uf(u)\mathrm{d}u = \mathrm{e}^{-2x} + 2x - 1$. 两边对 x 求导得

$$\int_{0}^{x} f(u)\mathrm{d}u = -2\mathrm{e}^{-2x} + 2,$$

两边再对 x 求导，得

$$f(x) = 4\mathrm{e}^{-2x}.$$

§5.4 定积分的分部积分法

类似于不定积分,对于定积分同样有下面形式的分部积分法.

定理 5.5 设函数 $u(x)$, $v(x)$ 在区间 $[a,b]$ 上有连续导数 $u'(x)$, $v'(x)$,则

$$\int_a^b u(x)v'(x)\mathrm{d}x = u(x)v(x)\Big|_a^b - \int_a^b v(x)u'(x)\mathrm{d}x. \tag{5.11}$$

或简写为 $\int_a^b u\,\mathrm{d}v = uv\Big|_a^b - \int_a^b v\,\mathrm{d}u$. 而(5.11)式称为定积分的分部积分公式.

例1 计算下列定积分:

(1) $\int_1^{\mathrm{e}} \ln x\,\mathrm{d}x$; (2) $\int_0^{\frac{1}{2}} \arcsin x\,\mathrm{d}x$;

(3) $\int_0^4 \mathrm{e}^{\sqrt{x}}\,\mathrm{d}x$; (4) $\int_0^1 x\mathrm{e}^x\,\mathrm{d}x$.

解 (1) $\int_1^{\mathrm{e}} \ln x\,\mathrm{d}x = x\ln x\Big|_1^{\mathrm{e}} - \int_1^{\mathrm{e}} x\,\mathrm{d}\ln x$

$$= \mathrm{e} - \int_1^{\mathrm{e}} x \cdot \frac{1}{x}\mathrm{d}x$$

$$= \mathrm{e} - x\Big|_1^{\mathrm{e}} = 1.$$

(2) $\int_0^{\frac{1}{2}} \arcsin x\,\mathrm{d}x = x\arcsin x\Big|_0^{\frac{1}{2}} - \int_0^{\frac{1}{2}} x\,\mathrm{d}\arcsin x$

$$= \frac{1}{2} \cdot \frac{\pi}{6} - \int_0^{\frac{1}{2}} \frac{x}{\sqrt{1-x^2}}\mathrm{d}x$$

$$= \frac{\pi}{12} + \frac{1}{2}\int_0^{\frac{1}{2}} (1-x^2)^{-\frac{1}{2}}\,\mathrm{d}(1-x^2)$$

$$= \frac{\pi}{12} + (1-x^2)^{\frac{1}{2}}\Big|_0^{\frac{1}{2}} = \frac{\pi}{12} + \frac{\sqrt{3}}{2} - 1.$$

(3) 令 $\sqrt{x} = t$,则 $x = t^2$, $\mathrm{d}x = 2t\,\mathrm{d}t$,且当 $x = 0$ 时,$t = 0$;当 $x = 4$ 时,$t = 2$,故

$$\int_0^4 \mathrm{e}^{\sqrt{x}}\,\mathrm{d}x = \int_0^2 \mathrm{e}^t 2t\,\mathrm{d}t = 2\int_0^2 t\,\mathrm{d}\mathrm{e}^t$$

$$= 2\left(te^t\Big|_0^2 - \int_0^2 e^t dt\right) = 2\left(2e^2 - e^t\Big|_0^2\right)$$

$$= 2(e^2+1).$$

(4) 令 $u = x$, $v' = e^x$, 于是

$$\int_0^1 xe^x dx = \int_0^1 x \cdot d(e^x) = xe^x\Big|_0^1 - \int_0^1 e^x dx$$

$$= xe^x\Big|_0^1 - e^x\Big|_0^1 = e^x(x-1)\Big|_0^1 = 1.$$

§5.5 广 义 积 分

前面讨论的定积分 $\int_a^b f(x)dx$ 是以积分区间有限、被积函数有界为前提的，即在下述条件下讨论的：

(1) 积分区间 $[a, b]$ 有限；
(2) 被积函数 $f(x)$ 在 $[a, b]$ 上有界.

但有一些实际问题需要突破这两条限制. 常常会遇到积分区间为无穷区间，或者被积函数为无界函数的积分，因此，我们对定积分加以推广，引入广义积分的概念.

一、无穷限的广义积分

定义 5.3 设函数 $f(x)$ 在区间 $[a, +\infty)$ 连续，则称 $\int_a^{+\infty} f(x)dx$ 为函数 $f(x)$ 在无穷区间 $[a, +\infty)$ 上的广义积分，取 $b > a$，定义

$$\int_a^{+\infty} f(x)dx = \lim_{b \to +\infty} \int_a^b f(x)dx. \tag{5.12}$$

如果极限 $\lim\limits_{b \to +\infty} \int_a^b f(x)dx$ 存在，则称广义积分 $\int_a^{+\infty} f(x)dx$ 收敛；如果极限 $\lim\limits_{b \to +\infty} \int_a^b f(x)dx$ 不存在，则称广义积分 $\int_a^{+\infty} f(x)dx$ 发散，此时 $\int_a^{+\infty} f(x)dx$ 只是一个符号，无数值意义了.

类似地，我们可以定义函数 $f(x)$ 在区间 $(-\infty, b]$, $(-\infty, +\infty)$ 的广义积分：

$$\int_{-\infty}^{b} f(x)\mathrm{d}x = \lim_{a\to-\infty} \int_{a}^{b} f(x)\mathrm{d}x. \tag{5.13}$$

$$\int_{-\infty}^{+\infty} f(x)\mathrm{d}x = \int_{-\infty}^{c} f(x)\mathrm{d}x + \int_{c}^{+\infty} f(x)\mathrm{d}x$$

$$= \lim_{a\to-\infty} \int_{a}^{c} f(x)\mathrm{d}x + \lim_{b\to+\infty} \int_{c}^{b} f(x)\mathrm{d}x. \tag{5.14}$$

若(5.13)式右边极限存在,则称广义积分 $\int_{-\infty}^{b} f(x)\mathrm{d}x$ 收敛;否则,则称广义积分 $\int_{-\infty}^{b} f(x)\mathrm{d}x$ 发散.

若(5.14)式右边两个广义积分都收敛,这时称广义积分 $\int_{-\infty}^{+\infty} f(x)\mathrm{d}x$ 收敛;只要右边有一个发散,则称广义积分 $\int_{-\infty}^{+\infty} f(x)\mathrm{d}x$ 发散.

上述广义积分统称为无穷限广义积分.

在计算广义积分时,为书写简便,通常将 $\lim\limits_{b\to+\infty}\left[F(x)\Big|_{a}^{b}\right]$ 简记为 $F(x)\Big|_{a}^{+\infty}$,其中 $F(+\infty)$ 应为 $\lim\limits_{x\to+\infty} F(x)$,即

$$\int_{a}^{+\infty} f(x)\mathrm{d}x = F(x)\Big|_{a}^{+\infty} = \lim_{x\to+\infty} F(x) - F(a).$$

类似地,$F(-\infty) = \lim\limits_{x\to-\infty} F(x)$,在这些记号下,定积分的计算方法都可以平行移植而用.

例1 计算下列广义积分:

(1) $\int_{1}^{+\infty} \dfrac{1}{x^2}\mathrm{d}x$; (2) $\int_{-\infty}^{+\infty} \dfrac{1}{1+x^2}\mathrm{d}x$;

(3) $\int_{0}^{+\infty} \mathrm{e}^{-x}\mathrm{d}x$; (4) $\int_{0}^{+\infty} \sin x\,\mathrm{d}x$.

解 (1) $\int_{1}^{+\infty} \dfrac{1}{x^2}\mathrm{d}x = -\dfrac{1}{x}\Big|_{1}^{+\infty} = -\left(\lim\limits_{x\to+\infty}\dfrac{1}{x} - 1\right) = 1.$

(2) $\int_{-\infty}^{+\infty} \dfrac{1}{1+x^2}\mathrm{d}x = \int_{-\infty}^{0} \dfrac{1}{1+x^2}\mathrm{d}x + \int_{0}^{+\infty} \dfrac{1}{1+x^2}\mathrm{d}x$

$= \arctan x\Big|_{-\infty}^{0} + \arctan x\Big|_{0}^{+\infty}$

$= (\arctan 0 - \lim\limits_{x\to-\infty} \arctan x) + (\lim\limits_{x\to+\infty} \arctan x - \arctan 0)$

$= \pi.$

(3) $\int_0^{+\infty} e^{-x} dx = -e^{-x} \Big|_0^{+\infty} = 1.$

(4) $\int_0^{+\infty} \sin x dx = -\cos x \Big|_0^{+\infty} = \lim_{b \to +\infty}(1-\cos b).$

因为 $\lim_{b \to +\infty}(1-\cos b)$ 不存在,所以广义积分 $\int_0^{+\infty} \sin x dx$ 发散.

例 2 计算下列广义积分:

(1) $\int_{-\infty}^0 \dfrac{e^x}{1+e^{2x}} dx;$ (2) $\int_0^{+\infty} x e^{-x} dx.$

解 (1) $\int_{-\infty}^0 \dfrac{e^x}{1+e^{2x}} dx = \int_{-\infty}^0 \dfrac{d e^x}{1+e^{2x}} = \arctan e^x \Big|_{-\infty}^0$

$= \arctan e^0 - \lim_{x \to -\infty} \arctan e^x = \dfrac{\pi}{4}.$

(2) $\int_0^{+\infty} x e^{-x} dx = -\int_0^{+\infty} x d e^{-x} = -\left(x e^{-x} \Big|_0^{+\infty} - \int_0^{+\infty} e^{-x} dx \right)$

$= -\left[\left(\lim_{x \to +\infty} x e^{-x} - 0 \right) + e^{-x} \Big|_0^{+\infty} \right]$

$= -\left(\lim_{x \to +\infty} e^{-x} - e^0 \right) = 1,$

其中 $\lim_{x \to +\infty} x e^{-x} = \lim_{x \to +\infty} \dfrac{x}{e^x} = 0.$

例 3 证明广义积分 $\int_a^{+\infty} \dfrac{1}{x^p} dx \ (a>0)$,当 $p>1$ 时收敛;当 $p \leqslant 1$ 时发散.

证明 当 $p=1$ 时,$\int_a^{+\infty} \dfrac{1}{x^p} dx = \int_a^{+\infty} \dfrac{1}{x} dx = \ln x \Big|_a^{+\infty}$

$= \lim_{x \to +\infty} \ln x - \ln a = +\infty;$

当 $p \neq 1$ 时,

$\int_a^{+\infty} \dfrac{1}{x^p} dx = \dfrac{1}{1-p} x^{1-p} \Big|_a^{+\infty} = \begin{cases} +\infty, & p<1, \\ \dfrac{1}{p-1} a^{1-p}, & p>1. \end{cases}$

因此,当 $p>1$ 时,广义积分 $\int_a^{+\infty} \dfrac{1}{x^p} dx$ 收敛,其值为 $\dfrac{1}{p-1} a^{1-p}$;当 $p \leqslant 1$ 时,广义积分 $\int_a^{+\infty} \dfrac{1}{x^p} dx$ 发散.

特别,取 $a=1$,广义积分 $\int_1^{+\infty} \dfrac{1}{x^p} dx$ 当 $p>1$ 时收敛;当 $p \leqslant 1$ 时发散.

二、无界函数的广义积分

如果函数 $f(x)$ 在点 a 的任一邻域内都无界,那么点 a 称为函数 $f(x)$ 的瑕点. 无界函数的广义积分又称瑕积分.

定义 5.4 设函数 $f(x)$ 在区间 $(a,b]$ 连续,则称 $\int_a^b f(x)\mathrm{d}x$ 为函数 $f(x)$ 在区间 $(a,b]$ 上的广义积分.

取 $\varepsilon > 0$, 若极限

$$\lim_{\varepsilon \to 0^+} \int_{a+\varepsilon}^b f(x)\mathrm{d}x$$

存在, 则称广义积分 $\int_a^b f(x)\mathrm{d}x$ 收敛, 并记

$$\int_a^b f(x)\mathrm{d}x = \lim_{\varepsilon \to 0^+} \int_{a+\varepsilon}^b f(x)\mathrm{d}x; \tag{5.15}$$

若极限 $\lim\limits_{\varepsilon \to 0^+} \int_{a+\varepsilon}^b f(x)\mathrm{d}x$ 不存在, 则称广义积分 $\int_a^b f(x)\mathrm{d}x$ 发散.

类似地, 设函数 $f(x)$ 在区间 $[a,b)$ 连续, 若极限

$$\lim_{\varepsilon \to 0^+} \int_a^{b-\varepsilon} f(x)\mathrm{d}x$$

存在, 则称广义积分 $\int_a^b f(x)\mathrm{d}x$ 收敛, 并记

$$\int_a^b f(x)\mathrm{d}x = \lim_{\varepsilon \to 0^+} \int_a^{b-\varepsilon} f(x)\mathrm{d}x; \tag{5.16}$$

若极限 $\lim\limits_{\varepsilon \to 0^+} \int_a^{b-\varepsilon} f(x)\mathrm{d}x$ 不存在, 则称广义积分 $\int_a^b f(x)\mathrm{d}x$ 发散.

设函数 $f(x)$ 在区间 $[a,c) \cup (c,b]$ 连续, 点 c 为函数 $f(x)$ 的瑕点, 如果 $\int_a^c f(x)\mathrm{d}x$ 和 $\int_c^b f(x)\mathrm{d}x$ 都收敛, 那么定义

$$\int_a^b f(x)\mathrm{d}x = \int_a^c f(x)\mathrm{d}x + \int_c^b f(x)\mathrm{d}x$$

$$= \lim_{\varepsilon_1 \to 0^+} \int_a^{c-\varepsilon_1} f(x)\mathrm{d}x + \lim_{\varepsilon_2 \to 0^+} \int_{c+\varepsilon_2}^b f(x)\mathrm{d}x. \tag{5.17}$$

若 (5.17) 式右边两个广义积分都收敛, 则称广义积分 $\int_a^b f(x)\mathrm{d}x$ 收敛; 否

则,只要右边有一个发散,则称广义积分 $\int_a^b f(x)dx$ 发散.

若将 $\lim\limits_{\varepsilon \to 0^+} F(x)\Big|_{a+\varepsilon}^b$ 记为 $F(x)\Big|_a^b$,其中 $F(a)$ 理解为 $\lim\limits_{x \to a^+} F(x)$,即

$$\int_a^b f(x)dx = F(x)\Big|_a^b = F(b) - \lim_{x \to a^+} F(x).$$

这样,定积分的计算方法都可以平行移植而用.

例 4 计算下列广义积分:

(1) $\int_0^1 \ln x \, dx$; (2) $\int_0^1 \dfrac{dx}{\sqrt{1-x^2}}$.

解 (1) 因为 $\lim\limits_{x \to 0^+} \ln x = \infty$,即在 $x=0$ 的右邻域内被积函数无界,所以这是广义积分,于是

$$\int_0^1 \ln x \, dx = x \ln x \Big|_0^1 - \int_0^1 x \, d\ln x$$

$$= \left(0 - \lim_{x \to 0^+} x \ln x\right) - \int_0^1 x \cdot \frac{1}{x} dx$$

$$= -x \Big|_0^1 = -1.$$

(2) 因为 $\lim\limits_{x \to 1^-} \dfrac{1}{\sqrt{1-x^2}} = \infty$,即在 $x=1$ 左邻域内被积函数无界,所以这是广义积分,于是

$$\int_0^1 \frac{dx}{\sqrt{1-x^2}} = \arcsin x \Big|_0^1$$

$$= \arcsin 1.$$

例 5 考察广义积分 $\int_{-1}^1 \dfrac{1}{x^2} dx$ 的敛散性.

解 因为 $\lim\limits_{x \to 0} \dfrac{1}{x^2} = \infty$,即在 $x=0$ 的邻域内无界,所以

$$\int_{-1}^1 \frac{1}{x^2} dx = \int_{-1}^0 \frac{1}{x^2} dx + \int_0^1 \frac{1}{x^2} dx.$$

由于

$$\int_{-1}^0 \frac{1}{x^2} dx = -\frac{1}{x}\Big|_{-1}^0 = -\left[\lim_{x \to 0^-} \frac{1}{x} - (-1)\right] = \infty,$$

即广义积分 $\int_{-1}^{0} \frac{1}{x^2} dx$ 发散,故广义积分 $\int_{-1}^{1} \frac{1}{x^2} dx$ 发散.

注意 如果疏忽了被积函数在 $x=0$ 的邻域内无界,就会得到以下错误的结果:
$$\int_{-1}^{1} \frac{1}{x^2} dx = -\frac{1}{x} \Big|_{-1}^{1} = -2.$$

例6 证明当 $q<1$ 时广义积分 $\int_{0}^{a} \frac{1}{x^q} dx\,(a>0)$ 收敛;当 $q \geqslant 1$ 时,广义积分 $\int_{0}^{a} \frac{1}{x^q} dx\,(a>0)$ 发散.

证明 当 $q=1$ 时,$\int_{0}^{a} \frac{1}{x^q} dx = \int_{0}^{a} \frac{1}{x} dx = \ln x \Big|_{0}^{a}$
$$= \ln a - \lim_{x \to 0^+} \ln x = \infty;$$

当 $q \neq 1$ 时,
$$\int_{0}^{a} \frac{1}{x^q} dx = \frac{1}{1-q} x^{1-q} \Big|_{0}^{a} = \begin{cases} \infty, & q>1, \\ \frac{1}{1-q} a^{1-q}, & q<1. \end{cases}$$

因此,当 $q<1$ 时,广义积分 $\int_{0}^{a} \frac{1}{x^q} dx$ 收敛,其值为 $\frac{1}{1-q} a^{1-q}$;当 $q \geqslant 1$ 时,广义积分 $\int_{0}^{a} \frac{1}{x^q} dx$ 发散.

三、Γ-函数

定义 5.5 广义积分 $\int_{0}^{+\infty} x^{\alpha-1} e^{-x} dx\,(\alpha>0)$ 作为参变量 α 的函数称为 Γ-函数.记作
$$\Gamma(\alpha) = \int_{0}^{+\infty} x^{\alpha-1} e^{-x} dx,$$

通过计算可知 $\Gamma(\alpha)$ 的定义域为 $\alpha>0$.

Γ-函数是概率论中的一个重要函数,下面我们介绍 Γ-函数的一些基本性质.

性质 5.8 (1) 递推公式 $\Gamma(\alpha+1) = \alpha \Gamma(\alpha)$;

(2) $\Gamma(1) = 1$;

(3) $\Gamma(n+1) = n!$ (n 为自然数).

证明 由分部积分公式得

(1) $\Gamma(\alpha+1) = \int_0^{+\infty} x^\alpha e^{-x} dx = -\int_0^{+\infty} x^\alpha d e^{-x}$

$= -\left(x^\alpha e^{-x} \Big|_0^{+\infty} - \int_0^{+\infty} e^{-x} \alpha x^{\alpha-1} dx \right)$

$= \alpha \int_0^{+\infty} x^{\alpha-1} e^{-x} dx = \alpha \Gamma(\alpha).$

(2) $\Gamma(1) = \int_0^{+\infty} e^{-x} dx = -e^{-x} \Big|_0^{+\infty} = 1.$

(3) 当 α 为自然数时,得

$\Gamma(n+1) = n\Gamma(n) = n \cdot (n-1) \cdot \cdots \cdot 2 \cdot 1 \cdot \Gamma(1) = n!.$

例 7 利用 Γ-函数计算下列各值:

(1) $\dfrac{\Gamma(6)}{2\Gamma(3)}$;

(2) $\dfrac{\Gamma\left(\dfrac{7}{2}\right)}{\Gamma\left(\dfrac{1}{2}\right)}.$

解 (1) 原式 $= \dfrac{5!}{2 \cdot 2!} = 30.$

(2) 原式 $= \dfrac{\dfrac{5}{2} \cdot \dfrac{3}{2} \cdot \dfrac{1}{2} \Gamma\left(\dfrac{1}{2}\right)}{\Gamma\left(\dfrac{1}{2}\right)} = \dfrac{15}{8}.$

例 8 利用 Γ-函数计算下列积分:

(1) $\int_0^{+\infty} x^4 e^{-x} dx$;

(2) $\dfrac{1}{\Gamma\left(\dfrac{1}{2}\right)} \int_0^{+\infty} e^{-2x} x^{\frac{1}{2}} dx.$

解 (1) 原式 $= \Gamma(5) = 4!.$

(2) 令 $t = 2x$, 则

$\int_0^{+\infty} e^{-2x} x^{\frac{1}{2}} dx = \int_0^{+\infty} e^{-t} \left(\dfrac{t}{2}\right)^{\frac{1}{2}} \dfrac{1}{2} dt = \dfrac{\sqrt{2}}{4} \int_0^{+\infty} t^{\frac{1}{2}} e^{-t} dt$

$= \dfrac{\sqrt{2}}{4} \Gamma\left(\dfrac{3}{2}\right) = \dfrac{\sqrt{2}}{8} \Gamma\left(\dfrac{1}{2}\right),$

故原式 $= \dfrac{\sqrt{2}}{8}.$

§5.6 定积分的几何应用

一、平面图形的面积

我们由定积分的定义已经知道,由曲线 $y=f(x)$ ($f(x) \geqslant 0$) 及直线 $x=a$, $x=b$ ($a<b$) 与 x 轴所围成的曲边梯形的面积 A 为

$$A=\int_a^b f(x)\mathrm{d}x. \tag{5.18}$$

下面我们来讨论如何用定积分求平面图形的面积.

情形 1 由直线 $x=a$, $x=b$ 及上边界连续曲线 $y=f_2(x)$,下边界连续曲线 $y=f_1(x)$ 所围平面图形的面积,如图 5.5 所示.所求的面积为

$$A=\int_a^b [f_2(x)-f_1(x)]\mathrm{d}x. \tag{5.19}$$

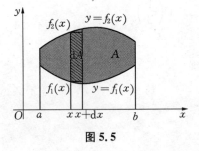

图 5.5

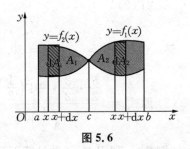

图 5.6

情形 2 由直线 $x=a$, $x=b$ 及连续曲线 $y=f_1(x)$,连续曲线 $y=f_2(x)$ 所围平面图形的面积,如图 5.6 所示.所求的面积为

$$A=\int_a^c (f_2(x)-f_1(x))\mathrm{d}x+\int_c^b (f_1(x)-f_2(x))\mathrm{d}x. \tag{5.20}$$

一般应为

$$A=\int_a^b |f_1(x)-f_2(x)|\mathrm{d}x.$$

情形 3 由直线 $y=c$, $y=d$ 及连续曲线 $x=\varphi_1(y)$,连续曲线 $x=\varphi_2(y)$ 所围平面图形的面积为

$$A=\int_c^d |\varphi_2(x)-\varphi_1(x)|\mathrm{d}y. \tag{5.21}$$

例 1 求由曲线 $y = x^2$ 及直线 $y^2 = x$ 所围平面图形的面积.

解 由 $y = x^2$ 和 $y^2 = x$ 得两曲线的交点为 $(0,0)$,$(1,1)$,如图 5.7 所示,故所求的面积为

$$A = \int_0^1 (\sqrt{x} - x^2) dx = \left[\frac{2}{3} x^{\frac{3}{2}} - \frac{1}{3} x^3 \right] \Big|_0^1 = \frac{1}{3}.$$

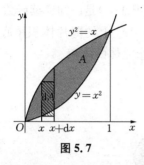

图 5.7

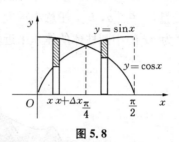

图 5.8

例 2 如图 5.8 所示,求由曲线 $y = \sin x$,$y = \cos x$ 及由直线 $x = 0$,$x = \frac{\pi}{2}$ 所围平面图形的面积.

解 曲线 $y = \sin x$ 和 $y = \cos x$ 的交点为 $\left(\frac{\pi}{4}, \frac{\sqrt{2}}{2} \right)$,故

$$A = \int_0^{\frac{\pi}{2}} |\sin x - \cos x| dx = \int_0^{\frac{\pi}{4}} (\cos x - \sin x) dx + \int_{\frac{\pi}{4}}^{\frac{\pi}{2}} (\sin x - \cos x) dx$$

$$= (\sin x + \cos x) \Big|_0^{\frac{\pi}{4}} + (-\cos x - \sin x) \Big|_{\frac{\pi}{4}}^{\frac{\pi}{2}}$$

$$= 2(\sqrt{2} - 1).$$

例 3 如图 5.9 所示,求由曲线 $2y^2 = x + 4$ 及 $y^2 = x$ 所围平面图形的面积.

解 曲线 $2y^2 = x + 4$ 及 $y^2 = x$ 两曲线的交点为 $(4,2)$,$(4,-2)$,故

$$A = \int_{-2}^{2} [y^2 - (2y^2 - 4)] dy$$

$$= 2 \int_0^2 (4 - y^2) dy$$

$$= 2 \left(4y - \frac{1}{3} y^3 \right) \Big|_0^2 = \frac{32}{3}.$$

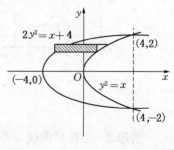

图 5.9

二、立体的体积

用定积分计算立体的体积,我们只考虑下面两种简单情形,对一般立体体积的计算,将在二重积分中讨论.

1. 已知平行截面面积的立体体积

设空间某立体(如图 5.10 所示),在垂直于 x 轴的两平面 $x=a$, $x=b$ 之间且过任意点 $x(a\leqslant x\leqslant b)$ 垂直于 x 轴的截面面积 $A(x)$ 是已知连续函数,则取 x 为积分变量, $x\in[a,b]$,任意小区间 $[x,x+\mathrm{d}x]$ 上的薄片体积用底面积为 $A(x)$,高为 $\mathrm{d}x$ 的小圆柱体的体积来近似,故所求立体的体积

$$V=\int_a^b A(x)\mathrm{d}x. \tag{5.22}$$

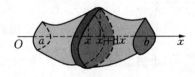

图 5.10

2. 旋转体的体积

旋转体是一类特殊的平行截面面积已知的立体. 下面我们讨论几种情形下的旋转体的体积计算公式.

情形 1 由连续曲线 $y=f(x)\geqslant 0$ 及 $x=a$, $x=b$, x 轴所围平面图形绕 x 轴旋转一周所得旋转体(如图 5.11)所示的体积,所求旋转体的体积为

$$V_x=\pi\int_a^b f^2(x)\mathrm{d}x. \tag{5.23}$$

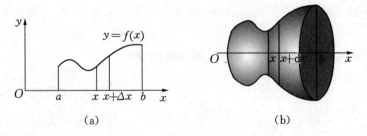

图 5.11

情形 2 由连续曲线 $x=\varphi(y)\geqslant 0$ 及 $y=c$, $y=d$, y 轴所围平面图形绕 y 轴旋转一周所得旋转体的体积.

$$V_y = \pi \int_c^d \varphi^2(y)\,dy. \tag{5.24}$$

例 4 求 $y = e^x$ 及 $y = e^x$ 在$(1, 0)$处的切线与 y 轴围成图形分别绕 x 轴及 y 轴旋转一周所得立体的体积.

解 $y = e^x$ 在$(1, 0)$处切线的斜率为

$$y'(1) = e^x \big|_{x=1} = e,$$

切线方程为

$$y - e = e(x - 1), \text{ 即 } y = ex,$$

如图 5.12 所示. 由公式(5.23)可得

$$V_x = \pi \int_0^1 [(e^x)^2 - (ex)^2]\,dx$$

$$= \pi \int_0^1 (e^{2x} - e^2 x^2)\,dx$$

$$= \pi \left(\frac{1}{2} e^{2x} - \frac{e^2}{3} x^3 \right) \bigg|_0^1 = \left(\frac{e^2}{6} - \frac{1}{2} \right) \pi.$$

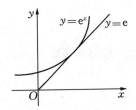

图 5.12

由公式(5.24)可得

$$V_y = \pi \left\{ \int_0^1 \left(\frac{y}{e} \right)^2 dy + \int_1^e \left[\left(\frac{y}{e} \right)^2 - (\ln y)^2 \right] dy \right\}$$

$$= \pi \left\{ \frac{1}{3e^2} y^3 \bigg|_0^1 + \frac{1}{3e^2} y^3 \bigg|_1^e - \left[y(\ln y)^2 \bigg|_1^e - \int_1^e y\,d(\ln y)^2 \right] \right\}$$

$$= \pi \left(-\frac{2e}{3} + 2\int_1^e \ln y\,dy \right) = -\frac{2e\pi}{3} + 2\pi \left(y\ln y \bigg|_1^e - \int_1^e y\,d\ln y \right)$$

$$= -\frac{2e\pi}{3} + 2\pi (e - y \big|_1^e) = 2\pi \left(-\frac{e}{3} + 1 \right).$$

§5.7 定积分在经济上的应用

在第三章中介绍了导数的经济应用——边际函数. 对于已知经济函数 $F(x)$（如总成本函数 $C(x)$、总收入函数 $R(x)$ 和利润函数 $L(x)$ 等），它的边际函数就

是它的导函数 $F'(x)$. 由于积分是微分的逆运算,因此定积分在经济中也有许多应用.

一、由边际函数求总函数

设固定成本为 C_0,边际成本为 $C'(Q)$,边际收益为 $R'(Q)$,其中 Q 为产量＝需求量＝销量,则

总成本函数

$$C(Q) = \int_0^Q C'(t)\mathrm{d}t + C_0;$$

总收益函数

$$R(Q) = \int_0^Q R'(t)\mathrm{d}t;$$

总利润函数

$$L(Q) = \int_0^Q [R'(t) - C'(t)]\mathrm{d}t - C_0.$$

例1 若一企业生产某产品的边际成本是产量 x 的函数

$$C'(x) = 2\mathrm{e}^{0.2x},$$

固定成本 $C_0 = 90$,求总成本函数.

解

$$C(x) = \int_0^x C'(t)\mathrm{d}t + C_0$$

$$= \int_0^x 2\mathrm{e}^{0.2t}\mathrm{d}t + 90 = \frac{2}{0.2}(\mathrm{e}^{0.2x} - 1) + 90,$$

于是,所求总成本函数为

$$C(x) = 10\mathrm{e}^{0.2x} + 80.$$

例2 设生产某产品 x 单位时的边际收入为 $R'(x) = 100 - 2x$(元/单位),求生产 40 单位时的总收入及平均收入,并求再增加生产 10 单位时所增加的总收入.

解 利用积分上限函数的表示式,可直接求出

$$R(40) = \int_0^{40}(100 - 2x)\mathrm{d}x = (100x - x^2)\Big|_0^{40} = 2\,400(元),$$

平均收入是
$$\frac{R(40)}{40} = \frac{2\,400}{40} = 60(元).$$

在生产 40 个单位后再生产 10 个单位所增加的总收入可由增量公式求得：
$$\Delta R = R(50) - R(40) = \int_{40}^{50} R'(q)\,dq = (100q - q^2)\Big|_{40}^{50} = 100(元).$$

例 3 已知某产品的边际收入 $R'(x) = 25 - 2x$，边际成本 $C'(x) = 13 - 4x$，固定成本 $C_0 = 10$，求当 $x = 5$ 时的毛利和纯利（毛利是包含固定成本的利润，而纯利即不包含固定成本的利润）.

解 由边际利润的表达式,有
$$L'(x) = R'(x) - C'(x) = (25 - 2x) - (13 - 4x) = 12 + 2x,$$

从而,可求得当 $x = 5$ 时的毛利为
$$\int_0^5 L'(t)\,dt = \int_0^5 (12 + 2t)\,dt = (12t + t^2)\Big|_0^5 = 85;$$

当 $x = 5$ 时的纯利为
$$L(5) = \int_0^5 L'(t)\,dt - C_0 = 85 - 10 = 75.$$

二、资金现值与投资问题

设现有资金 A 元,若按年利率为 r 作连续复利计算,则 t 年末的本利和为 Ae^{rt}，称之为 A 元资金在 t 年末的终值；反之,若 t 年末要得到资金 A 元,则现在需要 Ae^{-rt} 的资金投入,称之为 t 年末的资金 A 元的现值,即贴现值. 由此我们可以将不同时期的资金转化为同一时期的资金进行比较,这在经济管理中十分重要.

如果收入或支出是连续发生的,我们称之为收入流或支出流. 若将 t 时刻单位时间的收入（支出）记为 $f(t)$，称之为收入（支出）率. 当 $f(t) \equiv a$ 时称之为均匀收入流或均匀支出流.

设某企业在时间段 $[0, T]$ 上的收入（支出）率为 $f(t)$（连续函数）,按年利率为 r 的连续复利计算,求该时间段总收入（支出）的现值和终值.

用微元法,任取小区间 $[t, t+dt]$，该时间段的总收入（支出）近似为 $f(t)dt$，其现值为 $f(t)e^{-rt}dt$，所以 $[0, T]$ 上总收入（支出）的现值为

$$M = \int_0^T f(t) e^{-rt} dt.$$

因为 $[t, t+dt]$ 时间段的总收入(支出)在后面 $T-t$ 时间段收入(支出),其终值为 $f(t)e^{(T-t)r}dt$,所以 $[0, T]$ 上总收入(支出)的终值为

$$N = \int_0^T f(t) e^{(T-t)r} dt.$$

例 4 设有一辆轿车,售价 14 万元,现某人分期支付购买,准备 20 年付清,按年利率 0.05 的连续复利计息,问每年应支付多少元?

解 设每年付款数相同为 a 万元,$T=20$,全部付款的总现值(总贴现值)$M=14$ 万元,$r=0.05$,于是,由

$$14 = \int_0^{20} a e^{-0.05t} dt,$$

得 $a \approx 1.1006$ 万元,即每年应付款 11 006 元.

例 5 有一个大型投资项目,投资成本为 $A = 10\,000$(万元),投资年利率为 5%,每年的均匀收入率 $a = 2\,000$(万元),求该投资为无限期时的纯收入的贴现值(或称为投资的资本价值).

解 由题设条件可知,收入率 $a = 2\,000$(万元),年利率 $r = 5\%$,故无限期投资的总收入的贴现值为

$$y = \int_0^{+\infty} a e^{-rt} dt = \int_0^{+\infty} 2\,000 e^{-0.05t} dt = \lim_{b \to +\infty} \int_0^b 2\,000 e^{-0.05t} dt$$

$$= \lim_{b \to +\infty} \frac{2\,000}{0.05} [1 - e^{-0.05b}] = 2\,000 \times \frac{1}{0.05} = 40\,000 (万元),$$

从而投资为无限期时的纯收入贴现值为

$$R = y - A = 40\,000 - 10\,000 = 30\,000 (万元) = 3 (亿元).$$

即投资为无限期时的纯收入的贴现值为 3 亿元.

数学家简介

牛 顿

牛顿(Isaac Newton, 1642—1727),1642 年,出生于英格兰.出生时只有 3 磅重,亲人们都担心他能否活下来.谁也没有料到这个看起来微不足道的小东西

会成为一位震古烁今的科学巨人,并且竟活到了 85 岁的高龄.

1. 伟大的成就——建立微积分

在牛顿的全部科学贡献中,数学成就占有突出的地位.他数学生涯中的第一项创造性成果就是发现了二项式定理.

微积分的创立是牛顿最卓越的数学成就.牛顿为解决运动问题,才创立这种和物理概念直接联系的数学理论的,牛顿称之为"流数术".它所处理的一些具体问题,如切线问题、求积问题、瞬时速度问题以及函数的极大值和极小值问题等,前人们已经研究.但牛顿超越了前人,他站得更高,对以往分散的努力加以综合,将自古希腊以来求解无限小问题的各种技巧统一为两类普通的算法——微分和积分,并确立了这两类运算的互逆关系,从而完成了微积分发明中最关键的一步,为近代科学发展提供了最有效的工具,开辟了数学上的一个新纪元.

牛顿没有及时发表微积分的研究成果,他研究微积分可能比莱布尼兹早一些,但是莱布尼兹所采取的表达形式更加合理,而且关于微积分的著作出版时间也比牛顿早.

在牛顿和莱布尼兹之间,为争论谁是这门学科的创立者,竟然引起了一场轩然大波,这种争吵在各自的学生、支持者和数学家中持续了相当长的一段时间,造成了欧洲大陆的数学家和英国数学家的长期对立.应该说,一门科学的创立决不是某一个人的业绩,它必定是经过许多人的努力后,在积累了大量成果的基础上,最后由某个人或几个人总结完成的.微积分也是这样,是牛顿和莱布尼兹在前人的基础上各自独立地建立起来的.

1707 年,牛顿的代数讲义经整理后出版,定名为《普遍算术》.牛顿对解析几何与综合几何都有贡献.他的数学工作还涉及数值分析、概率论和初等数论等众多领域.

2. 对光学的 3 大贡献

牛顿发现了白光是由各种不同颜色的光组成的,这是第一大贡献.

公元 1668 年,他制成了第一架反射望远镜样机,这是第二大贡献.反射望远镜的发明奠定了现代大型光学天文望远镜的基础.

牛顿还提出了光的"微粒说",这是第三大贡献.他的"微粒说"与后来惠更斯的"波动说"构成了关于光的两大基本理论.

3. 伟大的成就——构筑力学大厦

牛顿是经典力学理论的集大成者.他系统地总结了伽利略、开普勒和惠更斯等人的工作,得到了著名的万有引力定律和牛顿运动三定律.

牛顿自己回忆,1666年前后,他在老家居住的时候已经考虑过万有引力的问题.最有名的一个说法是:在假期里,牛顿常常在花园里小坐片刻.有一次,像以往屡次发生的那样,一个苹果从树上掉了下来……

一个苹果的偶然落地,却是人类思想史的一个转折点,它使那个坐在花园里的人的头脑开了窍,引起他的沉思:究竟是什么原因使一切物体都受到差不多总是朝向地心的吸引呢? 牛顿思索着.终于,他发现了对人类具有划时代意义的万有引力.

1686年底,牛顿写成划时代的伟大著作《自然哲学的数学原理》一书.牛顿在这部书中,从力学的基本概念(质量、动量、惯性、力)和基本定律(运动学三定律)出发,运用他所发明的微积分这一锐利的数学工具,不但从数学上论证了万有引力定律,而且把经典力学确立为完整而严密的体系,把天体力学和地面上的物体力学统一起来,实现了物理学史上第一次大的综合.

4. 站在巨人的肩上

牛顿在临终前对自己的生活道路是这样总结的:"我不知道在别人看来,我是什么样的人;但在我自己看来,我不过就像一个在海滨玩耍的小孩,为不时发现比寻常更为光滑的一块卵石或比寻常更为美丽的一片贝壳而沾沾自喜,而对于展现在我面前的浩瀚的真理的海洋,却全然没有发现."

1727年3月20日,伟大的艾萨克·牛顿逝世.他的墓碑上镌刻着:

让人们欢呼这样一位多么伟大的人类荣耀曾经在世界上存在.

习 题 五

(A)

1. 利用定积分的几何意义,说明下列等式成立:

(1) $\int_0^2 (x+1)dx = 4$;

(2) $\int_0^1 \sqrt{1-x^2} dx = \dfrac{\pi}{4}$;

(3) $\int_{-\pi}^{\pi} \sin x dx = 0$;

(4) $\int_{-\frac{\pi}{2}}^{\frac{\pi}{2}} \cos x dx = 2\int_0^{\frac{\pi}{2}} \cos x dx$.

2. 不计算积分,比较下列各组积分值的大小:

(1) $\int_0^1 x dx$ 与 $\int_0^1 x^2 dx$;

(2) $\int_1^2 x dx$ 与 $\int_1^2 x^2 dx$;

(3) $\int_1^2 \dfrac{1}{x} dx$ 与 $\int_1^2 \dfrac{1}{x^2} dx$;

(4) $\int_0^{\frac{\pi}{2}} x dx$ 与 $\int_0^{\frac{\pi}{2}} \sin x dx$;

(5) $\int_0^1 e^x dx$ 与 $\int_0^1 (1+x) dx$;

(6) $\int_{-\frac{\pi}{2}}^0 \sin x dx$ 与 $\int_0^{\frac{\pi}{2}} \sin x dx$.

3. 利用定积分性质估计下列积分值：

(1) $\int_0^1 e^x dx$；

(2) $\int_1^2 (2x^3 - x^4) dx$；

(3) $\int_4^3 (6x - x^2) dx$；

(4) $\int_1^4 e^{x^2-4x} dx$；

(5) $\int_{\frac{\pi}{4}}^{\frac{5\pi}{4}} (1 + \sin^2 x) dx$；

(6) $\int_0^{\frac{\pi}{2}} \frac{\sin x}{x} dx$.

4. 求下列函数的导数：

(1) $F(x) = \int_0^x \sqrt{1+t} \, dt$；

(2) $\frac{d}{dx} \int_1^{x^2} t \arctan t \, dt$；

(3) $F(x) = \int_x^{-1} t e^{-t} dt$；

(4) $F(x) = \int_0^{x^2} \frac{1}{\sqrt{1+t^4}} dt$；

(5) $\frac{d}{dx} \int_{x^2}^{x^3} \frac{1}{\sqrt{1+t^4}} dt$；

(6) $\frac{d}{dx} \int_0^x (t^3 - x^3) \sin t \, dt$.

5. 若 $f(x)$ 在 $[a, b]$ 上连续，$F(x) = \int_a^x f(t)(x-t) dt$，证明：
$$F''(x) = f(x).$$

6. 设 $f(x) = \int_2^x \ln t \, dt$，求 $f^{(n)}(x)$.

7. 当 x 为何值时，函数 $f(x) = \int_0^x t e^{-t^2} dt$ 有极值？并求此极值.

8. 设 $f(x)$ 为连续函数，且存在常数 a，满足 $\int_a^{x^3} f(t) dt = x^5 + 1$，求 $f(x)$ 及常数 a.

9. 求函数 $F(x) = \int_0^x t(t-4) dt$ 在 $[-1, 5]$ 上的最大值与最小值.

10. 求 c 的值，使 $\lim\limits_{x \to +\infty} \left(\frac{x+c}{x-c}\right)^x = \int_{-\infty}^c t e^{2t} dt$.

11. 求 c 的值，使 $\int_0^1 (x^2 + cx + c)^2 dx$ 最小.

12. 设函数 $f(x)$ 在 $[0, 1]$ 上连续，且 $f(x) < 1$，求证：函数 $F(x) = 2x - \int_0^x f(t) dt - 1$ 在 $(0, 1)$ 内有且仅有一个零点.

13. 求下列极限：

(1) $\lim\limits_{x \to 0} \dfrac{\int_0^x \cos^2 t \, dt}{x}$；

(2) $\lim\limits_{x \to 0} \dfrac{\int_0^x \arctan t \, dt}{x^2}$；

(3) $\lim\limits_{x\to 0}\dfrac{1}{x^2}\displaystyle\int_0^x \arcsin t\,dt$;

(4) $\lim\limits_{x\to 0}\dfrac{1}{x}\displaystyle\int_0^x (1-\sin 2t)^{\frac{1}{t}}\,dt$;

(5) $\lim\limits_{x\to\infty}\dfrac{1}{x^4}\displaystyle\int_1^{x^2}\sqrt{1+t^2}\,dt$;

(6) $\lim\limits_{x\to 0}\dfrac{1}{x^2}\displaystyle\int_0^{x^2}\sqrt{1+t^2}\,e^{t-x^2}\,dt$.

14. 计算下列积分:

(1) $\displaystyle\int_0^1 (2x+1)\,dx$;

(2) $\displaystyle\int_{-1}^1 (x^3-3x^2)\,dx$;

(3) $\displaystyle\int_{-\frac{1}{2}}^{\frac{1}{2}} \dfrac{1}{\sqrt{1-x^2}}\,dx$;

(4) $\displaystyle\int_1^{27} \dfrac{dx}{\sqrt[3]{x}}$;

(5) $\displaystyle\int_0^4 \sqrt{x}(1+x)\,dx$;

(6) $\displaystyle\int_1^4 \dfrac{(\sqrt{x}-1)^2}{\sqrt{x}}\,dx$;

(7) $\displaystyle\int_0^{\frac{\pi}{4}} \tan^2 x\,dx$;

(8) $\displaystyle\int_0^{\frac{\pi}{2}} \sin^2\dfrac{x}{2}\,dx$;

(9) $\displaystyle\int_0^5 \dfrac{x^3}{x^2+1}\,dx$;

(10) $\displaystyle\int_0^5 \dfrac{2x^2+3x-5}{x+3}\,dx$;

(11) $\displaystyle\int_0^{\frac{\pi}{2}} \sqrt{1-\sin 2x}\,dx$;

(12) $\displaystyle\int_0^2 |x^2+2x-3|\,dx$;

(13) $\displaystyle\int_0^2 \max\{x,x^2\}\,dx$;

(14) $\displaystyle\int_0^{2\pi} |\sin x|\,dx$.

15. 计算下列积分:

(1) $\displaystyle\int_1^2 \dfrac{1}{(3x-1)^2}\,dx$;

(2) $\displaystyle\int_0^{3\sqrt{3}} \dfrac{1}{9+x^2}\,dx$;

(3) $\displaystyle\int_{-1}^0 (e^{-x}-e^x)\,dx$;

(4) $\displaystyle\int_1^e \dfrac{1}{x(1+\ln x)}\,dx$;

(5) $\displaystyle\int_0^1 \dfrac{\ln(2x+1)}{2x+1}\,dx$;

(6) $\displaystyle\int_0^4 \dfrac{dt}{1+\sqrt{t}}$;

(7) $\displaystyle\int_1^5 \dfrac{\sqrt{u-1}}{u}\,du$;

(8) $\displaystyle\int_0^2 \dfrac{dx}{\sqrt{x+1}+\sqrt{(x+1)^3}}$;

(9) $\displaystyle\int_0^{\ln 2} \sqrt{e^x-1}\,dx$;

(10) $\displaystyle\int_{\frac{3}{4}}^1 \dfrac{dx}{\sqrt{1-x}-1}$;

(11) $\displaystyle\int_0^1 \sqrt{4-x^2}\,dx$;

(12) $\displaystyle\int_0^a x^2\sqrt{a^2-x^2}\,dx\ (a>0)$;

(13) $\displaystyle\int_0^1 \dfrac{x^2}{(1+x^2)^2}\,dx$;

(14) $\displaystyle\int_1^2 \dfrac{\sqrt{x^2-1}}{x}\,dx$.

16. 计算下列积分：

(1) $\int_1^e \ln x \, dx$;

(2) $\int_0^{\frac{\sqrt{3}}{2}} \arccos x \, dx$;

(3) $\int_0^1 x e^{-2x} \, dx$;

(4) $\int_1^4 \frac{\ln x}{\sqrt{x}} \, dx$;

(5) $\int_0^1 x \arctan x \, dx$;

(6) $\int_0^{\frac{\pi}{4}} x \cos 2x \, dx$;

(7) $\int_0^{\frac{\pi}{2}} x \sin x \, dx$;

(8) $\int_0^\pi x^2 \cos 2x \, dx$;

(9) $\int_0^\pi (x \sin x)^2 \, dx$;

(10) $\int_0^{\frac{\pi}{2}} e^x \sin x \, dx$;

(11) $\int_0^{\frac{\pi}{2}} e^{2x} \cos x \, dx$;

(12) $\int_0^{\frac{\pi^2}{4}} \cos \sqrt{x} \, dx$.

17. 设 $f(x)$ 是连续函数，证明：$\int_0^x f(t)(x-t) \, dt = \int_0^x \left[\int_0^t f(x) \, dx \right] dt$.

18. 求下列广义积分：

(1) $\int_0^{+\infty} e^{-x} \, dx$;

(2) $\int_1^{+\infty} \frac{1}{x^3} \, dx$;

(3) $\int_0^{+\infty} \cos x \, dx$;

(4) $\int_0^{+\infty} x e^{-x} \, dx$;

(5) $\int_0^1 \frac{dx}{\sqrt{1-x}}$;

(6) $\int_0^{+\infty} \frac{x}{1+x^2} \, dx$;

(7) $\int_{-1}^1 \frac{dx}{\sqrt{1-x^2}}$;

(8) $\int_0^1 \frac{x}{\sqrt{1-x^2}} \, dx$;

(9) $\int_1^e \frac{1}{x \sqrt{1-(\ln x)^2}} \, dx$;

(10) $\int_0^2 \frac{1}{(1-x)^2} \, dx$.

19. 计算：

(1) $\dfrac{\Gamma(5)}{2\Gamma(3)}$;

(2) $\dfrac{\Gamma(3)\Gamma\left(\frac{5}{2}\right)}{\Gamma\left(\frac{3}{2}\right)}$;

(3) $\dfrac{\Gamma(7)}{2\Gamma(4)\Gamma(3)}$;

(4) $\dfrac{\Gamma(3)\Gamma\left(\frac{3}{2}\right)}{\Gamma\left(\frac{9}{2}\right)}$;

(5) $\int_0^{+\infty} x^4 e^{-x} \, dx$;

(6) $\int_0^{+\infty} e^{-\sqrt[3]{x}} \, dx$.

20. 求下列各题中平面图形的面积:

(1) 曲线 $y = a - x^2 (a > 0)$ 与 x 轴所围成的图形;

(2) 曲线 $y = \sqrt{x}$ 和直线 $y = x$ 所围成的图形;

(3) 曲线 $y = x^2 + 3$ 在区间 $[0, 1]$ 上的曲边梯形;

(4) 在区间 $\left[0, \dfrac{\pi}{2}\right]$ 上,曲线 $y = \sin x$ 与直线 $x = 0$,$y = 1$ 所围成的图形;

(5) 曲线 $y = e^x$,$y = e^{-x}$ 与直线 $x = 1$ 所围成的图形;

(6) 曲线 $y = \dfrac{1}{x}$ 与直线 $y = x$,$x = 2$ 所围成的图形;

(7) 曲线 $y = x^3 - 4x$ 和直线 $y = 0$ 所围成的图形;

(8) 曲线 $y = x^2$ 与直线 $y = 2 - x^2$ 所围成的图形;

(9) 曲线 $y = 3 - x^2$ 和直线 $y = 2x$ 所围成的图形;

(10) 曲线 $y = \ln x$,y 轴与直线 $y = \ln a$,$y = \ln b (b > a > 0)$ 所围成的图形;

(11) 曲线 $y = x^2$,$4y = x^2$ 及直线 $y = 1$ 所围成的图形;

(12) 曲线 $y = x^2 - 8$ 与直线 $2x + y + 8 = 0$、$y = -4$ 所围成的图形.

21. 求通过 $(0, 0)$,$(1, 2)$ 的抛物线,它满足性质:

(1) 它的对称轴平行于 y 轴,且向下凹;

(2) 它与 x 轴所围成的面积最小.

22. 求 $c (c > 0)$ 的值,使曲线 $y = x^2$ 与 $y = cx^3$ 所围成的图形面积为 $\dfrac{2}{3}$.

23. 由曲线 $y = 1 - x^2 (0 \leqslant x \leqslant 1)$ 与 x 轴,y 轴围成的区域,被曲线 $y = ax^2 (a > 0)$ 分为面积相等的两部分,求 a 的值.

24. 求下列平面图形分别绕 x 轴、y 轴旋转围成立体的体积:

(1) 曲线 $y = x^3$ 与 $x = y^2$ 所围成的图形;

(2) 在区间 $\left[0, \dfrac{\pi}{2}\right]$ 上,曲线 $y = \sin x$ 与直线 $x = \dfrac{\pi}{2}$,$y = 0$ 所围成的图形;

(3) 曲线 $y = x^3$ 与直线 $x = 2$、$y = 0$ 所围成的图形;

(4) 曲线 $y = x^2$ 与 $y^2 = 8x$ 所围成的图形;

(5) 曲线 $y = \sqrt{x}$ 与直线 $x = 1$、$x = 4$、$y = 0$ 所围成的图形;

(6) 曲线 $y = \ln x$ 与直线 $y = 0$,$x = 1$,$x = e$ 所围成的图形.

25. 已知某产品总产量的变化率是时间 t(单位:年)的函数,

$$f(t) = 2t + 5, t \geqslant 0,$$

求:第一个5年和第二个5年的总产量各为多少.

26. 设某工厂生产某产品的固定成本为100万元,生产 x 百台的边际成本 $C_m(x) = 2-x$ 万元,边际收益 $R_m(x) = 200-4x$ 万元. 求:

(1) 产量为多少百台时,总利润最大?

(2) 在总利润最大的基础上再生产10百台,总利润减少多少?

27. 某产品需求量 q 是价格 p 的函数,最大需求量1 000. 已知边际需求为
$$q'(p) = \frac{20}{p+1},$$
试求需求与价格的函数关系.

28. 已知边际成本 $C'(q) = 25 + 30q - 9q^2$,固定成本为55,试求总成本 $C(q)$ 及平均成本.

29. 已知边际收入为 $R'(q) = 3 - 0.2q$,q 为销售量. 求总收入函数 $R(q)$,并确定最高收入的大小.

30. 已知某产品生产 q 单位时,总收益 R 的变化率(边际收益)为
$$R'(q) = 200 - \frac{q}{100},$$

(1) 求生产了50单位时的总收益;

(2) 如果已经生产了100单位,求再生产100单位时的总收益.

31. 某投资项目的成本为100万元,在10年中每年可收益25万元,投资率为5%,试求这10年中该项投资的纯收入的贴现值.

(B)

1. 设 $f(x) = \int_0^x t e^{-t} dt$,求 $f^{(n)}(0)$.

2. 已知 $f(0) = 1$,$f(2) = 4$,$f'(2) = 2$,求 $\int_0^1 x f''(2x) dx$.

3. 已知 $\int_0^\pi f(x) \sin x \, dx + \int_0^\pi f''(x) \sin x \, dx = 5$,且 $f(\pi) = 2$,求 $f(0)$.

4. 设 $f(x) = \dfrac{\int_0^x (\sqrt{1+t^2} - \sqrt{1-t^2}) dt}{x^3}$,求 $\lim\limits_{x \to 0} f(x)$.

5. 求 $\int_{-2}^2 \min(2, x^2) dx$.

6. 计算广义积分 $\int_a^{\frac{\pi}{2}} \dfrac{\sin x}{\sqrt{\sin^2 x - \sin^2 a}} dx$.

7. 设 $f(x) = \int_1^{x^2} e^{-t^2} dt$,试计算 $\int_{-1}^0 xf(x)dx$.

8. 求 $\int_{-\frac{1}{2}}^{\frac{1}{2}} \left[\frac{\sin x}{x^{10}+1} + \sqrt{\ln^2(1-x)} \right] dx$.

9. 计算定积分 $\int_{-\frac{\pi}{2}}^{\frac{\pi}{2}} \cos x(x+\cos x)^2 dx$.

10. 求 $f(x) = \int_0^x (1+t)\arctan t\, dt$ 的极小值.

11. 函数 $f(x)$ 在 $[0,1]$ 上有定义,且单调不增,证明对任何 $a \in (0,1)$ 有下面不等式成立:
$$\int_0^a f(x)dx \geqslant a \int_0^1 f(x)dx.$$

12. 设函数 $f(x)$ 在 $[0,1]$ 上连续,且 $\int_0^1 f(x)dx = 0$,证明至少存在一点 $\xi \in [0,1]$,使 $f(1-\xi) = -f(\xi)$ 成立.

13. 求曲线 $y = \ln x$ 在 $(2,6)$ 内的一条切线,使该切线与直线 $x=2$, $x=6$ 及曲线 $y = \ln x$ 所围成面积最小.

14. 求曲线 $y = x^3 - 3x + 2$ 和它的右极值点处的切线所围成区域的面积.

15. 设曲线 $y = ax^2 (a>0, x \geqslant 0)$ 与 $y = 1-x^2$ 交于点 A,过坐标原点 O 和点 A 的直线与曲线 $y = ax^2$ 围成平面图形. 问:当 a 为何值时,该图形绕 x 轴旋转一周所得的旋转体体积最大?最大体积是多少?

16. 设船行一昼夜的总运费由两部分组成,固定部分为 a 元,变动部分与船航行速度立方成正比,问船行速度 v(海里/小时)为多少时,船航行单位航程的费用最小?

17. 设某种商品的单价为 p 时,售出的商品数量 Q 可以表示成 $Q = \dfrac{a}{p+b} - c$,其中 a, b, c 均为正数,且 $a > bc$.

(1) 求 p 在何范围内变化时,使相应的销售额增加和减少.

(2) 要使销售额最大,商品单价 p 应取何值?最大销售额是多少?

18. 设某产品的成本函数 $C = aQ^2 + bQ + c$,需求函数 $Q = \dfrac{1}{e}(d-p)(0 \leqslant p \leqslant d)$,其中 p 为价格,a, b, c, d, e 均为正常数,且 $d > b$. 求:

(1) 利润最大时的产量及最大利润;

(2) 需求弹性 $\eta(p)$ ($\eta(p) > 0$) 及弹性值为 1 时的产量.

第六章　多元函数微积分

在前面各章中,我们讨论了一元函数的微积分.但是,在许多实际问题中,往往需要研究一个因变量与多个自变量之间的关系,即多元函数关系.本章将讨论多元函数(主要是二元函数)的微积分.

§6.1　空间解析几何简介

在一元函数的微积分中,平面解析几何起到十分重要的作用.同样,在讨论多元函数(主要是二元函数)的微积分时,首先要介绍空间解析几何.

一、空间直角坐标系

过空间一个定点 O,作 3 条两两互相垂直的数轴,O 点为 3 条数轴的原点,这 3 条数轴分别称为 x 轴(或横轴)、y 轴(或纵轴)、z 轴(或竖轴).并按右手法则规定 3 条数轴的正方向,即将右手伸直,拇指朝上为 z 轴的正方向,其余 4 指的指向为 x 轴的正方向,4 指弯曲 90°后的指向为 y 轴的正方向,见图 6.1.这样,就构造了一个空间直角坐标系,记为 $O\text{-}xyz$,点 O 称为坐标原点.

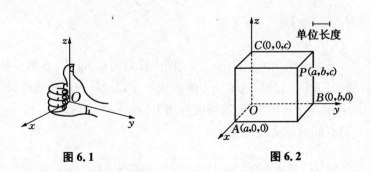

图 6.1　　　　图 6.2

对于空间中任意一点 P,过点 P 作 3 个平面,分别垂直于 x 轴、y 轴、z 轴,且与这 3 个轴分别交于 A, B, C 3 点,如图 6.2 所示. 设这 3 点在 x 轴、y 轴、z 轴上的分量依次为 a, b, c,那么点 P 唯一确定了一个三元有序数组 (a, b, c);反之,对任意一个三元有序数组 (a, b, c),在 x 轴上取分量为 a 的点 A,在 y 轴上取分量为 b 的点 B,在 z 轴上取分量为 c 的点 C,然后过 A, B, C 3 点分别作垂直于 x、y、z 轴的平面,这 3 个平面相交于一点 P,那么由一个三元有序数组 (a, b, c) 唯一地确定了空间的一个点 P,见图 6.2.

这样,空间任意一点 P 就和一个三元有序数组 (a, b, c) 建立了一一对应关系. 我们称这个三元有序数组为点 P 的坐标,记作 $P(a, b, c)$.

显然,坐标原点 O 的坐标为 $(0, 0, 0)$;而 x 轴、y 轴及 z 轴上点的坐标分别为 $(x, 0, 0)$、$(0, y, 0)$ 及 $(0, 0, z)$.

由 x 轴和 y 轴确定的平面称为 xOy 平面,其上点的坐标为 $(x, y, 0)$;由 y 轴和 z 轴确定的平面称为 yOz 平面,其上点的坐标为 $(0, y, z)$;由 z 轴和 x 轴确定的平面称为 zOx 平面,其上点的坐标为 $(x, 0, z)$.

3 个坐标平面将空间分成 8 个部分,成为 8 个卦限,其中 $x > 0$,$y > 0$,$z > 0$ 的那个部分叫作第一卦限,其余卦限的位置如图 6.3 所示.

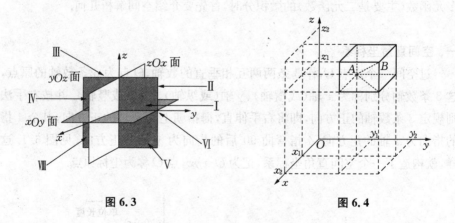

图 6.3 图 6.4

设 $A(x_1, y_1, z_1)$,$B(x_2, y_2, z_2)$ 为空间中任意两点,过 A, B 两点各作 3 个平面分别垂直于 3 个坐标轴,这 6 个平面形成一个以 AB 为对角线的长方体,见图 6.4. 它的各棱与坐标轴平行,其长度分别为 $|x_2 - x_1|$,$|y_2 - y_1|$,$|z_2 - z_1|$. 因此,A, B 两点间的距离公式为

$$|AB| = \sqrt{(x_2 - x_1)^2 + (y_2 - y_1)^2 + (z_2 - z_1)^2}. \qquad (6.1)$$

点 $P(x, y, z)$ 与原点 O 的距离为

$$|OP| = \sqrt{x^2+y^2+z^2}. \tag{6.2}$$

例 1 空间一点 $P(a,b,c)$，试求 P 点的关于 x 轴，关于 yOz 平面，关于原点 O 的对称点.

解 点 P 的关于 x 轴的对称点 $(a,-b,-c)$；

点 P 关于 yOz 平面的对称点 $(-a,b,c)$；

点 P 关于原点 O 的对称点 $(-a,-b,-c)$.

例 2 已知空间中点 $A(2,-1,4)$，$B(-1,-2,3)$，$C(3,-1,0)$，求：$|AB|$，$|BC|$.

解 由空间两点间的距离公式得

$$|AB| = \sqrt{(-1-2)^2+(-2-(-1))^2+(3-4)^2} = \sqrt{11},$$

$$|BC| = \sqrt{(3-(-1))^2+(-1-(-2))^2+(0-3)^2} = \sqrt{26}.$$

例 3 求证以 $M_1(4,3,1)$，$M_2(7,1,2)$，$M_3(5,2,3)$ 3 个点为顶点的 $\triangle M_1M_2M_3$ 是一个等腰三角形.

解 由空间两点间的距离公式得

$$|M_1M_2| = \sqrt{(7-4)^2+(1-3)^2+(2-1)^2} = \sqrt{14},$$

$$|M_2M_3| = \sqrt{(5-7)^2+(2-1)^2+(3-2)^2} = \sqrt{6},$$

$$|M_3M_1| = \sqrt{(4-5)^2+(3-2)^2+(1-3)^2} = \sqrt{6}.$$

因为 $|M_2M_3|=|M_3M_1|$，所以，$\triangle M_1M_2M_3$ 是等腰三角形.

二、空间曲面

对于空间直角坐标系中的任意一动点 $P(x,y,z)$，在一定条件下，其运动轨迹构成空间的一个曲面.一般来讲，每一曲面都有相对应的曲面方程.

定义 6.1 如果曲面 S 上任意一点的坐标都满足方程 $F(x,y,z)=0$，而不在曲面 S 上的点的坐标都不满足方程 $F(x,y,z)=0$，那么方程 $F(x,y,z)=0$ 称为曲面 S 的方程，而曲面 S 称为方程 $F(x,y,z)=0$ 的图形，见图 6.5.

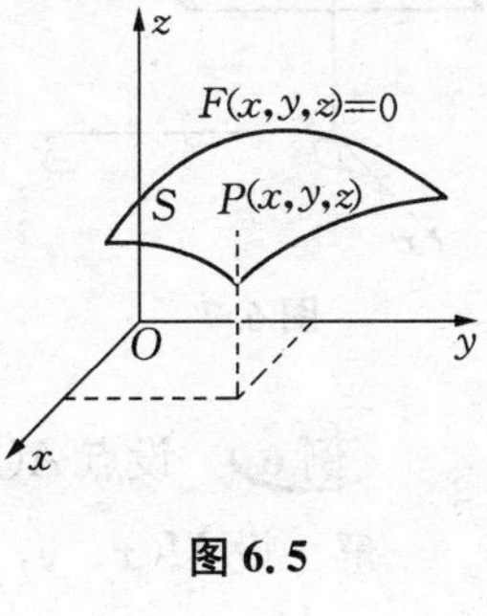

图 6.5

例 4 求球心在点 $M_0(x_0, y_0, z_0)$,半径为 R 的球面的方程.

解 设球面上任意一点为 $P(x, y, z)$,那么 $|PM_0| = R$,由点 P 到点 M_0 的距离公式得

$$|PM_0| = \sqrt{(x-x_0)^2 + (y-y_0)^2 + (z-z_0)^2} = R.$$

于是,点 P 满足

$$(x-x_0)^2 + (y-y_0)^2 + (z-z_0)^2 = R^2. \tag{6.3}$$

反之,不满足公式(6.3)的点不在球面上,因此公式(6.3)为球面的方程.

半径为 R、球心在原点的球面方程为

$$x^2 + y^2 + z^2 = R^2, \tag{6.4}$$

$z = \sqrt{R^2 - x^2 - y^2}$ 是球面的上半部,见图 6.6(a);$z = -\sqrt{R^2 - x^2 - y^2}$ 是球面的下半部,见图 6.6(b).

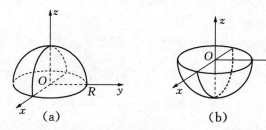

图 6.6

例 5 求过 z 轴上点 $(0, 0, c)$(c 为常数),且垂直于 z 轴的平面方程.

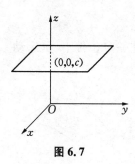

图 6.7

解 由于过点 $(0, 0, c)$ 垂直于 z 轴的平面与 xOy 平面平行,因此,该平面上任意一点 (x, y, z) 到 xOy 平面的距离都为 c,所以 $z = c$,就是该平面的方程,见图 6.7.

同理可得,$x = a, y = b$ 分别表示过点 $(a, 0, 0)$ 平行于 yOz 平面的平面、过点 $(0, b, 0)$ 平行于 xOz 平面的平面. 而 xOy 平面的方程为 $z = 0$,yOz 平面的方程为 $x = 0$,zOx 平面的方程为 $y = 0$.

例 6 设点 $A(1, -3, 3)$ 和 $B(2, -1, 4)$,求线段 AB 的垂直平分面的方程.

解 设 $M(x, y, z)$ 为所求平面上任意一点,则

$$|AM| = \sqrt{(x-1)^2 + (y+3)^2 + (z-3)^2},$$
$$|BM| = \sqrt{(x-2)^2 + (y+1)^2 + (z-4)^2}.$$

因为 M 到点 A 和到点 B 的距离相等,所以

$$\sqrt{(x-1)^2 + (y+3)^2 + (z-3)^2} = \sqrt{(x-2)^2 + (y+1)^2 + (z-4)^2},$$

即 $M(x, y, z)$ 满足方程

$$2x + 4y + 2z - 2 = 0,$$

这是一个空间平面方程,当 $x = 0$, $y = 0$ 时, $z = 1$,平面与 z 轴的交点是 $(0, 0, 1)$;同理可得平面与 x 轴的交点是 $(1, 0, 0)$;平面与 y 轴的交点是 $\left(0, \dfrac{1}{2}, 0\right)$. 由这 3 点所确定的平面见图 6.8.

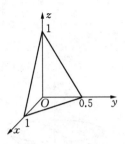

图 6.8

空间直角坐标系中的平面方程一般可表示为

$$Ax + By + Cz + D = 0, \tag{6.5}$$

其中 A, B, C 不同时为零.

当 $A = 0$ 时,平面 $By + Cz + D = 0$ 平行于 x 轴;

当 $B = 0$ 时,平面 $Ax + Cz + D = 0$ 平行于 y 轴;

当 $C = 0$ 时,平面 $Ax + By + D = 0$ 平行于 z 轴;

当 $A = 0$, $B = 0$ 时,平面 $Cz + D = 0$ 垂直于 z 轴平行于 xOy 平面;

当 $B = 0$, $C = 0$ 时,平面 $Ax + D = 0$ 垂直于 x 轴平行于 yOz 平面;

当 $A = 0$, $C = 0$ 时,平面 $By + D = 0$ 垂直于 y 轴平行于 zOx 平面.

例 7 作 $x^2 + y^2 = R^2$ 的图形.

解 在 xOy 坐标平面上,方程 $x^2 + y^2 = R^2$ 表示以原点为圆心、半径为 R 的圆. 在该圆周上任取一点 $P(x, y, 0)$,过 P 点作平行于 z 轴的直线,显然,直线上任意一点的坐标 (x, y, z) 满足 $x^2 + y^2 = R^2$. 当 P 点在圆周上绕一周时,此直线在空间就形成一个曲面,这个曲面称为圆柱面. 因此, $x^2 + y^2 = R^2$ 在空间直角坐标系中的图形为圆柱面,见图 6.9.

例 8 作 $z^2 = x^2 + y^2$ 的图形.

解 曲面 $z^2 = x^2 + y^2$ 的图形,可由 xOz 平面上的直线 $z = x$ 绕 z 轴旋转一周形成,称此曲面为圆锥曲面,见图 6.10.

而曲面 $z=\sqrt{x^2+y^2}$ 的图形为上半个圆锥曲面，见图 6.11.

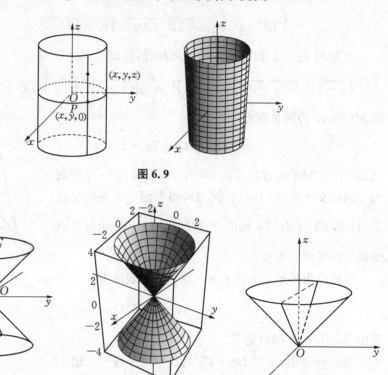

图 6.9

图 6.10   图 6.11

例 9　作 $z=x^2+y^2$ 的图形.

解　曲面 $z=x^2+y^2$ 的图形，可由 xOz 平面上的抛物线 $z=x^2$ 绕 z 轴旋转一周形成，称此曲面为旋转抛物面，见图 6.12.

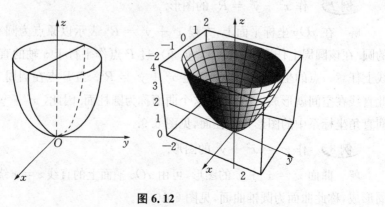

图 6.12

例 10 方程 $z = y^2 - x^2$ 的图形是双曲抛物面,也叫马鞍面,见图 6.13.

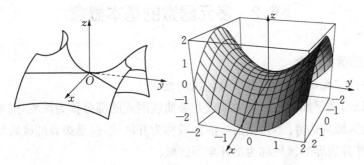

图 6.13

例 11 方程 $\dfrac{x^2}{a^2} + \dfrac{y^2}{b^2} + \dfrac{z^2}{c^2} = 1$ 的图形是椭球面,见图 6.14.

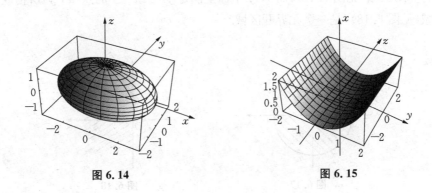

图 6.14　　　　　　　　　图 6.15

例 12 方程 $y^2 = 2x$ 的图形是抛物柱面,见图 6.15.

例 13 方程 $x^2 - y^2 = 1$ 的图形是双曲柱面,见图 6.16.

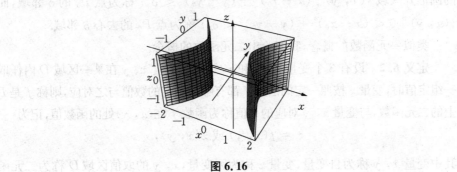

图 6.16

221

§6.2 多元函数的基本概念

一、多元函数的概念

在讨论二元函数时,将要涉及区域的概念.

一般地,将平面上由一条曲线或几条曲线围成的部分称为区域.围成区域的曲线称为区域的边界.不包括边界的区域称为开区域,包括边界的区域称为闭区域,包括部分边界的区域称为半开半闭区域.

如果一个区域可以被包含在以原点为圆心的某一圆内,那么称这个区域为有界区域,否则称为无界区域.

例如,xOy 平面上以原点为中心,以 a 为半径的圆的圆周及内部区域是一个有界闭区域(见图 6.17),而 xOy 平面上满足 $y < 2x+1$ 的点 (x,y) 所构成的区域(见图 6.18),是一个无界开区域.

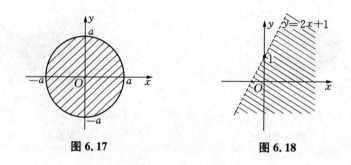

图 6.17　　　　图 6.18

在图 6.18 中,虚线表示该区域不包含边界.

设 $P_0(x_0, y_0)$ 为 xOy 平面上一定点,δ 为一正数,则以 P_0 为圆心,δ 为半径的圆形开区域 $\{(x,y) \mid (x-x_0)^2 + (y-y_0)^2 < \delta^2\}$ 称为点 P_0 的 δ 邻域,而 $\{(x,y) \mid 0 < (x-x_0)^2 + (y-y_0)^2 < \delta^2\}$ 称为点 P_0 的去心 δ 邻域.

类似一元函数的概念,我们给出二元函数的概念.

定义 6.2 设有 3 个变量 x, y 和 z,如果当变量 x、y 在某一区域 D 内任取一组定值时,变量 z 按照一定的法则 f 都有唯一确定的数值与之对应,则称 f 是 D 上的二元函数,与变量 x, y 对应的 z 值称为函数 f 在 (x,y) 处的函数值,记为

$$z = f(x, y) \text{ 或 } z(x, y),$$

其中变量 x, y 称为自变量,变量 z 称为因变量,x, y 的取值区域 D 称为二元函

数 f 的定义域.

为讨论方便起见,今后用 $z = f(x, y)$ 表示 z 是 x, y 的二元函数.

如同一元函数一样,二元函数的定义域,仍然是指使函数有意义的所有点组成的一个平面区域.

例1 圆柱体的体积 V 与底半径 r 和高 h 的关系是

$$V = \pi r^2 h.$$

当变量 r, h 在正实数范围内任取一组数值时,根据上述对应关系 V 的值也就唯一确定了.

例2 在生产中,产量 Q 与投入的劳动力 L 和资金 K 之间有关系式:

$$Q = AL^\alpha K^\beta,$$

其中 A, α, β 为常数($A > 0, \alpha > 0, \beta > 0$). 这个关系式称为柯布-道格拉斯(Cobb-Douglas)生产函数. 当劳动力 L 和资金 K 确定时,产量 Q 的值也由上述对应关系唯一确定.

例3 求函数 $z = \sqrt{a^2 - x^2 - y^2}$ 的定义域($a > 0$).

解 因为 $a^2 - x^2 - y^2 \geqslant 0$,即 $x^2 + y^2 \leqslant a^2$,所以,函数的定义域为 $D = \{(x, y) \mid x^2 + y^2 \leqslant a^2\}$. 它是 xOy 平面上以原点为圆心,半径为 a 的圆周和圆内部区域,见图 6.17.

例4 求函数 $z = \ln(1 + 2x - y)$ 的定义域.

解 因为 $1 + 2x - y > 0$,即 $y < 1 + 2x$,所以,函数的定义域为 $D = \{(x, y) \mid y < 1 + 2x\}$. 它是 xOy 平面上在直线 $y = 1 + 2x$ 下方但不含此直线的半平面区域,见图 6.18.

例5 求函数 $z = f(x, y) = \dfrac{1}{\sqrt{4 - x^2 - y^2}} + \ln(x^2 + y^2 - 1)$ 的定义域,并计算 $f(1, -1)$.

解 因为 $4 - x^2 - y^2 > 0$ 且 $x^2 + y^2 - 1 > 0$,即

$$x^2 + y^2 < 4 \text{ 且 } x^2 + y^2 > 1,$$

所以,函数的定义域为

$$D = \{(x, y) \mid 1 < x^2 + y^2 < 4\}.$$

它是 xOy 平面上以原点为中心,内圆半径为 1、外圆半径为 2 的圆环开区域,见

$$f(1,-1) = \frac{1}{\sqrt{4-1^2-(-1)^2}} + \ln(1^2+(-1)^2-1) = \frac{\sqrt{2}}{2}.$$

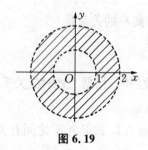

图 6.19

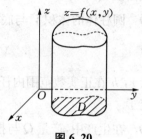

图 6.20

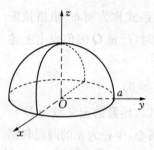

图 6.21

一元函数 $y = f(x)$ 的图形为 xOy 平面上的一条曲线. 二元函数 $z = f(x,y)$ 的图形为空间直角坐标系中的一个曲面, 而函数 $z = f(x,y)$ 的定义域 D 恰好就是这个曲面在 xOy 面上的投影. 见图 6.20.

例如, 函数 $z = \sqrt{a^2-x^2-y^2}$ 的图形是球心在坐标原点、半径为 a 的上半个球面, 而定义域 $D = \{(x,y) \mid x^2+y^2 \leqslant a^2\}$ 就是这半个球面在 xOy 平面上的投影, 见图 6.21.

二、二元函数的极限与连续

下面讨论当动点 $P(x,y)$ 趋向于点 $P_0(x_0,y_0)$ 时, 函数 $z = f(x,y)$ 的变化趋势.

定义 6.3 设函数 $z = f(x,y)$ 在点 $P_0(x_0,y_0)$ 的某一去心邻域内有定义, 如果当该去心邻域中动点 $P(x,y)$ 以任何方式趋向于点 $P_0(x_0,y_0)$ 时, 函数对应值 $z = f(x,y)$ 趋近于一个确定的常数 A, 则称 A 是函数 $z = f(x,y)$ 当 $P(x,y) \to P_0(x_0,y_0)$ 时的极限. 记作

$$\lim_{\substack{x \to x_0 \\ y \to y_0}} f(x,y) = A.$$

由定义 6.3 可知, 点 $P(x,y)$ 趋近于点 $P_0(x_0,y_0)$ 的方式是任意的. 因此, 当点 $P(x,y)$ 仅仅按某些特殊方式趋近于点 $P_0(x_0,y_0)$ 时, 函数 $z = f(x,y)$

的极限存在,不能说明函数 $z = f(x, y)$ 在点 $P_0(x_0, y_0)$ 处的极限存在.

例 6 证明函数 $z = \dfrac{x+y}{x+2y}$ 在点 $(0, 0)$ 处的极限不存在.

解 因为变量 x, y 趋于点 $(0, 0)$ 时,可以有无数个不同方向,如假设趋于 $(0, 0)$ 点的方向为 $y = kx$,则

$$\lim_{\substack{y=kx \\ x \to 0}} \frac{x+y}{x+2y} \xlongequal{y=kx} \lim_{\substack{y=kx \\ x \to 0}} \frac{x+kx}{x+2kx} = \frac{1+k}{1+2k}.$$

显然,此极限是随着 k 值的不同而改变,因此函数在点 $(0, 0)$ 处的极限不存在.

关于多元函数的极限运算,有与一元函数类似的运算法则. 在特殊情况下,可以用变量代换方法化为一元函数的极限而求得.

例 7 求 $\lim\limits_{\substack{x \to 0 \\ y \to 0}} \dfrac{x+y}{\sin(3x+3y)}$.

解 $\lim\limits_{\substack{x \to 0 \\ y \to 0}} \dfrac{x+y}{\sin(3x+3y)} \xlongequal{x+y=t} \lim\limits_{t \to 0} \dfrac{t}{\sin 3t} = \dfrac{1}{3}$.

类似于一元函数连续的概念,可以给出二元函数连续的定义.

定义 6.4 设函数 $z = f(x, y)$ 在点 $P_0(x_0, y_0)$ 的某个邻域内有定义,如果满足

$$\lim_{\substack{x \to x_0 \\ y \to y_0}} f(x, y) = f(x_0, y_0),$$

则称函数 $z = f(x, y)$ 在点 $P_0(x_0, y_0)$ 处连续,点 $P_0(x_0, y_0)$ 称为函数 $z = f(x, y)$ 的连续点.

如果函数 $z = f(x, y)$ 在点 $P_0(x_0, y_0)$ 处不连续,则称点 $P_0(x_0, y_0)$ 为函数 $z = f(x, y)$ 的间断点.

例如,函数

$$f(x, y) = \frac{2}{x-y}.$$

当 $x - y = 0$ 时函数 $f(x, y)$ 无定义,所以直线 $y = x$ 上的点都是它的间断点.

如果函数 $z = f(x, y)$ 在区域 D 上每一点都连续,则称函数 $z = f(x, y)$ 在区域 D 上连续.

与一元函数相似,二元连续函数的和、差、积、商(分母不为零)仍为连续函数;二元连续函数的复合函数也是连续函数. 因此二元初等函数在其定义区域内总是连续的. 计算二元初等函数在其定义区域内某一点 $P_0(x_0, y_0)$ 处的极限

值,只需求它在该点处的函数值即可. 例如

$$\lim_{\substack{x\to 0\\ y\to 1}}\frac{\sin x+\ln(x+y)+2y}{2x+xy-y^2}=\frac{\sin 0+\ln(0+1)+2\cdot 1}{2\cdot 0+0\cdot 1-1^2}=-2.$$

下面再举几个例子.

例8 如果 $f(x+y, x-y)=\dfrac{x}{2x+y}$,求 $f(x, y)$.

解 设 $\begin{cases}x+y=u,\\ x-y=v,\end{cases}$ 可得 $\begin{cases}x=\dfrac{u+v}{2},\\ y=\dfrac{u-v}{2},\end{cases}$

则

$$f(u, v)=\frac{u+v}{2}\bigg/\left(u+v+\frac{u-v}{2}\right)=\frac{u+v}{3u+v},$$

即 $f(x, y)=\dfrac{x+y}{3x+y}$.

例9 求 $\lim\limits_{\substack{x\to 0\\ y\to 1}}\dfrac{\sin^2(x+y-1)}{(2x+2y-2)\cdot \ln(x+y)}$.

解 设 $x+y-1=t$,由 $x\to 0, y\to 1$ 得 $t\to 0$,则

$$\text{原式}=\lim_{t\to 0}\frac{\sin^2 t}{2t\cdot \ln(t+1)}=\lim_{t\to 0}\frac{t^2}{2t\cdot t}=\frac{1}{2}.$$

§6.3 偏 导 数

一、偏导数的概念

对于二元函数 $z=f(x, y)$,当自变量 x, y 同时变化时,函数 $f(x, y)$ 的变化情况一般较复杂. 因此,往往采用先考虑一个自变量的变化,而把另一个自变量暂时看成常数的方法,来讨论函数 $f(x, y)$ 相应的变化率.

例如,生产函数 $Q=AL^\alpha K^\beta$ 是资金 K 和劳动力 L 的函数. 设资金 K 保持不变,则产量 Q 就是劳动力 L 的一元函数,这时,Q 对 L 的变化率为

$$Q'_L=\alpha AL^{\alpha-1}K^\beta.$$

类似地,设劳动力 L 保持不变,则产量 Q 就是资金 K 的一元函数,这时,Q 对 K 的变化率为

第六章　多元函数微积分

$$Q'_K = \beta A L^\alpha K^{\beta-1}.$$

这种由一个变量变化、另一变量保持暂时不变所求得的导数,就是二元函数的偏导数.

下面引入二元函数偏导数的概念.

定义 6.5 设函数 $z = f(x, y)$ 在点 (x_0, y_0) 的某一邻域内有定义,当 y 固定在 y_0,如果一元函数 $z = f(x, y_0)$ 在点 x_0 处有导数,即极限

$$\lim_{\Delta x \to 0} \frac{f(x_0 + \Delta x, y_0) - f(x_0, y_0)}{\Delta x}$$

存在,则称此极限值为函数 $z = f(x, y)$ 在点 (x_0, y_0) 处关于 x 的偏导数,记为

$$f'_x(x_0, y_0), \left.\frac{\partial f}{\partial x}\right|_{\substack{x=x_0 \\ y=y_0}}, \left.\frac{\partial z}{\partial x}\right|_{\substack{x=x_0 \\ y=y_0}} \text{ 或 } \left.z'_x\right|_{\substack{x=x_0 \\ y=y_0}}.$$

同样,当 x 固定在 x_0,如果一元函数 $z = f(x_0, y)$ 在点 y_0 处有导数,即极限

$$\lim_{\Delta y \to 0} \frac{f(x_0, y_0 + \Delta y) - f(x_0, y_0)}{\Delta y}$$

存在,则称此极限值为函数 $z = f(x, y)$ 在点 (x_0, y_0) 处关于 y 的偏导数,记为

$$f'_y(x_0, y_0), \left.\frac{\partial f}{\partial y}\right|_{\substack{x=x_0 \\ y=y_0}}, \left.\frac{\partial z}{\partial y}\right|_{\substack{x=x_0 \\ y=y_0}} \text{ 或 } \left.z'_y\right|_{\substack{x=x_0 \\ y=y_0}}.$$

如果函数 $z = f(x, y)$ 在开区域 D 上每一点 (x, y) 处关于 x 的偏导数都存在,这个偏导数也是区域 D 上的 x、y 的函数,则称它为函数 $z = f(x, y)$ 关于 x 的偏导函数,记作

$$\frac{\partial z}{\partial x}, \frac{\partial f}{\partial x}, z'_x \text{ 或 } f'_x(x, y).$$

类似地,可以定义函数 $z = f(x, y)$ 关于 y 的偏导函数,记作

$$\frac{\partial z}{\partial y}, \frac{\partial f}{\partial y}, z'_y \text{ 或 } f'_y(x, y).$$

一般地,偏导函数简称为偏导数.

由定义 6.5 可知,在求函数 $z = f(x, y)$ 对某一自变量的偏导数时,只要把另一自变量看成常数,用一元函数求导法则即可求得.

例 1 设 $z = 3x^2 + 5xy^2 + 3y^4$,求 $\frac{\partial z}{\partial x}, \frac{\partial z}{\partial y}$.

解 把 y 看成常数,关于 x 求导,得

$$\frac{\partial z}{\partial x} = 6x + 5y^2;$$

把 x 看成常数，关于 y 求导，得

$$\frac{\partial z}{\partial y} = 10xy + 12y^3.$$

例2 设 $z = x - 2y + \ln\sqrt{x^2 + y^2} + 3e^{xy}$，求 z'_x, z'_y.

解 把 y 看成常数，关于 x 求导，得

$$z'_x = 1 + \frac{x}{x^2 + y^2} + 3ye^{xy};$$

把 x 看成常数，关于 y 求导，得

$$z'_y = -2 + \frac{y}{x^2 + y^2} + 3xe^{xy}.$$

例3 设 $f(x, y) = x\ln(x + \ln y)$，求 $f'_x(1, e)$, $f'_y(1, e)$.

解 把 y 看成常数，利用积的求导法则，关于 x 求导，得

$$f'_x(x, y) = \ln(x + \ln y) + \frac{x}{x + \ln y};$$

把 x 看成常数，关于 y 求导，得

$$f'_y(x, y) = x \cdot \frac{1}{x + \ln y} \cdot \frac{1}{y} = \frac{x}{xy + y\ln y}.$$

将 $(1, e)$ 代入，得

$$f'_x(1, e) = \ln(1 + \ln e) + \frac{1}{1 + \ln e} = \ln 2 + \frac{1}{2};$$

$$f'_y(1, e) = \frac{1}{e + e\ln e} = \frac{1}{2e}.$$

例4 设 $z = x^y$ ($x > 0$, $x \neq 1$, y 为任意实数)，求 $\frac{\partial z}{\partial x}$, $\frac{\partial z}{\partial y}$.

解 把 y 看成常数，此时 $z = x^y$，是 x 的幂函数，得

$$\frac{\partial z}{\partial x} = yx^{y-1};$$

把 x 看成常数，此时 $z = x^y$，是 y 的指数函数，得

$$\frac{\partial z}{\partial y} = x^y \ln x.$$

二元函数偏导数的定义,可以推广到三元及三元以上的函数.

例 5 设 $u = \sqrt{x^2 + y^2 + z^2}$,求证:$\left(\dfrac{\partial u}{\partial x}\right)^2 + \left(\dfrac{\partial u}{\partial y}\right)^2 + \left(\dfrac{\partial u}{\partial z}\right)^2 = 1.$

证明 $u = \sqrt{x^2 + y^2 + z^2}$ 是关于 x,y,z 的三元函数,把 y 和 z 看成常数,关于 x 求导,得

$$\frac{\partial u}{\partial x} = \frac{x}{\sqrt{x^2 + y^2 + z^2}} = \frac{x}{u};$$

同理可得

$$\frac{\partial u}{\partial y} = \frac{y}{\sqrt{x^2 + y^2 + z^2}} = \frac{y}{u}; \quad \frac{\partial u}{\partial z} = \frac{z}{\sqrt{x^2 + y^2 + z^2}} = \frac{z}{u}.$$

所以

$$\left(\frac{\partial u}{\partial x}\right)^2 + \left(\frac{\partial u}{\partial y}\right)^2 + \left(\frac{\partial u}{\partial z}\right)^2 = \left(\frac{x}{u}\right)^2 + \left(\frac{y}{u}\right)^2 + \left(\frac{z}{u}\right)^2 = \frac{x^2 + y^2 + z^2}{u^2} = 1.$$

二、二阶偏导数

设函数 $z = f(x, y)$ 在区域 D 内具有偏导数

$$\frac{\partial z}{\partial x} = f'_x(x, y), \quad \frac{\partial z}{\partial y} = f'_y(x, y).$$

通常,它们在区域 D 内都是 x,y 的函数,如果这两个函数的偏导数也存在,则称它们是函数 $z = f(x, y)$ 的二阶偏导数. 二元函数的二阶偏导数有以下 4 种:

$$\frac{\partial}{\partial x}\left(\frac{\partial z}{\partial x}\right) = \frac{\partial^2 z}{\partial x^2} = f''_{xx}(x, y) = z''_{xx},$$

$$\frac{\partial}{\partial y}\left(\frac{\partial z}{\partial x}\right) = \frac{\partial^2 z}{\partial x \partial y} = f''_{xy}(x, y) = z''_{xy},$$

$$\frac{\partial}{\partial x}\left(\frac{\partial z}{\partial y}\right) = \frac{\partial^2 z}{\partial y \partial x} = f''_{yx}(x, y) = z''_{yx},$$

$$\frac{\partial}{\partial y}\left(\frac{\partial z}{\partial y}\right) = \frac{\partial^2 z}{\partial y^2} = f''_{yy}(x, y) = z''_{yy},$$

其中, $f''_{xy}(x,y)$ 和 $f''_{yx}(x,y)$ 称为混合偏导数. $f''_{xy}(x,y)$ 表示函数 $z=f(x,y)$ 先对 x 后对 y 求偏导数, 而 $f''_{yx}(x,y)$ 是先对 y 后对 x 求偏导数.

例6 设 $z = x^2y^3 + x^3y^2 + e^{xy}$, 求二阶偏导数.

解 一阶偏导数为
$$z'_x = 2xy^3 + 3x^2y^2 + ye^{xy}, \quad z'_y = 3x^2y^2 + 2x^3y + xe^{xy};$$

二阶偏导数为
$$z''_{xx} = 2y^3 + 6xy^2 + y^2e^{xy},$$
$$z''_{xy} = 6xy^2 + 6x^2y + e^{xy} + xye^{xy},$$
$$z''_{yx} = 6xy^2 + 6x^2y + e^{xy} + xye^{xy},$$
$$z''_{yy} = 6x^2y + 2x^3 + x^2e^{xy}.$$

在上例中, 两个二阶混合偏导数是相等的. 但是这个结论在一般情况下不一定成立, 仅在一定条件下才能成立, 有如下定理.

定理 6.1 如果函数 $z=f(x,y)$ 的两个二阶混合偏导数在点 (x,y) 处连续, 则在该点有
$$\frac{\partial^2 z}{\partial x \partial y} = \frac{\partial^2 z}{\partial y \partial x}.$$

本章所讨论的二元函数一般都满足这个定理的条件.

三、偏导数在经济分析中的应用

1. 边际成本

设某厂家生产甲、乙两种产品, 当产量分别为 x, y 时的成本函数
$$C = C(x, y)$$

当乙产品的产量保持不变, 而甲种产品的产量 x 取得增量 Δx 时, 成本函数 $C(x,y)$ 相应的增量为 $C(x+\Delta x, y) - C(x, y)$. 于是, 成本函数 $C(x,y)$ 对 x 的变化率即偏导数 $C'_x(x,y)$ 为
$$C'_x(x,y) = \lim_{\Delta x \to 0} \frac{C(x+\Delta x, y) - C(x,y)}{\Delta x}.$$

类似地, 当甲种产品的产量保持不变时, 成本函数 $C(x,y)$ 对乙种产品的产量 y 的变化率即偏导数 $C'_y(x,y)$ 为

$$C'_y(x,y) = \lim_{\Delta y \to 0} \frac{C(x, y+\Delta y) - C(x,y)}{\Delta y}.$$

$C'_x(x,y)$ 表示成本函数 $C(x,y)$ 在产量 x 关于甲产品的边际成本,它的经济含义是:在两种产品的产量为 (x,y) 的基础上,再多生产一个单位的甲产品时,成本函数 $C(x,y)$ 的改变量.

同样地,$C'_y(x,y)$ 表示成本函数 $C(x,y)$ 在产量 y 关于乙产品的边际成本,它的经济含义是:在两种产品的产量为 (x,y) 的基础上,再多生产一个单位的乙产品时,成本函数 $C(x,y)$ 的改变量.

例7 设生产甲、乙两种产品的产量分别为 x 和 y 时的成本函数为

$$C(x,y) = 2x^3 + xy + \frac{1}{3}y^2 + 600.$$

求:

(1) 成本函数 $C(x,y)$ 在产量为 (x,y) 时,关于甲产品和乙产品的边际成本;

(2) 当 $x=10$, $y=10$ 时的边际成本,并说明它们的经济含义.

解 (1) 成本 $C(x,y)$ 对产量 x 和 y 的边际成本为

$$C'_x(x,y) = 6x^2 + y, \quad C'_y(x,y) = x + \frac{2}{3}y.$$

(2) 当 $x=10$, $y=10$ 时,$C(x,y)$ 关于甲产品和乙产品的边际成本为

$$C'_x(10,10) = 6 \times 10^2 + 10 = 610,$$

$$C'_y(10,10) = 10 + \frac{2}{3} \times 10 = \frac{50}{3} = 16\frac{2}{3}.$$

这说明,当两种产品的产量都是 10 单位时,再多生产一个单位的甲产品,成本将增加 610 单位. 而再多生产一个单位的乙产品,成本将增加 $16\frac{2}{3}$ 单位.

2. 边际需求

设 Q_1,Q_2 分别为两种相关商品甲、乙的需求量,p_1 和 p_2 为商品甲和乙的价格,需求量 Q_1 和 Q_2 随着价格 p_1 和 p_2 的变化而变动. 需求函数可表示为

$$Q_1 = Q_1(p_1, p_2), \quad Q_2 = Q_2(p_1, p_2),$$

则需求量 Q_1 和 Q_2 关于价格 p_1 和 p_2 的偏导数 $\dfrac{\partial Q_1}{\partial p_1}$,$\dfrac{\partial Q_1}{\partial p_2}$,$\dfrac{\partial Q_2}{\partial p_1}$,$\dfrac{\partial Q_2}{\partial p_2}$ 分别表示

甲、乙两种商品的价格 p_1 和 p_2 发生变化时,甲、乙商品的需求量 Q_1 和 Q_2 的变化率,也就是甲、乙两种商品的边际需求.

例8 设某两种商品的价格分别为 p_1 和 p_2,这两种相关商品的需求函数分别为

$$Q_1 = e^{p_2-2p_1}, \quad Q_2 = e^{p_1-2p_2}.$$

求边际需求函数.

解 边际需求函数为

$$\frac{\partial Q_1}{\partial p_1} = -2e^{p_2-2p_1}, \quad \frac{\partial Q_1}{\partial p_2} = e^{p_2-2p_1},$$

$$\frac{\partial Q_2}{\partial p_1} = e^{p_1-2p_2}, \quad \frac{\partial Q_2}{\partial p_2} = -2e^{p_1-2p_2}.$$

如果边际需求 $\frac{\partial Q_1}{\partial p_2} > 0, \frac{\partial Q_2}{\partial p_1} > 0$,则称这两种商品为替代商品. 如果边际需求 $\frac{\partial Q_1}{\partial p_2} < 0, \frac{\partial Q_2}{\partial p_1} < 0$,则称这两种商品为互补商品.

§6.4 全 微 分

一、全微分的概念

类似于一元函数的微分概念,我们引入二元函数的全微分概念. 下面先看一个具体实例.

例1 如图 6.22 所示,通过测量,得矩形的长和宽分别为 x 和 y,则此矩形的面积 $S = xy$.

如果测量 x, y 时产生误差 $\Delta x, \Delta y$,则该矩形面积产生的误差为

$$\Delta S = (x+\Delta x)(y+\Delta y) - xy$$
$$= y\Delta x + x\Delta y + \Delta x\Delta y.$$

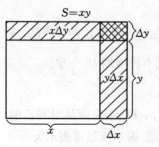

图 6.22

上式右端包含两个部分:一部分是 $y\Delta x + x\Delta y$,它是关于 $\Delta x, \Delta y$ 的线性函数. 另一部分是 $\Delta x\Delta y$,当 $\Delta x \to 0, \Delta y \to 0$ 时,即当 $\rho = \sqrt{\Delta x^2 + \Delta y^2} \to 0$ 时,$\Delta x\Delta y$ 是比 ρ 高阶的无穷小量. 因此,如果略去

$\Delta x \Delta y$,可用 $y\Delta x + x\Delta y$ 近似表示 ΔS,即

$$\Delta S \approx y\Delta x + x\Delta y,$$

我们称 $y\Delta x + x\Delta y$ 为函数 $S = xy$ 在点 (x, y) 处的全微分.

下面引入二元函数的全微分概念.

定义 6.6 设二元函数 $z = f(x, y)$ 在点 (x, y) 的某邻域内有定义,自变量 x, y 在点 (x, y) 处取得改变量 $\Delta x, \Delta y$,函数 $z = f(x, y)$ 在点 (x, y) 相应的改变量

$$\Delta z = f(x + \Delta x, y + \Delta y) - f(x, y),$$

可表示为

$$\Delta z = A\Delta x + B\Delta y + o(\rho), \tag{6.6}$$

其中 A, B 仅与 x, y 有关,而与 $\Delta x, \Delta y$ 无关;$\rho = \sqrt{\Delta x^2 + \Delta y^2}$,$o(\rho)$ 是当 $\rho \to 0$ 时比 ρ 高阶的无穷小量,则称函数 $z = f(x, y)$ 在点 (x, y) 处可微,并称 $A\Delta x + B\Delta y$ 为函数 $z = f(x, y)$ 在点 (x, y) 处的全微分,记作 $\mathrm{d}z$,即 $\mathrm{d}z = A\Delta x + B\Delta y$,因为 $\mathrm{d}x = \Delta x$,$\mathrm{d}y = \Delta y$,所以,$f(x, y)$ 在点 (x, y) 处的全微分可写成

$$\mathrm{d}z = A\mathrm{d}x + B\mathrm{d}y.$$

例 1 中面积 S 在点 (x, y) 处的全微分为

$$\mathrm{d}S = y\mathrm{d}x + x\mathrm{d}y.$$

如果函数 $z = f(x, y)$,在开区域 D 内各点都可微,则称函数 $z = f(x, y)$ 在区域 D 内可微.

对于一元函数 $y = f(x)$,在某点可微与在该点可导是等价的. 对于二元函数,可微与偏导数存在之间有如下定理.

定理 6.2 如果函数 $z = f(x, y)$ 的偏导数 $f'_x(x, y)$,$f'_y(x, y)$ 在点 (x, y) 处连续,则函数 $z = f(x, y)$ 在该点可微. 并且

$$\mathrm{d}z = f'_x(x, y)\mathrm{d}x + f'_y(x, y)\mathrm{d}y. \tag{6.7}$$

例 2 求函数 $z = x^2 + 2x^3y^2 + 3y^3$ 在点 $(1, -1)$ 处的全微分.

解 因为 $f'_x(x, y) = 2x + 6x^2y^2$,$f'_y(x, y) = 4x^3y + 9y^2$,

$$f'_x(1, -1) = 8,$$

$$f'_y(1, -1) = 5,$$

由定理 6.2 得

$$dz\Big|_{\substack{x=1\\y=-1}} = f'_x(1,-1)dx + f'_y(1,-1)dy = 8dx + 5dy.$$

例3 求函数 $z = \sin 2x \cdot e^{xy}$ 的全微分.

解 $z'_x = 2\cos 2x \cdot e^{xy} + y \cdot \sin 2x \cdot e^{xy},$

$z'_y = x \cdot \sin 2x \cdot e^{xy},$

$dz = (2\cos 2x \cdot e^{xy} + y \cdot \sin 2x \cdot e^{xy})dx + x \cdot \sin 2x \cdot e^{xy}dy.$

二、全微分在近似计算中的应用

设函数 $z = f(x,y)$ 在点 (x_0, y_0) 处可微,则

$$\Delta z = f(x_0 + \Delta x, y_0 + \Delta y) - f(x_0, y_0)$$
$$= f'_x(x_0, y_0)\Delta x + f'_y(x_0, y_0)\Delta y + o(\rho),$$

其中 $\rho = \sqrt{\Delta x^2 + \Delta y^2}$. 当 $|\Delta x|$,$|\Delta y|$ 很小时,就有近似公式

$$\Delta z \approx dz = f'_x(x_0, y_0)\Delta x + f'_y(x_0, y_0)\Delta y, \tag{6.8}$$

或

$$f(x_0 + \Delta x, y_0 + \Delta y) \approx f(x_0, y_0) + f'_x(x_0, y_0)\Delta x + f'_y(x_0, y_0)\Delta y.$$
$$\tag{6.9}$$

公式(6.8)可用来计算函数改变量的近似值,公式(6.9)可用来计算函数值的近似值.

例4 计算 $\sqrt{2.98^2 + 4.01^2}$ 的近似值.

解 把所要计算的近似值看作是函数 $f(x,y) = \sqrt{x^2 + y^2}$ 在 $x = 2.98$, $y = 4.01$ 时的函数值.

取 $x_0 = 3$, $y_0 = 4$, $\Delta x = -0.02$, $\Delta y = 0.01$. 因为

$$f'_x(x,y) = \frac{x}{\sqrt{x^2+y^2}}, f'_y(x,y) = \frac{y}{\sqrt{x^2+y^2}},$$

$$f'_x(3,4) = \frac{3}{\sqrt{3^2+4^2}} = \frac{3}{5}, f'_y(3,4) = \frac{4}{\sqrt{3^2+4^2}} = \frac{4}{5},$$

所以

$$\sqrt{2.98^2+4.01^2} \approx \sqrt{3^2+4^2}+\frac{3}{5}\cdot(-0.02)+\frac{4}{5}\cdot 0.01$$

$$=4.996.$$

例5 如图 6.23 所示,某单位要造一个无盖的圆柱形容器,其内直径为 3 米,高为 4 米,厚度为 0.05 米.问需要用料约多少立方米?

解 设圆柱直径、高分别用 x, y 表示,则其体积为

$$V=f(x,y)=\pi\left(\frac{1}{2}x\right)^2 y=\frac{1}{4}\pi x^2 y,$$

$$\Delta V\approx \mathrm{d}V=f'_x(x_0,y_0)\Delta x+f'_y(x_0,y_0)\Delta y$$

$$=\frac{1}{2}\pi x_0 y_0 \Delta x+\frac{1}{4}\pi x_0^2 \Delta y.$$

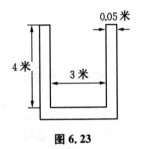

图 6.23

取 $x_0=3$, $y_0=4$, $\Delta x=0.1$, $\Delta y=0.05$, 所以

$$\Delta V\approx \frac{1}{2}\times\pi\times 3\times 4\times 0.1+\frac{1}{4}\times\pi\times 3^2\times 0.05$$

$$\approx 0.7125\pi \approx 2.238(\text{米}^3).$$

即需用材料约为 2.238 立方米.

§6.5 多元复合函数及隐函数的求导法则

一、二元复合函数的求导法则

设函数 z 是变量 u、v 的函数,$z=f(u,v)$;而 u、v 又是变量 x、y 的函数,$u=\varphi(x,y)$, $v=\psi(x,y)$. 则函数 z 是变量 x、y 的二元复合函数,记作

$$z=f[\varphi(x,y),\psi(x,y)],$$

其中 u, v 称为中间变量.

二元复合函数 $z=f[\varphi(x,y),\psi(x,y)]$ 可以用图简单地表示(见图 6.24),其中线段表示所连的两个变量有关系.

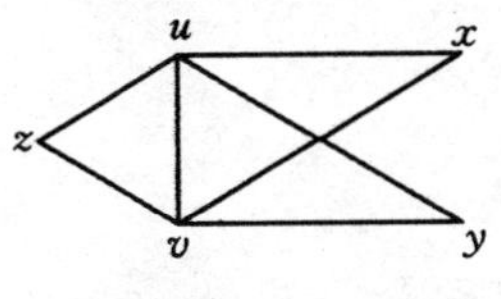

下面定理 6.3 给出了二元复合函数的求导法则.

图 6.24

定理 6.3 若函数 $u=\varphi(x,y)$, $v=\psi(x,y)$ 在点 (x,y) 处存在偏导数 $\frac{\partial u}{\partial x}$, $\frac{\partial u}{\partial y}$, $\frac{\partial v}{\partial x}$, $\frac{\partial v}{\partial y}$, 而函数 $z=f(u,v)$ 在相应点 $(u、v)$ 处可微, 则复合函数 $z=f[\varphi(x,y),\psi(x,y)]$ 在点 (x,y) 处偏导数存在, 且

$$\frac{\partial z}{\partial x}=\frac{\partial z}{\partial u}\cdot\frac{\partial u}{\partial x}+\frac{\partial z}{\partial v}\cdot\frac{\partial v}{\partial x},$$

$$\frac{\partial z}{\partial y}=\frac{\partial z}{\partial u}\cdot\frac{\partial u}{\partial y}+\frac{\partial z}{\partial v}\cdot\frac{\partial v}{\partial y}. \tag{6.10}$$

特别地, 如果 $z=f(u,v)$, 而 $u=\varphi(x)$, $v=\psi(x)$, 则 z 是 x 的一元函数

$$z=f[\varphi(x),\psi(x)],$$

见图 6.25(a). 这时, z 对 x 的导数称为全导数. 由公式(6.10)得

$$\frac{\mathrm{d}z}{\mathrm{d}x}=\frac{\partial z}{\partial u}\cdot\frac{\mathrm{d}u}{\mathrm{d}x}+\frac{\partial z}{\partial v}\cdot\frac{\mathrm{d}v}{\mathrm{d}x}. \tag{6.11}$$

如果 $z=f(x,y)$, 而 $y=\varphi(x)$, 见图 6.25(b), 则函数 $z=f(x,\varphi(x))$ 的全导数为

$$\frac{\mathrm{d}z}{\mathrm{d}x}=\frac{\partial z}{\partial x}+\frac{\partial z}{\partial y}\cdot\frac{\mathrm{d}y}{\mathrm{d}x}. \tag{6.12}$$

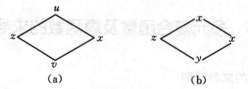

图 6.25

例1 设 $z=\mathrm{e}^u\sin v$, $u=x-y$, $v=x+y$, 求 $\frac{\partial z}{\partial x}$, $\frac{\partial z}{\partial y}$.

解

$$\frac{\partial z}{\partial x}=\frac{\partial z}{\partial u}\cdot\frac{\partial u}{\partial x}+\frac{\partial z}{\partial v}\cdot\frac{\partial v}{\partial x}$$

$$=\mathrm{e}^u\sin v\cdot 1+\mathrm{e}^u\cos v\cdot 1$$

$$=\mathrm{e}^{x-y}[\sin(x+y)+\cos(x+y)],$$

$$\frac{\partial z}{\partial y} = \frac{\partial z}{\partial u} \cdot \frac{\partial u}{\partial y} + \frac{\partial z}{\partial v} \cdot \frac{\partial v}{\partial y}$$

$$= e^u \sin v \cdot (-1) + e^u \cos v \cdot 1$$

$$= e^{x-y}[-\sin(x+y) + \cos(x+y)].$$

例 2 设 $z = (x^2 + y^2)e^{\sin xy}$,求 $\dfrac{\partial z}{\partial x}, \dfrac{\partial z}{\partial y}$.

解 令 $u = x^2 + y^2$, $v = \sin xy$, $z = ue^v$,即 z 是 x, y 的复合函数.

$$\frac{\partial z}{\partial x} = \frac{\partial z}{\partial u} \cdot \frac{\partial u}{\partial x} + \frac{\partial z}{\partial v} \cdot \frac{\partial v}{\partial x}$$

$$= e^v \cdot 2x + ue^v \cdot y\cos xy$$

$$= e^{\sin xy}[2x + y(x^2 + y^2)\cos xy].$$

同理,可得

$$\frac{\partial z}{\partial y} = \frac{\partial z}{\partial u} \cdot \frac{\partial u}{\partial y} + \frac{\partial z}{\partial v} \cdot \frac{\partial v}{\partial y}$$

$$= e^v \cdot 2y + ue^v \cdot x\cos xy$$

$$= e^{\sin xy}[2y + x(x^2 + y^2)\cos xy].$$

例 3 设 $z = u^2 v$, $u = e^x$, $v = \cos x$,求全导数 $\dfrac{dz}{dx}$.

解

$$\frac{dz}{dx} = \frac{\partial z}{\partial u} \cdot \frac{du}{dx} + \frac{\partial z}{\partial v} \cdot \frac{dv}{dx}$$

$$= 2uve^x + u^2(-\sin x)$$

$$= e^{2x}(2\cos x - \sin x).$$

例 4 设 $z = \arctan(xy)$, $y = e^x$,求 $\dfrac{dz}{dx}$.

解

$$\frac{dz}{dx} = \frac{\partial z}{\partial x} + \frac{\partial z}{\partial y} \cdot \frac{dy}{dx}$$

$$= \frac{y}{1 + (xy)^2} + \frac{x}{1 + (xy)^2} \cdot e^x$$

$$= \frac{e^x(1+x)}{1 + x^2 e^{2x}}.$$

例5 $z = xf(\sin x, xy^2)$,求 z'_x, z'_y.

解 设 $u = \sin x, v = xy^2$,则由复合函数求导法则可得

$$z'_x = f(u, v) + xf'_u(u, v) \cdot \cos x + xf'_v(u, v) \cdot y^2$$

$$= f(\sin x, xy^2) + x\cos x f'_u(\sin x, xy^2) + xy^2 f'_v(\sin x, xy^2),$$

$$z'_y = xf'_v(u, v) \cdot 2xy = 2x^2 y f'_v(\sin x, xy^2).$$

二、隐函数的求导公式

在一元函数微分中,对于由方程 $F(x, y) = 0$ 所确定的隐函数我们已经知道可用复合函数求导法则求 $\dfrac{dy}{dx}$,下面我们用偏导数来求 $\dfrac{dy}{dx}$.

将 $y = f(x)$ 代入方程,则方程成为恒等式

$$F(x, f(x)) \equiv 0,$$

两端对 x 求导,得

$$\frac{\partial F}{\partial x} + \frac{\partial F}{\partial y} \cdot \frac{dy}{dx} = 0,$$

若 $\dfrac{\partial F}{\partial y} \neq 0$,则得到

$$\frac{dy}{dx} = -\frac{\dfrac{\partial F}{\partial x}}{\dfrac{\partial F}{\partial y}}. \tag{6.13}$$

也可简记为

$$\frac{dy}{dx} = -\frac{F'_x}{F'_y}.$$

例6 由方程 $y - xe^y + x = 0$ 所确定的 y 是 x 的函数,设 $1 - xe^y \neq 0$,求导数 $\dfrac{dy}{dx}$.

解 设 $F(x, y) = y - xe^y + x$,则

$$F'_x = -e^y + 1, \quad F'_y = 1 - xe^y,$$

$$\frac{dy}{dx} = -\frac{F'_x}{F'_y} = -\frac{-e^y + 1}{1 - xe^y} = \frac{e^y - 1}{1 - xe^y}.$$

对于由方程 $F(x, y, z) = 0$ 所确定的二元隐函数 $z = f(x, y)$,如果 $F(x, y, z)$ 在点 (x, y, z) 的某邻域内存在连续的偏导数 $F'_x(x, y, z)$,$F'_y(x, y, z)$,$F'_z(x, y, z)$,且 $F'_z(x, y, z) \neq 0$,则由

$$F(x, y, f(x, y)) \equiv 0,$$

有

$$F'_x(x, y, z) + F'_z(x, y, z) \cdot \frac{\partial z}{\partial x} = 0,$$

$$F'_y(x, y, z) + F'_z(x, y, z) \cdot \frac{\partial z}{\partial y} = 0,$$

得

$$\frac{\partial z}{\partial x} = -\frac{F'_x(x, y, z)}{F'_z(x, y, z)}, \tag{6.14}$$

$$\frac{\partial z}{\partial y} = -\frac{F'_y(x, y, z)}{F'_z(x, y, z)}. \tag{6.15}$$

也可简写为

$$\frac{\partial z}{\partial x} = -\frac{F'_x}{F'_z}, \quad \frac{\partial z}{\partial y} = -\frac{F'_y}{F'_z}.$$

例 7 设方程 $x - yz + \cos(xyz) = 2$ 确定了二元隐函数 $z = f(x, y)$,设 $y + xy\sin(xyz) \neq 0$,求 $\frac{\partial z}{\partial x}, \frac{\partial z}{\partial y}$.

解 设 $F(x, y, z) = x - yz + \cos(xyz) - 2$,则

$$F'_x = 1 - yz\sin(xyz),$$

$$F'_y = -z - xz\sin(xyz),$$

$$F'_z = -y - xy\sin(xyz),$$

$$\frac{\partial z}{\partial x} = -\frac{F'_x}{F'_z} = -\frac{1 - yz\sin(xyz)}{-y - xy\sin(xyz)} = \frac{1 - yz\sin(xyz)}{y + xy\sin(xyz)},$$

$$\frac{\partial z}{\partial y} = -\frac{F'_y}{F'_z} = -\frac{-z - xz\sin(xyz)}{-y - xy\sin(xyz)} = -\frac{z + xz\sin(xyz)}{y + xy\sin(xyz)}.$$

§6.6 二元函数的极值和最值

一、二元函数的极值

前面我们介绍了一元函数的极值,但在现代社会中,如科学研究、工程技术、经济分析、经济管理等方面,经常会遇到多元函数求极值的问题.下面给出二元函数极值的概念.

定义 6.7 设函数 $z=f(x,y)$ 在点 (x_0,y_0) 的某个邻域内有定义,对于该邻域内异于点 (x_0,y_0) 的任何点 (x,y),如果都有

$$f(x,y) < f(x_0,y_0),$$

则称 $f(x_0,y_0)$ 为函数 $f(x,y)$ 的极大值;如果有

$$f(x,y) > f(x_0,y_0),$$

则称 $f(x_0,y_0)$ 为函数 $f(x,y)$ 的极小值.

极大值与极小值统称为极值,使函数取极值的点 (x_0,y_0) 称为函数的极值点.

例如,函数 $z=x^2+y^2$ 在点 $(0,0)$ 处取得极小值 0,因为在点 $(0,0)$ 的任一邻域内,对于不同于点 $(0,0)$ 的任何点 (x,y),其函数值 $f(x,y)$ 均大于零,而在点 $(0,0)$ 处的函数值为 0.见图 6.12.

定理 6.4(极值存在的必要条件) 设函数 $z=f(x,y)$ 在点 (x_0,y_0) 有极值,且函数在该点的一阶偏导数存在,则

$$f'_x(x_0,y_0)=0,\ f'_y(x_0,y_0)=0.$$

证明 由于 $z=f(x,y)$ 在点 (x_0,y_0) 处有极值,所以当 $y=y_0$ 时,一元函数 $z=f(x,y_0)$ 在 $x=x_0$ 处必有极值.根据一元函数极值存在的必要条件,有

$$\left.\frac{\partial z}{\partial x}\right|_{\substack{x=x_0\\y=y_0}} = f'_x(x_0,y_0)=0,$$

同理,有

$$\left.\frac{\partial z}{\partial y}\right|_{\substack{x=x_0\\y=y_0}} = f'_y(x_0,y_0)=0.$$

与一元函数相类似,使偏导数 $f'_x(x_0,y_0)=0,\ f'_y(x_0,y_0)=0$ 同时成立的

点(x_0, y_0)称为$f(x, y)$的驻点.

由定理 6.4 可知,函数具有偏导数的极值点一定是函数的驻点,但是函数的驻点不一定是函数的极值点.

例1 讨论函数 $f(x, y) = y^2 - x^2$ 的极值.

解 由

$$\begin{cases} f'_x(x, y) = -2x = 0, \\ f'_y(x, y) = 2y = 0, \end{cases}$$

得驻点$(0, 0)$,$f(0, 0) = 0$,但当$y = 0, x \neq 0$时,$f(x, 0) = -x^2 < 0$;而当$x = 0, y \neq 0$时$f(0, y) = y^2 > 0$. 因此,$f(0, 0) = 0$不是极值,此函数无极值,见图 6.13.

定理 6.5(极值存在的充分条件) 设函数$z = f(x, y)$在点(x_0, y_0)的邻域内有连续的二阶偏导数,且点(x_0, y_0)为函数$z = f(x, y)$的驻点,记

$$A = f''_{xx}(x_0, y_0), B = f''_{xy}(x_0, y_0), C = f''_{yy}(x_0, y_0).$$

(1) 如果 $B^2 - AC < 0$,且 $A < 0$,则 $f(x_0, y_0)$ 是极大值;

(2) 如果 $B^2 - AC < 0$,且 $A > 0$,则 $f(x_0, y_0)$ 是极小值;

(3) 如果 $B^2 - AC > 0$,则 $f(x_0, y_0)$ 不是极值;

(4) 如果 $B^2 - AC = 0$,则 $f(x_0, y_0)$ 是否为极值需用定义判别.

例2 求函数 $f(x, y) = y^3 - x^2 + 6x - 12y + 5$ 的极值.

解 由

$$\begin{cases} f'_x(x, y) = -2x + 6 = 0, \\ f'_y(x, y) = 3y^2 - 12 = 0, \end{cases}$$

得驻点$(3, 2)$,$(3, -2)$.又因为

$$f''_{xx}(x, y) = -2, f''_{xy}(x, y) = 0, f''_{yy}(x, y) = 6y,$$

列表讨论,见表 6.1.图 6.26 是函数 $f(x, y) = y^3 - x^2 + 6x - 12y + 5$ 的图形.

表 6.1

(x_0, y_0)	A	B	C	$B^2 - AC$	判断 $f(x_0, y_0)$
$(3, 2)$	-2	0	12	24	$f(3, 2)$不是极值
$(3, -2)$	-2	0	-12	-24	$f(3, -2) = 30$ 为极大值

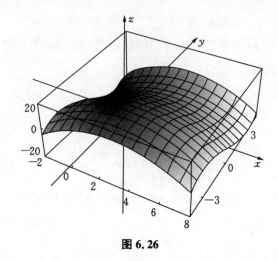

图 6.26

在经济分析中,常遇到求一个二元函数在某一区域 D 上的最大值或最小值问题. 如果函数 $f(x,y)$ 在 D 内具有唯一的驻点,而根据实际问题的性质又可判定它的最大值或最小值存在,那么这个唯一的驻点就是要求的最大值点或最小值点.

例3 某工厂生产 A,B 两种产品,销售单价分别是 10 千元与 9 千元,生产 x 单位的 A 产品与生产 y 单位的 B 产品的总费用是

$$400 + 2x + 3y + 0.01(3x^2 + xy + 3y^2)(千元).$$

求当产品 A,B 的产量各为多少时,能使获得的利润最大?

解 设 $L(x,y)$ 为产品 A,B 分别生产 x 和 y 单位时所得的利润. 因为利润 = 总收入 − 总费用,所以

$$L(x,y) = 10x + 9y - [400 + 2x + 3y + 0.01(3x^2 + xy + 3y^2)]$$
$$= 8x + 6y - 0.01(3x^2 + xy + 3y^2) - 400.$$

$$\begin{cases} L'_x(x,y) = 8 - 0.06x - 0.01y = 0, \\ L'_y(x,y) = 6 - 0.01x - 0.06y = 0, \end{cases}$$

得唯一驻点 $(120, 80)$.

由于该实际问题有最大值,所以当 A 产品生产 120 单位,B 产品生产 80 单位时,所得利润最大,最大利润为 320 千元. 图 6.27 是利润函数

$$L(x,y) = 8x + 6y - 0.01(3x^2 + xy + 3y^2) - 400$$

的图形.

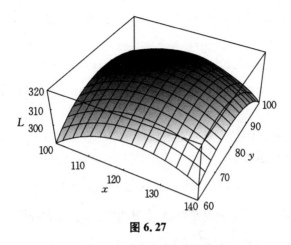

图 6.27

二、条件极值

二元函数的极值一般分为条件极值和无条件极值两种. 前面在讨论函数极值时,对自变量除限定在定义域内取值外,并无其他约束条件,这类极值问题称为无条件极值,简称极值. 如果对自变量除限定在定义域内取值外,还需满足附加条件,这类极值问题称为条件极值.

下面介绍一种求条件极值的常用方法——拉格朗日乘数法.

应用拉格朗日乘数法求函数 $z = f(x, y)$ 在约束条件 $\varphi(x, y) = 0$ 下的极值的基本步骤如下:

(1) 构造拉格朗日函数

$$F(x, y, \lambda) = f(x, y) + \lambda \varphi(x, y),$$

其中 λ 称为拉格朗日乘数.

(2) 求 $F(x, y, \lambda)$ 对 x, y 和 λ 的 3 个一阶偏导数,并令它们为零,得联立方程组

$$\begin{cases} F'_x = f'_x(x, y) + \lambda \varphi'_x(x, y) = 0, \\ F'_y = f'_y(x, y) + \lambda \varphi'_y(x, y) = 0, \\ F'_\lambda = \varphi(x, y) = 0. \end{cases} \quad (6.16)$$

(3) 解方程组 (6.16),求得解 (x_0, y_0, λ_0),其中 (x_0, y_0) 就是函数 $z = f(x, y)$ 在约束条件 $\varphi(x, y) = 0$ 下的可能极值点.

(4) 判定 (x_0, y_0) 是否为极值点. 一般地,可以由具体问题的性质进

行判别.

例 4 某工厂生产两种型号的机床,其产量分别为 x 台和 y 台,成本函数为

$$C(x, y) = x^2 + 2y^2 - xy (万元).$$

若根据市场调查预测,共需这两种机床 8 台,问应如何安排生产,才能使成本最小?

解 此问题可以归结为求成本函数 $C(x, y)$ 在条件 $x+y=8$ 下的最小值. 构造拉格朗日函数

$$F(x, y, \lambda) = x^2 + 2y^2 - xy + \lambda(x+y-8),$$

求 $F(x, y, \lambda)$ 对 x, y, λ 的偏导数,并令其为零,得联立方程组

$$\begin{cases} F'_x = 2x - y + \lambda = 0, \\ F'_y = 4y - x + \lambda = 0, \\ F'_\lambda = x + y - 8 = 0, \end{cases}$$

解得 $\lambda = -7, x = 5, y = 3$.

因为实际问题的最小值存在,所以,点 $(5, 3)$ 是函数 $C(x, y)$ 的最小值点,即当两种型号的机床分别生产 5 台和 3 台时,总成本最小,且最小成本是

$$C(5, 3) = 28 \text{ 万元}.$$

对于条件极值问题,有时也可以从约束条件 $\varphi(x, y) = 0$ 中解出 y,代入 $f(x, y)$,使之成为一元函数的无条件极值问题. 在上例中,由 $x+y=8$ 解出 $y = 8 - x$,代入 $C(x, y)$,得

$$C(x, 8-x) = x^2 + 2(8-x)^2 - x(8-x) = 4x^2 - 40 + 128,$$

这样,就转化为一元函数的无条件极值问题.

三、最小二乘法

多元函数的极值问题应用非常广泛. 在许多问题的研究和分析中,往往要用实验或调查得到的数据建立各个量之间的相互变化关系. 这种关系用数学方程给出的过程叫作建立数学模型. 所得的变量间的解析式,叫作经验公式. 建立经验公式的一个常用方法就是最小二乘法. 我们就两个变量有线性关系的情况说明.

为确定两变量 x 与 y 相依关系,先进行实验或调查获 n 组数据,(x_1, y_1),

(x_2, y_2), ···, (x_n, y_n), 将数据看作直角坐标系 xOy 中的点. 由于 x 和 y 之间存在线性关系, 这 n 个点应该近似地分布在一条直线上. 那么, 能不能用一直线方程 $y = ax + b$ 表示这种线性关系呢? 这是一个由实际向理论推进的过程. 建立尽可能好的方程的过程叫拟合. 我们知道, 一条直线 $y = ax + b$ 不可能经过所有的点 (x_i, y_i), $i = 1, 2, ···, n$, 几乎所有的点均在该直线附近, 点 (x_i, y_i), $i = 1, 2, ···, n$ 和直线 $y = ax + b$ 的垂直距离为 $d_i = |y_i - ax_i - b|$, $i = 1, ···, n$, d_i 为实测值和理论值的误差. 我们的目的是使误差的和达到最小, 即 $\sum_{i=1}^{n} d_i$ 最小. 但是为了计算方便, 取 $s = \sum_{i=1}^{n}(d_i)^2$ 为最小, 效果是一致的, 即求误差的平方和的最小值, 这种方法叫作最小二乘法.

我们可以用二元函数求极值的方法, 求得最佳拟合直线 $y = ax + b$ 的 a 和 b 的值. 步骤如下:

令 $s = \sum_{i=1}^{n}(y_i - ax_i - b)^2$, 令

$$\begin{cases} s'_a = 2\sum_{i=1}^{n}(y_i - ax_i - b)(-x_i) = 0, \\ s'_b = 2\sum_{i=1}^{n}(y_i - ax_i - b)(-1) = 0, \end{cases}$$

整理得
$$\begin{cases} a\sum_{i=1}^{n} x_i^2 + b\sum_{i=1}^{n} x_i = \sum_{i=1}^{n} x_i y_i, \\ a\sum_{i=1}^{n} x_i + nb = \sum_{i=1}^{n} y_i. \end{cases} \tag{6.17}$$

公式(6.17)即为线性拟合的经验公式. 这是一个二元一次方程组, 可以解得 a 和 b 值, 获得拟合直线 $y = ax + b$.

例 5 如两个相依的量 x 和 y, 经 4 次测试的数据为 $(1, 2)$, $(2, 4)$, $(3, 7)$, $(4, 9)$, 试建立变量 y 依赖 x 的线性关系.

解 由公式(6.17), 先行计算

$$\sum_{i=1}^{n} x_i = 1 + 2 + 3 + 4 = 10,$$

$$\sum_{i=1}^{n} x_i^2 = 1 + 4 + 9 + 16 = 30,$$

$$\sum_{i=1}^{n} y_i = 2+4+7+9 = 22,$$

$$\sum_{i=1}^{n} x_i y_i = 2+8+21+36 = 61,$$

即
$$\begin{cases} 30a+10b = 61, \\ 10a+4b = 22, \end{cases}$$

解得 $a = 1.2, b = 2.5$.

拟合直线为 $y = 1.2x + 2.5$.

最小二乘法可以用于拟合各种曲线. 常用的方法是将非线性的函数关系转换成线性函数. 例如,数据组 (x_i, y_i), $i = 1, 2, \cdots, n$ 的点的分布类似反比例函数 $y = \dfrac{1}{ax+b}$, 可令 $y_i = \dfrac{1}{u_i}$, 得 $u = ax + b$. 同样, $y = be^{ax}$ 可取对数得 $\ln y = \ln b + ax$, 令 $\ln y_i = u_i$, $\ln b = B$ 得 $u = ax + B$.

我们依最小二乘法获得直线方程后,将变量反转换即可获得所需之曲线方程.

§6.7 二 重 积 分

本节将把一元函数定积分的概念推广到二元函数的二重积分. 我们从求曲顶柱体的体积这个具体问题出发,讨论二元函数积分学.

一、二重积分的概念

先讨论计算曲顶柱体的体积问题.

设函数 $z = f(x, y)$ 在有界闭区域 D 上连续,且 $f(x, y) \geqslant 0$. 过区域 D 边界上每一点,作平行于 z 轴的直线,这些直线构成一个曲面,称此曲面为由边界产生的柱面. 所谓曲顶柱体是指以曲面 $z = f(x, y)$ 为顶,以区域 D 为底,以 D 的边界产生的柱面为侧面所围成的立体(见图 6.28),现求这个曲顶柱体的体积 V.

下面我们仿照求曲边梯形面积的方法来求曲顶柱体的体积.

(1) 分割. 把区域 D 任意分割成 n 个小区域

$$\Delta\sigma_1, \Delta\sigma_2, \cdots, \Delta\sigma_n,$$

且以 $\Delta\sigma_i$ 表示第 i 个小区域的面积,这样就把曲顶柱体分成 n 个小曲顶柱体. 以 ΔV_i 表示以 $\Delta\sigma_i$ 为底的第 i 个小曲顶柱体的体积,$i = 1, 2, \cdots, n$,则

$$V = \sum_{i=1}^{n} \Delta V_i.$$

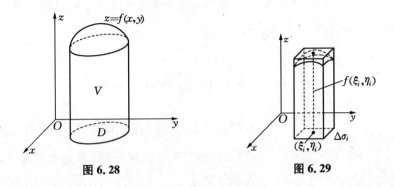

图 6.28   图 6.29

(2) 作近似. 在每个小区域 $\Delta\sigma_i (i = 1, 2, \cdots, n)$ 上任取一点 (ξ_i, η_i),并以值 $f(\xi_i, \eta_i)$ 为高,$\Delta\sigma_i$ 为底的平顶柱体的体积 $f(\xi_i, \eta_i)\Delta\sigma_i$ 作为 ΔV_i 的近似值(见图 6.29),即

$$\Delta V_i \approx f(\xi_i, \eta_i)\Delta\sigma_i.$$

(3) 求和. 把这 n 个小平顶柱体的体积相加,就得到所求的曲顶柱体体积 V 的近似值,即

$$V = \sum_{i=1}^{n} \Delta V_i \approx \sum_{i=1}^{n} f(\xi_i, \eta_i)\Delta\sigma_i.$$

(4) 取极限. 当区域 D 分得越细,则上式右端的和式就越接近于曲顶柱体的体积 V. 用 d_i 表示小区域 $\Delta\sigma_i$ 上任意两点间的最大距离,称为该小区域的直径,令 $d = \max\{d_1, d_2, \cdots, d_n\}$.

如果 d 趋向于 0 时,上述和式的极限存在,则这个极限值就是所求的曲顶柱体的体积 V,即

$$V = \lim_{d \to 0} \sum_{i=1}^{n} f(\xi_i, \eta_i)\Delta\sigma_i.$$

由此我们引入二重积分的概念.

定义 6.8 设 $z = f(x, y)$ 是定义在闭区域 D 上的有界二元函数,将区域 D 任意分割成 n 个小区域 $\Delta\sigma_1, \Delta\sigma_2, \cdots, \Delta\sigma_n$,并以 $\Delta\sigma_i$ 表示第 i 个小区域的面

积,在每个小区域 $\Delta\sigma_i$ 上任取一点(ξ_i, η_i),d_i 为区域 $\Delta\sigma_i$ 的直径 $(i=1, 2, \cdots, n)$. 作和式

$$\sum_{i=1}^{n} f(\xi_i, \eta_i)\Delta\sigma_i,$$

如果 $d=\max\{d_1, d_2, \cdots, d_n\}$ 趋于 0 时,这个和式的极限存在,且与小区域的分割及点(ξ_i, η_i)的选取无关,则称此极限值为函数 $z=f(x, y)$ 在区域 D 上的二重积分,记作 $\iint\limits_{D} f(x, y)\mathrm{d}\sigma$,即

$$\iint\limits_{D} f(x, y)\mathrm{d}\sigma = \lim_{d \to 0} \sum_{i=1}^{n} f(\xi_i, \eta_i)\Delta\sigma_i,$$

其中,$f(x, y)$ 称为被积函数,"$\iint$"称为二重积分符号,D 称为积分区域,$\mathrm{d}\sigma$ 称为面积元素,x, y 称为积分变量.

在直角坐标系中我们采用平行于 x 轴和 y 轴的直线分割 D,见图 6.30. 于是小区域的面积为

$$\Delta\sigma_i = \Delta x_i \Delta y_i \quad (i=1, 2, \cdots, n),$$

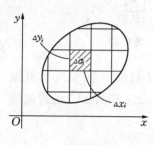

图 6.30

所以在直角坐标系中,有时也把面积元素 $\mathrm{d}\sigma$ 记作 $\mathrm{d}x\mathrm{d}y$,于是二重积分可记为

$$\iint\limits_{D} f(x, y)\mathrm{d}\sigma = \iint\limits_{D} f(x, y)\mathrm{d}x\mathrm{d}y.$$

二、二重积分的性质

二重积分与一元函数的定积分具有相应的性质,下面论及的函数均假定在 D 上可积.

性质 6.1 常数因子可提到积分号外面. 即

$$\iint\limits_{D} kf(x, y)\mathrm{d}\sigma = k\iint\limits_{D} f(x, y)\mathrm{d}\sigma \quad (k \text{ 为常数}).$$

性质 6.2 函数代数和的积分等于各个函数积分的代数和,

$$\iint\limits_{D} [f(x, y) \pm g(x, y)]\mathrm{d}\sigma = \iint\limits_{D} f(x, y)\mathrm{d}\sigma \pm \iint\limits_{D} g(x, y)\mathrm{d}\sigma.$$

性质 6.3 若区域 D 被一连续曲线分成 D_1 和 D_2（见图 6.31），则

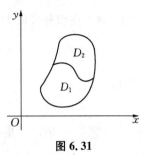

图 6.31

$$\iint_D f(x,y)d\sigma = \iint_{D_1} f(x,y)d\sigma + \iint_{D_2} f(x,y)d\sigma.$$

性质 6.4 若在区域 D 上，有 $f(x,y) \leqslant g(x,y)$，则

$$\iint_D f(x,y)d\sigma \leqslant \iint_D g(x,y)d\sigma.$$

特别地，因为

$$-|f(x,y)| \leqslant f(x,y) \leqslant |f(x,y)|,$$

所以

$$\left|\iint_D f(x,y)d\sigma\right| \leqslant \iint_D |f(x,y)|d\sigma.$$

性质 6.5 若在区域 D 上有，$f(x,y)=1$，S 是 D 的面积，则

$$\iint_D d\sigma = S.$$

性质 6.6 设 M, m 分别是函数 $f(x,y)$ 在闭区域 D 上的最大值与最小值，S 是 D 的面积，

$$mS \leqslant \iint_D f(x,y)d\sigma \leqslant MS.$$

性质 6.7（二元函数的积分中值定理） 设函数 $f(x,y)$ 在闭区域 D 上连续，S 是区域 D 的面积，则在 D 上至少存在一点 (ξ, η)，使得

$$\iint_D f(x,y)d\sigma = f(\xi, \eta)S.$$

积分中值定理的几何意义是：在区域 D 上以曲面 $z=f(x,y)(\geqslant 0)$ 为顶的曲顶柱体的体积，等于区域 D 上以某一点 (ξ, η) 的函数值 $f(\xi, \eta)$ 为高的平顶柱体的体积.

例 1 比较二重积分 $\iint_D e^{x+y}d\sigma$ 与 $\iint_D e^{(x+y)^2}d\sigma$ 的大小. D 由 $x=0$，$y=0$，$x+y=1$ 所围.

解 在积分区域 D 内,$0 \leqslant x+y \leqslant 1$,所以

$$(x+y)^2 \leqslant x+y, \quad e^{(x+y)^2} \leqslant e^{(x+y)},$$

所以

$$\iint_D e^{(x+y)^2} d\sigma < \iint_D e^{(x+y)} d\sigma.$$

例 2 估计二重积分 $\iint_D (3+x^2+y^2) d\sigma$ 的值,$D: x^2+y^2 \leqslant 4$.

解 在积分区域 D 内,被积函数 $3 \leqslant (3+x^2+y^2) \leqslant 7$,积分区域 D 的面积为 4π,所以

$$3 \cdot 4\pi \leqslant \iint_D (3+x^2+y^2) d\sigma \leqslant 7 \cdot 4\pi,$$

$$12\pi \leqslant \iint_D (3+x^2+y^2) d\sigma \leqslant 28\pi.$$

三、二重积分的计算

二重积分的计算,可以归结为化二重积分为两个有序的定积分,即二次积分.

1. 利用直角坐标计算二重积分

若积分区域 D 可以表示为

$$D = \{(x, y) \mid a \leqslant x \leqslant b, \varphi_1(x) \leqslant y \leqslant \varphi_2(x)\},$$

其中 $\varphi_1(x), \varphi_2(x)$ 在 $[a, b]$ 上连续,并且直线 $x = x_0 (a \leqslant x_0 \leqslant b)$ 与区域 D 的边界最多交于两点,则称 D 为 x-型区域(见图 6.32).

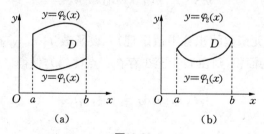

图 6.32

若积分区域 D 可以表示为

$$D = \{(x, y) \mid \psi_1(y) \leqslant x \leqslant \psi_2(y), c \leqslant y \leqslant d\},$$

其中 $\psi_1(y), \psi_2(y)$ 在 $[c, d]$ 上连续,并且直线 $y = y_0 (c \leqslant y_0 \leqslant d)$ 与区域 D 的边界最多交于两点,则称 D 为 y-型区域(见图 6.33).

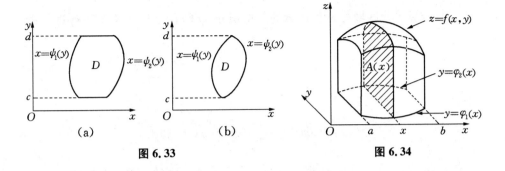

图 6.33　　　　　　　　　图 6.34

首先讨论积分区域为 x-型区域的二重积分 $\iint\limits_D f(x, y)\mathrm{d}x\mathrm{d}y$ 的计算.

由二重积分的几何意义,当 $f(x, y) \geqslant 0$ 时,二重积分 $\iint\limits_D f(x, y)\mathrm{d}x\mathrm{d}y$ 是区域 D 上的以曲面 $z = f(x, y)$ 为顶的曲顶柱体的体积 V(见图 6.34).

在区间 $[a, b]$ 上任取一点 x,过 x 作平面平行于 yOz 面,则此平面与曲顶柱体的截面是一个以区间 $[\varphi_1(x), \varphi_2(x)]$ 为底,曲线 $z = f(x, y)$(对固定的 x,z 是 y 的一元函数)为曲边的曲边梯形(图 6.34 阴影部分),其面积为

$$A(x) = \int_{\varphi_1(x)}^{\varphi_2(x)} f(x, y)\mathrm{d}y,$$

根据平行截面面积为已知的立体体积公式,所求曲顶柱体的体积为

$$V = \int_a^b A(x)\mathrm{d}x = \int_a^b \left[\int_{\varphi_1(x)}^{\varphi_2(x)} f(x, y)\mathrm{d}y\right]\mathrm{d}x,$$

于是有

$$\iint\limits_D f(x, y)\mathrm{d}x\mathrm{d}y = \int_a^b \left[\int_{\varphi_1(x)}^{\varphi_2(x)} f(x, y)\mathrm{d}y\right]\mathrm{d}x, \tag{6.18}$$

或写成

$$\iint\limits_D f(x, y)\mathrm{d}x\mathrm{d}y = \int_a^b \mathrm{d}x \int_{\varphi_1(x)}^{\varphi_2(x)} f(x, y)\mathrm{d}y. \tag{6.19}$$

右端的积分称为二次积分.

这样,二重积分就可通过求二次定积分进行计算,第一次计算积分 $\int_{\varphi_1(x)}^{\varphi_2(x)} f(x, y)\mathrm{d}y$ 把 x 看成常数,y 是积分变量;第二次计算积分时,把 x 看成积分变量.这种计算方法称为先对 y 后对 x 的二次积分.

同理,对积分区域为 y-型区域的二重积分 $\iint\limits_{D} f(x,y)dxdy$ 有如下计算公式:

$$\iint\limits_{D} f(x,y)dxdy = \int_c^d \left[\int_{\psi_1(y)}^{\psi_2(y)} f(x,y)dx\right]dy, \quad (6.20)$$

或写成

$$\iint\limits_{D} f(x,y)dxdy = \int_c^d dy \int_{\psi_1(y)}^{\psi_2(y)} f(x,y)dx, \quad (6.21)$$

即将二重积分化为先对 x 后对 y 的二次积分.

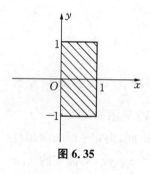

图 6.35

例 3 计算二重积分 $\iint\limits_{D} x^2 y^{\frac{2}{3}} dxdy$,其中积分区域 D 为矩形区域 $0 \leqslant x \leqslant 1, -1 \leqslant y \leqslant 1$.

解 由于矩形区域既是 x-型区域又是 y-型区域(见图 6.35),因此,矩形区域上的二重积分一般既可化为先 y 后 x 的二次积分,也可化为先 x 后 y 的二次积分,则

$$\iint\limits_{D} x^2 y^{\frac{2}{3}} dxdy = \int_0^1 dx \int_{-1}^1 x^2 y^{\frac{2}{3}} dy = \int_0^1 x^2 \left[\frac{3}{5} y^{\frac{5}{3}}\right]_{-1}^1 dx = \int_0^1 \frac{6}{5} x^2 dx = \frac{2}{5},$$

或

$$\iint\limits_{D} x^2 y^{\frac{2}{3}} dxdy = \int_{-1}^1 dy \int_0^1 x^2 y^{\frac{2}{3}} dx = \int_{-1}^1 y^{\frac{2}{3}} \left[\frac{1}{3} x^3\right]_0^1 dx = \int_{-1}^1 \frac{1}{5} y^{\frac{5}{3}} dx = \frac{2}{5}.$$

例 4 计算二重积分 $\iint\limits_{D} (x^2 - 2y)dxdy$,其中区域 D 是由直线 $y = x$, $y = \dfrac{x}{2}, y = 1$ 和 $y = 2$ 围成.

解 作出区域 D 的草图(见图 6.36(a)). $D = \{(x,y) \mid y \leqslant x \leqslant 2y, 1 \leqslant y \leqslant 2\}$ 是 y-型区域. 二重积分可化为先 x 后 y 的二次积分,即

$$\iint\limits_{D} (x^2 - 2y)dxdy = \int_1^2 dy \int_y^{2y} (x^2 - 2y)dx$$

$$= \int_1^2 \left[\frac{1}{3} x^3 - 2yx\right]_y^{2y} dy = \int_1^2 \left[\frac{7}{3} y^3 - 2y^2\right] dy$$

$$= \left[\frac{7}{12} y^4 - \frac{2}{3} y^3\right]_1^2 = \frac{49}{12} = 4\frac{1}{12}.$$

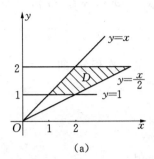
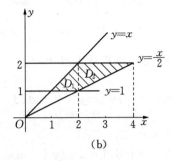

(a)   (b)

图 6.36

如果用直线 $x=2$ 将区域 D 分割成两个区域 D_1 和 D_2(见图 6.36(b)),其中 $D_1=\{(x,y)\mid 1\leqslant x\leqslant 2,1\leqslant y\leqslant x\}$,$D_2=\left\{(x,y)\mid 2\leqslant x\leqslant 4,\dfrac{x}{2}\leqslant y\leqslant 2\right\}$ 都是 x-型区域. 二重积分也可化为先 y 后 x 的二次积分,即

$$\iint\limits_{D}(x^2-2y)\mathrm{d}x\mathrm{d}y=\iint\limits_{D_1}(x^2-2y)\mathrm{d}x\mathrm{d}y+\iint\limits_{D_2}(x^2-2y)\mathrm{d}x\mathrm{d}y$$

$$=\int_1^2\mathrm{d}x\int_1^x(x^2-2y)\mathrm{d}y+\int_2^4\mathrm{d}x\int_{\frac{x}{2}}^2(x^2-2y)\mathrm{d}y$$

$$=\int_1^2[x^2y-y^2]_1^x\mathrm{d}x+\int_2^4[x^2y-y^2]_{\frac{x}{2}}^2\mathrm{d}x$$

$$=\int_1^2[x^3-2x^2+1]\mathrm{d}x+\int_2^4\left[\dfrac{9}{4}x^2-\dfrac{1}{2}x^3-4\right]\mathrm{d}x$$

$$=\left[\dfrac{1}{4}x^4-\dfrac{2}{3}x^3+x\right]_1^2+\left[\dfrac{3}{4}x^3-\dfrac{1}{8}x^4-4x\right]_2^4$$

$$=\dfrac{49}{12}=4\dfrac{1}{12}.$$

例 5 计算二重积分 $\iint\limits_{D}xy\mathrm{d}x\mathrm{d}y$,其中区域 D 由直线 $y=x-2$ 及抛物线 $y^2=x$ 所围成.

解 作出区域 D 的草图(见图 6.37(a)). 如果按公式(6.18)计算,需要用直线 $x=1$ 将区域 D 分割成两个区域 D_1 和 D_2,其中

$$D_1 = \{(x, y) \mid 0 \leqslant x \leqslant 1, -\sqrt{x} \leqslant y \leqslant \sqrt{x}\},$$
$$D_2 = \{(x, y) \mid 1 \leqslant x \leqslant 4, x-2 \leqslant y \leqslant \sqrt{x}\}$$

都是 x-型区域. 二重积分也可化为先 y 后 x 的二次积分, 即

$$\iint_D xy\,dx\,dy = \iint_{D_1} xy\,dx\,dy + \iint_{D_2} xy\,dx\,dy$$

$$= \int_0^1 dx \int_{-\sqrt{x}}^{\sqrt{x}} xy\,dy + \int_1^4 dx \int_{x-2}^{\sqrt{x}} xy\,dy$$

$$= \int_0^1 \left[\frac{1}{2}xy^2\right]_{-\sqrt{x}}^{\sqrt{x}} dx + \int_1^4 \left[\frac{1}{2}xy^2\right]_{x-2}^{\sqrt{x}} dx$$

$$= 0 + \int_1^4 \frac{1}{2}x[x-(x-2)^2]dx = \int_1^4 \frac{1}{2}[-x^3+5x^2-4x]dx$$

$$= \frac{45}{8} = 5\frac{5}{8}.$$

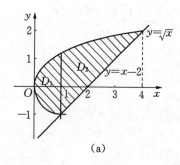 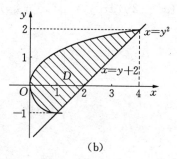

(a) (b)

图 6.37

积分区域 $D = \{(x, y) \mid y^2 \leqslant x \leqslant y+2, -1 \leqslant y \leqslant 2\}$ 是 y-型区域 (见图 6.37(b)), 二重积分可化为先 x 后 y 的二次积分, 即

$$\iint_D xy\,dx\,dy = \int_{-1}^2 dy \int_{y^2}^{y+2} xy\,dx = \int_{-1}^2 \left[\frac{1}{2}yx^2\right]_{y^2}^{y+2} dy$$

$$= \int_{-1}^2 \frac{1}{2}y[(y+2)^2 - y^4]dy$$

$$= \int_{-1}^2 \frac{1}{2}[y^3+4y^2+4y-y^5]dy = \frac{45}{8} = 5\frac{5}{8}.$$

例 6 计算二重积分 $I = \iint_D x^2 e^{-y^2} dxdy$,其中 D 是由直线 $x=0$,$y=1$ 及 $y=x$ 所围成的区域(见图 6.38).

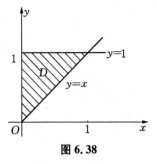

图 6.38

解 如图 6.38 所示,区域 D 既是 x-型,也是 y-型.若把二重积分化为先对 x 后对 y 的二次积分,则区域 D 为

$$D = \{(x, y) \mid 0 \leqslant x \leqslant y, 0 \leqslant y \leqslant 1\},$$

从而

$$I = \iint_D x^2 e^{-y^2} dxdy = \int_0^1 dy \int_0^y x^2 e^{-y^2} dx$$

$$= \int_0^1 \left[\frac{1}{3} x^3 e^{-y^2}\right]_0^y dy = \frac{1}{3} \int_0^1 y^3 e^{-y^2} dy$$

$$= -\frac{1}{6} \int_0^1 y^2 d(e^{-y^2})$$

$$= -\frac{1}{6} \left([y^2 e^{-y^2}]_0^1 - \int_0^1 e^{-y^2} d(y^2)\right)$$

$$= \frac{1}{6} - \frac{1}{3e}.$$

若把二重积分化为先对 y 后对 x 的二次积分,则区域 D 为

$$D = \{(x, y) \mid 0 \leqslant x \leqslant 1, x \leqslant y \leqslant 1\},$$

从而

$$I = \iint_D x^2 e^{-y^2} dxdy = \int_0^1 dx \int_x^1 x^2 e^{-y^2} dy.$$

由于函数 e^{-y^2} 的原函数不能用初等函数表示,因此,这个二次积分无法进行.

此例说明,二重积分的计算不但要考虑积分区域 D 的类型,而且要结合被积函数选择一种既能容易积分,又较为简便的积分顺序.

例 7 交换二次积分的次序 $\int_0^1 dx \int_{x^2}^x f(x, y) dy$.

解 由所给的二次积分,可得积分区域 D 为

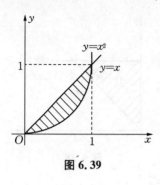

图 6.39

$$D = \{(x,y) \mid 0 \leqslant x \leqslant 1, x^2 \leqslant y \leqslant x\},$$

画出区域 D(见图 6.39).

改变积分次序,即化为先对 x 而后对 y 的二次积分.此时积分区域 D 为

$$D = \{(x,y) \mid 0 \leqslant y \leqslant 1, y \leqslant x \leqslant \sqrt{y}\},$$

则

$$\int_0^1 dx \int_{x^2}^x f(x,y) dy = \int_0^1 dy \int_y^{\sqrt{y}} f(x,y) dy.$$

2. 利用极坐标计算二重积分

设函数 $z = f(x,y)$ 在闭区域 D 上连续,下面我们讨论如何利用极坐标计算二重积分 $\iint\limits_D f(x,y) dxdy$.

将极点与直角坐标系的原点重合,极轴与 x 轴正方向重合.设点 P 的直角坐标为 (x,y),极坐标为 (r,θ),见图 6.40,则两者的关系为

$$x = r\cos\theta, \quad y = r\sin\theta,$$

从而函数 $z = f(x,y)$ 在 (x,y) 处的函数值用极坐标 (r,θ) 表示为 $f(r\cos\theta, r\sin\theta)$.

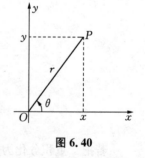

图 6.40

如果 $f(x,y) \geqslant 0$,从原点 O 出发,通过区域 D 内的射线与 D 的边界至多有两个交点.考虑以曲面 $z = f(x,y)$ 为顶、以区域 D 为底、以侧面为柱面的曲顶柱体体积.由本章第一节知道,该曲顶柱体体积 $V = \iint\limits_D f(x,y) dxdy$.

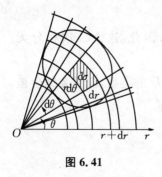

图 6.41

现在,用一族以极点(即原点)为中心的同心圆和以一族以极点为顶点的射线将区域 D 分割成许多小区域(见图 6.41),从而得到许多小曲顶柱体.

以 $d\sigma$ 为底(见图 6.41)、以 $f(x,y) = f(r\cos\theta, r\sin\theta)$ 为高的小平顶柱体是这些小曲顶柱体体积近似的代表形式.小区域面积 $d\sigma$ 很小,可以近似地看作边长为 $rd\theta$, dr 的小矩形面积,从而这个小平顶柱体的体积为

$$f(r\cos\theta,\ r\sin\theta)r\mathrm{d}r\mathrm{d}\theta,$$

所以,这个曲顶柱体的体积为

$$\iint\limits_{D} f(r\cos\theta,\ r\sin\theta)r\mathrm{d}r\mathrm{d}\theta,$$

即

$$\iint\limits_{D} f(x,\ y)\mathrm{d}x\mathrm{d}y = \iint\limits_{D} f(r\cos\theta,\ r\sin\theta)r\mathrm{d}r\mathrm{d}\theta. \tag{6.22}$$

(6.22)式是将直角坐标系下的二重积分化为极坐标系下的二重积分的计算公式. 计算极坐标系下的二重积分,也是将它化为先对 r 积分,再对 θ 积分的二次积分. 根据积分区域的具体特点分以下几种情形.

(1) 极点 O 在区域 D 的外部,见图 6.42,即

$$D = \{(r,\ \theta)\ |\ \alpha \leqslant \theta \leqslant \beta,\ r_1(\theta) \leqslant r \leqslant r_2(\theta)\},$$

则

$$\iint\limits_{D} f(r\cos\theta,\ r\sin\theta)r\mathrm{d}r\mathrm{d}\theta = \int_{\alpha}^{\beta}\mathrm{d}\theta\int_{r_1(\theta)}^{r_2(\theta)} f(r\cos\theta,\ r\sin\theta)r\mathrm{d}r.$$

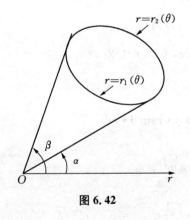

图 6.42

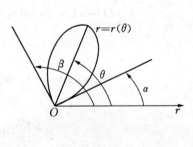

图 6.43

(2) 极点 O 在区域 D 的边界上,见图 6.43,即

$$D = \{(r,\ \theta)\ |\ \alpha \leqslant \theta \leqslant \beta,\ 0 \leqslant r \leqslant r(\theta)\},$$

则

$$\iint\limits_{D} f(r\cos\theta,\ r\sin\theta)r\mathrm{d}r\mathrm{d}\theta = \int_{\alpha}^{\beta}\mathrm{d}\theta\int_{0}^{r(\theta)} f(r\cos\theta,\ r\sin\theta)r\mathrm{d}r.$$

(3) 极点 O 在区域 D 的内部,见图 6.44,即
$$D = \{(r, \theta) \mid 0 \leqslant \theta \leqslant 2\pi, 0 \leqslant r \leqslant r(\theta)\},$$
则
$$\iint_D f(r\cos\theta, r\sin\theta)r\mathrm{d}r\mathrm{d}\theta = \int_0^{2\pi}\mathrm{d}\theta\int_0^{r(\theta)} f(r\cos\theta, r\sin\theta)r\mathrm{d}r.$$

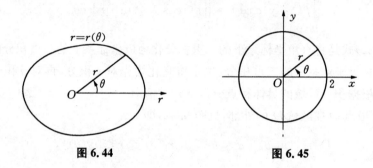

图 6.44　　　　　图 6.45

例 8 利用极坐标计算二重积分 $\iint_D xy\mathrm{d}x\mathrm{d}y$,其中 D 为 $x^2 + y^2 \leqslant 4$ 所确定的区域.

解 积分区域 D 的极坐标形式(见图 6.45)为
$$D = \{(r, \theta) \mid 0 \leqslant \theta \leqslant 2\pi, 0 \leqslant r \leqslant 2\},$$
则
$$\iint_D xy\mathrm{d}x\mathrm{d}y = \int_0^{2\pi}\mathrm{d}\theta\int_0^2 r\cos\theta \cdot r\sin\theta \cdot r\mathrm{d}r$$
$$= \int_0^{2\pi}\sin\theta\cos\theta\mathrm{d}\theta\int_0^2 r^3\mathrm{d}r$$
$$= \left[\frac{\sin^2\theta}{2}\right]_0^{2\pi} \cdot \left[\frac{1}{4}r^4\right]_0^2 = 0.$$

例 9 利用极坐标计算二重积分 $\iint_D \sqrt{x^2 + y^2}\mathrm{d}x\mathrm{d}y$,其中 D 为 $x^2 + y^2 \leqslant 2y$ 所确定的区域(见图 6.46).

解 圆 $x^2 + y^2 = 2y$ 的极坐标方程是 $r = 2\sin\theta$,区域 D 的极坐标形式为
$$D = \{(r, \theta) \mid 0 \leqslant \theta \leqslant \pi, 0 \leqslant r \leqslant 2\sin\theta\},$$

所以

$$\iint_D \sqrt{x^2+y^2}\,\mathrm{d}x\mathrm{d}y = \iint_D r \cdot r\mathrm{d}r\mathrm{d}\theta = \int_0^\pi \mathrm{d}\theta \int_0^{2\sin\theta} r^2\,\mathrm{d}r$$

$$= \int_0^\pi \left[\frac{1}{3}r^3\right]_0^{2\sin\theta}\mathrm{d}\theta = \frac{8}{3}\int_0^\pi \sin^3\theta\mathrm{d}\theta$$

$$= -\frac{8}{3}\int_0^\pi (1-\cos^2\theta)\mathrm{d}\cos\theta = \frac{32}{9}.$$

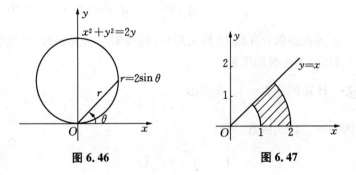

图 6.46   图 6.47

例 10 计算二重积分 $\iint_D \sin\sqrt{x^2+y^2}\,\mathrm{d}x\mathrm{d}y$，其中 D 为 $x^2+y^2=1$ 和圆 $x^2+y^2=4$ 与直线 $y=x$，$y=0$ 所围成的在第一象限内的区域(见图 6.47).

解 区域 D 的极坐标形式为

$$D = \left\{(r,\theta)\,\Big|\,0\leqslant\theta\leqslant\frac{\pi}{4},\,1\leqslant r\leqslant 2\right\},$$

所以

$$\iint_D \sin\sqrt{x^2+y^2}\,\mathrm{d}x\mathrm{d}y = \iint_D \sin r \cdot r\mathrm{d}r\mathrm{d}\theta = \int_0^{\frac{\pi}{4}}\mathrm{d}\theta\int_1^2 r\sin r\mathrm{d}r$$

$$= \frac{\pi}{4}\left[-r\cos r\,|_1^2 + \int_1^2 \cos r\mathrm{d}r\right]$$

$$= \frac{\pi}{4}\left[\cos 1 - 2\cos 2 + \sin r\,|_1^2\right]$$

$$= \frac{\pi}{4}\left[\cos 1 - 2\cos 2 + \sin 2 - \sin 1\right].$$

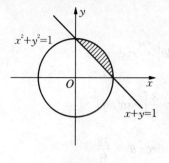

图 6.48

例 11 化二次积分 $\int_0^1 dx \int_{1-x}^{\sqrt{1-x^2}} f(x, y) dy$ 为极坐标形式的二次积分.

解 由 $x=1$, $x=0$, $y=1-x$, $y=\sqrt{1-x^2}$ 可得积分区域如图 6.48 所示,则

$$\theta: \text{由 } 0 \text{ 至 } \frac{\pi}{2}; \quad r: \text{由 } \frac{1}{\cos\theta+\sin\theta} \text{ 至 } 1.$$

可得极坐标形式的二次积分为

$$\int_0^{\frac{\pi}{2}} d\theta \int_{\frac{1}{\sin\theta+\cos\theta}}^1 f(r\cos\theta, r\sin\theta) r dr.$$

如果二元函数的积分区域 D 是无界的,则类似于一元函数,可以定义二元函数的广义积分. 下面举例说明.

例 12 计算积分 $I = \int_{-\infty}^{+\infty} e^{-\frac{x^2}{2}} dx$.

解 因为 $e^{-\frac{x^2}{2}}$ 是偶函数,所以

$$I = 2\int_0^{+\infty} e^{-\frac{x^2}{2}} dx,$$

即 $\int_0^{+\infty} e^{-\frac{x^2}{2}} dx = \frac{I}{2}$.

设二重积分 $H = \iint_D e^{-\frac{x^2+y^2}{2}} dxdy$, 其中

$$D = \{(x, y) \mid 0 \leqslant x < +\infty, 0 \leqslant y < +\infty\}.$$

即积分区域 D 是平面直角坐标系中的第一象限(见图 6.49).

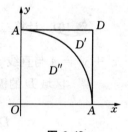

图 6.49

设 $D' = \{(x, y) \mid 0 \leqslant x < A, 0 \leqslant y < A\}$, 则

$$H = \iint_D e^{-\frac{x^2+y^2}{2}} dxdy = \lim_{A \to +\infty} \iint_{D'} e^{-\frac{x^2+y^2}{2}} dxdy$$

$$= \lim_{A \to +\infty} \left[\int_0^A e^{-\frac{x^2}{2}} dx \int_0^A e^{-\frac{y^2}{2}} dy\right] = \lim_{A \to +\infty} \int_0^A e^{-\frac{x^2}{2}} dx \lim_{A \to +\infty} \int_0^A e^{-\frac{y^2}{2}} dy$$

$$= \int_0^{+\infty} e^{-\frac{x^2}{2}} dx \cdot \int_0^{+\infty} e^{-\frac{y^2}{2}} dy = \left[\int_0^{+\infty} e^{-\frac{x^2}{2}} dx\right]^2 = \frac{I^2}{4}.$$

在极坐标系下,设
$$D'' = \left\{(r, \theta) \mid 0 \leqslant \theta \leqslant \frac{\pi}{2},\ 0 \leqslant r \leqslant A\right\},$$
则
$$H = \iint\limits_{D} e^{-\frac{x^2+y^2}{2}} dx dy = \lim_{A \to +\infty} \iint\limits_{D''} e^{-\frac{r^2}{2}} r dr d\theta.$$
而
$$\iint\limits_{D''} e^{-\frac{r^2}{2}} r dr d\theta = \int_0^{\frac{\pi}{2}} d\theta \int_0^A e^{-\frac{r^2}{2}} r dr$$
$$= \frac{\pi}{2} \int_0^A e^{-\frac{r^2}{2}} r dr = \frac{\pi}{4} \int_0^A e^{-\frac{r^2}{2}} dr^2$$
$$= -\frac{\pi}{2} e^{-\frac{r^2}{2}} \Big|_0^A = \frac{\pi}{2} \left(1 - e^{-\frac{A^2}{2}}\right).$$
所以
$$H = \iint\limits_{D} e^{-\frac{x^2+y^2}{2}} dx dy = \lim_{A \to +\infty} \iint\limits_{D''} e^{-\frac{r^2}{2}} r dr d\theta = \lim_{A \to +\infty} \frac{\pi}{2}\left(1 - e^{-\frac{A^2}{2}}\right) = \frac{\pi}{2}.$$
即 $\dfrac{I^2}{4} = \dfrac{\pi}{2}$,所以
$$I = \int_{-\infty}^{+\infty} e^{-\frac{x^2}{2}} dx = \sqrt{2\pi}.$$

利用本例的结果,可得到概率统计中标准正态分布 $N(0, 1)$ 的密度函数 $\varphi(x) = \dfrac{1}{\sqrt{2\pi}} e^{-\frac{x^2}{2}}$ 的重要性质:
$$\int_{-\infty}^{+\infty} \frac{1}{\sqrt{2\pi}} e^{-\frac{x^2}{2}} dx = 1.$$

数学家简介

莱 布 尼 兹

莱布尼兹(Gottfriend Wilhelm Leibniz, 1646—1716)是 17 世纪、18 世纪之交德国最重要的数学家、物理学家和哲学家,一个举世罕见的科学天才,和牛顿同为微积分的创建人. 他博览群书,涉猎百科,对丰富人类的科学知识宝库做出了不可磨灭的贡献.

1646年7月1日,莱布尼兹出生于德国东部莱比锡,15岁的莱布尼兹进入莱比锡大学.17岁,获学士学位.20岁,莱布尼兹向莱比锡大学提交了博士论文"论身份".22岁,阿尔特多夫大学授予他法学博士学位,还聘请他为法学教授.

17世纪下半叶,建立在函数与极限概念基础上的微积分理论应运而生了.1665年牛顿创始了微积分,莱布尼兹在1673～1676年间也发表了微积分思想的论著.

在他俩以前,微分和积分作为两种数学运算、两类数学问题,是分别地加以研究的.卡瓦列里、巴罗、沃利斯等人得到了一系列求面积(积分)、求切线斜率(导数)的重要结果,但这些结果都是孤立的,不连贯的.

只有莱布尼兹和牛顿将积分和微分真正沟通起来,明确地找到了两者内在的直接联系:微分和积分是互逆的两种运算,而这是微积分建立的关键所在.只有确立了这一基本关系,才能在此基础上构建系统的微积分学.并从对各种函数的微分和求积公式中,总结出共同的算法程序,使微积分方法普遍化,发展成用符号表示的微积分运算法则.因此,微积分"是牛顿和莱布尼兹大体上完成的,但不是由他们发明的".

然而关于微积分创立的优先权,在数学史上曾掀起了一场激烈的争论.实际上,牛顿在微积分方面的研究虽早于莱布尼兹,但莱布尼兹成果的发表则早于牛顿.

因此,后来人们公认牛顿和莱布尼兹是各自独立地创建微积分的.

牛顿从物理学出发,运用集合方法研究微积分,其应用上更多地结合了运动学,造诣高于莱布尼兹.莱布尼兹则从几何问题出发,运用分析学方法引进微积分概念、得出运算法则,其数学的严密性与系统性是牛顿所不及的.

莱布尼兹认识到好的数学符号能节省思维劳动,运用符号的技巧是数学成功的关键之一.因此,他所创设的微积分符号远远优于牛顿的符号,这对微积分的发展有极大影响.

莱布尼兹在数学方面的成就是巨大的,他的研究及成果渗透到高等数学的许多领域.他的一系列重要数学理论的提出,为后来的数学理论奠定了基础.

莱布尼兹曾讨论过负数和复数的性质,得出负数的对数并不存在,共轭复数的和是实数的结论.在后来的研究中,莱布尼兹证明了自己结论是正确的.他还对线性方程组进行研究,对消元法从理论上进行了探讨,并首先引入了行列式的概念,提出行列式的某些理论,此外,莱布尼兹还创立了符号逻辑学的基本概念.

1673年,莱布尼兹特地到巴黎去制造了一个能进行加、减、乘、除及开方运算的计算机.这是继帕斯卡加法机后,计算工具的又一进步.他还系统地阐述了二进制计数法,并把它和中国的八卦联系起来,为计算机的现代发展奠定了坚实的基础.

莱布尼兹的多才多艺在历史上很少有人能和他相比,他的研究领域及其成果遍及数学、物理学、力学、逻辑学、生物学、化学、地理学、解剖学、动物学、植物学、气体学、航海学、地质学、语言学、法学、哲学、历史学和外交等等.

莱布尼兹对中国的科学、文化和哲学思想十分关注,他是最早研究中国文化和中国哲学的德国人.

在《中国近况》一书的绪论中,莱布尼兹写道:"全人类最伟大的文化和最发达的文明仿佛今天汇集在我们大陆的两端,即汇集在欧洲和位于地球另一端的东方的欧洲——中国.""中国这一文明古国与欧洲相比,面积相当,但人口数量则已超过.""在日常生活以及经验地应付自然的技能方面,我们是不分伯仲的.我们双方各自都具备通过相互交流使对方受益的技能.在思考的缜密和理性的思辨方面,显然我们要略胜一筹",但"在时间哲学,即在生活与人类实际方面的伦理以及治国学说方面,我们实在是相形见绌了".

莱布尼兹为促进中西文化交流做出了毕生的努力,产生了广泛而深远的影响.他的虚心好学、对中国文化平等相待,不含"欧洲中心论"偏见的精神尤为难能可贵,值得后世永远敬仰、效仿.

习 题 六

(A)

1. 已知空间两点 $P_1(1, 2, -1)$ 和 $P_2(2, 0, 1)$,求 $|P_1P_2|$.

2. 已知两点 $A(1, 3, 2)$、$B(2, 0, -1)$,求:

(1) $|OA|$,$|AB|$;

(2) A 点关于 xOy 平面对称点的坐标.

3. 已知空间中某一动点 P 到原点的距离等于 3,求动点 P 的运动轨迹的方程.

4. 在坐标面上和坐标轴上的点的坐标各有什么特征? 指出下列各点的位置:

$A(1, -2, 0)$; $\quad$ $B(0, 4, 3)$; $\quad$ $C(3, 0, 0)$; $\quad$ $D(0, -2, 0)$.

5. 求点 $M(4, -3, 5)$ 到各坐标轴的距离.

6. 指出下列方程在平面解析几何中和空间解析几何中分别表示什么图形:

(1) $x = 2$; $\qquad$ (2) $y = x - 1$;

(3) $x^2 + y^2 = 4$; $\qquad$ (4) $x^2 - y^2 = 1$.

7. 求下列函数的定义域,并画出定义域的图形:

(1) $y = \sqrt{x} + y$; (2) $y = \sqrt{1-x^2} + \sqrt{y^2-1}$;

(3) $y = \ln(x+y+3)$; (4) $y = \dfrac{1}{1-x^2-y^2}$;

(5) $y = \sqrt{9-x^2-y^2} + \ln(x^2-y)$; (6) $y = 1 + \sqrt{x-y}$.

8. 已知函数 $f(x, y) = e^x(x^2+y^2+2y+2)$,求 $f(-1, 0)$, $f(0, -1)$.

9. 已知函数 $f(x, y) = x^2+y^2 - xy\tan\dfrac{x}{y}$,求 $f(tx, ty)$.

10. 已知函数 $f(x, y) = \dfrac{xy}{x^2+y^2}$,求 $f\left(1, \dfrac{y}{x}\right)$.

11. 求下列函数的一阶偏导数:

(1) $z = x^3y - xy^3$; (2) $z = (x-2y)^2$;

(3) $z = \dfrac{x^3}{y}$; (4) $z = \sqrt{\ln(xy)}$;

(5) $z = \sin(xy) + \cos^2(xy)$; (6) $z = \dfrac{1}{2x-y}$;

(7) $z = \sqrt{x} \cdot \sin\dfrac{y}{x}$; (8) $z = \sqrt{x^2+y^2}$;

(9) $z = e^{3x+2y} \cdot \sin(x-y)$; (10) $z = (1+xy)^y$.

12. 设 $f(x, y) = x + (y-1)\arcsin\sqrt{\dfrac{x}{y}}$,求 $f'_x(x, 1)$, $f'_x(1, 2)$.

13. 设 $z = e^{-\left(\frac{1}{x}+\frac{1}{y}\right)}$,求证:$x^2\dfrac{\partial z}{\partial x} + y^2\dfrac{\partial z}{\partial y} = 2z$.

14. 求下列函数的二阶偏导数:

(1) $z = x^4 + y^4 - 4x^2y^2$; (2) $z = \arctan\dfrac{y}{x}$;

(3) $z = xe^{2y}$; (4) $z = \ln(x+3y)$;

(5) $z = \sin(3x-2y)$; (6) $z = y^x$.

15. 求下列成本函数 $C(x, y)$ 对产量 x 和 y 的边际成本:

(1) $C(x, y) = x^3\ln(y+10)$;

(2) $C(x, y) = x^5 + 5y^2 - 2xy + 35$.

16. 设两种相关商品的需求函数分别为

$$Q_1 = 20 - 2P_1 - P_2, \quad Q_2 = 9 - P_1 - 2P_2,$$

求:边际需求函数,并说明这两种商品是互补商品还是替代商品.

17. 求下列函数的全微分：

(1) $z = x^2 - 2y$；

(2) $z = \dfrac{x^2}{y}$；

(3) $z = xy + \dfrac{x}{y}$；

(4) $z = e^{x^2+y^2}$；

(5) $z = \arctan(xy)$；

(6) $z = e^{\frac{x}{y}}$；

(7) $z = x\sin(x - 2y)$；

(8) $z = \ln(3x^2 - 2y)$；

(9) $z = \dfrac{y}{\sqrt{x^2 + y^2}}$；

(10) $z = x^y$.

18. 求函数 $z = \ln(1 + x^2 + y^2)$，当 $x = 1$，$y = 2$ 时的全微分.

19. 求函数 $z = \dfrac{x}{y}$，当 $x = 2$，$y = 1$，$\Delta x = 0.1$，$\Delta y = -0.2$ 时的全微分.

20. 利用全微分计算 $\sqrt{(1.02)^3 + (1.97)^3}$ 的近似值.

21. 利用全微分计算 $(1.97)^{1.05}$ 的近似值 $(\ln 2 = 0.693)$.

22. 求下列复合函数的偏导数或全导数：

(1) 设 $z = u^2 + v^2$，而 $u = x + y$，$v = x - y$，求：$\dfrac{\partial z}{\partial x}$, $\dfrac{\partial z}{\partial y}$；

(2) 设 $z = u^2 \ln v$，而 $u = \dfrac{x}{y}$，$v = 3x - 2y$，求：$\dfrac{\partial z}{\partial x}$, $\dfrac{\partial z}{\partial y}$；

(3) 设 $z = ue^v$，而 $u = x^2 + y^2$，$v = x^3 - y^3$，求：$\dfrac{\partial z}{\partial x}$, $\dfrac{\partial z}{\partial y}$；

(4) 设 $z = u^2 v$，而 $u = x\cos y$，$v = x\sin y$，求：$\dfrac{\partial z}{\partial x}$, $\dfrac{\partial z}{\partial y}$；

(5) 设 $z = (x^2 + y^2)^{xy}$，求：$\dfrac{\partial z}{\partial x}$, $\dfrac{\partial z}{\partial y}$；

(6) 设 $z = e^{u-2v}$，而 $u = \sin x$，$v = x^3$，求：$\dfrac{dz}{dx}$；

(7) 设 $z = \arcsin(x - y)$，而 $x = 3t$，$y = 4t^3$，求：$\dfrac{dz}{dt}$；

(8) 设 $z = \dfrac{x^2 - y}{x + y}$，而 $y = 2x - 3$，求：$\dfrac{dz}{dx}$；

(9) 设 $z = \tan(3t + 2x^2 - y)$，而 $x = \dfrac{1}{t}$，$y = \sqrt{t}$，求：$\dfrac{dz}{dt}$.

23. 求下列方程所确定的隐函数的导数或偏导数：

(1) $y = 2x + \cos(x - y)$，求：$\dfrac{dy}{dx}$；

(2) $e^x = xy^2 - \sin y$,求:$\dfrac{dy}{dx}$;

(3) $\ln \sqrt{x^2+y^2} = \arctan \dfrac{x}{y}$,求:$\dfrac{dy}{dx}$;

(4) 设 $\dfrac{x}{z} = \ln \dfrac{z}{y}$,求:$\dfrac{\partial z}{\partial x}$, $\dfrac{\partial z}{\partial y}$;

(5) 设 $e^z = xyz$,求:$\dfrac{\partial z}{\partial x}$, $\dfrac{\partial z}{\partial y}$;

(6) 设 $x+2y+z-2\sqrt{xyz}=0$,求:$\dfrac{\partial z}{\partial x}$, $\dfrac{\partial z}{\partial y}$.

24. 设 $z = \arctan \dfrac{u}{v}$,而 $u = x+y$, $v = x-y$,验证:$\dfrac{\partial z}{\partial x} + \dfrac{\partial z}{\partial y} = \dfrac{x-y}{x^2+y^2}$.

25. 设 $2\sin(x+2y-3z) = x+2y-3z$,试证明:$\dfrac{\partial z}{\partial x} + \dfrac{\partial z}{\partial y} = 1$.

26. 求下列函数的极值:

(1) $f(x,y) = (6x-x^2)(4y-y^2)$;

(2) $f(x,y) = x^2+y^2-4$;

(3) $f(x,y) = 4(x-y)-x^2-y^2$;

(4) $f(x,y) = x^3-4x^2+2xy-y^2$.

27. 求函数 $z = xy$ 在条件 $x+y=1$ 下的极大值.

28. 设某工厂生产 A, B 两种产品,当 A, B 产量分别为 x 和 y 时,成本函数为
$$C(x,y) = 8x^2 + 6y^2 - 2xy - 40x - 42y + 180.$$
求两种产品的产量各为多少时,总成本最小. 并求最小成本.

29. 设生产某种产品的数量 P(吨)与所用两种原料 A, B 的数量 x, y 间有关系式 $P(x,y) = 0.005x^2y$,现准备用 150 万元购原料,已知 A, B 原料的单价分别为 1 万元/吨和 2 万元/吨,问:两种原料各购多少,才能使生产的产品数量最多?

30. 某农场欲围一个面积为 60 平方米的矩形场地,正面所用材料每米造价 7 元,其余 3 面每米造价 3 元,问:场地长、宽各多少米时,所用材料费最少?

31. 计算下列二重积分:

(1) $\iint\limits_{D}(x^2+y^2)dxdy$,其中 D 为矩形区域 $-1 \leqslant x \leqslant 1$, $-1 \leqslant y \leqslant 1$;

(2) $\iint\limits_{D}x^2y\,dxdy$,其中 D 为矩形区域 $0 \leqslant x \leqslant 1$, $1 \leqslant y \leqslant 2$;

(3) $\iint\limits_{D}(3x+2y)\mathrm{d}x\mathrm{d}y$,其中 D 为由两坐标轴及直线 $x+y=2$ 所围成的区域;

(4) $\iint\limits_{D}\sin(x+y)\mathrm{d}x\mathrm{d}y$,其中 D 为矩形区域 $0\leqslant x\leqslant\dfrac{\pi}{2}$,$0\leqslant y\leqslant\dfrac{\pi}{2}$;

(5) $\iint\limits_{D}(x^3+3x^2y+y^3)\mathrm{d}x\mathrm{d}y$,其中 D 为矩形区域 $0\leqslant x\leqslant 1$,$0\leqslant y\leqslant 1$;

(6) $\iint\limits_{D}x\mathrm{e}^{xy}\mathrm{d}x\mathrm{d}y$,其中 D 为矩形区域 $0\leqslant x\leqslant 1$,$-1\leqslant y\leqslant 0$;

(7) $\iint\limits_{D}xy\mathrm{d}x\mathrm{d}y$,其中 D 为 $y=\sqrt{x}$,$y=x^2$ 所围成的区域;

(8) $\iint\limits_{D}\dfrac{x^2}{y^2}\mathrm{d}x\mathrm{d}y$,其中 D 为直线 $y=x$,$x=2$ 和双曲线 $xy=1$ 所围成的区域.

32. 交换下列积分次序:

(1) $\int_0^1\mathrm{d}y\int_0^y f(x,y)\mathrm{d}x$;

(2) $\int_0^1\mathrm{d}x\int_{x^3}^{x^2} f(x,y)\mathrm{d}y$;

(3) $\int_0^1\mathrm{d}y\int_{-\sqrt{1-y^2}}^{\sqrt{1-y^2}} f(x,y)\mathrm{d}x$;

(4) $\int_1^{\mathrm{e}}\mathrm{d}x\int_0^{\ln x} f(x,y)\mathrm{d}y$;

(5) $\int_0^1\mathrm{d}x\int_0^x f(x,y)\mathrm{d}y+\int_1^2\mathrm{d}x\int_0^{2-x} f(x,y)\mathrm{d}y$.

33. 利用极坐标计算下列二重积分:

(1) $\iint\limits_{D}\mathrm{e}^{x^2+y^2}\mathrm{d}\sigma$,其中 D 是由圆 $x^2+y^2=4$ 所围成的闭区域;

(2) $\iint\limits_{D}\ln(1+x^2+y^2)\mathrm{d}\sigma$,其中 D 是由圆 $x^2+y^2=1$ 及坐标轴所围成的在第一象限内的闭区域;

(3) $\iint\limits_{D}(4-x-y)\mathrm{d}\sigma$,其中 D 是由圆 $x^2+y^2=2y$ 所围成的闭区域;

(4) $\iint\limits_{D}y\mathrm{d}\sigma$,其中 D 是由圆 $x^2+y^2=4$ 所围成的在第一象限内的闭区域;

(5) $\iint\limits_{D}\arctan\dfrac{y}{x}\mathrm{d}\sigma$,其中 D 是由圆 $x^2+y^2=4$,$x^2+y^2=1$ 及直线 $y=0$,$y=x$ 所围成的在第一象限内的闭区域;

(6) $\iint\limits_{D}\sqrt{5-x^2-y^2}\mathrm{d}\sigma$,其中 D 是由 $1\leqslant x^2+y^2\leqslant 4$ 且 $y\geqslant 0$,$y\leqslant x$ 所确

定的闭区域.

(B)

1. 求点 $P(a, b, c)$ 关于原点,关于 yOz 平面的对称点.

2. 如果空间 3 点 $A(1, 2, 3)$,$B(-1, 4, 3)$,$C(-1, 2, a)$ 构成等边三角形,求 a 的值.

3. 求二元函数 $z = \ln(x - y) + \sqrt{x^2 + y^2 - 4} + \ln\left(1 - \dfrac{x^2}{4} - \dfrac{y^2}{9}\right)$ 的定义域.

4. 求下列函数的偏导数 z'_x,z'_y:

(1) $z = (\sin x)^y$;

(2) $z = xf(x + y, xy)$;

(3) $z = f(\sin x, xy^2)$;

(4) $z = (2x^2 y^3)^{x^2 + y^2}$;

(5) $z = \displaystyle\int_0^{xy} f(t)\,dt$.

5. (1) 求函数 $z = xy + \dfrac{y}{x}$ 的全微分;

(2) 求函数 $z = \ln(1 + x^2 + y^2)$,当 $x = 2$,$y = 1$,$\Delta x = 0.1$,$\Delta y = -0.2$ 时的全微分;

(3) 计算 $\sqrt[3]{2.98^2 - 1.01^2}$ 的近似值;

(4) 计算 $2.02^{0.99}$ 的近似值 ($\ln 2 = 0.693$).

6. 求二元函数的极值:

(1) $f(x, y) = (2ax - x^2)(2by - y^2)$;

(2) $f(x, y) = xy(a - x - y)$.

7. 比较二重积分的大小:

(1) $\displaystyle\iint_D xy\,d\sigma$ 和 $\displaystyle\iint_D (x + y)\,d\sigma$,$D$ 由 $x = 0$,$x = 1$,$y = 0$,$y = 1$ 所围;

(2) $\displaystyle\iint_D e^{xy}\,d\sigma$ 和 $\displaystyle\iint_D e^{x^2 y^2}\,d\sigma$,$D$ 由 $x = 0$,$y = 0$,$x + y = 1$ 所围.

8. 估计二重积分的值 (D 由 $x^2 + y^2 \leqslant R^2$ 所围):

(1) $\displaystyle\iint_D \sqrt{x^2 + y^2 + 3}\,d\sigma$;

(2) $\displaystyle\iint_D (2x^2 + 3y^2)\,d\sigma$.

9. (1) 二重积分 $\displaystyle\iint_D f(x, y)\,dx\,dy$,$D$ 由 $y = x + 2$,$y = x^2$ 所围成,写出两种积分次序;

(2) 二重积分 $\iint_D f(x, y)\mathrm{d}x\mathrm{d}y$，$D$ 由 $y = x+2$，$y = 0$，$y = x^2$ 所围成，写出两种积分次序；

(3) 将直角坐标系下的二次积分 $\int_0^2 \mathrm{d}y \int_{-\sqrt{2y-y^2}}^{\sqrt{2y-y^2}} f(x, y)\mathrm{d}x$ 改换成极坐标系下的二次积分．

10. 计算由 4 个平面 $x = 0$，$y = 0$，$x = 1$，$y = 1$ 所围柱体被平面 $z = 0$ 及 $z = 6 - 2x - y$ 截得的立体体积．

11. 用最小二乘法拟合二次曲线的经验公式：

数据 (x_i, y_i)，$i = 1, \cdots, n$，曲线 $y = ax^2 + bx + c$．

第七章　无穷级数

与微分、积分一样无穷级数是一个重要的数学工具,它们都以极限为理论基础.微积分的研究对象是函数,而无穷级数是研究函数的有力工具,它所研究的是无穷多个数或无穷多个函数的和,因此有着广泛的应用.本章先介绍无穷级数及其敛散性判别法,然后讨论幂级数及函数的展开问题.

§7.1　无穷级数的概念与性质

一、无穷级数的概念

我们先观察一个实际问题.

例1　现有某一资金欲设立一项永久性奖励基金,每年发放一次,每次发放奖金额为 A 万元,奖金来源为基金的存款利息.设年复利率为 r,每年结算一次,试问:设立该基金所需的资金额 P 应为多少?

解　对于第一年发放的奖金 A 万元,最初需投入的本金 A_1 与奖金 A 之间的关系为 $A_1(1+r)=A$. 因此最初应投入本金(万元):

$$A_1 = \frac{A}{1+r}$$

于基金.为发放第二年的奖金 A 万元,最初需投入的本金 A_2 与 A 之间的关系为 $A_2(1+r)^2 = A$,那么最初应投入本金(万元):

$$A_2 = \frac{A}{(1+r)^2}$$

于基金.依此类推,为发放第 n 年的奖金 A 万元,最初应投入的本金(万元)为

$$A_n = \frac{A}{(1+r)^n}.$$

从而为发放这 n 次奖金,最初要投入的本金总和(万元)为

$$\frac{A}{1+r}+\frac{A}{(1+r)^2}+\cdots+\frac{A}{(1+r)^n},$$

如此继续下去. 当 n 无限增大时,上述总和的极限就是该基金的最低金额 P. 这时和式中的项数无限增多,于是出现了无穷多个数量依次相加的数学式子

$$\frac{A}{1+r}+\frac{A}{(1+r)^2}+\cdots+\frac{A}{(1+r)^n}+\cdots, \tag{7.1}$$

这是一个无穷级数. 下面给出相关定义.

定义 7.1 设给定数列 $\{u_n\}$,则表达式

$$u_1+u_2+\cdots+u_n+\cdots \tag{7.2}$$

称为无穷级数,简称级数,记为 $\sum\limits_{n=1}^{\infty}u_n$,其中第 n 项 u_n 称为级数的一般项(或通项).

级数(7.2)的前 n 项的和,称为级数的前 n 项部分和,简称为部分和,记为 S_n,即

$$S_n=u_1+u_2+\cdots+u_n.$$

显然,当 n 依次取 $1,2,3,\cdots$ 时,部分和构成一个新的数列 $\{S_n\}$:

$$S_1=u_1,$$

$$S_2=u_1+u_2,$$

$$\cdots\cdots$$

$$S_n=u_1+u_2+\cdots+u_n,$$

$$\cdots\cdots$$

称为部分和数列.

定义 7.2 如果级数 $\sum\limits_{n=1}^{\infty}u_n$ 的部分和数列 $\{S_n\}$ 极限存在,其极限值为 S,即

$$\lim_{n\to\infty}S_n=S,$$

则称级数 $\sum\limits_{n=1}^{\infty}u_n$ 收敛,且称 S 为它的和,记作

$$\sum_{n=1}^{\infty} u_n = S.$$

若 $\{S_n\}$ 极限不存在,则称级数 $\sum_{n=1}^{\infty} u_n$ 发散. 发散的级数没有和.

例 2 判别下列级数的敛散性:

(1) $\sum_{n=1}^{\infty}(\sqrt{n+1}-\sqrt{n})$; (2) $\sum_{n=1}^{\infty} \frac{1}{n(n+1)}$.

解 (1) 因为 $u_n = \sqrt{n+1}-\sqrt{n}$,所以部分和

$$S_n = (\sqrt{2}-\sqrt{1})+(\sqrt{3}-\sqrt{2})+\cdots+(\sqrt{n+1}-\sqrt{n})$$
$$= \sqrt{n+1}-1,$$

于是 $\lim_{n\to\infty} S_n = \lim_{n\to\infty}(\sqrt{n+1}-1) = +\infty$. 所以,级数 $\sum_{n=1}^{\infty}(\sqrt{n+1}-\sqrt{n})$ 发散.

(2) 因为 $u_n = \frac{1}{n(n+1)}$,所以部分和

$$S_n = \frac{1}{1\cdot 2}+\frac{1}{2\cdot 3}+\frac{1}{3\cdot 4}+\cdots+\frac{1}{n(n+1)}$$
$$= \frac{2-1}{1\cdot 2}+\frac{3-2}{2\cdot 3}+\frac{4-3}{3\cdot 4}+\cdots+\frac{(n+1)-n}{n(n+1)}$$
$$= \left(1-\frac{1}{2}\right)+\left(\frac{1}{2}-\frac{1}{3}\right)+\left(\frac{1}{3}-\frac{1}{4}\right)+\cdots+\left(\frac{1}{n}-\frac{1}{n+1}\right)$$
$$= 1-\frac{1}{n+1},$$

那么 $\lim_{n\to\infty} S_n = \lim_{n\to\infty}\left(1-\frac{1}{n+1}\right) = 1$. 因此级数 $\sum_{n=1}^{\infty} \frac{1}{n(n+1)}$ 收敛,且其和为 1,即

$$\sum_{n=1}^{\infty} \frac{1}{n(n+1)} = 1.$$

例 3 讨论几何级数(等比级数)

$$\sum_{n=1}^{\infty} aq^{n-1} \tag{7.3}$$

的敛散性,其中 $a \neq 0$.

解 如果 $|q| \neq 1$,则部分和

$$S_n = a + aq + aq^2 + \cdots + aq^n$$
$$= \frac{a(1-q^n)}{1-q}.$$

当 $|q| < 1$ 时,有 $\lim\limits_{n \to \infty} q^n = 0$,从而

$$\lim_{n \to \infty} S_n = \lim_{n \to \infty} \frac{a(1-q^n)}{1-q} = \frac{a}{1-q},$$

此时级数(7.3)收敛,且其和为 $\dfrac{a}{1-q}$.

如果 $|q| > 1$,则 $\lim\limits_{n \to \infty} q^n = \infty$,从而

$$\lim_{n \to \infty} S_n = \lim_{n \to \infty} \frac{a(1-q^n)}{1-q} = \infty,$$

那么级数(7.3)发散.

如果 $|q| = 1$,当 $q = 1$ 时,$S_n = na$,于是 $\lim\limits_{n \to \infty} S_n = \infty$,这时级数(7.3)发散;当 $q = -1$ 时,级数(7.3)成为

$$a - a + a - a + \cdots + a - a + \cdots,$$

其部分和是

$$S_n = \begin{cases} 0, & n \text{ 为偶数}, \\ a, & n \text{ 为奇数}. \end{cases}$$

显然,$n \to \infty$ 时,S_n 无极限,所以级数(7.3)发散.

综上所述,可得下述结论:

当 $|q| < 1$ 时,几何级数 $\sum\limits_{n=1}^{\infty} aq^{n-1}$ 收敛,其和为 $\dfrac{a}{1-q}$;

当 $|q| \geqslant 1$ 时,几何级数 $\sum\limits_{n=1}^{\infty} aq^{n-1}$ 发散.

由级数定义知,例1中基金所需的资金额 P 为级数(7.1)的和,即

$$P = \sum_{n=1}^{\infty} \frac{A}{(1+r)^n} = \sum_{n=1}^{\infty} \frac{A}{1+r}\left(\frac{1}{1+r}\right)^{n-1},$$

这是几何级数,公比 $q = \dfrac{1}{1+r}$. 显然 $|q| < 1$,由例3得级数(7.1)收敛,且其和为

$$P = \frac{A}{1+r} \cdot \frac{1}{1-\frac{1}{1+r}} = \frac{A}{r},$$

即设立该基金所需的资金额 P 应为 $\frac{A}{r}$ 万元.

例 4 判别下列级数的敛散性：

(1) $\sum_{n=1}^{\infty} (-1)^n \frac{1}{4^n}$；　　　　(2) $\sum_{n=1}^{\infty} \left(\frac{3}{2}\right)^n$.

解 (1) 级数的一般项 $u_n = (-1)^n \frac{1}{4^n} = \left(-\frac{1}{4}\right)^n$，这是几何级数，公比 $q = -\frac{1}{4}$，由于 $|q| = \frac{1}{4} < 1$，因此级数 $\sum_{n=1}^{\infty} (-1)^n \frac{1}{4^n}$ 收敛.

(2) 这也是几何级数，公比 $q = \frac{3}{2}$. 因为 $|q| = \frac{3}{2} > 1$，所以级数 $\sum_{n=1}^{\infty} \left(\frac{3}{2}\right)^n$ 发散.

用定义求级数的和或研判级数的敛散性是比较困难的，我们有必要研究收敛级数的一些简单性质.

二、无穷级数的性质

性质 7.1 如果级数 $\sum_{n=1}^{\infty} u_n$ 与级数 $\sum_{n=1}^{\infty} v_n$ 都收敛，其和分别为 u，v，则级数 $\sum_{n=1}^{\infty} (u_n \pm v_n)$ 也收敛，且

$$\sum_{n=1}^{\infty} (u_n \pm v_n) = u \pm v = \sum_{n=1}^{\infty} u_n \pm \sum_{n=1}^{\infty} v_n.$$

证明 设 $\sum_{n=1}^{\infty} u_n$ 与 $\sum_{n=1}^{\infty} v_n$ 的部分和分别为 U_n 和 V_n，则级数 $\sum_{n=1}^{\infty} (u_n \pm v_n)$ 的部分和

$$S_n = (u_1 \pm v_1) + (u_2 \pm v_2) + \cdots + (u_n \pm v_n)$$
$$= (u_1 + u_2 + \cdots + u_n) \pm (v_1 + v_2 + \cdots + v_n)$$
$$= U_n \pm V_n,$$

于是

$$\lim_{n \to \infty} S_n = \lim_{n \to \infty} (U_n \pm V_n) = u \pm v.$$

性质 7.2 如果级数 $\sum_{n=1}^{\infty} u_n$ 收敛(发散),k 为非零常数,则级数 $\sum_{n=1}^{\infty} k u_n$ 也收敛(发散),且收敛时,有

$$\sum_{n=1}^{\infty} k u_n = k \sum_{n=1}^{\infty} u_n.$$

(请读者自己证明.)

例 5 判别下列级数的敛散性:

(1) $\sum_{n=1}^{\infty} \left[\left(\frac{2}{3} \right)^n + \left(\frac{3}{5} \right)^n \right]$; (2) $\sum_{n=1}^{\infty} \frac{4^{n+1} - 3 \cdot 2^n}{5^n}.$

解 (1) 由于几何级数 $\sum_{n=1}^{\infty} \left(\frac{2}{3} \right)^n$ 与 $\sum_{n=1}^{\infty} \left(\frac{3}{5} \right)^n$ 都收敛,根据性质 7.1,级数 $\sum_{n=1}^{\infty} \left[\left(\frac{2}{3} \right)^n + \left(\frac{3}{5} \right)^n \right]$ 也收敛.

(2) 由于 $\sum_{n=1}^{\infty} \frac{4^{n+1} - 3 \cdot 2^n}{5^n} = \sum_{n=1}^{\infty} \left[4 \left(\frac{4}{5} \right)^n - 3 \left(\frac{2}{5} \right)^n \right]$,级数 $\sum_{n=1}^{\infty} \left(\frac{4}{5} \right)^n$ 与级数 $\sum_{n=1}^{\infty} \left(\frac{2}{5} \right)^n$ 都收敛,由性质 7.1、性质 7.2 得级数 $\sum_{n=1}^{\infty} \frac{4^{n+1} - 3 \cdot 2^n}{5^n}$ 也收敛.

性质 7.3 在级数的前面加上或去掉有限项,得到的新级数与原级数具有相同的敛散性.

证明 设将级数 $\sum_{n=1}^{\infty} u_n$ 的前 N 项去掉,得级数 $\sum_{n=N+1}^{\infty} u_n$,于是新级数的部分和 S_n' 为

$$S_n' = u_{N+1} + u_{N+2} + \cdots + u_{N+n} = S_{N+n} - S_N,$$

其中 S_{N+n} 为原级数的前 $N+n$ 项和,S_N 是原级数 N 前项和. 因为 S_N 是常数,所以 S_{N+n} 与 S_n' 同时收敛或同时发散.

类似地,可以证明在原级数前面加上有限项,亦不改变其敛散性.
例如级数

$$10 + 10^2 + \cdots + 10^{200} + \sum_{n=1}^{\infty} \frac{1}{2^n}$$

是收敛级数 $\sum_{n=1}^{\infty} \frac{1}{2^n}$ 前面加上有限项后得到的级数,所以该级数收敛.

性质 7.4 如果级数 $\sum_{n=1}^{\infty} u_n$ 收敛,则对该级数的项任意加括号后所成的级数仍收敛,且其和不变.

证明 对级数 $\sum_{n=1}^{\infty} u_n$ 任意加括号：

$$\left(u_1 + u_2 + \cdots + u_{n_1}\right) + \left(u_{n_1+1} + u_{n_1+2} + \cdots + u_{n_2}\right)$$
$$+ \cdots + \left(u_{n_{k-1}+1} + u_{n_{k-1}+2} + \cdots + u_{n_k}\right),$$

它的前 k 项部分和为 U_k，则

$$U_1 = u_1 + u_2 + \cdots + u_{n_1} = S_{n_1},$$
$$U_2 = u_1 + u_2 + \cdots + u_{n_1} + u_{n_1+1} + u_{n_1+2} + \cdots + u_{n_2} = S_{n_2},$$
$$\cdots\cdots$$
$$U_k = \left(u_1 + u_2 + \cdots + u_{n_1}\right) + \left(u_{n_1+1} + u_{n_1+2} + \cdots + u_{n_2}\right) + \cdots$$
$$+ \left(u_{n_{k-1}+1} + u_{n_{k-1}+2} + \cdots + u_{n_k}\right) = S_{n_k},$$

可见，数列 $\{U_k\}$ 是数列 $\{S_n\}$ 的一个子列。由于收敛数列的子列必收敛，因此 $\{S_n\}$ 收敛时，$\{U_k\}$ 亦收敛，且有 $\lim_{k \to \infty} U_k = \lim_{n \to \infty} S_n$。即加括号后所成的级数仍收敛，且其和不变。

应当注意：性质 7.4 的逆不成立。即加括号后的级数收敛，不能保证原级数收敛。例如级数

$$(1-1) + (1-1) + \cdots + (1-1) + \cdots$$

收敛于零，但级数

$$1 - 1 + 1 - 1 + \cdots + 1 - 1 + \cdots$$

却是发散的。

推论 7.1 加括号后的级数发散，原级数必发散。

性质 7.5（级数收敛的必要条件） 如果级数 $\sum_{n=1}^{\infty} u_n$ 收敛，则 $\lim_{n \to \infty} u_n = 0$。

证明 由于级数 $\sum_{n=1}^{\infty} u_n$ 收敛，因此 $\lim_{n \to \infty} S_n = S$。又因为

$$u_n = S_n - S_{n-1},$$

所以

$$\lim_{n \to \infty} u_n = \lim_{n \to \infty} (S_n - S_{n-1}) = S - S = 0.$$

应当注意：一般项趋于零的级数不一定收敛。

例如,级数 $\sum_{n=1}^{\infty}(\sqrt{n+1}-\sqrt{n})$ 满足

$$\lim_{n\to\infty}u_n=\lim_{n\to\infty}(\sqrt{n+1}-\sqrt{n})=\lim_{n\to\infty}\frac{1}{\sqrt{n+1}+\sqrt{n}}=0,$$

但由例 2 知,它却是发散的.

推论 7.2 如果 $\lim_{n\to\infty}u_n\neq 0$,则级数 $\sum_{n=1}^{\infty}u_n$ 发散.

我们经常用这个推论来判定某些级数是发散的.

例 6 判别级数 $\sum_{n=1}^{\infty}\frac{n}{2n+1}$ 的敛散性.

解 因为 $\lim_{n\to\infty}u_n=\lim_{n\to\infty}\frac{n}{2n+1}=\frac{1}{2}\neq 0$,所以级数 $\sum_{n=1}^{\infty}\frac{n}{2n+1}$ 发散.

§7.2 正项级数及其敛散性判别法

一、正项级数的概念

在数项级数中有一种很重要的级数,这就是正项级数,它的定义如下:

定义 7.3 如果级数 $\sum_{n=1}^{\infty}u_n$ 满足 $u_n\geqslant 0$ $(n=1,2,\cdots)$,则称级数 $\sum_{n=1}^{\infty}u_n$ 为正项级数.

正项级数之所以是一种很重要的级数,这是由于:

如果级数 $\sum_{n=1}^{\infty}u_n$ 满足 $u_n\leqslant 0$ $(n=1,2,\cdots)$(负项级数),则级数 $\sum_{n=1}^{\infty}(-u_n)$ 为正项级数.由性质 7.2 知,正项级数的敛散性判别法适用于负项级数;如果级数 $\sum_{n=1}^{\infty}u_n$ 中前有限项的符号不规则,而 $\sum_{n=N+1}^{\infty}u_n$ 为正项级数或负项级数.由性质 7.3 知,仍可用正项级数的敛散性判别法;如果级数 $\sum_{n=1}^{\infty}u_n$ 中所有项的符号不规则,则级数 $\sum_{n=1}^{\infty}|u_n|$ 为正项级数.

正因为如此,正项级数在判别级数的敛散性或应用中占有非常重要的地位,应当掌握好.

二、正项级数敛散性判别法

定理 7.1(正项级数的收敛原理) 正项级数收敛的充要条件是它的部分和数列 $\{S_n\}$ 有界.

证明 对于正项级数 $\sum\limits_{n=1}^{\infty} u_n$,显然有

$$S_1 \leqslant S_2 \leqslant \cdots \leqslant S_{n-1} \leqslant S_n \leqslant \cdots,$$

即它的部分和数列 $\{S_n\}$ 是单调增加数列,由数列极限的存在准则知道,如果数列 $\{S_n\}$ 有界,则 $\lim\limits_{n \to \infty} S_n$ 存在,此时级数收敛. 否则 $\lim\limits_{n \to \infty} S_n = \infty$,级数发散.

另一方面,由数列极限的性质知道,如果级数收敛,$\{S_n\}$ 必有界. ∎

对一般的正项级数,要证明 $\{S_n\}$ 有上界往往是困难的,我们还有如下正项级数敛散性的常用判别法.

定理 7.2(比较判别法) 设级数 $\sum\limits_{n=1}^{\infty} v_n$ 与级数 $\sum\limits_{n=1}^{\infty} u_n$ 都是正项级数,且 $u_n \leqslant v_n$ $(n = 1, 2, \cdots)$,则

(1) 如果级数 $\sum\limits_{n=1}^{\infty} v_n$ 收敛,则级数 $\sum\limits_{n=1}^{\infty} u_n$ 也收敛;

(2) 如果级数 $\sum\limits_{n=1}^{\infty} u_n$ 发散,则级数 $\sum\limits_{n=1}^{\infty} v_n$ 也发散.

证明 设 $U_n = u_1 + u_2 + \cdots + u_n$,$V_n = v_1 + v_2 + \cdots + v_n$. 因为 $u_n \leqslant v_n$,所以 $U_n \leqslant V_n$,那么

(1) 如果级数 $\sum\limits_{n=1}^{\infty} v_n$ 收敛,则 $\{V_n\}$ 有界,因此 $\{U_n\}$ 也有界,所以级数 $\sum\limits_{n=1}^{\infty} u_n$ 收敛.

(2) 用反证法. 假设级数 $\sum\limits_{n=1}^{\infty} v_n$ 收敛,由条件 $u_n \leqslant v_n$,根据已证明的第(1)部分结论可知,级数 $\sum\limits_{n=1}^{\infty} u_n$ 也是收敛的,这与已知条件矛盾,所以级数 $\sum\limits_{n=1}^{\infty} v_n$ 是发散的. ∎

例 1 判别调和级数

$$\sum_{n=1}^{\infty} \frac{1}{n} = 1 + \frac{1}{2} + \frac{1}{3} + \cdots + \frac{1}{n} + \cdots \tag{7.4}$$

的敛散性.

解 $\sum_{n=1}^{\infty} \frac{1}{n} = 1 + \frac{1}{2} + \frac{1}{3} + \cdots + \frac{1}{n} + \cdots$
$= \left(1 + \frac{1}{2}\right) + \left(\frac{1}{3} + \frac{1}{4}\right) + \left(\frac{1}{5} + \frac{1}{6} + \frac{1}{7} + \frac{1}{8}\right)$
$+ \left(\frac{1}{9} + \cdots + \frac{1}{16}\right) + \cdots,$

其各项均大于正项级数

$$\frac{1}{2} + \left(\frac{1}{4} + \frac{1}{4}\right) + \left(\frac{1}{8} + \frac{1}{8} + \frac{1}{8} + \frac{1}{8}\right) + \left(\frac{1}{16} + \cdots + \frac{1}{16}\right) + \cdots$$
$$= \frac{1}{2} + \frac{1}{2} + \frac{1}{2} + \frac{1}{2} + \cdots$$

的对应项,后一个正项级数的一般项为 $\frac{1}{2}$,它是发散的. 由定理 7.2 可得调和级数(7.4)加括号后得到的新级数发散,再由推论 7.1 知,调和级数(7.4)发散.

例 2 判别 p 级数

$$\sum_{n=1}^{\infty} \frac{1}{n^p} = 1 + \frac{1}{2^p} + \frac{1}{3^p} + \cdots + \frac{1}{n^p} + \cdots \tag{7.5}$$

的敛散性.

解 当 $p \leqslant 1$ 时,有

$$0 < \frac{1}{n} \leqslant \frac{1}{n^p}.$$

因为调和级数 $\sum_{n=1}^{\infty} \frac{1}{n}$ 发散,由定理 7.2 得 p 级数(7.5)发散.

当 $p > 1$ 时,因为在 $k-1 \leqslant x \leqslant k$ 时,有

$$\frac{1}{k^p} \leqslant \frac{1}{x^p},$$

所以

$$\frac{1}{k^p} = \int_{k-1}^{k} \frac{1}{k^p} \mathrm{d}x \leqslant \int_{k-1}^{k} \frac{1}{x^p} \mathrm{d}x.$$

而 p 级数的部分和

$$S_n = 1 + \sum_{k=2}^{n} \frac{1}{k^p} = 1 + \sum_{k=2}^{n} \int_{k-1}^{k} \frac{1}{k^p} \mathrm{d}x \leqslant 1 + \sum_{k=2}^{n} \int_{k-1}^{k} \frac{1}{x^p} \mathrm{d}x = 1 + \int_{1}^{n} \frac{1}{x^p} \mathrm{d}x,$$

即
$$S_n \leqslant 1+\int_1^n \frac{1}{x^p}\mathrm{d}x = 1+\frac{1}{p-1}\left(1-\frac{1}{n^{p-1}}\right) < 1+\frac{1}{p-1}.$$

这表明$\{S_n\}$有界,因此 p 级数(7.5)收敛.

综上所述,可得如下结论:

当 $p>1$ 时,p 级数 $\sum\limits_{n=1}^{\infty}\frac{1}{n^p}$ 收敛;

当 $p\leqslant 1$ 时,p 级数 $\sum\limits_{n=1}^{\infty}\frac{1}{n^p}$ 发散.

调和级数(7.4)是 p 级数(7.5)在 $p=1$ 时的一种特殊情形.

用比较判别法判别一个正项级数的敛散性时,经常将需判定的级数的一般项与几何级数或 p 级数的一般项比较,然后确定该级数的敛散性.

例3 判别下列级数的敛散性:

(1) $\sum\limits_{n=1}^{\infty}\frac{1}{2^n+3}$; (2) $\sum\limits_{n=1}^{\infty}\frac{1}{5n-3}$;

(3) $\sum\limits_{n=1}^{\infty}\frac{1}{2n^2+1}$.

解 (1) 由于
$$\frac{1}{2^n+3} < \frac{1}{2^n},$$

而 $\sum\limits_{n=1}^{\infty}\frac{1}{2^n}$ 为 $q=\frac{1}{2}$ 时的几何级数,它是收敛的,则根据定理 7.2 可知,级数 $\sum\limits_{n=1}^{\infty}\frac{1}{2^n+3}$ 收敛.

(2) 因为
$$\frac{1}{5n-3} > \frac{1}{5n} = \frac{1}{5}\cdot\frac{1}{n},$$

而 $\sum\limits_{n=1}^{\infty}\frac{1}{n}$ 为调和级数,它是发散的.根据性质 7.2 得级数 $\sum\limits_{n=1}^{\infty}\frac{1}{5n}$ 也发散,再由定理 7.2 知,级数 $\sum\limits_{n=1}^{\infty}\frac{1}{5n-3}$ 发散.

(3) 因为
$$\frac{1}{2n^2+1} < \frac{1}{2n^2} = \frac{1}{2}\cdot\frac{1}{n^2},$$

$\sum\limits_{n=1}^{\infty}\frac{1}{n^2}$ 为 $p=2$ 的 p 级数,它是收敛的,所以级数 $\frac{1}{2}\sum\limits_{n=1}^{\infty}\frac{1}{n^2}$ 也收敛,从而级数

$\sum\limits_{n=1}^{\infty} \dfrac{1}{2n^2+1}$ 收敛.

由级数去掉或增加有限项不影响级数的敛散性结合定理 7.2 的条件,对于级数 $\sum\limits_{n=1}^{\infty} u_n$,只要存在一个 $N>0$,当 $n>N$ 时,有 $0 \leqslant u_n \leqslant v_n$,仍可应用比较判别法. 我们有下述比较判别法的极限形式.

定理 7.3(比较判别法的极限形式) 设级数 $\sum\limits_{n=1}^{\infty} v_n$ 与级数 $\sum\limits_{n=1}^{\infty} u_n$ 都是正项级数,如果

$$\lim_{n\to\infty} \dfrac{u_n}{v_n} = \lambda,$$

则

(1) 当 $0 < \lambda < +\infty$ 时,级数 $\sum\limits_{n=1}^{\infty} v_n$ 与级数 $\sum\limits_{n=1}^{\infty} u_n$ 同敛散;

(2) 当 $\lambda = 0$ 时,如果级数 $\sum\limits_{n=1}^{\infty} v_n$ 收敛,则级数 $\sum\limits_{n=1}^{\infty} u_n$ 亦收敛;

(3) 当 $\lambda = +\infty$ 时,如果级数 $\sum\limits_{n=1}^{\infty} v_n$ 发散,则级数 $\sum\limits_{n=1}^{\infty} u_n$ 亦发散.

证明 (1) 由极限的定义可知,对 $\varepsilon = \dfrac{\lambda}{2}$,存在自然数 N,当 $n>N$ 时,有

$$\left| \dfrac{u_n}{v_n} - \lambda \right| < \dfrac{\lambda}{2},$$

那么

$$\dfrac{\lambda}{2} v_n < u_n < \dfrac{3\lambda}{2} v_n.$$

根据性质 7.2 及比较判别法可知,级数 $\sum\limits_{n=1}^{\infty} u_n$ 与级数 $\sum\limits_{n=1}^{\infty} v_n$ 同敛散.

类似地可证明(2),(3).

例 4 判别下列级数的敛散性:

(1) $\sum\limits_{n=1}^{\infty} \dfrac{1}{2n^2+1}$;

(2) $\sum\limits_{n=1}^{\infty} \dfrac{1}{5n+3}$;

(3) $\sum\limits_{n=1}^{\infty} \left(1 - \cos \dfrac{1}{n}\right)$;

(4) $\sum\limits_{n=1}^{\infty} \dfrac{n+1}{2n^3-n}$.

解 (1) 因为
$$\lim_{n\to\infty}\frac{\frac{1}{2n^2+1}}{\frac{1}{n^2}}=\lim_{n\to\infty}\frac{n^2}{2n^2+1}=\frac{1}{2},$$

根据定理 7.3 知 $\sum_{n=1}^{\infty}\frac{1}{2n^2+1}$ 与级数 $\sum_{n=1}^{\infty}\frac{1}{n^2}$ 同敛散,而级数 $\sum_{n=1}^{\infty}\frac{1}{n^2}$ 收敛,所以级数 $\sum_{n=1}^{\infty}\frac{1}{2n^2+1}$ 收敛.

(2) 因为
$$\lim_{n\to\infty}\frac{\frac{1}{5n+3}}{\frac{1}{n}}=\lim_{n\to\infty}\frac{n}{5n+3}=\frac{1}{5},$$

根据定理 7.3 知级数 $\sum_{n=1}^{\infty}\frac{1}{5n+3}$ 与级数 $\sum_{n=1}^{\infty}\frac{1}{n}$ 同敛散,而调和级数 $\sum_{n=1}^{\infty}\frac{1}{n}$ 发散,所以级数 $\sum_{n=1}^{\infty}\frac{1}{5n+3}$ 发散.

(3) 因为
$$\lim_{n\to\infty}\frac{1-\cos\frac{1}{n}}{\frac{1}{n^2}}=\frac{1}{2},$$

根据定理 7.3 知级数 $\sum_{n=1}^{\infty}\left(1-\cos\frac{1}{n}\right)$ 与级数 $\sum_{n=1}^{\infty}\frac{1}{n^2}$ 同敛散,而级数 $\sum_{n=1}^{\infty}\frac{1}{n^2}$ 收敛,所以级数 $\sum_{n=1}^{\infty}\left(1-\cos\frac{1}{n}\right)$ 收敛.

(4) 因为
$$\lim_{n\to\infty}\frac{\frac{n+1}{2n^3-n}}{\frac{1}{n^2}}=\lim_{n\to\infty}\frac{n^3+n}{2n^3-n}=\frac{1}{2},$$

又级数 $\sum_{n=1}^{\infty}\frac{1}{n^2}$ 收敛,所以级数 $\sum_{n=1}^{\infty}\frac{n+1}{2n^3-n}$ 收敛.

观察本例 4 中(1)、(2)的解题过程可以发现,利用定理 7.3 判别要比使用定理 7.2 判别来得容易.

用比较判别法时,先要对所判别的级数的敛散性有一个大致估计,进而找一个敛散性已知的合适级数与之比较.但就绝大多数情况而言,这两个步骤都具有相当难度,甚至根本无法做到.尽管运用比较判别法的极限形式相对来得方便,但需要寻找一个与 u_n 等价或同阶或高阶或低阶的敛散性已知的无穷级数通项 v_n 与之比较,这也有一定难度.理想的判别法是通过级数自身的通项来判别其敛散性,这就是实际应用中非常方便的比值判别法.

定理 7.4(比值判别法,或达朗贝尔(D'Alembert)判别法) 设有正项级数 $\sum_{n=1}^{\infty} u_n$,如果

$$\lim_{n\to\infty}\frac{u_{n+1}}{u_n}=l,$$

则

(1) 当 $0 \leqslant l < 1$ 时,级数 $\sum_{n=1}^{\infty} u_n$ 收敛;

(2) 当 $l > 1$(或 $l = +\infty$) 时,级数 $\sum_{n=1}^{\infty} u_n$ 发散;

(3) 当 $l = 1$ 时,级数 $\sum_{n=1}^{\infty} u_n$ 可能收敛,也可能发散(此时判别法失效).

证明 (1) 当 $l < 1$ 时,由 $\lim_{n\to\infty}\frac{u_{n+1}}{u_n}=l$ 知,对 $\varepsilon = \frac{1-l}{2} > 0$,存在正整数 N,当 $n > N$ 时,有不等式

$$\left|\frac{u_{n+1}}{u_n} - l\right| < \frac{1-l}{2},$$

$$\frac{u_{n+1}}{u_n} < \frac{1+l}{2} = q < 1,$$

$$u_{n+1} < qu_n,$$

因此

$$u_{N+1} < qu_N, \quad u_{N+2} < q^2 u_N, \quad \cdots, \quad u_{N+m} < q^m u_N, \quad \cdots.$$

因为 $\sum_{m=1}^{\infty} q^m u_N$ 收敛,所以 $\sum_{m=1}^{\infty} u_{N+m}$ 收敛.故级数 $\sum_{n=1}^{\infty} u_n$ 也收敛.

(2) 当 $l > 1$ 时,由 $\lim_{n\to\infty}\frac{u_{n+1}}{u_n}=l$ 知,对 $\varepsilon = \frac{l-1}{2} > 0$,存在正整数 N,当 $n > N$ 时,有不等式

$$\left|\frac{u_{n+1}}{u_n}-l\right|<\frac{l-1}{2},$$

$$\frac{u_{n+1}}{u_n}>\frac{l+1}{2}=q>1,$$

$$u_{n+1}>qu_n,$$

即通项单调增加,所以 $\lim\limits_{n\to\infty}u_{n+1}\neq 0$,故级数 $\sum\limits_{n=1}^{\infty}u_n$ 发散.

(3) 当 $l=1$ 时,级数 $\sum\limits_{n=1}^{\infty}u_n$ 可能收敛,也可能发散. 例如,p 级数 $\sum\limits_{n=1}^{\infty}\frac{1}{n^p}$ 不论 p 为何值,都有

$$\lim_{n\to\infty}\frac{u_{n+1}}{u_n}=\lim_{n\to\infty}\frac{\frac{1}{(n+1)^p}}{\frac{1}{n^p}}=1,$$

当 $p>1$ 时级数收敛,当 $p\leqslant 1$ 时级数发散.

例5 判别下列级数的敛散性:

(1) $\sum\limits_{n=1}^{\infty}\frac{2^n}{n!}$;   (2) $\sum\limits_{n=1}^{\infty}\frac{5^n}{n2^n}$.

解 (1) 因为

$$\lim_{n\to\infty}\frac{u_{n+1}}{u_n}=\lim_{n\to\infty}\frac{\frac{2^{n+1}}{(n+1)!}}{\frac{2^n}{n!}}=\lim_{n\to\infty}\frac{2}{n+1}=0<1,$$

所以级数 $\sum\limits_{n=1}^{\infty}\frac{2^n}{n!}$ 收敛.

(2) 因为

$$\lim_{n\to\infty}\frac{u_{n+1}}{u_n}=\lim_{n\to\infty}\frac{\frac{5^{n+1}}{(n+1)2^{n+1}}}{\frac{5^n}{n2^n}}=\lim_{n\to\infty}\frac{5n}{2(n+1)}=\frac{5}{2}>1,$$

所以级数 $\sum\limits_{n=1}^{\infty}\frac{5^n}{n2^n}$ 发散.

例6 判别级数 $\sum\limits_{n=1}^{\infty}\frac{1}{(n+1)(n+2)}$ 的敛散性.

解 因为
$$\lim_{n\to\infty}\frac{u_{n+1}}{u_n}=\lim_{n\to\infty}\frac{n+1}{n+3}=1,$$

所以比值判别法失效,这时可考虑运用比较判别法.由于
$$u_n=\frac{1}{(n+1)(n+2)}<\frac{1}{n^2},$$

而 p 级数 $\sum_{n=1}^{\infty}\frac{1}{n^2}$ 是收敛的,因此原级数 $\sum_{n=1}^{\infty}\frac{1}{(n+1)(n+2)}$ 收敛.

定理 7.5(根值判别法,或柯西(Cauchy)判别法) 设有正项级数 $\sum_{n=1}^{\infty}u_n$,如果
$$\lim_{n\to\infty}\sqrt[n]{u_n}=\rho,$$

则

(1) 当 $0\leqslant\rho<1$ 时,级数 $\sum_{n=1}^{\infty}u_n$ 收敛;

(2) 当 $\rho>1$(或 $\rho=+\infty$)时,级数 $\sum_{n=1}^{\infty}u_n$ 发散;

(3) 当 $\rho=1$ 时,级数 $\sum_{n=1}^{\infty}u_n$ 可能收敛,也可能发散(此时判别法失效).

证明 (1) 当 $\rho<1$ 时,取适当小的正数 ε,根据极限定义,存在正整数 N,当 $n>N$ 时,有不等式
$$\sqrt[n]{u_n}<\rho+\varepsilon=q<1,$$
$$u_n<q^n,$$

由于等比级数 $\sum_{n=1}^{\infty}q^n$ 收敛,因此,级数 $\sum_{n=1}^{\infty}u_n$ 收敛.

(2) 当 $\rho>1$ 时,取适当小的正数 ε,使得 $\rho-\varepsilon>1$,根据极限定义,存在正整数 N,当 $n>N$ 时,有不等式
$$\sqrt[n]{u_n}>\rho-\varepsilon>1,$$
$$u_n>1,$$

于是 $\lim_{n\to\infty}u_n\neq 0$,因此级数 $\sum_{n=1}^{\infty}u_n$ 发散.

(3) 当 $\rho=1$ 时,级数 $\sum_{n=1}^{\infty} u_n$ 可能收敛,也可能发散. 例如,p 级数 $\sum_{n=1}^{\infty}\frac{1}{n^p}$,不论 p 为何值,都有

$$\lim_{n\to\infty}\sqrt[n]{u_n}=\lim_{n\to\infty}\left(\frac{1}{\sqrt[n]{n}}\right)^p=1,$$

当 $p>1$ 时级数收敛,当 $p\leqslant 1$ 时级数发散.

例 7 判别下列级数的敛散性:

(1) $\sum_{n=1}^{\infty}\left(\frac{3n+2}{2n+3}\right)^n$; (2) $\sum_{n=1}^{\infty}\frac{1}{6^n}\left(1+\frac{1}{n}\right)^{n^2}$.

解 (1) 因为

$$\lim_{n\to\infty}\sqrt[n]{u_n}=\lim_{n\to\infty}\sqrt[n]{\left(\frac{3n+2}{2n+3}\right)^n}=\lim_{n\to\infty}\frac{3n+2}{2n+3}=\frac{3}{2}>1,$$

由根值判别法知,级数 $\sum_{n=1}^{\infty}\left(\frac{3n+2}{2n+3}\right)^n$ 发散.

(2) 因为

$$\lim_{n\to\infty}\sqrt[n]{u_n}=\lim_{n\to\infty}\sqrt[n]{\frac{1}{6^n}\left(1+\frac{1}{n}\right)^{n^2}}=\lim_{n\to\infty}\frac{1}{6}\left(1+\frac{1}{n}\right)^n=\frac{e}{6}<1,$$

由根值判别法得级数 $\sum_{n=1}^{\infty}\frac{1}{6^n}\left(1+\frac{1}{n}\right)^{n^2}$ 收敛.

定理 7.6(积分判别法) 设 $f(x)$ 是 $[1,+\infty)$ 上连续、单调减少的正值函数,$u_n=f(n)$,则级数 $\sum_{n=1}^{\infty} u_n$ 与广义积分 $\int_{1}^{+\infty}f(x)\mathrm{d}x$ 同敛散.

例 8 判别级数 $\sum_{n=2}^{\infty}\frac{1}{n\ln n}$ 的敛散性.

解 令 $f(x)=\frac{1}{x\ln x}$,该函数在 $[2,+\infty)$ 上连续、单调减少并取正值,且

$$\int_{2}^{+\infty}\frac{1}{x\ln x}\mathrm{d}x=\lim_{b\to+\infty}(\ln\ln b-\ln\ln 2)=+\infty,$$

即 $\int_{2}^{+\infty}\frac{1}{x\ln x}\mathrm{d}x$ 发散,由积分判别法知级数 $\sum_{n=1}^{\infty}\frac{1}{n\ln n}$ 发散.

§7.3 任意项级数及其敛散性判别法

一、交错级数及莱布尼兹判别法

定义 7.4 如果级数 $\sum_{n=1}^{\infty}(-1)^{n-1}u_n$ 满足 $u_n \geqslant 0$ $(n=1, 2, \cdots)$，则称级数 $\sum_{n=1}^{\infty}(-1)^{n-1}u_n$ 为交错级数.

关于交错级数敛散性的判别有下面的定理.

定理 7.7（莱布尼兹（Leibniz）定理） 如果交错级数 $\sum_{n=1}^{\infty}(-1)^{n-1}u_n$ 满足：

(1) $u_n \geqslant u_{n+1}$ $(n=1, 2, \cdots)$；

(2) $\lim\limits_{n\to\infty} u_n = 0$，

则级数收敛，且其和 $S \leqslant u_1$.

证明 先证明前 $2m$ 项和的极限 $\lim\limits_{m\to\infty} S_{2m}$ 存在，为此将 S_{2m} 写成如下两种形式：

$$S_{2m} = (u_1 - u_2) + (u_3 - u_4) + \cdots + (u_{2m-1} - u_{2m}),$$

及 $S_{2m} = u_1 - (u_2 - u_3) - (u_4 - u_5) - \cdots - (u_{2m-2} - u_{2m-1}) - u_{2m}.$

由条件(1)知，所有括号中的差都是非负的. 由第一种形式可知 S_{2m} 随 m 增大而增大；由第二种形式可得 $S_{2m} < u_1$. 根据极限存在准则，数列 $\{S_{2m}\}$ 存在极限 S，且 $S \leqslant u_1$，即

$$\lim_{m\to\infty} S_{2m} = S \leqslant u_1.$$

又由条件(2)，得

$$\lim_{m\to\infty} S_{2m+1} = \lim_{m\to\infty}(S_{2m} + u_{2m+1}) = S,$$

由 $\lim\limits_{m\to\infty} S_{2m+1} = \lim\limits_{m\to\infty} S_{2m} = S$，得 $\lim\limits_{n\to\infty} S_n = S$，且 $S \leqslant u_1$. ∎

显然，对交错级数 $\sum_{n=1}^{\infty}(-1)^{n-1}u_n$，如果极限 $\lim\limits_{n\to\infty} u_n$ 不存在，或存在但 $\lim\limits_{n\to\infty} u_n \neq 0$，则 $\sum_{n=1}^{\infty}(-1)^{n-1}u_n$ 的一般项的极限 $\lim\limits_{n\to\infty}(-1)^{n-1}u_n$ 不存在或不为零，此时交错

级数 $\sum\limits_{n=1}^{\infty}(-1)^{n-1}u_n$ 发散.

例1 判别级数 $\sum\limits_{n=1}^{\infty}(-1)^{n-1}\dfrac{1}{n}$ 的敛散性.

解 级数 $\sum\limits_{n=1}^{\infty}(-1)^{n-1}\dfrac{1}{n}$ 为交错级数,满足条件

$$\dfrac{u_{n+1}}{u_n}=\dfrac{\dfrac{1}{n+1}}{\dfrac{1}{n}}=\dfrac{n}{n+1}<1,$$

即 $u_n>u_{n+1}$,且 $\lim\limits_{n\to\infty}u_n=\lim\limits_{n\to\infty}\dfrac{1}{n}=0$. 据莱布尼兹定理得级数 $\sum\limits_{n=1}^{\infty}(-1)^{n-1}\dfrac{1}{n}$ 收敛.

例2 判别下列级数的敛散性:

(1) $\sum\limits_{n=1}^{\infty}(-1)^{n-1}\dfrac{1}{n\sqrt{n+1}}$; (2) $\sum\limits_{n=1}^{\infty}(-1)^{n-1}\dfrac{n}{3n+1}$.

解 (1) 因为

$$\dfrac{u_{n+1}}{u_n}=\dfrac{\dfrac{1}{(n+1)\sqrt{n+2}}}{\dfrac{1}{n\sqrt{n+1}}}=\dfrac{n\sqrt{n+1}}{(n+1)\sqrt{n+2}}<1,$$

即 $u_n>u_{n+1}$,且 $\lim\limits_{n\to\infty}\dfrac{1}{n\sqrt{n+1}}=0.$

据莱布尼兹定理知交错级数 $\sum\limits_{n=1}^{\infty}(-1)^{n-1}\dfrac{1}{n\sqrt{n+1}}$ 收敛.

(2) 因为 $\lim\limits_{n\to\infty}u_n=\lim\limits_{n\to\infty}\dfrac{n}{3n+1}=\dfrac{1}{3}\neq 0$,所以,交错级数 $\sum\limits_{n=1}^{\infty}(-1)^{n-1}\dfrac{n}{3n+1}$ 发散.

二、绝对收敛与条件收敛

正负项可以任意出现的级数称为任意项级数. 可见,交错级数是任意项级数的一种特殊情形. 任意项级数敛散性的判别涉及绝对收敛与条件收敛.

定义7.5 设有任意项级数 $\sum\limits_{n=1}^{\infty}u_n$,如果级数 $\sum\limits_{n=1}^{\infty}|u_n|$ 收敛,则称级数 $\sum\limits_{n=1}^{\infty}u_n$

绝对收敛;若级数 $\sum_{n=1}^{\infty}|u_n|$ 发散,而级数 $\sum_{n=1}^{\infty}u_n$ 收敛,则称级数 $\sum_{n=1}^{\infty}u_n$ 条件收敛.

定理 7.8 如果任意项级数 $\sum_{n=1}^{\infty}u_n$ 绝对收敛,则级数 $\sum_{n=1}^{\infty}u_n$ 一定收敛.

证明 设级数 $\sum_{n=1}^{\infty}|u_n|$ 收敛,令

$$v_n = \frac{1}{2}(u_n+|u_n|)\ (n=1,2,3,\cdots),$$

则有 $v_n \geqslant 0$ 且 $v_n \leqslant |u_n|\ (n=1,2,3,\cdots)$. 由比较判别法可知级数 $\sum_{n=1}^{\infty}v_n$ 收敛,从而级数 $\sum_{n=1}^{\infty}2v_n$ 也收敛. 而 $u_n = 2v_n - |u_n|$,于是由性质 7.1 可知,级数 $\sum_{n=1}^{\infty}u_n$ 收敛.

应当注意,对于任意项级数 $\sum_{n=1}^{\infty}u_n$,当 $\sum_{n=1}^{\infty}|u_n|$ 发散时,只能判断级数非绝对收敛,而不能判断它必为发散. 例如级数 $\sum_{n=1}^{\infty}(-1)^{n-1}\frac{1}{n}$,由于 $\sum_{n=1}^{\infty}|u_n| = \sum_{n=1}^{\infty}\frac{1}{n}$ 发散,但由本节例 1 可知,级数 $\sum_{n=1}^{\infty}(-1)^{n-1}\frac{1}{n}$ 却是收敛的,即级数 $\sum_{n=1}^{\infty}(-1)^{n-1}\frac{1}{n}$ 非绝对收敛,它是条件收敛的.

例 3 判别下列级数的敛散性:

(1) $\sum_{n=1}^{\infty}\frac{\cos\alpha}{n^3}$;   (2) $\sum_{n=1}^{\infty}(-1)^{n-1}\frac{3}{2^n}$.

解 (1) 因为

$$\left|\frac{\cos\alpha}{n^3}\right| \leqslant \frac{1}{n^3},$$

而级数 $\sum_{n=1}^{\infty}\frac{1}{n^3}$ 收敛,由比较判别法可得 $\sum_{n=1}^{\infty}\left|\frac{\cos\alpha}{n^3}\right|$ 也收敛. 因此级数 $\sum_{n=1}^{\infty}\frac{\cos\alpha}{n^3}$ 收敛.

(2) 考虑 $\sum_{n=1}^{\infty}\left|(-1)^{n-1}\frac{3}{2^n}\right| = \sum_{n=1}^{\infty}\frac{3}{2^n}$,因为

$$\lim_{n\to\infty}\frac{u_{n+1}}{u_n} = \lim_{n\to\infty}\frac{\frac{3}{2^{n+1}}}{\frac{3}{2^n}} = \lim_{n\to\infty}\frac{1}{2} = \frac{1}{2},$$

由比值判别法得级数 $\sum\limits_{n=1}^{\infty}\left|(-1)^{n-1}\dfrac{3}{2^n}\right|$ 收敛,所以级数 $\sum\limits_{n=1}^{\infty}(-1)^{n-1}\dfrac{3}{2^n}$ 收敛.

可见,利用绝对收敛也可以判别交错级数的敛散性.

例 4 判别下列级数的敛散性,若收敛,讨论其是绝对收敛还是条件收敛:

(1) $\sum\limits_{n=1}^{\infty}(-1)^n\dfrac{1}{2^n}\left(1+\dfrac{1}{n}\right)^{n^2}$; (2) $\sum\limits_{n=1}^{\infty}\dfrac{x^n}{n}$.

解 (1) 考虑级数

$$\sum_{n=1}^{\infty}|u_n|=\sum_{n=1}^{\infty}\left|(-1)^n\dfrac{1}{2^n}\left(1+\dfrac{1}{n}\right)^{n^2}\right|=\sum_{n=1}^{\infty}\dfrac{1}{2^n}\left(1+\dfrac{1}{n}\right)^{n^2},$$

因为

$$\lim_{n\to\infty}\sqrt[n]{\dfrac{1}{2^n}\left(1+\dfrac{1}{n}\right)^{n^2}}=\lim_{n\to\infty}\dfrac{1}{2}\left(1+\dfrac{1}{n}\right)^n=\dfrac{\mathrm{e}}{2}>1,$$

可知 $\lim\limits_{n\to\infty}|u_n|\neq 0$,这样 $\lim\limits_{n\to\infty}u_n\neq 0$,所以级数 $\sum\limits_{n=1}^{\infty}(-1)^n\dfrac{1}{2^2}\left(1+\dfrac{1}{n}\right)^{n^2}$ 发散.

(2) 考虑级数 $\sum\limits_{n=1}^{\infty}\left|\dfrac{x^n}{n}\right|$,因为

$$\lim_{n\to\infty}\left|\dfrac{u_{n+1}}{u_n}\right|=\lim_{n\to\infty}\left|\dfrac{\dfrac{x^{n+1}}{n+1}}{\dfrac{x^n}{n}}\right|=\lim_{n\to\infty}\dfrac{n}{n+1}|x|=|x|,$$

所以,当 $|x|<1$ 时,级数 $\sum\limits_{n=1}^{\infty}\dfrac{x^n}{n}$ 绝对收敛;当 $|x|>1$ 时,由于此时 $\lim\limits_{n\to\infty}\dfrac{x^n}{n}\neq 0$,故级数 $\sum\limits_{n=1}^{\infty}\dfrac{x^n}{n}$ 发散;当 $x=1$ 时,级数成为调和级数 $\sum\limits_{n=1}^{\infty}\dfrac{1}{n}$,它是发散的;当 $x=-1$ 时,级数成为交错级数 $\sum\limits_{n=1}^{\infty}(-1)^n\dfrac{1}{n}$,它是条件收敛的.

§7.4 幂 级 数

一、幂级数的概念

定义 7.6 形如

$$a_0+a_1(x-x_0)+a_2(x-x_0)^2+\cdots+a_n(x-x_0)^n+\cdots \qquad(7.6)$$

的级数称为 $(x-x_0)$ 的幂级数,简记作 $\sum\limits_{n=0}^{\infty} a_n(x-x_0)^n$,其中 $a_0, a_1, \cdots, a_n, \cdots$ 均为常数,称为幂级数的系数.

当 $x_0 = 0$ 时,(7.6)式变为

$$\sum_{n=0}^{\infty} a_n x^n = a_0 + a_1 x + a_2 x^2 + \cdots + a_n x^n + \cdots, \tag{7.7}$$

级数(7.7)称为 x 的幂级数.

下面仅讨论 $\sum\limits_{n=0}^{\infty} a_n x^n$,对 $\sum\limits_{n=0}^{\infty} a_n (x-x_0)^n$ 只要令 $t = x - x_0$,就可转化为 $\sum\limits_{n=0}^{\infty} a_n t^n$.

二、幂级数的收敛半径

当 x 取一确定值 x_0 时,幂级数 $\sum\limits_{n=0}^{\infty} a_n x^n$ 就成为一个常数项级数 $\sum\limits_{n=0}^{\infty} a_n x_0^n$,可以用常数项级数的敛散性判别法确定它的敛散性.

当 $x = x_0$ 时,若幂级数 $\sum\limits_{n=0}^{\infty} a_n x^n$ 收敛,则称点 x_0 为幂级数的收敛点;若幂级数 $\sum\limits_{n=0}^{\infty} a_n x^n$ 发散,则称点 x_0 为幂级数 $\sum\limits_{n=0}^{\infty} a_n x^n$ 的发散点.幂级数 $\sum\limits_{n=0}^{\infty} a_n x^n$ 所有收敛点的集合,称为幂级数 $\sum\limits_{n=0}^{\infty} a_n x^n$ 的收敛域.

例如幂级数 $\sum\limits_{n=0}^{\infty} x^n$,当 $|x_0| < 1$ 时,幂级数 $\sum\limits_{n=0}^{\infty} x_0^n$ 收敛于 $\dfrac{1}{1-x_0}$;当 $|x_0| \geqslant 1$ 时,幂级数 $\sum\limits_{n=0}^{\infty} x_0^n$ 发散.因此它的收敛域为 $(-1, 1)$,并且当 $x \in (-1, 1)$ 时,有

$$\sum_{n=0}^{\infty} x^n = \frac{1}{1-x}.$$

定理7.9(阿贝尔(Abel)定理) 如果幂级数 $\sum\limits_{n=0}^{\infty} a_n x^n$ 当 $x = x_0 \ (x_0 \neq 0)$ 时收敛,则满足 $|x| < |x_0|$ 的一切 x 使幂级数 $\sum\limits_{n=0}^{\infty} a_n x^n$ 绝对收敛.如果幂级数 $\sum\limits_{n=0}^{\infty} a_n x^n$ 当 $x = x_1$ 时发散,则满足 $|x| > |x_1|$ 的一切 x 使幂级数 $\sum\limits_{n=0}^{\infty} a_n x^n$ 发散.

由此可知，幂级数 $\sum\limits_{n=0}^{\infty} a_n x^n$ 的收敛域是关于原点对称的一个区间，对于幂级数 $\sum\limits_{n=0}^{\infty} a_n x^n$ 若存在正数 R，满足：

当 $|x|<R$ 时，幂级数 $\sum\limits_{n=0}^{\infty} a_n x^n$ 绝对收敛；当 $|x|>R$ 时，幂级数 $\sum\limits_{n=0}^{\infty} a_n x^n$ 发散，则称正数 R 为幂级数 $\sum\limits_{n=0}^{\infty} a_n x^n$ 的收敛半径，称区间 $(-R, R)$ 为幂级数 $\sum\limits_{n=0}^{\infty} a_n x^n$ 的收敛区间，当 $|x|=R$ 时，幂级数 $\sum\limits_{n=0}^{\infty} a_n x^n$ 可能收敛，也可能发散. 由 $x=\pm R$ 处幂级数 $\sum\limits_{n=0}^{\infty} a_n x^n$ 的敛散性可以确定它的收敛域是 $(-R, R)$，$(-R, R]$，$[-R, R)$ 或 $[-R, R]$.

如果幂级数 $\sum\limits_{n=0}^{\infty} a_n x^n$ 仅在 $x=0$ 处收敛，则规定收敛半径 $R=0$，这时收敛域只有一个点 $x=0$；如果幂级数 $\sum\limits_{n=0}^{\infty} a_n x^n$ 对一切 x 都收敛，则规定收敛半径 $R=+\infty$，这时收敛域是 $(-\infty, +\infty)$.

对收敛域上的任意的 x，幂级数 $\sum\limits_{n=0}^{\infty} a_n x^n$ 都有一个确定的和，它是 x 的函数，称为幂级数 $\sum\limits_{n=0}^{\infty} a_n x^n$ 的和函数，用 $S(x)$ 表示，即

$$\sum_{n=0}^{\infty} a_n x^n = S(x).$$

关于幂级数的收敛半径求法，有下面的定理.

定理 7.10 设幂级数 $\sum\limits_{n=0}^{\infty} a_n x^n$ 的系数满足：

$$\lim_{n\to\infty}\left|\frac{a_{n+1}}{a_n}\right|=l \ \left(\text{或} \lim_{n\to\infty}\sqrt[n]{|a_n|}=l\right),$$

则幂级数 $\sum\limits_{n=0}^{\infty} a_n x^n$ 的收敛半径为

$$R=\begin{cases}\dfrac{1}{l}, & l\neq 0,\\ +\infty, & l=0,\\ 0, & l=+\infty.\end{cases}$$

证明 考虑幂级数 $\sum_{n=0}^{\infty} |a_n x^n|$,由于

$$\lim_{n\to\infty}\left|\frac{a_{n+1}x^{n+1}}{a_n x^n}\right| = \lim_{n\to\infty}\left|\frac{a_{n+1}}{a_n}\right| \cdot |x| = l|x|,$$

根据比值判别法:

如果 $l \neq 0$,当 $l|x| < 1$ 即 $|x| < \dfrac{1}{l}$ 时,幂级数 $\sum_{n=0}^{\infty} a_n x^n$ 绝对收敛;当 $l|x| > 1$ 即 $|x| > \dfrac{1}{l}$ 时,幂级数 $\sum_{n=0}^{\infty} |a_n x^n|$ 发散,由于此时 $\lim_{n\to\infty} a_n x^n \neq 0$,从而幂级数 $\sum_{n=0}^{\infty} a_n x^n$ 发散.于是收敛半径 $R = \dfrac{1}{l}$.

如果 $l = 0$,则对任何 $x \neq 0$,幂级数 $\sum_{n=0}^{\infty} a_n x^n$ 绝对收敛.于是收敛半径 $R = +\infty$.

如果 $l = +\infty$,则对于除 $x=0$ 外的其他一切 x 值,幂级数 $\sum_{n=0}^{\infty} a_n x^n$ 发散.于是收敛半径 $R = 0$.

求幂级数 $\sum_{n=0}^{\infty} a_n x^n$ 收敛域的步骤为:

(1) 求收敛半径 R;
(2) 讨论 $x = \pm R$ 处的敛散性;
(3) 写出收敛域.

例1 求下列幂级数的收敛域:

(1) $\sum_{n=0}^{\infty} n! x^n$; (2) $\sum_{n=0}^{\infty} \dfrac{x^n}{n!}$;

(3) $\sum_{n=0}^{\infty} \dfrac{x^n}{n 2^n}$.

解 (1) $l = \lim_{n\to\infty}\left|\dfrac{a_{n+1}}{a_n}\right| = \lim_{n\to\infty} \dfrac{(n+1)!}{n!} = \lim_{n\to\infty}(n+1) = +\infty$,收敛半径 $R = 0$. $x=0$ 是幂级数 $\sum_{n=0}^{\infty} n! x^n$ 唯一的收敛点.该幂级数的收敛域是 $\{0\}$.

(2) $l = \lim_{n\to\infty}\left|\dfrac{a_{n+1}}{a_n}\right| = \lim_{n\to\infty} \dfrac{\dfrac{1}{(n+1)!}}{\dfrac{1}{n!}} = \lim_{n\to\infty} \dfrac{1}{n+1} = 0$,收敛半径 $R = +\infty$,

幂级数 $\sum_{n=0}^{\infty} \frac{x^n}{n!}$ 收敛区间为 $(-\infty, +\infty)$，收敛域是 $(-\infty, +\infty)$.

(3) $l = \lim_{n \to \infty} \left| \frac{a_{n+1}}{a_n} \right| = \lim_{n \to \infty} \frac{\frac{1}{(n+1)2^{n+1}}}{\frac{1}{n2^n}} = \lim_{n \to \infty} \frac{n}{2(n+1)} = \frac{1}{2}$，收敛半径 $R = 2$，收敛区间为 $(-2, 2)$.

当 $x = 2$ 时，幂级数 $\sum_{n=0}^{\infty} \frac{x^n}{n2^n}$ 成为调和级数 $\sum_{n=0}^{\infty} \frac{1}{n}$，此时幂级数发散；当 $x = -2$ 时，幂级数 $\sum_{n=0}^{\infty} \frac{x^n}{n2^n}$ 成为交错级数 $\sum_{n=0}^{\infty} \frac{(-1)^n}{n}$，此时幂级数收敛. 所以，幂级数 $\sum_{n=0}^{\infty} \frac{x^n}{n2^n}$ 的收敛域为 $[-2, 2)$.

例2 求下列幂级数的收敛域：

(1) $\sum_{n=1}^{\infty} \frac{1}{2^n} x^{2n}$； (2) $\sum_{n=1}^{\infty} \frac{1}{\sqrt{n}} (x-1)^n$.

解 (1) 级数缺少奇次幂的项，由于相邻两项的系数中有零，不能直接求 l. 但可利用比值判别法来处理，考虑幂级数 $\sum_{n=1}^{\infty} \left| \frac{1}{2^n} x^{2n} \right|$，因为

$$\lim_{n \to \infty} \left| \frac{\frac{1}{2^{n+1}} x^{2n+2}}{\frac{1}{2^n} x^{2n}} \right| = \lim_{n \to \infty} \frac{1}{2} x^2 = \frac{1}{2} x^2,$$

当 $\frac{1}{2} x^2 < 1$，即 $|x| < \sqrt{2}$ 时，幂级数 $\sum_{n=1}^{\infty} \frac{1}{2^n} x^{2n}$ 收敛；当 $\frac{1}{2} x^2 > 1$，即 $|x| > \sqrt{2}$ 时，幂级数 $\sum_{n=1}^{\infty} \frac{1}{2^n} x^{2n}$ 发散，收敛半径 $R = \sqrt{2}$. 当 $x = \pm\sqrt{2}$ 时，幂级数 $\sum_{n=1}^{\infty} \frac{1}{2^n} (\pm\sqrt{2})^{2n} = \sum_{n=1}^{\infty} 1$ 发散，故 $\sum_{n=1}^{\infty} \frac{1}{2^n} x^{2n}$ 的收敛域为 $(-\sqrt{2}, \sqrt{2})$.

(2) 令 $t = x - 1$，则 $\sum_{n=1}^{\infty} \frac{1}{\sqrt{n}} (x-1)^n = \sum_{n=1}^{\infty} \frac{1}{\sqrt{n}} t^n$，因为

$$\lim_{n \to \infty} \left| \frac{\frac{1}{\sqrt{n+1}}}{\frac{1}{\sqrt{n}}} \right| = \lim_{n \to \infty} \left| \frac{\sqrt{n}}{\sqrt{n+1}} \right| = 1,$$

故幂级数 $\sum\limits_{n=1}^{\infty} \dfrac{1}{\sqrt{n}} t^n$ 的收敛半径 $R = 1$. 当 $|t| < 1$, 即 $|x-1| < 1$, 亦即 $0 < x < 2$ 时, 幂级数 $\sum\limits_{n=1}^{\infty} \dfrac{1}{\sqrt{n}} (x-1)^n$ 绝对收敛. 当 $x = 0$ 时, 幂级数 $\sum\limits_{n=1}^{\infty} \dfrac{1}{\sqrt{n}} (0-1)^n = \sum\limits_{n=1}^{\infty} \dfrac{(-1)^n}{\sqrt{n}}$ 收敛; 当 $x = 2$ 时, 幂级数 $\sum\limits_{n=1}^{\infty} \dfrac{1}{\sqrt{n}} (2-1)^n = \sum\limits_{n=1}^{\infty} \dfrac{1}{\sqrt{n}}$ 发散, 所以幂级数 $\sum\limits_{n=1}^{\infty} \dfrac{1}{\sqrt{n}} (x-1)^n$ 的收敛域为 $[0, 2)$.

三、幂级数的运算及性质

1. 幂级数的运算

设 $S(x) = \sum\limits_{n=0}^{\infty} a_n x^n$, $T(x) = \sum\limits_{n=0}^{\infty} b_n x^n$, 它们的收敛半径分别是 R_1 和 R_2, 记 $R = \min(R_1, R_2)$. 则这两幂级数有如下运算法则.

(1) 加法运算：

$$\sum_{n=0}^{\infty} a_n x^n + \sum_{n=0}^{\infty} b_n x^n = \sum_{n=0}^{\infty} (a_n x^n + b_n x^n) = S(x) + T(x) \quad (|x| < R).$$

(2) 减法运算：

$$\sum_{n=0}^{\infty} a_n x^n - \sum_{n=0}^{\infty} b_n x^n = \sum_{n=0}^{\infty} (a_n x^n - b_n x^n) = S(x) - T(x) \quad (|x| < R).$$

(3) 乘法运算：

$$\sum_{n=0}^{\infty} a_n x^n \cdot \sum_{n=0}^{\infty} b_n x^n = \sum_{n=0}^{\infty} c_n x^n \quad (|x| < R),$$

其中 $c_n = a_0 b_n + a_1 b_{n-1} + \cdots + a_n b_0$.

(4) 除法运算：

$$\sum_{n=0}^{\infty} a_n x^n \div \sum_{n=0}^{\infty} b_n x^n = \sum_{n=0}^{\infty} c_n x^n \quad (b_0 \neq 0).$$

为了确定系数 $c_0, c_1, c_2, \cdots, c_n, \cdots$, 可以将幂级数 $\sum\limits_{n=0}^{\infty} b_n x^n$ 与幂级数 $\sum\limits_{n=0}^{\infty} c_n x^n$ 相乘, 并令乘积中各项的系数分别等于幂级数 $\sum\limits_{n=0}^{\infty} a_n x^n$ 中同次幂的系数, 即

$$a_n = b_n c_0 + b_{n-1} c_1 + \cdots + b_0 c_n \quad (n = 0, 1, 2, \cdots).$$

由这些方程就可依次求出 $c_0, c_1, c_2, \cdots, c_n, \cdots$ 相除后所得的幂级数 $\sum\limits_{n=0}^{\infty} c_n x^n$ 的收敛区间可能比原来两个幂级数的收敛区间小得多.

2. 幂级数的性质

性质 7.6 设幂级数 $\sum\limits_{n=0}^{\infty} a_n x^n$ 的收敛半径为 $R(R>0)$,则其和函数 $S(x)$ 在收敛区间 $(-R, R)$ 内连续,即

$$\lim_{x \to x_0} S(x) = S(x_0) = \sum_{n=0}^{\infty} a_n x_0^n, \ x_0 \in (-R, R).$$

性质 7.7 设幂级数 $\sum\limits_{n=0}^{\infty} a_n x^n$ 的收敛半径为 $R(R>0)$,则其和函数 $S(x)$ 在收敛区间 $(-R, R)$ 内可导,且收敛半径不变,即有逐项求导公式:

$$S'(x) = \sum_{n=0}^{\infty} (a_n x^n)' = \sum_{n=0}^{\infty} n a_n x^{n-1}.$$

性质 7.8 设幂级数 $\sum\limits_{n=0}^{\infty} a_n x^n$ 的收敛半径为 $R(R>0)$,则其和函数 $S(x)$ 在收敛区间 $(-R, R)$ 内可积,且收敛半径不变,即有逐项积分公式:

$$\int_0^x S(x) \mathrm{d}x = \int_0^x \left(\sum_{n=0}^{\infty} a_n x^n \right) \mathrm{d}x = \sum_{n=0}^{\infty} \int_0^x a_n x^n \mathrm{d}x = \sum_{n=0}^{\infty} \frac{a_n}{n+1} x^{n+1}.$$

例 3 求幂级数 $\sum\limits_{n=1}^{\infty} (-1)^{n-1} \dfrac{1}{n} x^n$ 的和函数.

解 由 $a_n = (-1)^{n-1} \dfrac{1}{n}$,$\lim\limits_{n \to \infty} \left| \dfrac{a_{n+1}}{a_n} \right| = 1$,得收敛半径 $R = 1$. 在收敛区间 $(-1, 1)$ 内设和函数为 $S(x)$,利用逐项求导法则,得

$$S'(x) = \sum_{n=1}^{\infty} (-1)^{n-1} x^{n-1} = \frac{1}{1+x}.$$

在收敛区间 $(-1, 1)$ 内逐项积分,得

$$S(x) - S(0) = \int_0^x \frac{1}{1+x} \mathrm{d}x = \ln(1+x).$$

由于 $S(0) = 0$,故 $S(x) = \ln(1+x)$,即

$$\ln(1+x) = x - \frac{1}{2} x^2 + \frac{1}{3} x^3 + \cdots + (-1)^{n-1} \frac{1}{n} x^n + \cdots$$

$$= \sum_{n=1}^{\infty} (-1)^{n-1} \frac{1}{n} x^n \quad (-1 < x < 1).$$

例 4 求幂级数 $\sum_{n=1}^{\infty} n x^{n-1}$ 的和函数,并求级数 $\sum_{n=1}^{\infty} \frac{n}{2^n}$ 的和.

解 由于 $\lim\limits_{n\to\infty}\left|\frac{a_{n+1}}{a_n}\right| = \lim\limits_{n\to\infty}\frac{n+1}{n} = 1$,所以收敛半径 $R=1$. 在收敛区间 $(-1,1)$ 内设和函数为 $S(x)$,逐项积分,得

$$\int_0^x S(x)\mathrm{d}x = \int_0^x \left[\sum_{n=1}^{\infty} n x^{n-1}\right]\mathrm{d}x = \sum_{n=1}^{\infty} x^n = \frac{x}{1-x},$$

两边同时求导,得

$$S(x) = \left(\frac{x}{1-x}\right)' = \frac{1}{(1-x)^2},$$

即

$$\frac{1}{(1-x)^2} = 1 + 2x + 3x^2 + \cdots + n x^{n-1} + \cdots = \sum_{n=1}^{\infty} n x^{n-1} \quad (-1 < x < 1).$$

取 $x = \frac{1}{2}$,则 $\sum_{n=1}^{\infty} n\left(\frac{1}{2}\right)^{n-1} = 4$,于是

$$\sum_{n=1}^{\infty} \frac{n}{2^n} = \frac{1}{2}\sum_{n=1}^{\infty} \frac{n}{2^{n-1}} = \frac{1}{2} \cdot 4 = 2.$$

幂级数的和函数已知时,利用幂级数运算法则既可求另一些幂级数的和函数,又可得到某些初等函数的幂级数形式.

例如,对幂级数 $\sum_{n=0}^{\infty} x^n = \frac{1}{1-x}$ $(-1 < x < 1)$ 利用运算法则可得到其他若干幂级数的和函数,同时得到若干初等函数的幂级数表示形式:

(1) 如果两端施以求导运算,得

$$\sum_{n=1}^{\infty} n x^{n-1} = \frac{1}{(1-x)^2} \quad (-1 < x < 1),$$

即

$$\frac{1}{(1-x)^2} = 1 + 2x + 3x^2 + \cdots + n x^{n-1} + \cdots \quad (-1 < x < 1).$$

这是例 4 所求幂级数的和函数.

(2) 如果两端施以从 0 到 x 积分运算,得

$$\sum_{n=1}^{\infty} \frac{1}{n} x^n = -\ln(1-x) \quad (-1 < x < 1),$$

即

$$\ln(1-x) = -x - \frac{x^2}{2} - \frac{x^3}{3} - \cdots - \frac{x^n}{n} - \cdots \quad (-1 < x < 1).$$

取 $x = -t$,则 $\sum_{n=1}^{\infty} \frac{(-1)^{n-1}}{n} t^n = \ln(1+t) \ (-1 < t < 1)$,这是例 3 所求幂级数的和函数.

§7.5 函数的幂级数展开式

一、泰勒定理

由第二章的微分部分知道,若 $f(x)$ 在 x_0 处可微,则当 $|x - x_0|$ 很小时,可用一次函数近似表示 $f(x)$,即

$$f(x) \approx f(x_0) + f'(x_0)(x - x_0),$$

这个近似公式的精度不高且没有给出误差估计,我们设想用关于 $(x - x_0)$ 的 n 次多项式

$$P_n(x) = a_0 + a_1(x - x_0) + a_2(x - x_0)^2 + \cdots + a_n(x - x_0)^n \quad (7.8)$$

逼近函数 $f(x)$ 来提高精度,使误差为 $(x - x_0)^n$ 的高阶无穷小量,并给出误差估计公式.

设函数 $f(x)$ 在含 x_0 的某个邻域内有 n 阶导数,假设

$$P_n(x_0) = f(x_0), P_n'(x_0) = f'(x_0), P_n''(x_0) = f''(x_0), \cdots, P_n^{(n)}(x_0)$$
$$= f^{(n)}(x_0),$$

由(7.8)式得到

$$P_n(x_0) = a_0, P_n'(x_0) = a_1, P_n''(x_0) = 2!a_2, \cdots, P_n^{(n)}(x_0) = n!a_n,$$

于是

$$a_0 = f(x_0), a_1 = f'(x_0), a_2 = \frac{f''(x_0)}{2!}, \cdots, a_n = \frac{f^{(n)}(x_0)}{n!},$$

代入(7.8)式,有

$$P_n(x) = f(x_0) + f'(x_0)(x-x_0) + \frac{f''(x_0)}{2!}(x-x_0)^2 + \cdots + \frac{f^{(n)}(x_0)}{n!}(x-x_0)^n.$$
(7.9)

设误差项为 $P_n(x)$,则
$$R_n(x) = f(x) - P_n(x).$$

下面定理 7.11 给出了误差项的表达式.

定理 7.11(泰勒(Taylor)中值定理) 如果函数 $f(x)$ 在含 x_0 的某区间 (a,b) 内有直到 $n+1$ 阶导数,则对任意的 $x \in (a,b)$,有
$$f(x) = f(x_0) + f'(x_0)(x-x_0) + \frac{f''(x_0)}{2!}(x-x_0)^2$$
$$+ \cdots + \frac{f^{(n)}(x_0)}{n!}(x-x_0)^n + R_n(x), \quad (7.10)$$

其中
$$R_n(x) = \frac{f^{(n+1)}(\xi)}{(n+1)!}(x-x_0)^{n+1} \quad (\xi \text{ 介于 } x_0 \text{ 与 } x \text{ 之间}). \quad (7.11)$$

证明 因为 $f(x)$ 在 (a,b) 内有直到 $n+1$ 阶导数,对 $x_0 \in (a,b)$,可以将 $f(x)$ 写成
$$f(x) = f(x_0) + f'(x_0)(x-x_0) + \frac{f''(x_0)}{2!}(x-x_0)^2$$
$$+ \cdots + \frac{f^{(n)}(x_0)}{n!}(x-x_0)^n + \frac{k}{(n+1)!}(x-x_0)^{n+1},$$

为了求出 k 的值,引进辅助函数
$$\varphi(t) = f(x) - f(t) - f'(t)(x-t) - \frac{f''(t)}{2!}(x-t)^2$$
$$- \cdots - \frac{f^{(n)}(t)}{n!}(x-t)^n - \frac{k}{(n+1)!}(x-t)^{n+1},$$

求导有
$$\varphi'(t) = -f'(t) - [f''(t)(x-t) - f'(t)]$$
$$- \left[\frac{f'''(t)}{2!}(x-t)^2 - f''(t)(x-t)\right]$$
$$- \left[\frac{f^{(4)}(t)}{3!}(x-t)^3 - \frac{f'''(t)}{2!}(x-t)^2\right]$$

$$-\cdots\cdots$$

$$-\left[\frac{f^{(n+1)}(t)}{n!}(x-t)^n - \frac{f^{(n)}(t)}{(n-1)!}(x-t)^{n-1}\right]$$

$$+\frac{k}{n!}(x-t)^n,$$

整理得

$$\varphi'(t) = \frac{(x-t)^n}{n!}[k - f^{(n+1)}(t)].$$

显然，$\varphi(x_0) = \varphi(x) = 0$. 设 $x_0 < x$，$\varphi(t)$在$[x_0, x]$连续，在(x_0, x)可导，由罗尔定理得 $\varphi'(\xi) = 0 (x_0 < \xi < x)$，即有

$$\frac{(x-\xi)^n}{n!}[k - f^{(n+1)}(\xi)] = 0,$$

得 $k = f^{(n+1)}(\xi)$，于是

$$R_n(x) = \frac{f^{(n+1)}(\xi)}{(n+1)!}(x - x_0)^{n+1} \quad (\xi介于x_0与x之间).$$

称$R_n(x)$为拉格朗日型余项，称(7.10)式为带拉格朗日型余项的n阶泰勒公式.

当$x_0 = 0$时，(7.10)式成为

$$f(x) = f(0) + f'(0)x + \frac{f''(0)}{2!}x^2 + \cdots + \frac{f^{(n)}(0)}{n!}x^n + R_n(x), \quad (7.12)$$

其中

$$R_n(x) = \frac{f^{(n+1)}(\xi)}{(n+1)!}x^{n+1} \quad (\xi介于0与x之间),$$

令$\xi = \theta x$，$0 < \theta < 1$，则

$$R_n(x) = \frac{f^{(n+1)}(\theta x)}{(n+1)!}x^{n+1},$$

称(7.12)式为带拉格朗日型余项的麦克劳林(Maclaurin)公式.

二、函数展开成幂级数

设函数$f(x)$在含x_0的某区间(a, b)内有任意阶导数，称

$$\sum_{n=0}^{\infty} \frac{f^{(n)}(x_0)}{n!}(x-x_0)^n = f(x_0) + f'(x_0)(x-x_0) + \frac{f''(x_0)}{2!}(x-x_0)^2$$
$$+ \cdots + \frac{f^{(n)}(x_0)}{n!}(x-x_0)^n + \cdots \quad (7.13)$$

为 $f(x)$ 在 x_0 处的泰勒级数.

当 $x_0 = 0$ 时,称

$$\sum_{n=0}^{\infty} \frac{f^{(n)}(0)}{n!}x^n = f(0) + f'(0)x + \frac{f''(0)}{2!}x^2 + \cdots + \frac{f^{(n)}(0)}{n!}x^n + \cdots$$
$$(7.14)$$

为 $f(x)$ 的麦克劳林级数.

一般情况下,$f(x)$ 的泰勒级数未必收敛于 $f(x)$,下面定理给出了泰勒级数收敛于 $f(x)$ 的条件.

定理 7.12 设函数 $f(x)$ 在含 x_0 的某区间 (a,b) 内有任意阶导数,则函数 $f(x)$ 在该区间能展开为泰勒级数的充要条件是 $f(x)$ 的 n 阶泰勒公式的余项 $R_n(x)$ 当 $n\to\infty$ 时趋于零,即 $\lim\limits_{n\to\infty} R_n(x) = 0$.

证明 因为函数 $f(x)$ 在含 x_0 的某区间 (a,b) 内有任意阶导数,所以

$$R_n(x) = f(x) - \sum_{k=0}^{n} \frac{f^{(k)}(x_0)}{k!}(x-x_0)^k.$$

(必要性)若函数 $f(x)$ 在含 x_0 的某区间 (a,b) 内能展开为泰勒级数,即

$$f(x) = \sum_{n=0}^{\infty} \frac{f^{(n)}(x_0)}{n!}(x-x_0)^n,$$

则

$$\lim_{n\to\infty} R_n(x) = \lim_{n\to\infty}\left[f(x) - \sum_{k=0}^{n} \frac{f^{(k)}(x_0)}{k!}(x-x_0)^k\right] = 0.$$

(充分性)若 $\lim\limits_{n\to\infty} R_n(x) = 0$,则

$$\lim_{n\to\infty}\left[f(x) - \sum_{k=0}^{n} \frac{f^{(k)}(x_0)}{k!}(x-x_0)^k\right] = 0,$$

即

$$f(x) = \lim_{n\to\infty} \sum_{k=0}^{n} \frac{f^{(k)}(x_0)}{k!}(x-x_0)^k = \sum_{k=0}^{\infty} \frac{f^{(k)}(x_0)}{k!}(x-x_0)^k.$$

将函数展开为幂级数的方法有直接展开法与间接展开法两种,下面分别讨论.

1. 直接展开法

直接展开法是利用泰勒级数或麦克劳林级数公式,将函数 $f(x)$ 展开为幂级数.将函数 $f(x)$ 展开成麦克劳林级数的步骤如下:

(1) 求出 $f(x)$ 在 $x=0$ 的各阶导数;

(2) 写出麦克劳林级数(7.14),并求出其收敛区间;

(3) 考察在收敛域内余项 $R_n(x)$ 的极限:

$$\lim_{n\to\infty} R_n(x) = \lim_{n\to\infty} \frac{f^{(n+1)}(\theta x)}{(n+1)!} x^{n+1}.$$

若 $\lim\limits_{n\to\infty} R_n(x) = 0$,则麦克劳林级数(7.14)在此收敛区间内等于函数 $f(x)$;若 $\lim\limits_{n\to\infty} R_n(x) \neq 0$,则麦克劳林级数(7.14)虽然收敛,但它的和不是函数 $f(x)$.

例1 将函数 $f(x) = e^x$ 展开成 x 的幂级数.

解 因为 $f^{(n)}(x) = e^x$,所以 $f^{(n)}(0) = 1$,则

$$\sum_{n=0}^{\infty} \frac{f^{(n)}(0)}{n!} x^n = \sum_{n=0}^{\infty} \frac{x^n}{n!}.$$

由 $\lim\limits_{k\to\infty}\left|\dfrac{u_{k+1}}{u_k}\right| = \lim\limits_{k\to\infty} \dfrac{k!}{(k+1)!}|x| = 0$,得收敛区间为 $(-\infty, +\infty)$.

余项的绝对值

$$|R_n(x)| = \left|\frac{e^{\theta x}}{(n+1)!} x^{n+1}\right| \leqslant e^{|x|} \frac{|x|^{n+1}}{(n+1)!},$$

因 $e^{|x|}$ 有限,而 $\dfrac{|x|^{n+1}}{(n+1)!}$ 是收敛级数 $\sum\limits_{n=0}^{\infty} \dfrac{|x|^n}{n!}$ 的一般项,故 $\lim\limits_{n\to\infty} \dfrac{|x|^{n+1}}{(n+1)!} = 0$,即 $\lim\limits_{n\to\infty} |R_n(x)| = 0$. 于是得展开式

$$e^x = \sum_{n=0}^{\infty} \frac{x^n}{n!} \quad (-\infty < x < +\infty). \tag{7.15}$$

例2 将函数 $f(x) = \sin x$ 展开成 x 的幂级数.

解 因为 $f^{(n)}(x) = \sin\left(x + \dfrac{n}{2}\pi\right)$,所以

$$f(0) = 0,\ f'(0) = 1,\ f''(0) = 0,\ f'''(0) = -1, \cdots,$$

$$f^{(2k)}(0) = 0,\ f^{(2k+1)}(0) = (-1)^k, \cdots,$$

则得

$$\sum_{n=0}^{\infty} \frac{f^{(n)}(0)}{n!} x^n = \sum_{k=0}^{\infty} \frac{(-1)^k}{(2k+1)!} x^{2k+1}$$

$$= x - \frac{x^3}{3!} + \frac{x^5}{5!} - \cdots + \frac{(-1)^k}{(2k+1)!} x^{2k+1} + \cdots.$$

由 $\lim\limits_{k \to \infty} \left| \dfrac{u_{k+1}}{u_k} \right| = \lim\limits_{k \to \infty} \dfrac{(2k+1)!}{(2k+3)!} |x|^2 = 0$,得收敛区间为 $(-\infty, +\infty)$.

余项的绝对值为

$$|R_{2n+1}(x)| = \left| \frac{\sin\left(\theta x + \frac{2n+1}{2}\pi\right)}{(2n+1)!} x^{2n+1} \right| \leqslant \frac{|x|^{2n+1}}{(2n+1)!},$$

而 $\dfrac{|x|^{2n+1}}{(2n+1)!}$ 是收敛级数 $\sum\limits_{n=0}^{\infty} \dfrac{|x|^{2n+1}}{(2n+1)!}$ 的一般项,故 $\lim\limits_{n \to \infty} \dfrac{|x|^{2n+1}}{(2n+1)!} = 0$,即 $\lim\limits_{n \to \infty} |R_n(x)| = 0$. 于是得展开式

$$\sin x = \sum_{n=0}^{\infty} \frac{(-1)^n}{(2n+1)!} x^{2n+1} \quad (-\infty < x < +\infty). \tag{7.16}$$

例3 将函数 $f(x) = (1+x)^\alpha$ 展开成 x 的幂级数(α 为实数).

解 用以上类似方法可以计算出

$f(x) = (1+x)^\alpha, \qquad f(0) = 1,$
$f'(x) = \alpha(1+x)^{\alpha-1}, \qquad f'(0) = \alpha,$
$f''(x) = \alpha(\alpha-1)(1+x)^{\alpha-2}, \qquad f''(0) = \alpha(\alpha-1),$
$\cdots\cdots\cdots$
$f^{(n)}(x) = \alpha(\alpha-1)\cdots(\alpha-n+1)(1+x)^{\alpha-n},$
$f^{(n)}(0) = \alpha(\alpha-1)\cdots(\alpha-n+1),$

于是得级数

$$1 + \alpha x + \frac{\alpha(\alpha-1)}{2!} x^2 + \cdots + \frac{\alpha(\alpha-1)(\alpha-2)\cdots(\alpha-n+1)}{n!} x^n + \cdots$$

$$= 1 + \sum_{n=1}^{\infty} \frac{\alpha(\alpha-1)(\alpha-2)\cdots(\alpha-n+1)}{n!} x^n,$$

由 $\lim\limits_{n \to \infty} \left| \dfrac{u_{n+1}}{u_n} \right| = \lim\limits_{n \to \infty} \left| \dfrac{\alpha-n}{n+1} \right| = 1$ 得收敛区间为 $(-1, 1)$.

直接证明余项 $\lim\limits_{n \to \infty} |R_n(x)| = 0$ 有困难,假设级数在区间 $(-1, 1)$ 收敛于

$S(x)$,则

$$S(x) = 1 + \alpha x + \frac{\alpha(\alpha-1)}{2!}x^2 + \cdots + \frac{\alpha(\alpha-1)(\alpha-2)\cdots(\alpha-n+1)}{n!}x^n + \cdots,$$

逐项求导,得

$$S'(x) = \alpha\left[1 + \frac{\alpha-1}{1!}x + \cdots + \frac{(\alpha-1)(\alpha-2)\cdots(\alpha-n+1)}{(n-1)!}x^{n-1} + \cdots\right],$$

两边同乘 $(1+x)$,并将含 x 同次幂的两项合并,根据恒等式

$$\frac{\alpha(\alpha-1)\cdots(\alpha-n+1)}{(n-1)!} + \frac{\alpha(\alpha-1)\cdots(\alpha-n)}{n!} = \frac{\alpha^2(\alpha-1)\cdots(\alpha-n+1)}{n!}$$

可得

$$(1+x)S'(x) = \alpha S(x) \quad x \in (-1, 1),$$

即

$$\frac{S'(x)}{S(x)} = \frac{\alpha}{(1+x)},$$

两边积分得 $\ln|S(x)| = \alpha \ln|1+x| + C$,即 $S(x) = C(1+x)^\alpha$,令 $x = 0$,得 $C = 1$,所以 $S(x) = (1+x)^\alpha$,即

$$(1+x)^\alpha = 1 + \alpha x + \frac{\alpha(\alpha-1)}{2!}x^2 + \cdots + \frac{\alpha(\alpha-1)(\alpha-2)\cdots(\alpha-n+1)}{n!}x^n + \cdots.$$
(7.17)

特别地,

当 $\alpha = n$ 时(n 为正整数),由(7.17)式得

$$(1+x)^n = 1 + nx + \frac{n(n-1)}{2!}x^2 + \cdots + nx^{n-1} + x^n; \quad (7.18)$$

当 $\alpha = -1$ 时,由(7.17)式得

$$\frac{1}{1+x} = 1 - x + x^2 - \cdots + (-1)^n x^n + \cdots = \sum_{n=0}^{\infty}(-1)^n x^n \quad (-1 < x < 1).$$
(7.19)

2. 间接展开法

间接展开法是以一些已知函数的幂级数展开式为基础,利用幂级数的运算法则、变量代变换等方法,求出函数的幂级数展开式.

例4 将函数 $f(x) = \cos x$ 展开成 x 的幂级数.

解 因为 $(\sin x)' = \cos x$,利用(7.16)式得

$$\cos x = (\sin x)' = \left[\sum_{n=0}^{\infty} \frac{(-1)^n}{(2n+1)!} x^{2n+1}\right]' = \sum_{n=0}^{\infty} \frac{(-1)^n}{(2n)!} x^{2n}$$

$$= 1 - \frac{x^2}{2!} + \frac{x^4}{4!} - \cdots + (-1)^n \frac{x^{2n}}{(2n)!} + \cdots \quad (-\infty < x < +\infty).$$

(7.20)

例5 将下列函数展开成 x 的幂级数:

(1) $f(x) = \ln(1+x)$; (2) $f(x) = e^{-x^2}$;

(3) $f(x) = x\cos^2 x$; (4) $f(x) = \dfrac{x}{x^2 - x - 2}$.

解 (1) 因为 $f'(x) = \dfrac{1}{1+x}$,由(7.19)式得

$$\frac{1}{1+x} = 1 - x + x^2 - \cdots + (-1)^n x^n + \cdots \quad (-1 < x < 1),$$

两边从 0 到 x 逐项积分,并注意到 $f(0) = \ln 1 = 0$,得

$$\ln(1+x) = x - \frac{x^2}{2} + \frac{x^3}{3} - \cdots + (-1)^n \frac{x^{n+1}}{n+1} + \cdots$$

$$= \sum_{n=0}^{\infty} \frac{(-1)^n}{n+1} x^{n+1} \quad (-1 < x < 1).$$

(7.21)

当 $x = 1$ 时,幂级数 $\sum_{n=1}^{\infty} \dfrac{(-1)^{n-1}}{n}$ 收敛,所以其收敛域是 $-1 < x \leqslant 1$.

(2) 由(7.15)式得

$$e^x = \sum_{n=0}^{\infty} \frac{x^n}{n!} \quad (-\infty < x < +\infty).$$

将 $-x^2$ 代入 x 得

$$e^{-x^2} = \sum_{n=0}^{\infty} \frac{(-x^2)^n}{n!} = \sum_{n=0}^{\infty} \frac{(-1)^n}{n!} x^{2n} \quad (-\infty < x < +\infty).$$

(3) 由(7.20)式得

$$\cos x = \sum_{n=0}^{\infty} \frac{(-1)^n}{(2n)!} x^{2n} \quad (-\infty < x < +\infty).$$

因为 $x\cos^2 x = \dfrac{x}{2}(1+\cos 2x)$,所以,有

$$x\cos^2 x = \dfrac{x}{2} + \dfrac{x}{2}\sum_{n=0}^{\infty}\dfrac{(-1)^n}{(2n)!}(2x)^{2n}$$

$$= x + \sum_{n=1}^{\infty}(-1)^n \dfrac{2^{2n-1}}{(2n)!}x^{2n+1} \quad (-\infty < x < +\infty).$$

(4) $f(x) = \dfrac{x}{x^2-x-2} = \dfrac{x}{(x-2)(x+1)}$

$$= \dfrac{1}{3}\left(\dfrac{1}{x+1} + \dfrac{2}{x-2}\right) = \dfrac{1}{3}\left[\dfrac{1}{1+x} - \dfrac{1}{1-\dfrac{x}{2}}\right],$$

因为

$$\dfrac{1}{1+x} = \sum_{n=0}^{\infty}(-1)^n x^n \quad (-1 < x < 1),$$

$$\dfrac{1}{1-\dfrac{x}{2}} = \sum_{n=0}^{\infty}(-1)^n\left(-\dfrac{x}{2}\right)^n = \sum_{n=0}^{\infty}\dfrac{x^n}{2^n} \quad (-2 < x < 2),$$

由幂级数的运算法则得

$$f(x) = \dfrac{1}{3}\left[\sum_{n=0}^{\infty}(-1)^n x^n - \sum_{n=0}^{\infty}\dfrac{x^n}{2^n}\right] = \sum_{n=0}^{\infty}\left[\dfrac{(-1)^n}{3} - \dfrac{1}{3\cdot 2^n}\right]x^n,$$

收敛域为 $(-1, 1) \cap (-2, 2) = (-1, 1)$.

例6 将函数 $f(x) = \dfrac{1}{5-x}$ 展开成 $x-2$ 的幂级数.

解 因为

$$\dfrac{1}{1-x} = \sum_{n=0}^{\infty}x^n \quad (-1 < x < 1),$$

所以

$$\dfrac{1}{5-x} = \dfrac{1}{3-(x-2)} = \dfrac{1}{3}\cdot\dfrac{1}{1-\dfrac{x-2}{3}}$$

$$= \dfrac{1}{3}\sum_{n=0}^{\infty}\left(\dfrac{x-2}{3}\right)^n$$

$$= \dfrac{1}{3} + \dfrac{1}{3^2}(x-2) + \dfrac{1}{3^3}(x-2)^2 + \cdots + \dfrac{1}{3^n}(x-2)^{n-1} + \cdots.$$

由 $\left|\dfrac{x-2}{3}\right|<1$ 得收敛域为 $(-1,5)$.

例7 将函数 $f(x)=\ln x$ 展开成 $x-1$ 的幂级数.

解 由(7.21)式,有

$$\ln(1+x)=\sum_{n=0}^{\infty}\dfrac{(-1)^n}{n+1}x^{n+1}\quad(-1<x\leqslant 1),$$

所以

$$\ln x=\ln[1+(x-1)]=\sum_{n=0}^{\infty}\dfrac{(-1)^n}{n+1}(x-1)^{n+1}$$

$$=(x-1)-\dfrac{1}{2}(x-1)^2+\dfrac{1}{3}-\cdots+\dfrac{(-1)^{n-1}}{n}(x-1)^n+\cdots.$$

由 $-1<x-1\leqslant 1$ 得收敛域是 $0<x\leqslant 2$.

数学家简介

傅 里 叶

傅里叶(Jean Baptiste Fourier,1768—1830)是法国继拉普拉斯之后一位极出色的数学家兼物理学家.他最早使用定积分符号,改进符号法则及根式判别方法,是傅里叶级数(三角级数)创始人.

他的主要贡献是在研究热的传播时创立了一套数学理论.1807年,他向巴黎科学院呈交《热的传播》论文,推导出著名的热传导方程,并在求解该方程时发现解函数可以由三角函数构成的级数形式表示,从而提出任一函数都可以展开成三角函数的无穷级数.傅里叶之最大贡献在于提出一般函数的三角级数表示法(傅里叶级数).此举改变传统上数学家对函数之认识,进而拓展函数的概念.例如,以傅里叶级数为基础可构造出处处连续却处处不可微的函数.再者,傅里叶级数亦对19世纪的大数学家黎曼所提出的将定积分以和式来表示的概念有着深远的影响.

1822年,傅里叶在其代表作《热的分析理论》中解决了热在非均匀加热的固体中分布传播问题,成为分析学在物理学中应用的最早例证之一,对19世纪数学和理论物理学的发展产生深远影响.傅里叶级数(即三角级数)、傅里叶分析等理论均由此创始.他的贡献还有:最早使用定积分符号,改进了代数方程符号法则的证法和实根个数的判别法等.

由于傅里叶对热力学的研究,致使他对"热"有一份偏执的喜爱.传说他深信沙漠地带的热对身体有益,所以即使在闷热的屋中,也经常穿着厚重的衣服.有人相信此举系使他的心脏病加剧而死亡的原因.傅里叶对数学有着宏观视野.他认为研究数学是对人类及大自然的一种关怀,故对大自然各种现象的探讨是数学研究的最佳养份.

习 题 七

(A)

1. 判别下列级数的敛散性:

(1) $\sum_{n=1}^{\infty} (-1)^{n-1}$;

(2) $\sum_{n=1}^{\infty} \frac{2^{n+1}}{3^n}$;

(3) $\sum_{n=1}^{\infty} \frac{4^n}{3^n}$;

(4) $\sum_{n=1}^{\infty} \left(\frac{1}{5^n} + \frac{1}{6^n} \right)$;

(5) $\sum_{n=1}^{\infty} \frac{n}{n+1}$;

(6) $\sum_{n=1}^{\infty} \ln \frac{2n+3}{2n+1}$.

2. 用比较判别法确定下列级数的敛散性:

(1) $\sum_{n=1}^{\infty} \frac{1}{2n-1}$;

(2) $\sum_{n=1}^{\infty} \frac{1}{n^2+1}$;

(3) $\sum_{n=1}^{\infty} \frac{1}{(2n-1)\sqrt{2n}}$;

(4) $\sum_{n=1}^{\infty} \left(\frac{n}{2n+1} \right)^n$;

(5) $\sum_{n=1}^{\infty} \frac{1}{n\sqrt{n+1}}$;

(6) $\sum_{n=1}^{\infty} \frac{1}{\ln(n+1)}$.

3. 用比值判别法确定下列级数的敛散性:

(1) $\sum_{n=1}^{\infty} \frac{n+2}{2^n}$;

(2) $\sum_{n=1}^{\infty} \frac{1}{n!}$;

(3) $\sum_{n=0}^{\infty} \frac{2^n}{n(n+1)}$;

(4) $\sum_{n=1}^{\infty} \frac{5^n}{n!}$;

(5) $\sum_{n=1}^{\infty} \frac{1}{2^{2n-1}(2n-1)}$;

(6) $\sum_{n=1}^{\infty} \frac{(n!)^2}{(2n)!}$;

(7) $\sum_{n=1}^{\infty} 2^n \sin \frac{\pi}{3^n}$;

(8) $\sum_{n=1}^{\infty} \frac{(n!)^2}{2^{n^2}}$.

4. 判别下列交错级数的敛散性:

(1) $\sum_{n=1}^{\infty} (-1)^{n-1} \frac{1}{n!}$;

(2) $\sum_{n=1}^{\infty} (-1)^{n-1} \frac{1}{n^4}$;

(3) $\sum_{n=1}^{\infty}(-1)^{n-1}\dfrac{2n+1}{2n-1}$;

(4) $\sum_{n=1}^{\infty}(-1)^{n-1}\dfrac{1}{(n+1)(n+4)}$.

5. 判别下列级数哪些是绝对收敛,哪些是条件收敛:

(1) $\sum_{n=0}^{\infty}(-1)^{n-1}(\sqrt{n+1}-\sqrt{n})$;

(2) $\sum_{n=1}^{\infty}(-1)^{n-1}\dfrac{1}{\ln(n+1)}$;

(3) $\sum_{n=1}^{\infty}\dfrac{\cos(n!)}{n\sqrt{n}}$;

(4) $\sum_{n=1}^{\infty}(-1)^{n-1}\dfrac{1}{\sqrt[4]{n}}$;

(5) $\sum_{n=1}^{\infty}(-1)^{n-1}\dfrac{1}{(2n-1)^2}$;

(6) $\sum_{n=1}^{\infty}(-1)^{n-1}\ln\left(1+\dfrac{1}{n^2}\right)$;

(7) $\sum_{n=1}^{\infty}(-1)^{n-1}\dfrac{\cos n^2}{3^n}$;

(8) $\sum_{n=1}^{\infty}(-1)^{n-1}\dfrac{n^3}{2^n}$.

6. 求下列幂级数的收敛域:

(1) $\sum_{n=1}^{\infty}(-1)^{n-1}\dfrac{x^n}{n}$;

(2) $\sum_{n=0}^{\infty}\dfrac{x^n}{(2n)!}$;

(3) $\sum_{n=0}^{\infty}\dfrac{x^n}{2^n}$;

(4) $\sum_{n=1}^{\infty}\dfrac{x^n}{n^2}$;

(5) $\sum_{n=0}^{\infty}\dfrac{x^{n-1}}{3^{n-1}n}$;

(6) $\sum_{n=0}^{\infty}(-1)^{n-1}\dfrac{x^n}{n(n+1)}$;

(7) $\sum_{n=1}^{\infty}\dfrac{\ln(1+n)}{n+1}x^{n+1}$;

(8) $\sum_{n=1}^{\infty}(\lg x)^{n+1}$;

(9) $\sum_{n=1}^{\infty}(\sqrt{n+1}-\sqrt{n})2^n x^{2n}$;

(10) $\sum_{n=1}^{\infty}\dfrac{(x-2)^n}{n^2}$;

(11) $\sum_{n=1}^{\infty}2^n(x+3)^{2n}$;

(12) $\sum_{n=1}^{\infty}(-1)^{n-1}\dfrac{(2x-3)^n}{2n-1}$.

7. 求下列幂级数的和函数:

(1) $\sum_{n=1}^{\infty}\dfrac{(-1)^{n-1}}{2n-1}x^{2n-1}$;

(2) $\sum_{n=1}^{\infty}(2n)x^{2n-1}$;

(3) $\sum_{n=1}^{\infty}n(n+1)x^n$.

8. 利用直接展开法将下列函数展开成 x 的幂级数:

(1) $f(x)=a^x$;

(2) $f(x)=\sin\dfrac{x}{2}$.

9. 利用已知展开式展开下列为 x 的幂级数,并确定收敛域:

(1) $f(x)=\sin^2 x$;

(2) $f(x)=x^3 e^{-x}$;

(3) $f(x) = \dfrac{1}{\sqrt{1-x^2}}$；

(4) $f(x) = \dfrac{1}{2-x}$；

(5) $f(x) = \ln(1-3x+2x^2)$；

(6) $f(x) = \dfrac{x}{1+x-2x^2}$.

10. 利用已知展开式展开下列为 $x-2$ 的幂级数，并确定收敛域：

(1) $f(x) = \dfrac{1}{4-x}$；

(2) $f(x) = \ln x$；

(3) $f(x) = e^{x-1}$；

(4) $f(x) = \dfrac{1}{x^2+3x+2}$.

(B)

1. 判别下列级数的敛散性：

(1) $\sum\limits_{n=1}^{\infty}\left[\dfrac{1}{1+n}-\dfrac{n-4}{(n+1)^2}\right]$；

(2) $\sum\limits_{n=1}^{\infty}\left(\dfrac{a}{n}-\dfrac{b}{n+1}\right)$；

(3) $\sum\limits_{n=1}^{\infty}(\sqrt{n^3+\sqrt{n}}-\sqrt{n^3-\sqrt{n}})$；

(4) $\sum\limits_{n=1}^{\infty}\dfrac{x^n}{(1+x)(1+x^2)\cdots(1+x^n)}$ $(x>0)$；

(5) $\sum\limits_{n=1}^{\infty} 2^{-n+(-1)^n}$；

(6) $\sum\limits_{n=3}^{\infty}\dfrac{1}{n\ln n\ln\ln n}$.

2. 求证 $\lim\limits_{n\to\infty}\dfrac{n!}{n^n}=0$.

3. 判别下列级数的敛散性，若收敛，说明是条件收敛还是绝对收敛：

(1) $\sum\limits_{n=1}^{\infty}\dfrac{(-1)^n}{\pi^{n+1}}\sin\dfrac{\pi}{n+1}$；

(2) $\sum\limits_{n=1}^{\infty}\dfrac{(-1)^{n-1}(a+n)}{n^2}$.

4. 若级数 $\sum\limits_{n=1}^{\infty}u_n^2$ 与 $\sum\limits_{n=1}^{\infty}v_n^2$ 都收敛，证明级数 $\sum\limits_{n=1}^{\infty}(u_n+v_n)^2$ 收敛.

5. 求下列幂级数的收敛域：

(1) $\sum\limits_{n=1}^{\infty}\dfrac{(x-2)^{2n}}{n4^n}$；

(2) $\sum\limits_{n=1}^{\infty}\dfrac{n^2}{x^n}$；

(3) $\sum\limits_{n=1}^{\infty}\left(\dfrac{\ln x}{3}\right)^n$；

(4) $\sum\limits_{n=0}^{\infty}x^{n^2}$.

6. 求下列幂级数的和函数：

(1) $\sum\limits_{n=1}^{\infty}\dfrac{n+1}{2^n n!}x^n$；

(2) $\sum\limits_{n=1}^{\infty}\dfrac{1}{n(n+1)}x^n$.

7. 求幂级数 $\sum\limits_{n=1}^{\infty}\dfrac{(-1)^{n-1}}{n}x^{2n-1}$ 的收敛域及和函数，并求级数 $\sum\limits_{n=1}^{\infty}\dfrac{(-1)^{n-1}}{n3^n}$

的和.

8. 将下列函数展开成 x 的幂级数:

(1) $f(x) = \arctan \dfrac{1+x}{1-x}$; (2) $f(x) = \dfrac{1}{(1-x)^2}$.

9. 将函数 $f(x) = \sin \dfrac{\pi}{2} x$ 展开成 $x+2$ 的幂级数.

10. 将函数 $f(x) = \dfrac{1}{x^2}$ 展开成 $x-1$ 的幂级数.

第八章　微分方程与差分方程

函数是客观事物的内部联系在数量方面的反映,利用函数关系又可以研究客观事物的变化规律.因此如何寻找函数关系,具有重要意义.在大量的实际问题中,反映变量与变量的函数关系往往不能直接建立,但是能够建立这些变量和它们的变化率之间的关系.

就自变量连续和离散两种情形,可以用两种数学形式来表示变化率.当自变量的变化可以认为是连续的或瞬时发生时,变化率可以用导数来表示,含有未知函数导数或微分的方程称为微分方程.当自变量的变化被认为是离散的或不连续发生时,变化率可以用差分来表示,含有未知函数差分的方程称为差分方程.

本章主要介绍微分方程与差分方程的一些基本概念,研究微分方程与差分方程的解的结构,以及常见微分方程与差分方程的解法.

§8.1　微分方程的基本概念

一、引例

例1　求过点 $(1,3)$ 且切线斜率为 $2x$ 的曲线方程.

解　设所求曲线方程为 $y = f(x)$,根据题意有

$$\begin{cases} \dfrac{dy}{dx} = 2x, & (8.1) \\ f(1) = 3. & (8.2) \end{cases}$$

要求出曲线方程 $y = f(x)$,方程(8.1)可变形为

$$dy = 2x dx,$$

两端积分

$$\int dy = \int 2x dx,$$

所以
$$y = x^2 + C.$$

再由条件(8.2)可得 $C = 2$. 故所求曲线方程为
$$y = x^2 + 2.$$

例 2 一物体以初速度 v_0 垂直上抛,假设物体的运动只受重力作用,试求该物体运动的路程 s 关于时间 t 的函数关系.

解 由于物体运动的加速度是路程对时间 t 的二阶导数,本题中物体只受重力作用,因此由牛顿第二定律有
$$m\frac{\mathrm{d}^2 s}{\mathrm{d}t^2} = -mg,$$
即
$$\frac{\mathrm{d}^2 s}{\mathrm{d}t^2} = -g, \tag{8.3}$$

其中,m 为物体的质量,g 为重力加速度,以垂直向上的方向为正方向.

因为物体的运动速度 $v = \dfrac{\mathrm{d}s}{\mathrm{d}t}$,所以对(8.3)式积分一次,可得
$$v = \frac{\mathrm{d}s}{\mathrm{d}t} = -gt + C_1,$$

再积分一次,得
$$s = -\frac{1}{2}gt^2 + C_1 t + C_2, \tag{8.4}$$

其中,C_1,C_2 为任意常数. 因此,(8.4)式表示的是一簇曲线. 假设物体开始上抛时的位置为 s_0,则依题意,有
$$v(0) = v_0,\ s(0) = s_0,$$
代入(8.4)式,得
$$C_1 = v_0,\ C_2 = s_0,$$
于是
$$s = -\frac{1}{2}gt^2 + v_0 t + s_0,$$

即为所求函数关系式.

二、微分方程的一般概念

定义 8.1 含有自变量、未知函数及未知函数导数或微分的方程称为微分

方程.

定义 8.2 未知函数为一元函数的微分方程,称为常微分方程;未知函数为多元函数的微分方程,称为偏微分方程.

如方程(8.1)和方程(8.3)都是常微分方程,而方程

$$\frac{\partial u}{\partial t} = \frac{\partial^2 u}{\partial x^2} \text{ 与 } \frac{\partial^2 z}{\partial x^2} + \frac{\partial^2 z}{\partial y^2} = 0$$

都是偏微分方程.

本章主要介绍常微分方程.下面的介绍中,我们把常微分方程简称为"微分方程"或"方程".

定义 8.3 微分方程中出现的未知函数导数的最高阶数称为微分方程的阶.

如方程(8.1)是一阶微分方程,方程(8.3)是二阶微分方程,方程

$$\frac{d^3 y}{d x^3} + x \frac{d^2 y}{d x^2} + \frac{d y}{d x} - 2y = e^{-x}$$

是三阶微分方程;而方程

$$y^{(4)} - 4y'' + 6y' = 5$$

是四阶微分方程.

一般地,n 阶常微分方程具有如下形式:

$$F\left(x, y, \frac{dy}{dx}, \cdots, \frac{d^n y}{d x^n}\right) = 0, \tag{8.5}$$

这里,y 是未知函数,x 是自变量,$F\left(x, y, \frac{dy}{dx}, \cdots, \frac{d^n y}{d x^n}\right)$ 是 x,y,$\frac{dy}{dx}$,$\cdots$,$\frac{d^n y}{d x^n}$ 的已知函数,而且一定含有 $\frac{d^n y}{d x^n}$.

定义 8.4 满足微分方程的函数,称为微分方程的解.

例如 $y = x^2 + C$,$y = x^2 + 2$ 都是一阶微分方程 $\frac{dy}{dx} = 2x$ 的解;$s = -\frac{1}{2}gt^2 + C_1 t + C_2$,$s = -\frac{1}{2}gt^2 + v_0 t + s_0$ 都是二阶微分方程 $m\frac{d^2 s}{dt^2} = -mg$ 的解.

定义 8.5 如果微分方程的解中所含独立任意常数的个数等于微分方程的阶数,则此解称为微分方程的通解.

例如，$y = x^2 + C$ 是一阶微分方程 $\dfrac{\mathrm{d}y}{\mathrm{d}x} = 2x$ 的通解；而 $s = -\dfrac{1}{2}gt^2 + C_1 t + C_2$ 是二阶微分方程 $m\dfrac{\mathrm{d}^2 s}{\mathrm{d}t^2} = -mg$ 的通解.

定义 8.6 用来确定微分方程通解中任意常数的附加条件通常称为定解条件. 如果这种附加条件是由系统在某一瞬间所处的状态给出的, 则称这种定解条件为初始条件. 满足初始条件的解称为微分方程的特解.

例如，$y = x^2 + 2$ 是方程 $\dfrac{\mathrm{d}y}{\mathrm{d}x} = 2x$ 满足初始条件 $f(1) = 3$ 的特解；而 $s = -\dfrac{1}{2}gt^2 + v_0 t + s_0$ 是方程 $m\dfrac{\mathrm{d}^2 s}{\mathrm{d}t^2} = -mg$ 满足初始条件 $v(0) = v_0, s(0) = s_0$ 的特解.

一般来说，求微分方程的解是不容易的，没有一种简单通行的方法可以解所有的微分方程. 因此，在下面的介绍中，我们只能讨论某些特殊类型的微分方程的解法.

§8.2 一阶微分方程

一阶微分方程的一般形式可表示如下：

$$F(x, y, y') = 0. \tag{8.6}$$

一阶微分方程的通解中含有一个任意常数，为了确定这个任意常数，必须给出一个初始条件. 通常是给出当 $x = x_0$ 时未知函数对应的值 $y = y_0$，即 $y(x_0) = y_0$ 或记作 $y|_{x=x_0} = y_0$. 下面我们研究如何求解常见的一阶微分方程.

一、可分离变量的微分方程

如果一阶微分方程 $F(x, y, y') = 0$ 能化为

$$g(y)\mathrm{d}y = f(x)\mathrm{d}x \tag{8.7}$$

的形式，则称原方程 $F(x, y, y') = 0$ 为可分离变量的微分方程.

对 (8.7) 式两端积分，得

$$\int g(y)\mathrm{d}y = \int f(x)\mathrm{d}x.$$

设 $G(y)$,$F(x)$ 分别是 $g(y)$,$f(x)$ 的一个原函数,那么所求微分方程的通解为

$$G(y) = F(x) + C.$$

例 1 解微分方程 $\dfrac{dy}{dx} = -\dfrac{x}{y}$.

解 分离变量,得

$$y dy = -x dx,$$

两端积分,得

$$\frac{1}{2}y^2 = -\frac{1}{2}x^2 + C_1 \quad (C_1 \text{ 为任意常数}),$$

通解为

$$x^2 + y^2 = C \ (C = 2C_1).$$

例 2 解微分方程 $\dfrac{dy}{dx} = -\dfrac{y}{x}$.

解 分离变量,得

$$\frac{dy}{y} = -\frac{dx}{x},$$

两端积分,得

$$\ln y = -\ln x + C_1 \quad (C_1 \text{ 为任意常数}),$$

通解为

$$xy = C \ (C = e^{C_1}).$$

例 3 解初值问题 $\dfrac{dy}{dx} = e^{-y}\cos x$, $y\big|_{x=0} = 1$.

解 将方程分离变量,得

$$e^y dy = \cos x dx,$$

两端积分,得

$$e^y = \sin x + C \quad (C \text{ 为任意常数}),$$

通解为

$$y = \ln(\sin x + C),$$

将初值条件代入通解中得

$$C = e,$$

因此,初值问题的解为

$$y = \ln(\sin x + e).$$

例4 求微分方程 $y(x-1)dy + (1+y^2)dx = 0$ 的通解.

解 将微分方程分离变量得

$$\frac{y}{1+y^2}dy = \frac{1}{1-x}dx,$$

两端积分得

$$\frac{1}{2}\ln(1+y^2) = -\ln(1-x) + \ln C,$$

所以微分方程的通解为

$$(1-x)\sqrt{1+y^2} = C.$$

二、齐次微分方程

形如

$$\frac{dy}{dx} = f\left(\frac{y}{x}\right) \tag{8.8}$$

的微分方程,称为齐次微分方程.

例如,微分方程

$$\frac{dy}{dx} = \frac{y^2}{xy - x^2},$$

可化为

$$\frac{dy}{dx} = \frac{\left(\dfrac{y}{x}\right)^2}{\dfrac{y}{x} - 1}.$$

又如,微分方程

$$(xy - y^2)dx - (x^2 - 2xy)dy = 0,$$

可化为

$$\frac{dy}{dx} = \frac{xy - y^2}{x^2 - 2xy} = \frac{\dfrac{y}{x} - \left(\dfrac{y}{x}\right)^2}{1 - 2\left(\dfrac{y}{x}\right)}.$$

所以它们都是齐次微分方程.

对齐次微分方程(8.8)作变量代换

$$u = \frac{y}{x},$$

由 $y = ux$ 可得 $\frac{\mathrm{d}y}{\mathrm{d}x} = u + x\frac{\mathrm{d}u}{\mathrm{d}x}$,将其代入微分方程,有

$$u + x\frac{\mathrm{d}u}{\mathrm{d}x} = f(u),$$

分离变量,得

$$\frac{\mathrm{d}u}{f(u) - u} = \frac{\mathrm{d}x}{x},$$

两端积分,得

$$\int \frac{\mathrm{d}u}{f(u) - u} = \ln|x| - \ln C,$$

所以通解为

$$x = C\mathrm{e}^{\int \frac{\mathrm{d}u}{f(u)-u}}. \tag{8.9}$$

将通解(8.9)中的 u 用 $u = \frac{y}{x}$ 回代,即得微分方程(8.8)的通解.

例5 求微分方程 $\frac{\mathrm{d}y}{\mathrm{d}x} = \frac{y^2}{xy - x^2}$ 的通解.

解 该微分方程可化为

$$\frac{\mathrm{d}y}{\mathrm{d}x} = \frac{\left(\dfrac{y}{x}\right)^2}{\dfrac{y}{x} - 1},$$

所以是齐次微分方程. 令 $u = \dfrac{y}{x}$,将 $f(u) = \dfrac{u^2}{u-1}$ 代入通解公式(8.9),得

$$x = C\mathrm{e}^{\int \frac{\mathrm{d}u}{\frac{u^2}{u-1}-u}} = C\mathrm{e}^{\int \frac{u-1}{u}\mathrm{d}u} = \frac{C\mathrm{e}^u}{u}.$$

将 $u = \dfrac{y}{x}$ 代入上式,得微分方程的通解

$$y = C\mathrm{e}^{\frac{y}{x}}.$$

例6 求微分方程 $xy' + 2\sqrt{xy} = y$ 满足条件 $y\mid_{x=-1} = -9$ 的解.

注意 本题应在 $x = -1$ 邻近求解,故 $x < 0$,从而有 $\sqrt{xy} = -x\sqrt{\dfrac{y}{x}}$.

解 该方程可化为
$$y' = 2\sqrt{\frac{y}{x}} + \frac{y}{x},$$

所以这是齐次微分方程. 令 $u = \dfrac{y}{x}$,将 $f(u) = 2\sqrt{u} + u$ 代入通解公式(8.9),得

$$\begin{aligned}x &= C\mathrm{e}^{\int \frac{\mathrm{d}u}{2\sqrt{u}}} \\ &= C\mathrm{e}^{\sqrt{u}}.\end{aligned}$$

代回原变量得通解
$$x = C\mathrm{e}^{\sqrt{\frac{y}{x}}}.$$

将条件 $y\mid_{x=-1} = -9$ 代入上式得 $C = -\mathrm{e}^{-3}$,所以方程满足条件 $y\mid_{x=-1} = -9$ 的特解为
$$y = x(\ln\mid x\mid + 3)^2.$$

三、一阶线性微分方程

形如
$$y' + p(x)y = q(x) \tag{8.10}$$

的微分方程,称为一阶线性微分方程. 其中,$p(x)$,$q(x)$ 为已知连续函数.

如果 $q(x) \equiv 0$,则(8.10)式变为
$$y' + p(x)y = 0, \tag{8.11}$$

称为一阶齐次线性微分方程. 而当 $q(x) \neq 0$ 时,(8.10)式称为一阶非齐次线性微分方程.

下面先讨论一阶齐次线性微分方程(8.11)的通解.

首先,将 $y' + p(x)y = 0$ 分离变量,得
$$\frac{\mathrm{d}y}{y} = -p(x)\mathrm{d}x,$$

将上式两端积分,得

$$\ln y = -\int p(x)\mathrm{d}x + \ln C,$$

即
$$y = C\mathrm{e}^{-\int p(x)\mathrm{d}x}, \tag{8.12}$$

(8.12)式是一阶齐次线性微分方程的通解公式.

对于一阶非齐次线性微分方程(8.10)的通解可用常数变易法求得,即将对应的齐次线性微分方程(8.11)的通解(8.12)中的常数 C 换为待定的函数 $C(x)$,设一阶非齐次线性方程(8.10)具有如下形式的解:

$$y = C(x)\mathrm{e}^{-\int p(x)\mathrm{d}x}, \tag{8.13}$$

对(8.13)式求导得

$$y' = C'(x)\mathrm{e}^{-\int p(x)\mathrm{d}x} - C(x)p(x)\mathrm{e}^{-\int p(x)\mathrm{d}x}, \tag{8.14}$$

将(8.13)式、(8.14)式代入方程(8.10),得

$$C'(x) = q(x)\mathrm{e}^{\int p(x)\mathrm{d}x},$$

两端积分,得

$$C(x) = \int q(x)\mathrm{e}^{\int p(x)\mathrm{d}x}\mathrm{d}x + C \quad (C \text{ 为任意常数}),$$

所以,一阶非齐次线性微分方程(8.10)的通解为

$$y = \mathrm{e}^{-\int p(x)\mathrm{d}x}\left(\int q(x)\mathrm{e}^{\int p(x)\mathrm{d}x}\mathrm{d}x + C\right). \tag{8.15}$$

我们看到,常数变易法实际上也是一种变量代换的方法,通过变换(8.13)将方程(8.10)化成可分离变量的方程,这种方法以后我们会经常用到.

(8.15)式还可写成

$$y = C\mathrm{e}^{-\int p(x)\mathrm{d}x} + \mathrm{e}^{-\int p(x)\mathrm{d}x}\int q(x)\mathrm{e}^{\int p(x)\mathrm{d}x}\mathrm{d}x,$$

上式中,右端第一项是齐次方程(8.11)的通解,可以验证第二项是非齐次方程(8.10)的一个特解. 由此可见,一阶非齐次线性微分方程的通解等于它的一个特解与其对应的齐次方程的通解之和.

例7 求方程 $\dfrac{\mathrm{d}y}{\mathrm{d}x} + 2xy = 2x\mathrm{e}^{-x^2}$ 的通解.

解 这是一阶非齐次线性微分方程，$p(x) = 2x$，$q(x) = 2xe^{-x^2}$. 由通解公式(8.15)得通解

$$y = e^{-\int p(x)dx}\left(\int q(x)e^{\int p(x)dx}dx + C\right)$$

$$= e^{-\int 2xdx}\left(\int 2xe^{-x^2}e^{\int 2xdx}dx + C\right)$$

$$= e^{-x^2}\left(\int 2xe^{-x^2}e^{x^2}dx + C\right)$$

$$= e^{-x^2}(x^2 + C).$$

例 8 求微分方程 $y' + y = x$ 满足初始条件 $y|_{x=0} = 1$ 的特解.

解 这是一阶非齐次线性微分方程，$p(x) = 1$，$q(x) = x$. 由通解公式(8.15)得通解

$$y = e^{-\int dx}\left(\int xe^{\int dx}dx + C\right) = e^{-x}\left(\int xe^x dx + C\right)$$

$$= e^{-x}(xe^x - e^x + C) = x - 1 + Ce^{-x}.$$

由初始条件 $y|_{x=0} = 1$ 得 $C = 2$，于是此方程的特解为

$$y = x - 1 + 2e^{-x}.$$

注意 有时为了题解需要，可以将 x 看作因变量，y 看作自变量，把方程写成如下形式

$$x' + p(y)x = q(y), \tag{8.16}$$

则其通解为

$$x = e^{-\int p(y)dy}\left(\int q(y)e^{\int p(y)dy}dy + C\right), \tag{8.17}$$

注意此时是对 y 积分.

例 9 求微分方程 $y' = \dfrac{1}{x\cos y + \sin 2y}$ 的通解.

解 将方程改写为

$$\frac{dx}{dy} - \cos y \cdot x = \sin 2y,$$

其中

$$p(y) = -\cos y, \quad q(y) = \sin 2y,$$

所以

$$\int p(y)\mathrm{d}y = \int -\cos y\mathrm{d}y = -\sin y,$$

$$\int q(y)\mathrm{e}^{\int p(y)\mathrm{d}y}\mathrm{d}y = \int \sin 2y \cdot \mathrm{e}^{-\sin y}\mathrm{d}y$$

$$= 2\int \sin y\cos y \cdot \mathrm{e}^{-\sin y}\mathrm{d}y$$

$$= -2\int \sin y\mathrm{d}\mathrm{e}^{-\sin y}$$

$$= -2(\sin y\mathrm{e}^{-\sin y} + \mathrm{e}^{-\sin y}),$$

代入通解公式(8.17),得

$$x = \mathrm{e}^{-\int p(y)\mathrm{d}y}\left(\int q(y)\mathrm{e}^{\int p(y)\mathrm{d}y}\mathrm{d}y + C\right)$$

$$= \mathrm{e}^{\sin y}[-2(\sin y\mathrm{e}^{-\sin y} + \mathrm{e}^{-\sin y}) + C]$$

$$= -2\sin y - 2 + C\mathrm{e}^{\sin y},$$

即通解为

$$x = -2\sin y - 2 + C\mathrm{e}^{\sin y}.$$

§8.3 可降阶的二阶微分方程

二阶微分方程的一般形式可表示如下：

$$F(x, y, y', y'') = 0. \tag{8.18}$$

本节将介绍几个简单的、经过适当变换可将二阶降为一阶的微分方程.

一、$y'' = f(x)$ 型微分方程

形如

$$y'' = f(x) \tag{8.19}$$

的微分方程是最简单的二阶微分方程. 本章例 2 中的 $\dfrac{\mathrm{d}^2 s}{\mathrm{d}t^2} = -g$ 就是这种类型的方程. 这种方程的通解可以经过两次积分得到,具体做法如下：

先对(8.19)式积分一次,得

$$y' = \int f(x)\mathrm{d}x + C_1,$$

再对上式积分一次,得通解

$$y = \int \left(\int f(x)\mathrm{d}x\right)\mathrm{d}x + C_1 x + C_2, \tag{8.20}$$

其中,C_1,C_2 为任意常数.(8.20)式即为方程(8.19)的通解.

例1 求解微分方程 $y'' = \mathrm{e}^{3x} + \sin x$.

解 对方程积分一次,得

$$y' = \int (\mathrm{e}^{3x} + \sin x)\mathrm{d}x = \frac{1}{3}\mathrm{e}^{3x} - \cos x + C_1,$$

再积分一次,得通解

$$y = \int \left(\frac{1}{3}\mathrm{e}^{3x} - \cos x + C_1\right)\mathrm{d}x = \frac{1}{9}\mathrm{e}^{3x} - \sin x + C_1 x + C_2,$$

其中,C_1,C_2 为任意常数.

二、$y'' = f(x, y')$ 型微分方程

方程

$$y'' = f(x, y') \tag{8.21}$$

的右端不显含未知函数 y,可先求出 y',再求出 y. 令

$$y' = u(x), \tag{8.22}$$

则

$$y'' = u'(x), \tag{8.23}$$

将(8.22)式、(8.23)式代入(8.21)式中,得

$$u'(x) = f(x, u), \tag{8.24}$$

这样,就将二阶方程转化为了一阶方程.根据方程的不同类型,可用前面求一阶方程的方法来求解.

例2 求解微分方程 $y'' = \dfrac{1}{x}y' + x\mathrm{e}^x$.

解 方程不显含 y,令 $y' = u$,则 $y'' = u'$,代入原方程得

$$u' = \frac{1}{x}u + xe^x,$$

或改写为

$$u' - \frac{1}{x}u = xe^x,$$

这是关于 u 的一阶非齐次线性微分方程. 利用通解公式(8.15),得

$$y' = u = e^{\int \frac{1}{x}dx}\left(\int xe^x e^{-\int \frac{1}{x}dx}dx + C_1\right)$$

$$= x\left(\int e^x dx + C_1\right) = xe^x + C_1 x,$$

对上式再积分一次,得所给方程的通解为

$$y = \int (xe^x + C_1 x)dx = (x-1)e^x + \frac{1}{2}C_1 x^2 + C_2,$$

其中,C_1,C_2 为任意常数.

三、$y'' = f(y, y')$ 型微分方程

方程

$$y'' = f(y, y') \tag{8.25}$$

的右端不显含自变量 x,可将 y' 看作是 y 的函数,令

$$y' = u(y), \tag{8.26}$$

则

$$y'' = u'(y) \cdot y' = u'(y) \cdot u(y) = u \cdot \frac{du}{dy}, \tag{8.27}$$

将(8.26)式、(8.27)式代入方程(8.25),得

$$u\frac{du}{dy} = f(u, y), \tag{8.28}$$

这是以 y 为自变量、u 为未知函数的一阶方程.

若方程(8.28)的通解为 $u(y) = \varphi(y, C_1)$,则 $y' = \varphi(y, C_1)$ 分离变量可得

$$\frac{dy}{\varphi(y, C_1)} = dx, \tag{8.29}$$

将上式两端积分可得方程(8.25)的通解为

$$\int \frac{\mathrm{d}y}{\varphi(y, C_1)} = x + C_2. \tag{8.30}$$

例3 求微分方程 $y'' + \dfrac{y'^2}{1-y} = 0$ 的通解.

解 方程不显含 x,令 $y' = u(y)$,则

$$y'' = u \cdot \frac{\mathrm{d}u}{\mathrm{d}y},$$

将 y',y'' 代入原方程,得

$$u\frac{\mathrm{d}u}{\mathrm{d}y} + \frac{u^2}{1-y} = 0,$$

其中,$u = 0$ 是方程的特解,即 $y = C$ $(C \neq 1)$. 当 $u \neq 0$ 时,有

$$\frac{\mathrm{d}u}{\mathrm{d}y} + \frac{u}{1-y} = 0,$$

分离变量并积分,得 $u = C_1(y-1)$,即

$$\frac{\mathrm{d}y}{\mathrm{d}x} = C_1(y-1),$$

解得

$$y = 1 + C_2 \mathrm{e}^{C_1 x} \quad (C_2 \neq 0).$$

注意,当 $C_1 = 0$ 时,解 $y = 1 + C_2 \mathrm{e}^{C_1 x}$ 包含了解 $y = C$ $(C \neq 1)$,所以方程的全部解为

$$y = 1 + C_2 \mathrm{e}^{C_1 x} \quad (C_2 \neq 0).$$

§8.4 二阶线性微分方程解的结构

n 阶线性微分方程的一般形式为

$$y^{(n)} + a_1(x)y^{(n-1)} + \cdots + a_{n-1}(x)y' + a_n(x)y = f(x). \tag{8.31}$$

当 $f(x) \neq 0$ 时,方程(8.31)称为非齐次线性微分方程;
当 $f(x) \equiv 0$ 时,方程

$$y^{(n)} + a_1(x)y^{(n-1)} + \cdots + a_{n-1}(x)y' + a_n(x)y = 0, \tag{8.32}$$

称为对应于方程(8.31)的齐次线性微分方程.

当 $n=1$ 时,方程(8.31)就是一阶线性微分方程.下面我们将主要讨论二阶线性微分方程解的性质及结构.

二阶线性微分方程的一般形式为

$$y'' + p(x)y' + q(x)y = f(x), \tag{8.33}$$

其中,$p(x)$,$q(x)$ 为已知的连续函数.方程(8.33)所对应的齐次线性微分方程为

$$y'' + p(x)y' + q(x)y = 0. \tag{8.34}$$

定理 8.1 如果函数 y_1 与 y_2 是方程(8.34)的两个解,则 y_1 与 y_2 的任意线性组合

$$y = C_1 y_1 + C_2 y_2$$

也是方程(8.34)的解.其中,C_1,C_2 为任意常数.

证明 将 $y = C_1 y_1 + C_2 y_2$ 代入(8.34)左端,得

$$(C_1 y_1 + C_2 y_2)'' + p(x)(C_1 y_1 + C_2 y_2)' + q(x)(C_1 y_1 + C_2 y_2)$$
$$= C_1[y_1'' + p(x)y_1' + q(x)y_1] + C_2[y_2'' + p(x)y_2' + q(x)y_2].$$

因为 y_1 与 y_2 是方程(8.34)的解,所以

$$y_1'' + p(x)y_1' + q(x)y_1 = y_2'' + p(x)y_2' + q(x)y_2 = 0,$$

因此

$$(C_1 y_1 + C_2 y_2)'' + p(x)(C_1 y_1 + C_2 y_2)' + q(x)(C_1 y_1 + C_2 y_2) = 0,$$

即 $y = C_1 y_1 + C_2 y_2$ 是方程(8.34)的解. ∎

解 $y = C_1 y_1 + C_2 y_2$ 从形式上看含有两个任意常数 C_1 与 C_2,但它不一定是方程(8.34)的通解.例如,设 y_1 是方程(8.34)的一个解,则 $y_2 = 2y_1$ 也是方程(8.34)的一个解.那么 $y = C_1 y_1 + C_2 y_2 = C_1 y_1 + 2C_2 y_1 = (C_1 + 2C_2)y_1 = Cy_1$ 就不是方程(8.34)的通解.那么在什么情况下 $y = C_1 y_1 + C_2 y_2$ 才是方程(8.34)的通解呢?我们有如下定理.

定理 8.2 如果函数 y_1 与 y_2 是方程(8.34)的两个特解,且 $\dfrac{y_2}{y_1}$ 不等于常数,则

$$Y = C_1 y_1 + C_2 y_2 \quad (C_1, C_2 \text{ 为任意常数})$$

是方程(8.34)的通解.

$\dfrac{y_2}{y_1}$ 不等于常数这一条件很重要,它保证了 $Y=C_1y_1+C_2y_2$ 中含有两个相互独立的任意常数. 满足 $\dfrac{y_2}{y_1}$ 不等于常数这一条件的两个解叫做线性无关的两个解. 因此,求方程(8.34)的通解就归结为求它的两个线性无关的特解.

例1 $y''+y=0$ 是二阶齐次线性方程,容易验证, $y_1=\cos x$, $y_2=\sin x$ 是它的两个特解,且 $\dfrac{y_2}{y_1}=\dfrac{\sin x}{\cos x}=\tan x\neq$ 常数,即它们是线性无关的. 因此方程 $y''+y=0$ 的通解为

$$y=C_1\cos x+C_2\sin x.$$

例2 $(x-1)y''-xy'+y=0$ 也是二阶齐次线性方程,它可化为

$$y''-\dfrac{x}{x-1}y'+\dfrac{1}{x-1}y=0,$$

容易验证, $y_1=x$, $y_2=e^x$ 是它的两个线性无关的特解. 因此方程的通解为

$$y=C_1x+C_2e^x.$$

在本章第二节中,我们注意到一阶非齐次线性微分方程的通解等于它的一个特解与其对应的齐次方程的通解之和. 实际上,不仅一阶非齐次线性微分方程的通解具有这样的结构,二阶及更高阶的非齐次线性微分方程的通解也具有这样的结构.

定理 8.3 设 y^* 是二阶非齐次线性微分方程(8.33)的一个特解,Y 是其对应的齐次微分方程(8.34)的通解,则

$$y=Y+y^*$$

是非齐次线性微分方程(8.33)的通解.

证明 把 $y=Y+y^*$ 代入方程(8.33)左端,得

$$(Y+y^*)''+p(x)(Y+y^*)'+q(x)(Y+y^*)$$
$$=[Y''+p(x)Y'+q(x)Y]+[(y^*)''+p(x)(y^*)'+q(x)y^*].$$

因为 Y 是齐次微分方程(8.34)的通解,所以 $Y''+p(x)Y'+q(x)Y=0$;而 y^* 是非齐次线性微分方程(8.33)的一个特解,所以 $(y^*)''+p(x)(y^*)'+q(x)y^*=f(x)$. 因此,函数 $y=Y+y^*$ 使得方程(8.33)两端恒等,即解 $y=Y+$

y^* 是方程(8.33)的通解.

例3 $y'' + y = x^2$ 是二阶齐次线性方程. 由例1可知，$Y = C_1 \cos x + C_2 \sin x$ 是其对应齐次方程 $y'' + y = 0$ 的通解；容易验证，$y^* = x^2 - 2$ 是 $y'' + y = x^2$ 的一个特解，所以

$$y = C_1 \cos x + C_2 \sin x + x^2 - 2$$

是方程 $y'' + y = x^2$ 的通解.

§8.5 二阶常系数线性微分方程

二阶常系数线性微分方程的一般形式为

$$y'' + py' + qy = f(x), \tag{8.35}$$

其中，p, q 是常数，$f(x)$ 是已知函数. 对应于方程(8.35)的二阶常系数齐次线性微分方程为

$$y'' + py' + qy = 0. \tag{8.36}$$

下面，对方程(8.35)、方程(8.36)的解法分别进行讨论.

一、二阶常系数齐次线性微分方程

由定理8.2可知，要找到齐次线性方程(8.36)的通解，可以先求出它的两个线性无关的特解 y_1, y_2，那么 $Y = C_1 y_1 + C_2 y_2$ 就是齐次线性微分方程(8.36)的通解.

为了找到方程(8.36)两个线性无关的特解，我们先分析一下方程(8.36)有些什么特点. 方程(8.36)左端是 y''，py' 与 qy 这3项之和，而右端为0. 如果能找到一个函数 $y(x) \neq 0$，使得 $y' = by$，$y'' = ay$，且 $a + bp + q = 0$，则 $y'' + py' + qy = (a + bp + q)y = 0$. 什么样的函数具有这样的特点呢？我们自然想到了指数函数 $y = e^{rx}$，r 为常数，将它代入方程(8.36)得

$$e^{rx}(r^2 + pr + q) = 0,$$

因为 $y = e^{rx} \neq 0$，所以要使上式成立，必须有下式成立

$$r^2 + pr + q = 0, \tag{8.37}$$

方程(8.37)是关于 r 的二次代数方程，称为方程(8.36)的特征方程，其根称为方

程(8.36)的特征根. $y = e^{rx}$ 是方程(8.36)的解的充分必要条件为常数 r 是方程(8.37)的根.

对于二次方程(8.37)，它的两个根分别记为 r_1，r_2. 下面分别讨论当 r_1 与 r_2 是相异实根、重根和共轭复根情况下方程(8.36)的通解.

(1) 相异实根：当 $\Delta = p^2 - 4q > 0$ 时，有

$$r_{1,2} = \frac{-p \pm \sqrt{p^2 - 4q}}{2},$$

这时，方程(8.36)有两个特解：

$$y_1 = e^{r_1 x}, \quad y_2 = e^{r_2 x},$$

且 $\dfrac{y_2}{y_1} = e^{(r_2 - r_1)x}$ 不等于常数，所以方程(8.36)的通解为

$$Y = C_1 e^{r_1 x} + C_2 e^{r_2 x}.$$

(2) 重根：当 $\Delta = p^2 - 4q = 0$ 时，有 $r_1 = r_2 = \dfrac{-p}{2}$，这时，方程(8.36)有一个特解为 $y_1 = e^{r_1 x}$. 可以证明，$y_2 = x e^{r_1 x}$ 是方程(8.36)的另一个与 y_1 线性无关的特解. 所以，方程(8.36)的通解为

$$Y = C_1 e^{r_1 x} + C_2 x e^{r_1 x} = (C_1 + C_2 x) e^{r_1 x}.$$

(3) 共轭复根：当 $\Delta = p^2 - 4q < 0$ 时，有

$$r_{1,2} = \frac{-p \pm i\sqrt{4q - p^2}}{2} = \alpha \pm i\beta,$$

其中

$$\alpha = -\frac{p}{2}, \quad \beta = \frac{\sqrt{4q - p^2}}{2}.$$

这时，可以证明方程(8.36)有两个线性无关的特解：

$$y_1 = e^{\alpha x} \cos \beta x, \quad y_2 = e^{\alpha x} \sin \beta x,$$

所以方程(8.36)的通解为

$$Y = e^{\alpha x}(C_1 \cos \beta x + C_2 \sin \beta x).$$

综上所述，求解二阶常系数齐次线性微分方程(8.36)的问题就归结为求其

对应的特征方程(8.37)的特征值的问题,步骤总结如下:

第一步:写出方程 $y''+py'+qy=0$ 的特征方程 $r^2+pr+q=0$;

第二步:求出特征根 r_1 与 r_2;

第三步:根据特征根的不同情形,按照表 8.1 写出常系数齐次线性微分方程 (8.36)的通解.

表 8.1

特征方程 $r^2+pr+q=0$ 的根 r_1,r_2	微分方程 $y''+py'+qy=0$ 的通解
两个不等的实根 $r_1 \neq r_2$	$Y = C_1 e^{r_1 x} + C_2 e^{r_2 x}$
两个相等的实根 $r_1 = r_2$	$Y = (C_1 + C_2 x) e^{r_1 x}$
一对共轭复根 $r_{1,2} = \alpha \pm \mathrm{i}\beta$	$Y = e^{\alpha x}(C_1 \cos \beta x + C_2 \sin \beta x)$

例 1 求方程 $y''-3y'-10y=0$ 的通解.

解 所给微分方程的特征方程为

$$r^2 - 3r - 10 = 0,$$

它有两个相异实根 $r_1 = -2$,$r_2 = 5$,因此,原方程的通解为

$$Y = C_1 e^{-2x} + C_2 e^{5x}.$$

例 2 求方程 $\dfrac{\mathrm{d}^2 s}{\mathrm{d}t^2} + 2\dfrac{\mathrm{d}s}{\mathrm{d}t} + s = 0$ 满足初始条件 $s\big|_{t=0} = 4$,$\dfrac{\mathrm{d}s}{\mathrm{d}t}\bigg|_{t=0} = -2$ 的特解.

解 所给微分方程的特征方程为

$$r^2 + 2r + 1 = 0,$$

它有两个相等实根 $r_1 = r_2 = -1$,因此,原方程的通解为

$$s = (C_1 + C_2 t) e^{-t},$$

由初始条件 $s\big|_{t=0} = 4$,得 $C_1 = 4$,从而

$$s = (4 + C_2 t) e^{-t},$$

上式两边对 t 求导,得

$$\frac{\mathrm{d}s}{\mathrm{d}t} = -(4 + C_2 t) e^{-t} + C_2 e^{-t},$$

由初始条件 $\dfrac{\mathrm{d}s}{\mathrm{d}t}\bigg|_{t=0} = -2$,得 $C_2 = 2$,所以,原方程满足初始条件的特解为

$$s = (4+2t)\mathrm{e}^{-t}.$$

例 3 求方程 $y'' - 2y' + 5y = 0$ 的通解.

解 所给微分方程的特征方程为
$$r^2 - 2r + 5 = 0,$$
它有一对共轭复根 $r_{1,2} = 1 \pm 2\mathrm{i}$, 因此, 原方程的通解为
$$Y = \mathrm{e}^x (C_1 \cos 2x + C_2 \sin 2x).$$

二、二阶常系数非齐次线性微分方程

由定理 8.3 可知, 求非齐次线性方程
$$y'' + py' + qy = f(x)$$
的通解, 归结为求它的一个特解 y^* 和其对应的齐次线性方程(8.36)的通解 Y, $y = Y + y^*$ 即非齐次线性微分方程(8.35)的通解. 前面已经讲述了齐次线性方程(8.36)的通解 Y 的求法, 剩下的问题是如何求非齐次线性方程的一个特解 y^*. 求非齐次线性方程的一个特解 y^* 的方法很多, 有常数变易法、待定系数法等. 这里我们主要介绍用常数变易法和 $f(x)$ 为几种特殊情形时的待定系数法求非齐次线性方程的一个特解 y^*.

1. 常数变易法

设齐次线性方程(8.36)的通解为 $Y = C_1 y_1(x) + C_2 y_2(x)$, 其中, C_1, C_2 是任意常数, y_1, y_2 是两个线性无关的特解. 我们假设非齐次线性方程(8.35)的特解为
$$y^* = C_1(x) y_1(x) + C_2(x) y_2(x), \tag{8.38}$$
其中, $C_1(x)$, $C_2(x)$ 为待定函数.

可以证明, 如果 $C_1(x)$, $C_2(x)$ 满足方程组:
$$\begin{cases} C_1'(x) y_1(x) + C_2'(x) y_2(x) = 0, \\ C_1'(x) y_1'(x) + C_2'(x) y_2'(x) = f(x), \end{cases} \tag{8.39}$$
则 $y^* = C_1(x) y_1(x) + C_2(x) y_2(x)$ 就是所求非齐次方程(8.35)的特解.

事实上, 对(8.38)式求导数并由方程组(8.39)的第一式, 得
$$y^{*\prime} = C_1'(x) y_1(x) + C_1(x) y_1'(x) + C_2'(x) y_2(x) + C_2(x) y_2'(x)$$
$$= C_1'(x) y_1(x) + C_2'(x) y_2(x) + C_1(x) y_1'(x) + C_2(x) y_2'(x)$$
$$= C_1(x) y_1'(x) + C_2(x) y_2'(x),$$

再求导并由方程组(8.39)的第二式,得

$$y^{*\prime\prime} = C_1'(x)y_1'(x) + C_1(x)y_1''(x) + C_2'(x)y_2'(x) + C_2(x)y_2''(x)$$
$$= C_1'(x)y_1'(x) + C_2'(x)y_2'(x) + C_1(x)y_1''(x) + C_2(x)y_2''(x)$$
$$= C_1(x)y_1''(x) + C_2(x)y_2''(x) + f(x).$$

将 $y^*, y^{*\prime}, y^{*\prime\prime}$ 代入方程(8.35)左端得

$$C_1(x)y_1''(x) + C_2(x)y_2''(x) + f(x) + p[C_1(x)y_1'(x) + C_2(x)y_2'(x)]$$
$$+ q[C_1(x)y_1(x) + C_2(x)y_2(x)]$$
$$= C_1(x)[y_1''(x) + py_1'(x) + qy_1(x)]$$
$$+ C_2(x)[y_2''(x) + py_2'(x) + qy_2(x)] + f(x).$$

因为 y_1, y_2 是方程(8.36)的两个特解,所以

$$y_1''(x) + py_1'(x) + qy_1(x) = 0,$$
$$y_2''(x) + py_2'(x) + qy_2(x) = 0,$$

即方程(8.35)左端为 $f(x)$. 显然,等于其右端. 因此 y^* 是方程(8.35)的特解.

现在我们只需从方程组(8.39)中确定出 $C_1(x)$、$C_2(x)$ 即可. 由于 y_1, y_2 线性无关,即 $\dfrac{y_2}{y_1}$ 不等于常数,因此方程组(8.39)的系数行列式

$$\begin{vmatrix} y_1 & y_2 \\ y_1' & y_2' \end{vmatrix} = y_1 y_2' - y_2 y_1' = y_1^2 \left(\dfrac{y_2}{y_1}\right)' \neq 0,$$

于是,关于 $C_1'(x), C_2'(x)$ 的方程组(8.39)有唯一解. 解出 $C_1'(x)$、$C_2'(x)$ 后,求积分就可定出 $C_1(x), C_2(x)$,从而由 $y^* = C_1(x)y_1(x) + C_2(x)y_2(x)$ 确定方程(8.35)的一个特解.

例 4 求 $y'' - 3y' + 2y = xe^x$ 的通解.

解 先求对应齐次方程的通解. 对应齐次方程的特征方程为

$$r^2 - 3r + 2 = 0,$$

它有两个相异实根 $r_1 = 1, r_2 = 2$,因此,对应齐次方程的通解为

$$Y = C_1 e^x + C_2 e^{2x}.$$

设原方程有特解

$$y^* = C_1(x)\mathrm{e}^x + C_2(x)\mathrm{e}^{2x},$$

则 $C_1(x)$, $C_2(x)$ 应满足方程组

$$\begin{cases} C_1'(x)\mathrm{e}^x + C_2'(x)\mathrm{e}^{2x} = 0, \\ C_1'(x)\mathrm{e}^x + 2C_2'(x)\mathrm{e}^{2x} = x\mathrm{e}^x, \end{cases}$$

即

$$\begin{cases} C_1'(x) + C_2'(x)\mathrm{e}^x = 0, \\ C_1'(x) + 2C_2'(x)\mathrm{e}^x = x, \end{cases}$$

解得

$$\begin{cases} C_1'(x) = -x, \\ C_2'(x) = x\mathrm{e}^{-x}, \end{cases}$$

所以

$$\begin{cases} C_1(x) = \int C_1'(x)\mathrm{d}x = \int -x\mathrm{d}x = -\dfrac{1}{2}x^2, \\ C_2(x) = \int C_2'(x)\mathrm{d}x = \int x\mathrm{e}^{-x}\mathrm{d}x = -(x+1)\mathrm{e}^{-x}, \end{cases}$$

于是，原方程的特解为

$$y^* = -\frac{1}{2}x^2\mathrm{e}^x - (x+1)\mathrm{e}^x = -\left(\frac{1}{2}x^2 + x + 1\right)\mathrm{e}^x.$$

所以原方程的通解为

$$y = Y + y^* = C_1\mathrm{e}^x + C_2\mathrm{e}^{2x} - \left(\frac{1}{2}x^2 + x + 1\right)\mathrm{e}^x.$$

2. 待定系数法

我们只讨论 $f(x)$ 为常见的两种情形时用待定系数法求解.

(1) $f(x) = P_n(x)\mathrm{e}^{\alpha x}$, 其中 $P_n(x)$ 为 x 的 n 次多项式, α 为常数, 则方程 (8.35) 即为

$$y'' + py' + q = P_n(x)\mathrm{e}^{\alpha x}. \tag{8.40}$$

设 $y^* = Q_m(x)\mathrm{e}^{\alpha x}$ 为方程 (8.40) 的特解, 其中, $Q_m(x)$ 为 x 的 m 次多项式, 则

$$y^{*\prime} = Q_m'(x)\mathrm{e}^{\alpha x} + \alpha Q_m(x)\mathrm{e}^{\alpha x},$$
$$y^{*\prime\prime} = Q_m''(x)\mathrm{e}^{\alpha x} + 2\alpha Q_m'(x)\mathrm{e}^{\alpha x} + \alpha^2 Q_m(x)\mathrm{e}^{\alpha x}.$$

代入方程(8.40),得

$$(\alpha^2+p\alpha+q)Q_m(x)e^{\alpha x}+(2\alpha+p)Q'_m(x)e^{\alpha x}+Q''_m(x)e^{\alpha x}=P_n(x)e^{\alpha x},$$

即 $$(\alpha^2+p\alpha+q)Q_m(x)+(2\alpha+p)Q'_m(x)+Q''_m(x)=P_n(x). \quad (8.41)$$

要使上式恒等,只需多项式同次幂对应系数相等即可. 下面分几种情况讨论:

① 当 $\alpha^2+p\alpha+q\neq 0$ 即 α 不是特征方程 $r^2+pr+q=0$ 的根时,应设 $Q_m(x)$ 为 $P_n(x)$ 同次多项式即 $m=n$,而 $Q_n(x)$ 的系数可由(8.41)式来确定;

② 当 $\alpha^2+p\alpha+q=0$ 而 $2\alpha+p\neq 0$,即 α 是特征方程 $r^2+pr+q=0$ 的单根时,(8.41)式为

$$(2\alpha+p)Q'_m(x)+Q''_m(x)=P_n(x),$$

所以应设 $y^*=xQ_n(x)e^{\alpha x}$,再代入方程(8.40),然后比较系数确定 $Q_n(x)$;

③ 当 $\alpha^2+p\alpha+q=0$ 且 $2\alpha+p=0$,即 α 是特征方程 $r^2+pr+q=0$ 的重根时,应设 $y^*=x^2Q_n(x)e^{\alpha x}$,代入方程(8.40),然后比较系数确定 $Q_n(x)$.

(2) $f(x)=P_n(x)e^{\alpha x}\cos\beta x$ 或 $P_n(x)e^{\alpha x}\sin\beta x$ 时,即

$$y''+py'+qy=P_n(x)e^{\alpha x}\cos\beta x \quad (\text{或 } P_n(x)e^{\alpha x}\sin\beta x). \quad (8.42)$$

类似于(1)的讨论:

① 当 $\alpha\pm i\beta$ 不是特征方程的根时,设其特解为

$$y^*=Q_n(x)e^{\alpha x}\cos\beta x+T_n(x)e^{\alpha x}\sin\beta x;$$

② 当 $\alpha\pm i\beta$ 是特征方程的根时,设其特解为

$$y^*=x(Q_n(x)e^{\alpha x}\cos\beta x+T_n(x)e^{\alpha x}\sin\beta x),$$

其中,$Q_n(x)$,$T_n(x)$ 均为 x 的 n 次待定多项式.

例5 求 $y''+y=2x^2-3$ 的通解.

解 这个方程为 $y''+y=(2x^2-3)e^{\alpha x}$ 当 $\alpha=0$ 时的情形. 又 $\alpha=0$ 不是特征方程 $r^2+1=0$ 的根,而 $P_2(x)=2x^2-3$ 为二次多项式,因此设其特解为

$$y^*=(Ax^2+Bx+C)e^{\alpha x}=Ax^2+Bx+C,$$

则

$$y^{*\prime}=2Ax+B,\ y^{*\prime\prime}=2A.$$

代入方程,得

$$Ax^2+Bx+(2A+C)=2x^2-3,$$

比较系数,得
$$A = 2, B = 0, 2A + C = -3 \text{ 即 } C = -7,$$

所以特解为 $y^* = 2x^2 - 7$.

原方程的通解为
$$y = C_1 \cos x + C_2 \sin x + 2x^2 - 7,$$

其中 $C_1 \cos x + C_2 \sin x$ 为齐次方程的通解.

例6 求解初值问题
$$\begin{cases} y'' - 2y' - 3y = x e^{-x}, \\ y(0) = 0, \ y'(0) = \dfrac{15}{16}. \end{cases}$$

解 特征方程 $r^2 - 2r - 3 = 0$ 的根 $r_1 = -1$,$r_2 = 3$,因而 $\alpha = -1$ 是特征方程的单根,$P_1(x) = x$ 是 x 的一次多项式,因此,设特解
$$y^* = x(Ax + B)e^{-x} = (Ax^2 + Bx)e^{-x},$$

则
$$y^{*\prime} = [-Ax^2 + (2A - B)x + B]e^{-x},$$
$$y^{*\prime\prime} = [-Ax^2 + (B - 4A)x + (2A - 2B)]e^{-x},$$

代入方程,得
$$-8Ax + 2A - 4B = x,$$

比较系数,得 $-8A = 1$,$2A - 4B = 0$,解得
$$A = -\frac{1}{8}, \ B = -\frac{1}{16},$$

所以特解为
$$y^* = -\frac{1}{8} x \left(x + \frac{1}{2} \right) e^{-x}.$$

原方程的通解为
$$y = C_1 e^{3x} + C_2 e^{-x} - \frac{1}{8} x \left(x + \frac{1}{2} \right) e^{-x}.$$

于是 $\quad y' = 3C_1 e^{3x} - C_2 e^{-x} + \dfrac{1}{8} x \left(x + \dfrac{1}{2} \right) e^{-x} - \dfrac{1}{8} \left(2x + \dfrac{1}{2} \right) e^{-x},$

将初始条件 $y(0)=0$, $y'(0)=\dfrac{15}{16}$ 代入上述两式,得

$$\begin{cases} C_1+C_2=0, \\ 3C_1-C_2=1, \end{cases}$$

解得 $C_1=\dfrac{1}{4}$, $C_2=-\dfrac{1}{4}$. 所以,初值问题的解为

$$y=\dfrac{1}{4}\mathrm{e}^{3x}-\dfrac{1}{4}\mathrm{e}^{-x}-\dfrac{1}{8}x\left(x+\dfrac{1}{2}\right)\mathrm{e}^{-x}.$$

例 7 求 $y''+4y=2\cos x$ 的一个特解.

解 这个方程为 $y''+4y=P_0(x)\mathrm{e}^{\alpha x}\cos\beta x$ 当 $P_0(x)=2$, $\alpha=0$, $\beta=1$ 时的情形. 而 $\alpha\pm\mathrm{i}\beta=\pm\mathrm{i}$ 不是特征方程 $r^2+4=0$ 的根,所以设其特解为

$$y^*=A\cos x+B\sin x,$$

于是 $\qquad y^{*\prime}=-A\sin x+B\cos x$, $y^{*\prime\prime}=-A\cos x-B\sin x$,

代入方程,得

$$3A\cos x+3B\sin x=2\cos x,$$

比较系数,得 $A=\dfrac{2}{3}$, $B=0$. 所以特解为

$$y^*=\dfrac{2}{3}\cos x.$$

§8.6 差分与差分方程的概念

在科学技术和经济研究中,连续变化的时间范围内,变量 y 的变化速度是用导数 $\dfrac{\mathrm{d}y}{\mathrm{d}t}$ 来刻画的,但在某些场合,变量要按一定的离散时间取值,这时,我们可以用差商来近似地代表变量的变化速度. 下面将介绍差分与差分方程的一些概念并介绍简单差分方程的解法.

一、差分的概念

对于函数 $y=y(x)$,设 y 只对 x 取非负整数值有定义,当自变量依次取遍

非负整数时,即
$$x = 0, 1, \cdots, x, x+1, \cdots,$$
相应的函数值为
$$y(0), y(1), \cdots, y(x), y(x+1), \cdots,$$
或简记为
$$y_0, y_1, \cdots, y_x, y_{x+1}, \cdots.$$

定义 8.7 当自变量从 x 变到 $x+1$ 时,函数 $y = y(x)$ 的改变量
$$y(x+1) - y(x) \quad (x = 0, 1, 2, \cdots)$$
称为函数 $y(x)$ 的一阶差分,记为 Δy_x,即
$$\Delta y_x = y_{x+1} - y_x. \tag{8.43}$$

同理,当自变量从 x 变到 $x+1$ 时,一阶差分的改变量
$$\Delta(\Delta y_x) = \Delta y_{x+1} - \Delta y_x$$
$$= (y_{x+2} - y_{x+1}) - (y_{x+1} - y_x)$$
$$= y_{x+2} - 2y_{x+1} + y_x$$
称为函数 $y(x)$ 的二阶差分,记为 $\Delta^2 y_x$,即
$$\Delta^2 y_x = y_{x+2} - 2y_{x+1} + y_x. \tag{8.44}$$

二阶差分的改变量
$$\Delta(\Delta^2 y_x) = \Delta^2 y_{x+1} - \Delta^2 y_x$$
$$= (y_{x+3} - 2y_{x+2} + y_{x+1}) - (y_{x+2} - 2y_{x+1} + y_x)$$
$$= y_{x+3} - 3y_{x+2} + 3y_{x+1} - y_x$$
称为函数 $y(x)$ 的三阶差分,记为 $\Delta^3 y_x$,即
$$\Delta^3 y_x = y_{x+3} - 3y_{x+2} + 3y_{x+1} - y_x. \tag{8.45}$$

依此类推,可得函数 $y = y(x)$ 的 n 阶差分为
$$\Delta^n y_x = \Delta(\Delta^{n-1} y_x) = \Delta^{n-1} y_{x+1} - \Delta^{n-1} y_x$$
$$= y_{x+n} - C_n^1 y_{x+n-1} + C_n^2 y_{x+n-2} - \cdots + (-1)^{n-1} C_n^{n-1} y_{x+1} + (-1)^n y_x$$
$$= \sum_{k=0}^{n} (-1)^k C_n^k y_{x+n-k}, \tag{8.46}$$

其中
$$C_n^k = \frac{n!}{k!(n-k)!}.$$

这里规定，$\Delta^0 y_x = y_x = y(x)$，当 n 取 $0, 1, 2, \cdots$ 时，(8.46)式给出了 $y = y(x)$ 的各阶差分. 二阶及二阶以上的差分统称为高阶差分.

由定义知差分具有以下性质：
(1) $\Delta(Cy_x) = C(\Delta y_x)$ （C 为常数）；
(2) $\Delta(y_x + z_x) = \Delta y_x + \Delta z_x$.

例1 设 $y_x = x^2$，求 $\Delta y_x, \Delta^2 y_x, \Delta^3 y_x$.

解 $\Delta y_x = y_{x+1} - y_x = (x+1)^2 - x^2 = 2x + 1$，
$\Delta^2 y_x = \Delta(\Delta y_x) = \Delta(2x+1) = [2(x+1)+1] - (2x+1) = 2$，
$\Delta^3 y_x = \Delta(\Delta^2 y_x) = \Delta(2) = 2 - 2 = 0$.

例2 设 $y_x = x^{(n)} = x(x-1)(x-2)\cdots(x-n+1)(n=1, 2, \cdots$；规定 $x^{(0)} = 1)$，求 Δy_x.

解 $\Delta y_x = (x+1)^{(n)} - x^{(n)}$
$= (x+1)x(x-1)(x-2)\cdots(x-n+2)$
$\quad - x(x-1)(x-2)\cdots(x-n+1)$
$= [(x+1) - (x-n+1)]x(x-1)(x-2)\cdots(x-n+2)$
$= nx(x-1)(x-2)\cdots(x-n+2)$
$= nx^{(n-1)}$.

二、差分方程的概念

先看下述一个例子.

某种商品 t 时期的供给量 S_t 和需求量 D_t 都是这一时期价格 p_t 的线性函数，$S_t = -a + bp_t \ (a, b > 0)$，$D_t = c - dp_t \ (c, d > 0)$.

设 t 时期的价格 p_t 由 $t-1$ 时期的价格 p_{t-1} 与供给量及需求量之差 $S_{t-1} - D_{t-1}$ 按如下关系确定：
$$p_t = p_{t-1} - \lambda(S_{t-1} - D_{t-1}) \quad (\lambda \text{ 为常数}),$$
即
$$p_t - [1 - \lambda(b+d)]p_{t-1} = \lambda(a+c),$$

这样的方程就是差分方程.

定义 8.8 含有未知函数差分或表示未知函数几个时期值的符号的方程称

为差分方程,其一般形式为

$$F(x, y_x, y_{x+1}, \cdots, y_{x+n}) = 0,$$

或

$$G(x, y_x, y_{x-1}, \cdots, y_{x-n}) = 0,$$

或

$$H(x, y_x, \Delta y_x, \Delta^2 y_x, \cdots, \Delta^n y_x) = 0,$$

方程中含未知函数附标的最大值与最小值的差数称为差分方程的阶.

例如,$y_{x+5} - 4y_{x+3} + 3y_{x+2} - 2 = 0$ 是一个三阶差分方程.

有的差分方程从形式上不能一眼看出它的阶数,这时我们可以转化其差分方程的形式,从而确定其差分方程的阶数. 例如,差分方程 $\Delta^3 y_x + y_x + 1 = 0$ 虽然形式上含有三阶差分 $\Delta^3 y_x$,但实际上它只是二阶差分方程. 因为

$$\Delta^3 y_x + y_x + 1 = (y_{x+3} - 3y_{x+2} + 3y_{x+1} - y_x) + y_x + 1$$
$$= y_{x+3} - 3y_{x+2} + 3y_{x+1} + 1,$$

所以原方程等价于下面的二阶差分方程

$$y_{x+3} - 3y_{x+2} + 3y_{x+1} + 1 = 0.$$

定义 8.9 满足差分方程的函数,称为差分方程的解. 若差分方程的解中,所含独立的任意常数的个数与差分方程的阶数相等,则此解称为该差分方程的通解. 根据系统在初始时刻所处的状态,对差分方程附加一定的条件,这种附加条件称为初始条件. 通解中的任意常数被初始条件确定后所得到的解称为特解.

例 3 证明 $y_x = C_1 + C_2(-1)^x$ 是二阶差分方程 $y_{x+2} - y_x = 0$ 的解,并求当 $y_0 = 2$,$y_1 = 5$ 时的特解.

证明 设 $y_x = C_1 + C_2(-1)^x$,则

$$y_{x+2} - y_x = C_1 + C_2(-1)^{x+2} - [C_1 + C_2(-1)^x]$$
$$= C_2[(-1)^{x+2} - (-1)^x] = 0,$$

因此,$y_x = C_1 + C_2(-1)^x$ 是解. 用 $x = 0$,$y = 2$;$x = 1$,$y = 5$ 代入

$$\begin{cases} C_1 + C_2 = 2, \\ C_1 - C_2 = 5, \end{cases}$$

解得

$$C_1 = \frac{7}{2}, \ C_2 = -\frac{3}{2},$$

所以

$$y_x = \frac{7}{2} - \frac{3}{2}(-1)^x$$

是满足 $y_0 = 2$, $y_1 = 5$ 的特解.

三、常系数线性差分方程解的结构

定义 8.10 如果差分方程的因变量出现在一次式中,则该方程为线性差分方程.

一个 n 阶线性差分方程可写成

$$a_0(x)y_{x+n} + a_1(x)y_{x+n-1} + \cdots + a_{n-1}(x)y_{x+1} + a_n(x)y_x = f(x), \tag{8.47}$$

其中,$a_0(x)$, $a_1(x)$, $\cdots$, $a_n(x)$, $f(x)$ 为已知函数.

若 $f(x) = 0$,称方程(8.47)为 n 阶齐次线性差分方程;

若 $f(x) \neq 0$,称方程(8.47)为 n 阶非齐次线性差分方程.

若差分方程(8.47)中 $a_i(x)$ $(i = 0, 1, 2, \cdots, n)$ 均为常数,则该方程称为常系数线性差分方程. n 阶常系数线性差分方程的一般形式为

$$a_0 y_{x+n} + a_1 y_{x+n-1} + \cdots + a_{n-1} y_{x+1} + a_n y_x = f(x), \tag{8.48}$$

其中,a_i $(i = 0, 1, 2, \cdots, n)$ 为常数且 $a_0, a_n \neq 0$.

当 $f(x) = 0$ 时,称

$$a_0 y_{x+n} + a_1 y_{x+n-1} + \cdots + a_{n-1} y_{x+1} + a_n y_x = 0 \tag{8.49}$$

为方程(8.48)所对应的 n 阶常系数齐次线性差分方程.

与 n 阶常系数线性微分方程类似,n 阶常系数线性差分方程的解也具有以下性质.

定理 8.4 若函数 $y_x^{(1)}$, $y_x^{(2)}$, $\cdots$, $y_x^{(k)}$ 均是齐次线性方程(8.49)的解,则这 k 个函数的线性组合

$$y_x = C_1 y_x^{(1)} + C_2 y_x^{(2)} + \cdots + C_k y_x^{(k)}$$

也是方程(8.49)的解,其中,C_1, C_2, $\cdots$, C_k 为任意常数.

定理 8.5 若函数 $y_x^{(1)}$, $y_x^{(2)}$, $\cdots$, $y_x^{(n)}$ 是齐次线性方程(8.49)的 n 个线性

无关的特解,则它们的线性组合

$$Y_x = C_1 y_x^{(1)} + C_2 y_x^{(2)} + \cdots + C_n y_x^{(n)} \tag{8.50}$$

是齐次方程(8.49)的通解,其中,C_1,C_2,$\cdots$,C_n 为任意常数.

定理 8.6 若 y_x^* 是非齐次线性方程(8.48)的一个特解,Y_x 是其对应齐次方程(8.49)的通解,则

$$y_x = Y_x + y_x^* \tag{8.51}$$

是非齐次线性方程(8.48)的通解.

例 4 验证 $Y_x = C_1(-3)^x + C_2 2^x$ (C_1,C_2 为任意常数)是二阶差分方程

$$y_{x+2} + y_{x+1} - 6y_x = 0$$

的通解.

解 $Y_{x+2} = C_1(-3)^{x+2} + C_2 2^{x+2} = 9C_1(-3)^x + 4C_2 2^x$,

$Y_{x+1} = C_1(-3)^{x+1} + C_2 2^{x+1} = -3C_1(-3)^x + 2C_2 2^x$,

将 Y_x,Y_{x+1},Y_{x+2} 代入方程左端,得

$$[9C_1(-3)^x + 4C_2 2^x] + [-3C_1(-3)^x + 2C_2 2^x] - 6[C_1(-3)^x + C_2 2^x] = 0.$$

所以,$Y_x = C_1(-3)^x + C_2 2^x$ 是方程 $y_{x+2} + y_{x+1} - 6y_x = 0$ 的解. 又 C_1,C_2 为任意常数,$(-3)^x$ 与 2^x 线性无关,所以是方程的通解.

§8.7 一阶常系数线性差分方程

一阶常系数线性差分方程的一般形式为

$$y_{x+1} - ay_x = f(x), \tag{8.52}$$

其中,$a \neq 0$ 为常数,$f(x)$ 为已知函数. 若 $f(x) \neq 0$,称方程(8.52)为一阶常系数非齐次线性差分方程;若 $f(x) = 0$,则称方程

$$y_{x+1} - ay_x = 0 \tag{8.53}$$

为方程(8.52)所对应的一阶常系数齐次线性差分方程.

下面介绍一阶常系数差分方程的解法.

一、一阶常系数齐次线性差分方程

1. 迭代法

设 y_0 已知,将 $x = 0, 1, 2, \cdots$ 依次代入 $y_{x+1} = ay_x$ 中,得

$$y_1 = ay_0,$$
$$y_2 = ay_1 = a^2 y_0,$$
$$y_3 = ay_2 = a^3 y_0,$$
$$\cdots\cdots$$

一般地,
$$y_x = ay_{x-1} = a^x y_0, \tag{8.54}$$

容易验证,$y_x = a^x y_0$ 满足方程(8.53),因此是方程(8.53)的一个特解.

若记 $y_0 = C$ 为任意常数,则齐次方程(8.53)的通解为

$$Y_x = Ca^x. \tag{8.55}$$

由此可见,一阶常系数齐次线性差分方程的通解是指数函数型.

2. 特征根法

由于方程(8.53)中的系数 a 为常数,而指数函数的差分仍为指数函数,因此可以联想到方程(8.53)的解为某个指数函数.

设 $y_x = r^x$ ($r \neq 0$) 是方程(8.53)的解,代入方程得

$$r^{x+1} - ar^x = 0,$$

即
$$r - a = 0, \tag{8.56}$$

称方程(8.56)为齐次方程(8.53)的特征方程,其根 $r = a$ 为方程(8.53)的特征根. 因此,$y_x = a^x$ 是方程(8.53)的一个特解,而 $Y_x = Ca^x$ (C 为任意常数)是方程(8.53)的通解.

例1 求差分方程 $y_{x+1} - 3y_x = 0$ 的通解.

解 由方程可知,$a = 3$,由通解公式(8.55)得通解为

$$Y_x = C3^x.$$

例2 求差分方程 $3y_x - 2y_{x-1} = 0$ 满足初始条件 $y_0 = 5$ 的特解.

解 原方程可改写为

$$3y_{x+1} - 2y_x = 0,$$

即
$$y_{x+1} - \frac{2}{3}y_x = 0,$$

由公式(8.55)得通解为
$$Y_x = C\left(\frac{2}{3}\right)^x,$$

将初始条件 $y_0 = 5$ 代入得 $C = 5$，因此，方程的特解为
$$y_x = 5\left(\frac{2}{3}\right)^x.$$

二、一阶常系数非齐次线性差分方程

由定理 8.6 知，一阶非齐次线性方程(8.52)的通解由该方程的一个特解与相应齐次方程(8.53)的通解相加构成，前面我们已经求出了齐次方程(8.53)的通解，现在讨论当 $f(x)$ 为某些特殊形式时，方程(8.52)的特解.

1. $f(x) = k$（k 为常数）

这时，方程(8.52)为
$$y_{x+1} - ay_x = k. \tag{8.57}$$

设方程(8.57)具有形如 $y_x^* = Ax^s$ 的特解.

当 $a = 1$（即 1 为特征根）时，方程(8.57)为
$$y_{x+1} - y_x = k,$$

取 $s = 1$，即 $y_x^* = Ax$ 代入方程(8.57)得 $A(x+1) - Ax = k$，即 $A = k$，所以方程(8.57)的特解为 $y_x^* = kx$.

又当 $a = 1$ 时，齐次方程 $y_{x+1} - y_x = 0$ 的通解为
$$Y_x = C \quad (C \text{ 为常数}),$$

所以当 $a = 1$（即 1 为特征根）时，方程(8.57)的通解为
$$y_x = C + kx. \tag{8.58}$$

当 $a \neq 1$（即 1 非特征根）时，取 $s = 0$，即 $y_x^* = A$，代入方程(8.57)，得
$$A - aA = k,$$

所以方程(8.57)的特解为
$$y_x^* = A = \frac{k}{1-a}.$$

又当 $a \neq 1$ 时,齐次方程 $y_{x+1} - ay_x = 0$ 的通解为
$$Y_x = Ca^x.$$

所以当 $a \neq 1$(即 1 非特征根)时,方程(8.57)的通解为
$$y_x = Ca^x + \frac{k}{1-a}. \tag{8.59}$$

例3 求本章第六节二的引例中的差分方程
$$p_t - [1 - \lambda(b+d)]p_{t-1} = \lambda(a+c)$$
的通解.

解 1 非特征根,将 $a = 1 - \lambda(b+d)$, $k = \lambda(a+c)$ 代入公式(8.59),得通解
$$p_t = C[1 - \lambda(b+d)]^t + \frac{a+c}{b+d}.$$

例4 求差分方程 $3y_{x+1} - y_x = 4$ 的通解.

解 原方程可写为
$$y_{x+1} - \frac{1}{3}y_x = \frac{4}{3},$$

1 非特征根,将 $a = \frac{1}{3} \neq 1$, $k = \frac{4}{3}$, 代入(8.59)式,得通解
$$y_x = Ca^x + \frac{k}{1-a} = C\left(\frac{1}{3}\right)^x + \frac{\frac{4}{3}}{1-\frac{1}{3}} = \frac{C}{3^x} + 2.$$

2. $f(x) = kb^x$ (k, $b \neq 1$ 均为常数)

这时,方程(8.52)为
$$y_{x+1} - ay_x = kb^x. \tag{8.60}$$

设方程(8.60)具有形如 $y_x^* = Ax^s b^x$ 的特解.

当 $a = b$(即 b 为特征根)时,取 $s = 1$, 即 $y_x^* = Axb^x$ 代入方程(8.60),得
$$A(x+1)b^{x+1} - aAxb^x = kb^x,$$

即 $A = \frac{k}{b}$,所以方程(8.60)的特解为

$$y_x^* = kxb^{x-1},$$

故当 $a = b$(即 b 为特征根)时,方程(8.60)的通解为

$$y_x = Ca^x + kxb^{x-1}. \tag{8.61}$$

当 $a \neq b$(即 b 非特征根)时,取 $s = 0$,即 $y_x^* = Ab^x$ 代入方程(8.60),得

$$Ab^{x+1} - aAb^x = kb^x,$$

即 $A = \dfrac{k}{b-a}$,所以方程(8.60)的特解为

$$y_x^* = \frac{k}{b-a}b^x,$$

故当 $a \neq b$(即 b 非特征根)时,方程(8.60)的通解为

$$y_x = Ca^x + \frac{k}{b-a}b^x. \tag{8.62}$$

例 5 求差分方程 $y_{x+1} - 2y_x = 2 \cdot 5^x$ 的通解及满足初始条件 $y_0 = 1$ 的特解.

解 $b = 5$ 非特征根,将 $a = 2$,$b = 5$,$k = 2$ 代入(8.62)式,得通解

$$y_x = Ca^x + \frac{k}{b-a}b^x = C \cdot 2^x + \frac{2}{3} \cdot 5^x,$$

将初始条件 $y_0 = 1$ 代入通解,得 $C = \dfrac{1}{3}$,所以原差分方程满足初始条件的特解为

$$y_x = \frac{1}{3} \cdot 2^x + \frac{2}{3} \cdot 5^x.$$

3. $f(x) = kP_n(x)$ (k 为常数,$P_n(x)$ 为 n 次已知多项式)

这时,方程(8.52)为

$$y_{x+1} - ay_x = kx^n. \tag{8.63}$$

设方程(8.63)具有形如 $y_x^* = x^s(B_0 + B_1x + \cdots + B_nx^n)$ 的特解.

当 $a = 1$(即 1 为特征根)时,取 $s = 1$,此时,将 $y_x^* = x(B_0 + B_1x + \cdots + B_nx^n)$ 代入方程(8.63),比较两端同次项的系数,确定出 $B_0, B_1, \cdots, B_n$,从而得到方程(8.63)的特解.

当 $a \neq 1$(即 1 非特征根)时,取 $s = 0$,此时,将 $y_x^* = B_0 + B_1x + \cdots + B_nx^n$ 代入方程(8.63),比较两端同次项的系数,确定出 $B_0, B_1, \cdots, B_n$,从而得到方程(8.63)的特解.

例6 求差分方程 $y_{x+1} - 2y_x = 3x^2$ 的通解.

解 $a = 2 \neq 1$, 即 1 非特征根, 设方程的特解为 $y_x^* = B_0 + B_1 x + B_2 x^2$, 代入原方程, 有

$$B_0 + B_1(x+1) + B_2(x+1)^2 - 2B_0 - 2B_1 x - 2B_2 x^2 = 3x^2,$$

整理, 得

$$(-B_0 + B_1 + B_2) + (-B_1 + 2B_2)x - B_2 x^2 = 3x^2,$$

比较等式两边同次项系数, 得

$$-B_0 + B_1 + B_2 = 0, \quad -B_1 + 2B_2 = 0, \quad -B_2 = 3,$$

所以

$$B_0 = -9, \quad B_1 = -6, \quad B_2 = -3,$$

即原方程的特解为

$$y_x^* = -9 - 6x - 3x^2.$$

又原方程对应齐次方程的特解为 $Y_x = C \cdot 2^x$, 于是所求差分方程的通解为

$$y_x = C \cdot 2^x - 9 - 6x - 3x^2.$$

§8.8 二阶常系数线性差分方程

二阶常系数线性差分方程的一般形式为

$$y_{x+2} + ay_{x+1} + by_x = f(x), \tag{8.64}$$

其中, $a, b \neq 0$ 为常数, $f(x)$ 为已知函数. 若 $f(x) \neq 0$, 称方程(8.64)为二阶常系数非齐次线性差分方程; 若 $f(x) = 0$, 则称方程

$$y_{x+2} + ay_{x+1} + by_x = 0 \tag{8.65}$$

为方程(8.64)所对应的二阶常系数齐次线性差分方程.

下面介绍二阶常系数差分方程的解法.

一、二阶常系数齐次线性差分方程

我们知道, 要求齐次方程(8.65)的特解, 需找到其两个线性无关的特解.

设 $Y_x = \lambda^x$ ($\lambda \neq 0$) 为齐次方程(8.65)的特解, 代入方程(8.65), 得

$$\lambda^{x+2} + a\lambda^{x+1} + b\lambda^x = 0,$$

即

$$\lambda^2 + a\lambda + b = 0, \tag{8.66}$$

称方程(8.66)为方程(8.65)的特征方程,其根

$$\lambda_{1,2} = \frac{-a \pm \sqrt{a^2 - 4b}}{2},$$

称为方程(8.65)的特征根.

根据特征根的 3 种不同情况,可以分别确定方程(8.65)的通解的形式.

(1) 相异实根:当 $\Delta = a^2 - 4b > 0$ 时,有

$$\lambda_{1,2} = \frac{-a \pm \sqrt{a^2 - 4b}}{2},$$

这时差分方程(8.65)的通解为

$$Y_x = C_1 \lambda_1^x + C_2 \lambda_2^x \quad (C_1, C_2 \text{ 为任意常数}). \tag{8.67}$$

(2) 重根:当 $\Delta = a^2 - 4b = 0$ 时,有 $\lambda_1 = \lambda_2 = \dfrac{-a}{2}$,这时差分方程(8.65)的通解为

$$Y_x = C_1 \lambda_1^x + C_2 x \lambda_1^x = (C_1 + C_2 x)\left(-\frac{a}{2}\right)^x. \tag{8.68}$$

(3) 共轭复根:当 $\Delta = a^2 - 4b < 0$ 时,有

$$\lambda_{1,2} = \frac{-a \pm \mathrm{i}\sqrt{4b - a^2}}{2} = \alpha \pm \mathrm{i}\beta,$$

其中 $\alpha = -\dfrac{a}{2}, \beta = \dfrac{\sqrt{4b - a^2}}{2}$. 可以证明

$$y_x^{(1)} = r^x \cos\theta x, \quad y_x^{(2)} = r^x \sin\theta x,$$

是方程(8.65)两个线性无关的特解. 这时,方程(8.65)的通解为

$$Y_x = r^x (C_1 \cos\theta x + C_2 \sin\theta x) \quad (C_1, C_2 \text{ 为任意常数}), \tag{8.69}$$

其中 r, θ 分别是复数 $\alpha \pm \mathrm{i}\beta$ 的模和辐角.

例1 求差分方程 $y_{x+2} - 5y_{x+1} + 6y_x = 0$ 的通解.

解 方程对应的特征方程为

$$\lambda^2 - 5\lambda + 6 = 0,$$

得特征根 $\lambda_1 = 2$, $\lambda_2 = 3$. 由(8.67)式,得通解

$$Y_x = C_1 2^x + C_2 3^x \quad (C_1, C_2 \text{ 为任意常数}).$$

例2 求差分方程 $y_{x+2} - 4y_{x+1} + 4y_x = 0$ 满足初始条件 $y_0 = 2$, $y_1 = 6$ 的特解.

解 方程对应的特征方程为 $\lambda^2 - 4\lambda + 4 = 0$,得特征根 $\lambda_1 = \lambda_2 = 2$,由(8.68)式得通解

$$Y_x = (C_1 + C_2 x)2^x \quad (C_1, C_2 \text{ 为任意常数}),$$

将初始条件 $y_0 = 2$, $y_1 = 6$ 代入上式,得

$$C_1 = 2, C_2 = 1,$$

所以方程的特解为 $Y_x = (2+x)2^x$.

例3 求差分方程 $y_{x+2} - 2y_{x+1} + 4y_x = 0$ 的通解.

解 方程对应的特征方程为

$$\lambda^2 - 2\lambda + 4 = 0,$$

得特征根

$$\lambda_1 = 1 + \sqrt{3}\,\mathrm{i},\ \lambda_2 = 1 - \sqrt{3}\,\mathrm{i},$$

所以

$$r = \sqrt{1+3} = 2,\ \theta = \arctan\sqrt{3} = \frac{\pi}{3},$$

由(8.69)式得通解

$$Y_x = 2^x \left(C_1 \cos\frac{\pi}{3}x + C_2 \sin\frac{\pi}{3}x\right) \quad (C_1, C_2 \text{ 为任意常数}).$$

二、二阶常系数非齐次线性差分方程

由定理8.6知,二阶非齐次线性方程(8.64)的通解由该方程的一个特解与相应齐次方程(8.65)的通解相加构成,前面我们已经介绍了齐次方程(8.65)通解的求法,下面讨论当 $f(x)$ 为某些特殊形式时,方程(8.64)特解的求法.

1. $f(x) = k$ (k 为常数)

这时,方程(8.64)为

$$y_{x+2} + ay_{x+1} + by_x = k. \tag{8.70}$$

设方程(8.70)具有形为 $y_x^* = Ax^s$ 的特解.

当 $1+a+b \neq 0$(即 1 非特征根)时,取 $s=0$,即 $y_x^* = A$ 代入方程(8.70),得

$$A = \frac{k}{1+a+b},$$

因此,方程(8.70)的特解为

$$y_x^* = \frac{k}{1+a+b}. \tag{8.71}$$

当 $1+a+b=0$ 且 $a \neq -2$(即 1 为特征单根)时,取 $s=1$,即 $y_x^* = Ax$ 代入方程(8.70),得

$$A = \frac{k}{a+2},$$

因此,方程(8.70)的特解为

$$y_x^* = \frac{kx}{a+2}. \tag{8.72}$$

当 $1+a+b=0$ 且 $a=-2$(即 1 为特征重根)时,取 $s=2$,即 $y_x^* = Ax^2$ 代入方程(8.70),得

$$A = \frac{k}{2},$$

因此,方程(8.70)的特解为

$$y_x^* = \frac{1}{2}kx^2, \tag{8.73}$$

其实,此时方程(8.70)的左端为 $y_{x+2} - 2y_{x+1} + y_x = \Delta^2 y_x$,于是方程(8.70)即为 $\Delta^2 y_x = k$,所以

$$\Delta y_x = kx, \quad y_x^* = \frac{1}{2}kx^2.$$

例4 求差分方程 $y_{x+2} - 2y_{x+1} - 3y_x = 4$ 的通解.

解 由特征方程 $\lambda^2 - 2\lambda - 3 = 0$,得特征值

$$\lambda_1 = -1, \lambda_2 = 3,$$

故原方程对应齐次方程的通解为

$$Y_x = C_1(-1)^x + C_2 3^x.$$

因为 1 非特征根,所以由(8.71)式得特解 $y_x^* = -1$,所以,所给方程的通解为
$$y_x = C_1(-1)^x + C_2 3^x - 1.$$

2. $f(x) = kq^x$ (k, $q \neq 1$ 均为常数)

这时,方程(8.64)为
$$y_{x+2} + ay_{x+1} + by_x = kq^x. \tag{8.74}$$

设方程(8.74)具有形如 $y_x^* = Ax^s q^x$ 的特解.

当 $q^2 + aq + b \neq 0$(即 q 非特征根)时,取 $s = 0$,即 $y_x^* = Aq^x$ 代入方程(8.74),得
$$A = \frac{k}{q^2 + aq + b},$$

以方程(8.74)的特解为
$$y_x^* = \frac{kq^x}{q^2 + aq + b}. \tag{8.75}$$

当 $q^2 + aq + b = 0$ 且 $a + 2q \neq 0$(即 q 为特征单根)时,取 $s = 1$,即 $y_x^* = Axq^x$ 代入方程(8.74),得
$$A = \frac{k}{a + 2q},$$

所以方程(8.74)的特解为
$$y_x^* = \frac{kxq^{x-1}}{a + 2q}. \tag{8.76}$$

当 $q^2 + aq + b = 0$ 且 $a + 2q = 0$(即 q 为特征重根)时,取 $s = 2$,即 $y_x^* = Ax^2 q^x$ 代入方程(8.74),得
$$A = \frac{k}{aq + 4q^2},$$

所以方程(8.74)的特解为
$$y_x^* = \frac{kx^2 q^{x-1}}{a + 4q}. \tag{8.77}$$

例5 求差分方程 $y_{x+2} - 4y_{x+1} + 3y_x = 2^x$ 的通解.

解 由特征方程 $\lambda^2 - 4\lambda + 3 = 0$,得特征值 $\lambda_1 = 1$,$\lambda_2 = 3$,故原方程对应齐次方程的通解为

$$Y_x = C_1 + C_2 3^x.$$

因为 $q = 2$ 非特征根,所以由(8.75)式得原方程的特解为

$$y_x^* = \frac{kq^x}{q^2 + aq + b} = -2^x.$$

所以,所给方程的通解为 $y_x = C_1 + C_2 3^x - 2^x$.

3. $f(x) = kP_n(x)$ (k 为常数,$P_n(x)$ 为 n 次已知多项式)

这时,方程(8.64)为

$$y_{x+2} + ay_{x+1} + by_x = kx^n. \tag{8.78}$$

设方程(8.78)具有形如 $y_x^* = x^s(B_0 + B_1 x + \cdots + B_n x^n)$ 的特解,其中,B_0,B_1,$\cdots$,B_n 为待定常数.

当 $1 + a + b \neq 0$(即 1 非特征根)时,取 $s = 0$;

当 $1 + a + b = 0$ 且 $a \neq -2$(即 1 为特征单根)时,取 $s = 1$;

当 $1 + a + b = 0$ 且 $a = -2$(即 1 为特征重根)时,取 $s = 2$.

针对以上各种情形,将 $y_x^* = x^s(B_0 + B_1 x + \cdots + B_n x^n)$ 代入方程(8.78),比较两端同次项的系数,确定出 B_0,B_1,$\cdots$,B_n,从而得到方程(8.78)的特解.

例6 求差分方程 $y_{x+2} + 3y_{x+1} - 4y_x = x$ 的通解.

解 由特征方程 $\lambda^2 + 3\lambda - 4 = 0$ 得特征值 $\lambda_1 = 1$, $\lambda_2 = -4$. 故原方程对应齐次方程的通解为

$$Y_x = C_1 + C_2(-4)^x.$$

因为 1 为特征单根,所以设原方程的特解为

$$y_x^* = x(B_0 + B_1 x),$$

代入原方程,有

$$B_0(x+2) + B_1(x+2)^2 + 3B_0(x+1) + 3B_1(x+1)^2 - 4B_0 x - 4B_1 x^2 = x,$$

整理,得

$$(5B_0 + 7B_1) + 10B_1 x = x,$$

比较同次项系数,得

$$5B_0 + 7B_1 = 0, \; 10B_1 = 1,$$

所以

351

$$B_0 = -\frac{7}{50},\ B_1 = \frac{1}{10},$$

即原方程的特解为

$$y_x^* = x\left(-\frac{7}{50} + \frac{1}{10}x\right).$$

于是，所求差分方程的通解为

$$y_x = C_1 + C_2(-4)^x + x\left(-\frac{7}{50} + \frac{1}{10}x\right).$$

数学家简介

达 朗 贝 尔

达朗贝尔(Jean Le Rond D'Alembert，1717—1783)——法国著名的物理学家、数学家和天文学家，一生研究了大量课题，完成了涉及多个科学领域的论文和专著，其中最著名的有8卷巨著《数学手册》、力学专著《动力学》、23卷的《文集》、《百科全书》的序言等等.他的很多研究成果记载于《宇宙体系的几个要点研究》中.达朗贝尔生前为人类的进步与文明做出了巨大的贡献，也得到了许多荣誉.但在他临终时，却因教会的阻挠没有人为他举行任何形式的葬礼.

1741年，凭借自己的努力，达朗贝尔进入了法国科学院担任天文学助理院士，在以后的两年里，他对力学作了大量研究，并发表了多篇论文和多部著作.1746年，达朗贝尔被提升为数学副院士.1754年，他被提升为法国科学院的终身秘书.欧洲很多国家的科学院都聘请他担任国外院士.

达朗贝尔认为力学应该是数学家的主要兴趣，所以他一生对力学也作了大量研究.达朗贝尔是18世纪为牛顿力学体系的建立作出卓越贡献的科学家之一.《动力学》是达朗贝尔最伟大的物理学著作.

牛顿是最早开始系统研究流体力学的科学家，但达朗贝尔则为流体力学成为一门学科打下了基础.1752年，达朗贝尔第一次用微分方程表示场.

达朗贝尔在力学和数学方面的研究推动了他对天文学的研究，他运用他的力学知识为天文学领域做出了重要贡献.1754年，他又发表了月球运动数值表，这是最早的月球历之一.

达朗贝尔在天文学上的另一个主要研究是关于地球形状和自转的理论.达朗贝尔发现了流体自转时平衡形式的一般结果，克莱洛以此为基础研究了地球的自转，1749年，达朗贝尔发表了关于春分点、岁差和章动的论文，为天体力学的形成和发展奠定了基础.

达朗贝尔对青年科学家十分热情,他非常支持青年科学家研究工作,也愿意在事业上帮助他们.他曾推荐著名科学家拉格朗日到普鲁士科学院工作,推荐著名科学家拉普拉斯到巴黎科学院工作.达朗贝尔自己也经常与青年科学家进行学术讨论,从中发现并引导他们的科学思想发展.在18世纪的法国,让·达朗贝尔不仅灿烂了科学事业的今天,也照亮了科学事业的明天.

习 题 八

(A)

1. 验证下列各给定函数是其对应微分方程的解:

(1) $xy' = 3y$, $y = Cx^3$;

(2) $y'' - \dfrac{2}{x}y' + \dfrac{2y}{x^2} = 0$, $y = C_1 x + C_2 x^2$;

(3) $xy'' + 2y' - xy = 0$, $xy = C_1 e^x + C_2 e^{-x}$;

(4) $y' + y^2 - 2y\sin x + \sin^2 x - \cos x = 0$, $y = \sin x$;

(5) $y'' - (r_1 + r_2)y' + r_1 r_2 = 0$, $y = C_1 e^{r_1 x} + C_2 e^{r_2 x}$;

(6) $y''' - 2y'' - 5y' + 6y = 0$, $y = C_1 e^{-2x} + C_2 e^x + C_3 e^{3x}$.

2. 求下列各微分方程的通解或在给定初始条件下的特解:

(1) $\dfrac{\mathrm{d}y}{\mathrm{d}x} = 2xy^2$;

(2) $xy\mathrm{d}x + \sqrt{1-x^2}\,\mathrm{d}y = 0$;

(3) $(e^{x+y} - e^x)\mathrm{d}x + (e^{x+y} + e^y)\mathrm{d}y = 0$;

(4) $y\ln x\,\mathrm{d}x + x\ln y\,\mathrm{d}y = 0$;

(5) $\dfrac{\mathrm{d}y}{\mathrm{d}x} = \dfrac{6x^2}{2y + \cos y}$;

(6) $(x + 2xy)\mathrm{d}x + (1 + x^2)\mathrm{d}y = 0$;

(7) $\dfrac{\mathrm{d}y}{\mathrm{d}x} = 4x\sqrt{y}$, $y|_{x=1} = 1$;

(8) $\dfrac{x}{1+y}\mathrm{d}x - \dfrac{y}{1+x}\mathrm{d}y = 0$, $y|_{x=0} = 1$.

3. 求下列各微分方程的通解或在给定初始条件下的特解:

(1) $\dfrac{\mathrm{d}y}{\mathrm{d}x} = \dfrac{y}{y-x}$;   (2) $x\dfrac{\mathrm{d}y}{\mathrm{d}x} = y\ln\dfrac{y}{x}$;

(3) $x^2 y' = xy - y^2$; (4) $xy^2 \mathrm{d}y = (x^3 + y^3)\mathrm{d}x$;

(5) $y' = \dfrac{y}{x} + \dfrac{x}{y}$, $y|_{x=1} = 2$;

(6) $(y^2 - 3x^2)\mathrm{d}x + 2xy\mathrm{d}y = 0$, $y|_{x=1} = 0$.

4. 求下列各微分方程的通解或在给定初始条件下的特解:

(1) $\dfrac{\mathrm{d}y}{\mathrm{d}x} + 3y = \mathrm{e}^{2x}$; (2) $y' + \dfrac{y}{x} = 1$;

(3) $xy' + y = 3x^2 + 2x$; (4) $(x^2 + 1)\dfrac{\mathrm{d}y}{\mathrm{d}x} + 2xy = 4x^2$;

(5) $y' + y\cos x = \sin x \cos x$, $y|_{x=0} = 1$;

(6) $xy' - 2y = x^3 \mathrm{e}^x$, $y|_{x=1} = 0$.

5. 求下列各微分方程的通解或在给定初始条件下的特解:

(1) $\dfrac{\mathrm{d}^2 y}{\mathrm{d}x^2} = x^2$; (2) $y'' = x^2 + \cos 3x$;

(3) $y'' = y' + x$; (4) $y''(\mathrm{e}^x + 1) + y' = 0$;

(5) $yy'' - (y')^2 - y' = 0$; (6) $y'' = 1 + (y')^2$;

(7) $y'' = 3\sqrt{y}$, $y|_{x=0} = 1$, $y'|_{x=0} = 2$;

(8) $y'' = \mathrm{e}^{2y}$, $y|_{x=0} = 0$, $y'|_{x=0} = 1$.

6. 在宏观经济研究中，发现某地区国民收入 y、国民储蓄 S 和投资 I 均是时间 t 的函数，且储蓄额 S 为国民收入的 $\dfrac{1}{10}$（在时刻 t），投资额为国民收入增长率的 $\dfrac{1}{3}$. 当 $t = 0$ 时，国民收入为 5 亿元. 试求国民收入函数（假定在时刻 t 的储蓄全部用于投资）.

7. 某商品的需求量 Q 对价格 p 的弹性为 $p\ln 3$. 已知该商品的最大需求量为 1 200（即当 $p = 0$ 时，$Q = 1 200$），求需求量 Q 对价格 p 的函数关系.

8. 设一曲线通过原点，且曲线上任意点 (x, y) 处的切线斜率为 $2x + y$，求该曲线的方程.

9. 求下列各微分方程的通解或在给定初始条件下的特解:

(1) $y'' - 4y' + 3y = 0$; (2) $y'' - 6y' + 9y = 0$;

(3) $y'' + 2y' = 0$; (4) $y'' + 9y = 0$;

(5) $y'' - 6y' + 13y = 0$;

(6) $y'' - 4y' + 3y = 0$, $y(0) = 6$, $y'(0) = 10$;

(7) $4y'' + 4y' + y = 0$, $y(0) = 4$, $y'(0) = 1$;

(8) $y'' + 4y' + 29y = 0$, $y(0) = 0$, $y'(0) = 15$.

10. 求下列各微分方程的通解或在给定初始条件下的特解：

(1) $y'' - 6y' + 13y = 14$；

(2) $y'' - 2y' - 3y = 2x + 1$；

(3) $y'' - y' - 2y = e^{2x}$；

(4) $y'' + 4y = 8\sin 2x$；

(5) $y'' - 4y' + 3y = 1$, $y(0) = \dfrac{1}{3}$, $y'(0) = 0$；

(6) $y'' - 5y' + 6y = 2e^x$, $y(0) = 1$, $y'(0) = 1$.

11. 求下列函数的差分：

(1) $y_x = C$；

(2) $y_x = 1 - 2x^2$；

(3) $y_x = a^x$；

(4) $y_x = \ln x$；

(5) $y_x = \sin ax$；

(6) $y_x = x^{(4)}$ ($x^{(4)} = x(x-1)(x-2)(x-3)$).

12. 确定下列差分方程的阶：

(1) $y_{x-2} - y_{x-4} = y_{x+2}$；

(2) $2\Delta y_x = y_x + x$；

(3) $y_{x+3} - y_{x+2} + (y_{x+1} + y_x)^2 = 1$；

(4) $\Delta^2 y_x + \Delta y_x = y_{x+2} - 2y_{x+1} + y_x$.

13. 求下列差分方程的通解及特解：

(1) $y_{x+1} - \dfrac{3}{2}y_x = 0$ ($y_0 = 2$)；

(2) $2y_{x+1} + 5y_x = 0$ ($y_0 = 3$)；

(3) $y_x + 4y_{x-1} = 10$ ($y_0 = 8$)；

(4) $y_{x+1} + y_x = 2^x$ ($y_0 = 2$).

14. 求下列差分方程的通解及特解：

(1) $y_{x+2} + y_{x+1} - 2y_x = 0$ ($y_0 = 4$, $y_1 = 1$)；

(2) $y_{x+2} - 4y_{x+1} + 16y_x = 0$ ($y_0 = 0$, $y_1 = 1$)；

(3) $y_{x+2} + 3y_{x+1} - \dfrac{7}{4}y_x = 9$ ($y_0 = 6$, $y_1 = 3$)；

(4) $y_{x+2} + y_{x+1} - 2y_x = x$ $\left(y_0 = 3, y_1 = -\dfrac{1}{9}\right)$.

15. 在农业生产中，种植先于产出及产品售出一个适当的时期，t 时期该产品的价格 p_t 决定着生产者在下一时期愿意提供市场的产量 S_{t+1}，p_t 还决定着本期该产品的需求量 D_t，因此有：$D_t = a - bp_t$，$S_t = -c + dp_{t-1}$ ($a, b, c, d > 0$，均为常数). 设供需平衡，求价格随时间变动的规律.

(B)

1. 求下列各微分方程的通解或在给定初始条件下的特解：

(1) $(x+1)\dfrac{\mathrm{d}y}{\mathrm{d}x}+1=2\mathrm{e}^{-y}$;

(2) $xy\mathrm{d}x+(1+y^2)\sqrt{1+x^2}\mathrm{d}y=0$, $y|_{x=0}=1$;

(3) $y(x^2-xy+y^2)+x(x^2+xy+y^2)y'=0$;

(4) $xy'=y+\sqrt{y^2-x^2}$, $y|_{x=1}=1$;

(5) $y\ln y\mathrm{d}x+(x-\ln y)\mathrm{d}y=0$, $y|_{x=0}=\mathrm{e}$;

(6) $(1+y)\mathrm{d}x+(x+y^2+y^3)\mathrm{d}y=0$;

(7) $xy''=y'\ln\dfrac{y'}{x}$;

(8) $y''=\dfrac{1}{\sqrt{y}}$, $y|_{x=0}=0$, $y'|_{x=0}=0$;

(9) 已知 $y(x)$ 是可微函数, $y(x)=\cos x+\displaystyle\int_{\frac{\pi}{2}}^{x}y(t)\sin t\mathrm{d}t$, 求 $y(x)$;

(10) 已知级数 $2+\displaystyle\sum_{n=1}^{\infty}\dfrac{x^{2n}}{(2n)!}$ 的和函数 $y(x)$ 是微分方程 $y''-y=-1$ 的解, 求 $y(x)$.

2. 在某池塘内养鱼, 由于条件限制, 最多养鱼 1 000 条. 在 t 时刻鱼的数量 y 是时间 t 的函数, 其变化率为 $ky(1000-y)$. 若池塘内放养鱼 100 条, 3 个月后池塘内有鱼 250 条, 求 t 月后池塘内鱼的数量 y 与时间 t 的函数关系式, 并问 6 个月后池塘中共有多少鱼？

3. 某人的食物热量是 2 500 卡/天, 其中 1 200 卡用于基本的新陈代谢(即自动消耗). 在健身训练中, 他所消耗的热量大约是 16 卡/千克/天乘以他的体重(千克). 假设以脂肪形式储藏的热量 100% 有效, 而 1 千克脂肪含热量 10 000 卡. 求出这人的体重 ω 随时间 t 变化的函数[假设开始时(即当 $t=0$ 时)他的体重为 ω_0].

4. 求下列各微分方程的通解或在给定初始条件下的特解：

(1) $4y''-20y'+25y=0$;

(2) $y''+25y=0$, $y(0)=2$, $y'(0)=5$;

(3) $y''+a^2y'=\mathrm{e}^{a^2x}$;

(4) $y''-2y'+y=x\mathrm{e}^x-\mathrm{e}^x$, $y(0)=1$, $y'(0)=0$.

5. 证明下列各等式：

(1) $\Delta(u_xv_x)=u_{x+1}\Delta v_x+v_x\Delta u_x$; (2) $\Delta\left(\dfrac{u_x}{v_x}\right)=\dfrac{v_x\Delta u_x-u_x\Delta v_x}{v_xv_{x+1}}$.

6. 求下列差分方程的通解及特解：

(1) $y_{x+1}+y_x=2^x$ $(y_0=2)$;

(2) $y_{x+1} + 4y_x = 2x^2 + x - 1$ ($y_0 = 1$);

(3) $y_{x+2} + y_{x+1} - 6y_x = 0$ ($y_0 = 1$, $y_1 = -8$);

(4) $y_{x+2} - y_{x+1} - 6y_x = 3^x(2x+1)$ $\left(y_0 = 2, y_1 = -\dfrac{1}{25}\right)$.

7. 设某产品在时期 t 的价格、总供给与总需求分别为 p_t, S_t 与 D_t, 并设对于 $t = 0, 1, 2, \cdots$, 有

① $S_t = 2p_t + 1$;　　　　　② $D_t = -4p_{t-1} + 5$;

③ $S_t = D_t$.

(1) 求证：由①、②、③可推出差分方程 $p_{t+1} + 2p_t = 2$;

(2) 已知 p_0 时, 求上述方程的解.

习题参考答案

习题一

(A)

1. (1) $[-4, 4]$; (2) $(-\infty, +\infty)$; (3) $[-1, 0) \cup (0, 1]$; (4) $(1, 2) \cup (2, +\infty)$; (5) $[-1, 3]$; (6) $(-\infty, 0) \cup (0, +\infty)$.

2. $f(0) = -2, f(1) = 2, f(-1) = -4, f(-x) = x^2 - 3x - 2, f\left(\dfrac{1}{x}\right) = \dfrac{1}{x^2} + \dfrac{3}{x} - 2, f(x+1) = x^2 + 5x + 2$.

3. $f(0) = 1, f(1) = 0, f(2) = \ln 2$.

4. (1) 奇函数； (2) 偶函数； (3) 非奇非偶函数； (4) 奇函数； (5) 奇函数； (6) 偶函数.

5. (1) $y = \dfrac{x-3}{2}$; (2) $y = \dfrac{2(1+x)}{1-x}$; (3) $y = \sqrt[3]{x+4}$; (4) $y = \dfrac{10^{x-2}-1}{3}$; (5) $y = \log_2 \dfrac{x}{1-x}$; (6) $y = \ln(x-1) - 2$.

6. $f[f(x)] = \dfrac{x}{1+2x}, f\{f[f(x)]\} = \dfrac{x}{1+3x}$.

7. $f(x+1) = \dfrac{-x}{2+x}, f\left(\dfrac{1}{x}\right) = \dfrac{x-1}{x+1}$.

8. $f(x) = x^2 - 5x + 9$.

9. $f[g(x)] = \lg^2(1+x) + 3, g[f(x)] = \lg(x^2+4)$.

10. (1) $y = \sqrt{u}, u = 2x+3$; (2) $y = 3^u, u = \sqrt{x}$; (3) $y = \lg u, u = v^2, v = \cos x$; (4) $y = u^5, u = \sin v, v = \sqrt{x}$; (5) $y = \arctan u, u = e^v, v = \dfrac{1}{x}$; (6) $y = u^2, u = \cot v, v = \ln x$.

11. 利润 $L(x) = (p-k)x - a(元), x \in [0, m]$.

12. (1) $C(Q) = Q + 2$(万元); (2) $R(Q) = pQ = -\frac{1}{4}Q^2 + 5Q$(万元);

(3) $L(Q) = -\frac{1}{4}Q^2 + 4Q - 2$(万元).

13. $R(x) = \begin{cases} ax, & 0 \leqslant x \leqslant 50, \\ 50a + 0.8a(x-50), & x > 50. \end{cases}$ (元).

14. $m = \begin{cases} ks, & 0 \leqslant s \leqslant a, \\ ak + \frac{4}{5}k(s-a), & s > a. \end{cases}$ (元).

15. (1) 可取 $N = \left[\frac{1}{3}\left(\frac{2}{3\varepsilon} - 1\right)\right]$; (2) 可取 $N = \left[\log_2 \frac{1}{\varepsilon}\right]$;

(3) 可取 $\delta = \frac{\varepsilon}{3}$.

16. (1) $\lim_{x \to 0} f(x) = 0$; (2) $\lim_{x \to 1} f(x) = 1$; (3) $\lim_{x \to 2} f(x)$ 不存在.

17. 略.

18. (1) 9; (2) 2; (3) $2x$; (4) $-\frac{1}{2}$; (5) ∞; (6) $\frac{1}{2}$; (7) 2;

(8) $\frac{5}{8}$; (9) $\frac{1}{2}$; (10) 1; (11) $\frac{1}{2}$; (12) $\frac{3^{20}}{2^{30}}$; (13) 0; (14) ∞;

(15) 1; (16) -1; (17) 1; (18) $\frac{a+b}{2}$.

19. (1) 3; (2) $\frac{a}{b}$; (3) $\frac{2}{5}$; (4) $\frac{1}{4}$; (5) $\cos x$; (6) 2; (7) e^3;

(8) e^2; (9) e^{-2}; (10) e^{-3}; (11) 1; (12) e^2; (13) 1; (14) $c = \ln 3$.

20. (1) ∞; (2) 0, 2; (3) 2; (4) $2k\pi$.

21. (1) 0; (2) 0; (3) 0; (4) 2.

22. (1) 等价; (2) 高阶; (3) 同阶; (4) 等价.

23. $k = 2$.

24. $a = 0, b = -1$.

25. $a = 1, b = -2$.

26. (1) 2; (2) $\frac{2}{3}$.

27. (1) 不连续; (2) 连续; (3) 连续; (4) 不连续; (5) 连续;

(6) 不连续; (7) 不连续.

28. (1) $k = 1$; (2) $k = 1$; (3) $k = -6$; (4) $k = 2$.

29. (1) $f(0) = 1$; (2) $f(0) = km$; (3) $f(0) = 1$.

30. (1) $(3, 3)$； (2) $(-1, +\infty)$； (3) $[0, 1), [1, 3]$.

31. (1) $x = 0, x = -1$ 都是第二类间断点(无穷间断点)； (2) $x = 1$ 是可去间断点，$x = 2$ 是第二类间断点(无穷间断点)； (3) $x = 0$ 是可去间断点，$x = 1$ 是第二类间断点(无穷间断点)； (4) $x = 1$ 是可去间断点； (5) $x = 2$ 是跳跃间断点； (6) $x = 0$ 是可去间断点.

32. 提示：$f(x) = x^5 - 3x - 1$ 在 $[1, 2]$ 上用零值定理.

33. 提示：$f(x) = x^4 - 3x^2 + 7x - 10$ 在 $[1, 2]$ 上用零值定理.

34. 提示：$F(x) = f(x) - x$ 在 $[0, 2]$ 上用零值定理.

(B)

1. (1) $[2, 3) \cup (3, 4) \cup (4, 5)$； (2) $(0, 1) \cup (1, e) \cup (e, +\infty)$.

2. (1) $[4, 5]$； (2) $[1, 10]$； (3) $[2k\pi, (2k+1)\pi] (k = 0, \pm 1, \pm 2, \cdots)$.

3. $f(x) + f(-x) = \begin{cases} 0, & x \neq 0, \\ -2 & x = 0. \end{cases}$

4. (1) $f(x) = \dfrac{1}{x^2 + 2}$； (2) $\varphi(x) = \dfrac{x+1}{x-1}$.

5. $\lim\limits_{x \to 0} f(x)$ 不存在.

6. 证明 $\{a_n\}$ 单调增加且有上界，$\lim\limits_{n \to \infty} a_n = 2$.

7. 由夹挤定理得 $\lim\limits_{n \to \infty} x_n = \dfrac{1}{2}$.

8. (1) $\dfrac{1}{2}$； (2) 不存在； (3) 0； (4) 3.

9. $\dfrac{1}{4}$.

10. (1) 不连续； (2) 连续.

11. (1) $x = 0$ 是跳跃间断点； (2) $x = 1$ 是跳跃间断点，$x = 0$ 是第二类间断点(无穷间断点).

12. 提示：$f(x)$ 在 $[x_1, x_2]$ 上用最值定理与介值定理.

13. 提示：$f(x) = x - a\sin x - b$ 在 $[0, a+b]$ 上用零值定理.

习 题 二

(A)

1. (1) $2a$； (2) $-a$； (3) $2a$； (4) $3a$.

2. (1) 3； (2) $\dfrac{1}{4}$； (3) $\dfrac{1}{x}$； (4) 0.

习题参考答案

3. (1) 切线方程 $y = 3x - 2$，法线方程 $x + 3y - 4 = 0$；(2) 切线方程 $x - 2y + 1 = 0$，法线方程 $y = -2x + 3$；(3) 切线方程 $y = x - 1$，法线方程 $y = -x + 1$；(4) 切线方程 $y = ex$，法线方程 $x + ey - e^2 - 1 = 0$.

4. 27.

5. $f'(0) = 1$.

6. 可导且 $f'(0) = 0$.

7. 不可导，因为 $f'_-(1) = 2$，$f'_+(1) = 3$.

8. (1) 连续且可导；(2) 连续且可导；(3) 连续但不可导；(4) 连续且可导.

9. $a = 4, b = 5$.

10. (1) $12x^3 - 2$；(2) $\dfrac{1}{2\sqrt{x}} + \dfrac{1}{x^2}$；(3) $5x^4 + \dfrac{1}{\sqrt{x}} + \dfrac{2}{x^3}$；(4) $ax^{a-1} + 2\cos x$；(5) $\dfrac{1}{x} - \dfrac{2}{x\ln 10} + \dfrac{3}{x\ln 2}$；(6) $2\sec x\tan x - \csc^2 x$；(7) $-\dfrac{1}{2}x^{-\frac{3}{2}} - \dfrac{3}{2}x^{\frac{1}{2}}$；(8) $9x^2 + 2x$；(9) $2x + (b-a)$；(10) $\ln x + 1$；(11) $x^{n-1}(n\ln x + 1)$；(12) $2x\arctan x + 1$；(13) $\dfrac{x\cos x - \sin x}{x^2}$；(14) $\dfrac{5(1-x^2)}{(1+x^2)^2}$；(15) $\dfrac{2 - \cos x - x\sin x}{(2 - \cos x)^2}$；(16) $\dfrac{-2}{(x-1)^2}$；(17) $3 - \dfrac{10}{(2-x)^2}$；(18) $2\sin x + x\cos x$；(19) $\dfrac{-2}{x(1+\ln x)^2}$；(20) $\dfrac{2(1-2x)}{(1-x+x^2)^2}$；(21) $\dfrac{x\cos x - \sin x}{x^2} + \dfrac{\sin x - x\cos x}{\sin^2 x}$；(22) $\sin x\ln x + x\cos x\ln x + \sin x$.

11. (1) $\dfrac{\sqrt{3}+1}{2}, \sqrt{2}$；(2) 1；(3) $-\dfrac{1}{18}$；(4) 2.

12. (1) $600x^2(2x^3 + 5)^{99}$；(2) $\dfrac{x}{\sqrt{x^2 - 1}}$；(3) $(x+7)(9x+31)$；(4) $-9x^2 + 12x - 4$；(5) $\dfrac{1}{\sqrt{(x^2-1)^3}}$；(6) $\dfrac{2x}{1+x^2}$；(7) $n\cos nx$；(8) $nx^{n-1}\cos x^n$；(9) $n\sin^{n-1} x\cos x$；(10) $\dfrac{1}{\sqrt{x}(1-x)}$；(11) $\dfrac{1}{2}\sec^2\dfrac{x}{2}$；(12) $-\dfrac{1}{x^2}\sec^2\dfrac{1}{x}$；(13) $\dfrac{1}{x\ln x}$；(14) $\dfrac{2\ln x}{x}$；(15) $2x\sin\dfrac{1}{x} - \cos\dfrac{1}{x}$；(16) $\dfrac{1}{\sin x}$；(17) $(1 - 2x^2)e^{-x^2}$；(18) $\dfrac{1}{x^2+1}$；(19) $\dfrac{1}{2x}\left(\dfrac{1}{\sqrt{\ln x}} + 1\right)$；

(20) $\dfrac{2a^3}{x^4-a^4}$; (21) $\dfrac{-4x}{1-x^4}$; (22) $e^{-\sin^2\frac{1}{x}} \cdot \dfrac{\sin\frac{2}{x}}{x^2}$; (23) $\dfrac{1}{6}\tan^{-\frac{2}{3}}\dfrac{x}{2} \cdot \sec^2\dfrac{x}{2}$; (24) $2^{\frac{x}{\ln x}} \cdot \ln 2 \cdot \dfrac{\ln x - 1}{(\ln x)^2}$; (25) $2\sqrt{1-x^2}$; (26) $-e^{-x^2\cos\frac{1}{x}} \cdot \left(2x\cos\dfrac{1}{x} + \sin\dfrac{1}{x}\right)$; (27) $6\sec^3 2x\tan 2x$; (28) $\dfrac{\sqrt{x^2+a^2}}{x^2}$.

13. (1) $f'(\cos^2 x) \cdot (-\sin 2x)$; (2) $\dfrac{f'(x)}{2\sqrt{f(x)}}$; (3) $-f'\left(\arcsin\dfrac{1}{x}\right) \cdot \dfrac{1}{x^2 \cdot \sqrt{1-\dfrac{1}{x^2}}}$; (4) $f'(\sin\sqrt{x}) \cdot \dfrac{\cos\sqrt{x}}{2\sqrt{x}}$; (5) $xe^{f(x)}[2 + xf'(x)]$; (6) $e^{f(x)}[f'(x)f(e^x) + f'(e^x)e^x]$.

14. -2.

15. (1) $y = \sqrt[3]{4}x + \sqrt[3]{4}$; (2) $y = 3$; (3) $x = 3$.

16. 200π(厘米^3/秒).

17. (1) $\dfrac{y-2x}{2y-x}$; (2) $\dfrac{e^x - y^3}{3xy^2 + e^y}$; (3) $\dfrac{y}{y-1}$; (4) $\dfrac{e^y}{1-xe^y}$ 或 $\dfrac{e^y}{2-y}$; (5) $\dfrac{1-y\cos(xy)}{x\cos(xy)}$; (6) $-\dfrac{\sin(x+y)}{1+\sin(x+y)}$.

18. (1) $(x+\sqrt{1+x^2})^n \cdot \dfrac{n}{\sqrt{1+x^2}}$; (2) $\sqrt{x\sin x \sqrt{(x+e^{2x})}}\left(\dfrac{1}{2x} + \dfrac{1}{2}\cot x + \dfrac{1+2e^{2x}}{4(x+e^{2x})}\right)$; (3) $\dfrac{x^2}{1-x} \cdot \sqrt[5]{\dfrac{3-2x}{(7+x)^2}} \cdot \left(\dfrac{2}{x} + \dfrac{1}{1-x} - \dfrac{2}{5(3-2x)} - \dfrac{2}{5(7+x)}\right)$; (4) $\dfrac{\sqrt{7x+2} \cdot (1-4x)^3}{(2x-3)^5}\left(\dfrac{7}{2(7x+2)} - \dfrac{12}{1-4x} - \dfrac{10}{2x-3}\right)$.

19. (1) $30 \cdot (3+x^2)^3 \cdot (3x^2+1)$; (2) $\dfrac{2(1-x^2)}{(1+x^2)^2}$; (3) $2\sec^2 x\tan x$; (4) $\dfrac{6}{(2x^2+3)^{\frac{3}{2}}}$; (5) $2\left(\arctan x + \dfrac{x}{1+x^2}\right)$; (6) $2xe^{x^2}(3+2x^2)$; (7) $\dfrac{-x}{(1+x^2)^{\frac{3}{2}}}$; (8) $\dfrac{-2}{x}\sin\ln x$.

20. (1) -3; (2) $-\dfrac{4}{9}$.

21. (1) $(\ln a)^n a^x$; (2) $(-1)^{n-1}(n-1)!(1+x)^{-n}$; (3) $(-1)^n n![(x+$

$2)^{-n-1}$; (4) $(-1)^n n! a^n (ax+b)^{-n-1}$; (5) $-\dfrac{1}{2}\cos\left(x+n\cdot\dfrac{\pi}{2}\right)$;

(6) $-2^{n-1}\cos\left(2x+n\cdot\dfrac{\pi}{2}\right)$; (7) $\begin{cases}\ln x+1, & n=1, \\ (-1)^{n-2}(n-2)!x^{1-n}, & n>1;\end{cases}$

(8) $(-1)^n n!\dfrac{2}{(1+x)^{n+1}}$.

22. (1) $x+2y-4=0$; (2) $y=-x+\dfrac{\sqrt{2}}{2}a$.

23. (1) $-\cot t$, $-\csc^3 t$; (2) $\dfrac{\sin t+t\cos t}{-\sin t}$, $\dfrac{\cos t\sin t-t}{a\sin^3 t}$; (3) $1-\dfrac{1}{3t^2}$,

$-\dfrac{2}{9t^5}$; (4) $\dfrac{t}{2}$, $\dfrac{1+t^2}{4t}$.

24. -0.0099, -0.01.

25. (1) $(5x^4-12x^2+2)dx$; (2) $10(2x+3)^4 dx$; (3) $\dfrac{-x}{\sqrt{1-x^2}}dx$;

(4) $\dfrac{1+x^2}{(1-x^2)^2}dx$; (5) $-e^{-x}(\cos x+\sin x)dx$; (6) $\dfrac{1}{2\sqrt{x-x^2}}dx$;

(7) $-f'(\cos\sqrt{x})\dfrac{\sin\sqrt{x}}{2\sqrt{x}}dx$; (8) $-\dfrac{b^2 x}{a^2 y}dx$.

26. 精确值 $6.012\,008$,近似值 6.

27. (1) 2.0017; (2) 0.7754; (3) 1.9948; (4) 1.05.

(B)

1. $\dfrac{L}{1-k}$.

2. $(2,4)$.

3. $f'(x)=\begin{cases}2x+2, & x<1, \\ 8x & x>1.\end{cases}$

4. (1) $e^{-x}(2\cos 2x-\sin 2x)$; (2) $\dfrac{x\arccos x-\sqrt{1-x^2}}{\sqrt{(1-x^2)^3}}$;

(3) $\ln(x+\sqrt{x^2+a^2})$; (4) $\dfrac{1}{\sqrt{1+x^2}}-\dfrac{1}{x}$.

5. (1) $\dfrac{f'(x)}{[1-f(x)]^2}$; (2) $-e^{-x}\left[\ln f(-x)+\dfrac{f'(-x)}{f(-x)}\right]$.

6. ~7. 略.

8. (1) $\dfrac{e^{x+y}-y}{x-e^{x+y}}$ 或 $\dfrac{(x-1)y}{x(1-y)}$; (2) $\dfrac{f'(x+y)}{1-f'(x+y)}$.

9. 切线方程 $x+2y-4=0$, 法线方程 $4x-2y-1=0$.

10. (1) $2[f'(x^2+3)+2x^2 f''(x^2+3)]$; (2) $\dfrac{f''(x)f(x)-[f'(x)]^2}{f^2(x)}$.

11. (1) $-\dfrac{1}{y^3}$; (2) $-2\csc^2(x+y)\cot^3(x+y)$.

12. e^{-2}.

13. 提示：令 $f(x)=\sqrt{a^2+x}$.

习 题 三

(A)

1. (1) 满足, $\xi=\dfrac{1}{2}$; (2) 满足, $\xi=0$; (3) 满足, $\xi=2$; (4) 满足, $\xi=\dfrac{\pi}{2}$.

2. ~3. 略.

4. (1) 满足, $\xi=\dfrac{2\sqrt{3}}{3}$; (2) 满足, $\xi=e-1$; (3) 满足, $\xi=\dfrac{9}{4}$; (4) 满足, $\xi=\dfrac{5-\sqrt{43}}{3}$.

5. ~8. 略.

9. 满足, $\xi=\dfrac{14}{9}$.

10. (1) 2; (2) 1; (3) $-\dfrac{1}{3}$; (4) $\dfrac{1}{2}$; (5) 2; (6) 0; (7) 1; (8) 0; (9) ∞; (10) $\dfrac{2}{\pi}$; (11) $\dfrac{1}{2}$; (12) 0; (13) $e^{\frac{2}{\pi}}$; (14) $2\sqrt[3]{3}$; (15) e; (16) 1; (17) 1; (18) 1.

11. (1) 1; (2) 0; (3) -1; (4) 1.

12. (1) 在 $(-\infty,-1)$, $(1,+\infty)$ 内单调增加, 在 $(-1,1)$ 内单调减少; (2) 在 $(-\infty,+\infty)$ 内单调增加; (3) 在 $(-\infty,0)$ 内单调增加, 在 $(0,+\infty)$ 内单调减少; (4) 在 $\left(0,\dfrac{1}{2}\right)$ 内单调减少, 在 $\left(\dfrac{1}{2},+\infty\right)$ 内单调增加; (5) 在 $(-\infty,-2)$, $(0,+\infty)$ 内单调增加, 在 $(-2,-1)$, $(-1,0)$ 内单调减少;

(6) 在 $\left(0, \dfrac{1}{4}\right)$ 内单调减少, 在 $\left(\dfrac{1}{4}, +\infty\right)$ 内单调增加; (7) 在 $(0, e)$ 内单调增加, 在 $(e, +\infty)$ 内单调增加减少; (8) 在 $(-\infty, 1)$, $(1, +\infty)$ 内单调减少.

13. ～16. 略.

17. (1) 极大值 $y(0) = -27$, 极小值 $y(6) = -135$; (2) 极小值 $y(0) = 0$; (3) 极大值 $y\left(\dfrac{3}{4}\right) = \dfrac{5}{4}$; (4) 极大值 $y(1) = 1$, 极小值 $y(-1) = -1$; (5) 极大值 $y(2) = 4e^{-2}$, 极小值 $y(0) = 0$; (6) 极大值 $y\left(\dfrac{1}{2}\right) = \dfrac{81}{8}\sqrt[3]{18}$, 极小值 $y(-1) = y(5) = 0$; (7) 极大值 $y\left(\dfrac{1}{2}\right) = \dfrac{3}{2}$; (8) 没有极值.

18. $a = 2$, 极大值 $y\left(\dfrac{\pi}{3}\right) = \sqrt{3}$.

19. $a = \dfrac{1}{4}, b = -\dfrac{3}{4}, c = 0, d = 1$.

20. (1) 在 $\left(-\infty, \dfrac{1}{3}\right)$ 内上凹, 在 $\left(\dfrac{1}{3}, +\infty\right)$ 内下凹, 拐点 $\left(\dfrac{1}{3}, \dfrac{2}{27}\right)$; (2) 在 $(-\infty, 0)$ 内下凹, 在 $(0, +\infty)$ 内上凹, 没有拐点; (3) 在 $(-\infty, 2)$ 内下凹, 在 $(2, +\infty)$ 内上凹, 拐点 $(2, 2e^{-2})$; (4) 在 $(-\infty, -1)$ 和 $(1, +\infty)$ 内下凹, 在 $(-1, 1)$ 内上凹, 拐点 $(-1, \ln 2)$ 和 $(1, \ln 2)$; (5) 在 $(-\infty, 0)$ 内下凹, 在 $(0, +\infty)$ 内上凹, 无拐点; (6) 在 $(-\infty, -\sqrt{3})$ 和 $(0, \sqrt{3})$ 内下凹, 在 $(-\sqrt{3}, 0)$ 和 $(\sqrt{3}, +\infty)$ 内上凹, 拐点 $\left(-\sqrt{3}, -\dfrac{\sqrt{3}}{2}\right)$, $(0, 0)$ 和 $\left(\sqrt{3}, \dfrac{\sqrt{3}}{2}\right)$.

21. $a = -\dfrac{3}{2}, b = \dfrac{9}{2}$.

22. (1) $y = 0$; (2) $y = 0$; (3) $x = 0$; (4) $x = 0, y = 1$; (5) $x = 0$; (6) $x = 1, y = 2x + 4$; (7) $x = -1, y = \dfrac{1}{2}$; (8) $y = x$; (9) $x = 1, y = x + 1$; (10) $x = 1, y = x + 2$.

23. 略.

24. (1) 最小值 $y(\pm 1) = 4$, 最大值 $y(\pm 2) = 13$; (2) 最小值 $y(0) = 0$, 最大值 $y(2) = \ln 5$; (3) 最小值 $y(-5) = -5 + \sqrt{6}$, 最大值 $y\left(\dfrac{3}{4}\right) = 1.25$; (4) 最小值 $y(-\ln 2) = 4$, 最大值 $y(1) = \dfrac{1}{e} + 4e$; (5) 最小值 $y(0) = 0$, 最

大值 $y(4)=4e^4$； (6) 最小值 $y(0)=y(2)=0$，最大值 $y\left(\dfrac{8}{5}\right)=\dfrac{64\sqrt{10}}{125}$.

25. (1) 1 775,约 1.97； (2) 约 1.58； (3) 1.5,约 1.67.

26. 9 975, 199.5, 199.

27. (1) $\dfrac{bQ}{a+Q}+cQ$； (2) $\dfrac{ab}{(a+Q)^2}+c$.

28. (1) $\dfrac{x(2ax+b)}{ax^2+bx+c}$； (2) $1+x$； (3) $bx\ln a$； (4) $\dfrac{1}{\ln x}$.

29. $\eta(8)=-4$,表示价格在 8 上涨 1%,需求量相应减少 4%.

30. $\eta=-\dfrac{p}{4}$, $\eta(3)=-\dfrac{3}{4}$, $\eta(4)=-1$, $\eta(5)=-\dfrac{5}{4}$； $r=1-\dfrac{p}{4}$, $r(3)=\dfrac{1}{4}$, $r(4)=0$, $r(5)=-\dfrac{1}{4}$.

经济意义：

$\eta(3)=-\dfrac{3}{4}$,当价格 p 从 3 上涨(或下跌)1% 时,需求量 Q 相应减少(或增加) $\dfrac{3}{4}$%；

$\eta(4)=-1$,当价格 p 从 4 上涨(或下跌)1% 时,需求量 Q 相应减少(或增加)1%；

$\eta(5)=-\dfrac{5}{4}$,当价格 p 从 5 上涨(或下跌)1% 时,需求量 Q 相应减少(或增加) $\dfrac{5}{4}$%；

$r(3)=\dfrac{1}{4}$,当价格 p 从 3 上涨(或下跌)1% 时,收益 R 相应增加(或减少) $\dfrac{1}{4}$%；

$r(4)=0$,当价格 p 从 4 上涨(或下跌)1% 时,收益 R 相应增加(或减少)0%；

$r(5)=-\dfrac{1}{4}$,当价格 p 从 5 上涨(或下跌)1% 时,收益 R 相应减少(或增加) $\dfrac{1}{4}$%.

31. $\varepsilon=\dfrac{3p}{2+3p}$, $\varepsilon(3)=\dfrac{9}{11}$,表示价格在 3 上涨 1%,供给相应增加 $\dfrac{9}{11}$%.

32. $r = \sqrt[3]{\dfrac{v}{2\pi}}, h = 2\sqrt[3]{\dfrac{v}{2\pi}}, r : h = 1 : 2.$

33. 长为18米,宽为12米.

34. $x = 40$, 最小值 $\bar{C}(40) = 23.$

35. $Q = \dfrac{5}{4}$, 最大利润 $L\left(\dfrac{5}{4}\right) = \dfrac{25}{4}.$

36. 分5批生产,总费用最小.

37. $Q = 15$ 时, 日总利润最大.

38. (1) $Q'(4) = -8$, 表示 p 从 4 上涨(下跌)1个单位, Q 相应减少(增加)8个单位; (2) $\eta(4) = -\dfrac{32}{59}$, 表示 p 从 4 上涨(下跌)1%, Q 相应减少(增加) $\dfrac{32}{59}$%; (3) 增加 $\dfrac{27}{59}$%, 减少 $\dfrac{11}{13}$%; (4) $p = 5$ 时, 总收益最大.

(B)

1. (1) 满足, $\xi = 0$; (2) 不满足, $x = 0$ 处不可导.

2. 提示:设 $f(x) = x^3 + x^2 + x + 1$, 考虑 $f'(x)$, 得 $f(x)$ 单调增加, 故 $x^3 + x^2 + x + 1 = 0$ 至多有一个实根. 再由 $f(0), f(-2) < 0$ 得 $x^3 + x^2 + x + 1 = 0$ 至少有一个实根.

3. 提示:设交点超过3个, 则 $F(x) = e^x - ax^2 - bx - c = (x - x_1)(x - x_2)(x - x_3)(x - x_4)$, 由罗尔定理, $\exists \xi$, 使 $F'''(\xi) = 0$, 与 $F'''(x) = e^x$ 矛盾.

4. 提示:考虑 $f(x) = a_0 x + \dfrac{a_1}{2} x^2 + \cdots + \dfrac{a_n}{n+1} x^{n+1}.$

5. 提示:令 $F(x) = e^{-x} f(x)$, 在 $[a, b]$ 上用罗尔定理.

6. 略.

7. (1) 不满足, $x = 1$ 处不可导; (2) 满足, $\xi = \dfrac{1}{2}, \sqrt{2}.$

8.~10. 略.

11. (1) $\dfrac{m}{n} a^{m-n}$; (2) $\ln \dfrac{2}{3}$; (3) $-\dfrac{1}{8}$; (4) e^{-1}; (5) e; (6) 1.

12.~13. 略.

14. (1) $f(x)$ 在 $x = 0$ 处连续; (2) $f(x)$ 在 $x = \dfrac{1}{e}$ 处取得极小值, $f\left(\dfrac{1}{e}\right) = \left(\dfrac{1}{e}\right)^{\frac{2}{e}}$, $x = 0$ 处取得极大值 $f(0) = 1.$

15. (1) $p < -2$, 或 $p > 2$; (2) $p = \pm 2$; (3) $-2 < p < 2.$

16. $a=1, b=-3, c=-24, d=16$.

17. (1) $x=0$;　(2) $x=1, x=2, y=0$;　(3) $x=0, y=x$;
(4) $y=x-1, y=-x+1$.

习 题 四

(A)

1. $y=6-\cos x$.

2. $\dfrac{\sin\sqrt{x}}{2x}$.

3. (1) $x-x^3+C$;　(2) $\dfrac{2^x}{\ln 2}+x^2+C$;　(3) $\dfrac{3}{4}x^{\frac{4}{3}}-2x^{\frac{1}{2}}+C$;　(4) $\dfrac{2}{5}x^{\frac{5}{2}}+2x^{\frac{1}{2}}+C$;　(5) $\dfrac{6}{11}x^{\frac{11}{6}}+\dfrac{4}{3}x^{\frac{3}{2}}-\dfrac{3}{4}x^{\frac{4}{3}}-2x+C$;　(6) $x-\arctan x+C$;　(7) $x^3+x^2+x+4\arctan x+C$;　(8) $e^x-\ln|x|+C$;　(9) $\dfrac{8}{15}x^{\frac{15}{8}}+C$;
(10) $\tan x-\sec x+C$;　(11) $\dfrac{1}{2}u-\dfrac{1}{2}\sin u+C$;　(12) e^t+t+C;
(13) $\sin x+\cos x+C$;　(14) $-\cot x-\tan x+C$;　(15) $\sin x-\cos x+C$;
(16) $\dfrac{1}{2}\tan x+C$.

4. (1) $-\dfrac{2}{7}(2-x)^{\frac{7}{2}}+C$;　(2) $-\dfrac{5}{18}(8-3x)^{\frac{6}{5}}+C$;　(3) $\arcsin\dfrac{x}{\sqrt{3}}+\dfrac{1}{2}\arctan\dfrac{x}{2}+C$;　(4) $-\dfrac{1}{2}e^{-2x}+C$;　(5) $\dfrac{a^{5x}}{5\ln a}+C$;　(6) $\dfrac{3}{2}\sin\dfrac{2}{3}x+C$;
(7) $\dfrac{x}{2}-\dfrac{1}{12}\sin 6x+C$;　(8) $\ln(1+x^2)+C$;　(9) $-\dfrac{3}{4}\left(1+\dfrac{1}{x}\right)^{\frac{4}{3}}+C$;
(10) $-e^{\frac{1}{x}}+C$;　(11) $4(1+\sqrt{x})^{\frac{1}{2}}+C$;　(12) $(x^3-5)^{\frac{1}{3}}+C$;　(13) $\ln|\ln x|+C$;　(14) $\ln|\ln\ln x|+C$;　(15) $-\dfrac{1}{3}\sqrt{2-3x^2}+C$;　(16) $\dfrac{1}{2}\ln(x^2+1)-\arctan x+C$;　(17) $\dfrac{1}{3}\arcsin\dfrac{3x}{2}+C$;　(18) $\dfrac{1}{3}\ln\left|\dfrac{x-2}{x+1}\right|+C$;　(19) $\dfrac{1}{4}\arctan\dfrac{x^2}{2}+C$;　(20) $\dfrac{1}{4}\arctan\dfrac{2x+1}{2}+C$;　(21) $\sin x-\dfrac{2}{3}\sin^3 x+\dfrac{1}{5}\sin^5 x+C$;
(22) $\sin e^x+C$;　(23) $e^{\sin x}+C$;　(24) $\dfrac{1}{3}\sin^3 x-\dfrac{2}{5}\sin^5 x+\dfrac{1}{7}\sin^7 x+C$;
(25) $-\cos x+\dfrac{1}{3}\cos^3 x+C$;　(26) $-\left(\dfrac{1}{3}\cot^3 x+\cot x\right)+C$;　(27) $\dfrac{\tan^2 x}{2}+$

习题参考答案

$\ln|\cos x|+C$; (28) $\frac{1}{3}\tan^3 x-\tan x+x+C$; (29) $\arctan e^x+C$;

(30) $\ln(e^x+1)+C$; (31) $\ln|\csc 2x-\cot 2x|+C$; (32) $\frac{1}{11}\tan^{11}x+C$;

(33) $\frac{1}{2}\sin(x^2)+C$; (34) $\frac{3}{2}(\sin x-\cos x)^{\frac{2}{3}}+C$; (35) $\frac{x}{\sqrt{1+x^2}}+C$;

(36) $\arcsin x-\frac{1-\sqrt{1-x^2}}{x}+C$.

5. (1) $x\ln(x^2+1)-2x+2\arctan x+C$; (2) $x\arctan x-\frac{1}{2}\ln(1+x^2)+C$; (3) $(x-1)e^x+C$; (4) $-x\cos x+\sin x+C$; (5) $-\frac{1}{x}(\ln x+1)+C$; (6) $-e^{-x}(x^2+2x+2)+C$; (7) $\frac{1}{2}e^x(\sin x-\cos x)+C$; (8) $x\tan x-\frac{1}{2}x^2+\ln|\cos x|+C$; (9) $2e^{\sqrt{x}}(\sqrt{x}-1)+C$; (10) $\frac{1}{2}x^2\ln|x-1|-\frac{1}{4}x^2-\frac{1}{2}x-\frac{1}{2}\ln|x-1|+C$; (11) 因为 $\int\sec^3 x\,dx=\int\sec^2 x\sec x\,dx=\int\sec x\,d\tan x=\sec x\cdot\tan x-\int\tan^2 x\sec x\,dx=\sec x\cdot\tan x-\int\sec^3 x\,dx+\int\sec x\,dx=\sec x\cdot\tan x+\ln|\sec x+\tan x|-\int\sec^3 x\,dx$, 因此, $\int\sec^3 x\,dx=\frac{1}{2}(\sec x\cdot\tan x+\ln|\sec x+\tan x|)+C$; (12) $\int\cos(\ln x)\,dx=x\cos(\ln x)+\int\sin(\ln x)\,dx=x\cos(\ln x)+x\sin(\ln x)-\int\cos(\ln x)\,dx$, 因此 $\int\cos(\ln x)\,dx=\frac{1}{2}(x\cos(\ln x)+x\sin(\ln x))+C$.

6. (1) $\frac{f(ax+b)}{a}+C$; (2) $xf'(x)-f(x)+C$; (3) $e^{2x}\tan x+C$.

7. $C(x)=x^2+10x+20$.

8. $\left(1-\frac{2}{x}\right)e^x+C$.

9. (1) $\ln|x^2+3x-10|+C$; (2) $\frac{x^3}{3}+\frac{x^2}{2}+x+8\ln|x|-3\ln|x-1|-4\ln|x+1|+C$; (3) $\frac{1}{2}\ln|x^2-1|+\frac{1}{x+1}+C$; (4) $\frac{2}{5}\ln|1+2x|-\frac{1}{5}\ln(1+x^2)+\frac{1}{5}\arctan x+C$.

(B)

1. $\cos x - \dfrac{2\sin x}{x} + C$.

2. $f(x) = -x^2 - \ln(1-x) + C$.

3. 由于 $F'(x) = f(x)$，于是 $F'(x)F(x) = \sin^2 2x$. 两边积分得 $\int F(x)F'(x)dx = \int \dfrac{1-\cos 4x}{2}dx$，则有 $\dfrac{1}{2}F^2(x) = \dfrac{1}{2}x - \dfrac{1}{8}\sin 4x + C$. 由 $F(0) = 1$ 可得 $C = \dfrac{1}{2}$. 再由 $F(x)$ 非负(性)可知 $F(x) = \sqrt{x - \dfrac{1}{4}\sin 4x + 1}$. 因此由已知条件立即可得 $f(x) = \dfrac{\sin^2(2x)}{\sqrt{x - \dfrac{1}{4}\sin 4x + 1}}$.

4. $2x\sqrt{1+e^x} - 4\sqrt{1+e^x} - 4\ln|\sqrt{1+e^x}-1| + 2x + C$.

5. $\dfrac{1}{8}\left[-\dfrac{1}{7}(2x+1)^{-7} + \dfrac{1}{4}(2x+1)^{-8} - \dfrac{1}{9}(2x+1)^{-9}\right] + C$.

6. $-\dfrac{1}{7x^7} + \dfrac{1}{5x^5} - \dfrac{1}{3x^3} + \dfrac{1}{x} - \arctan\dfrac{1}{x} + C$.

7. 当 $a \neq b$ 时，$A = -\dfrac{b}{a^2-b^2}$, $B = \dfrac{a}{a^2-b^2}$；当 $a = b$ 时，A, B 无解.

8. $-\dfrac{1}{2}\arctan\cos 2x + C$.

习 题 五

(A)

1. 略.

2. (1) $\int_0^1 x\,dx > \int_0^1 x^2\,dx$；　(2) $\int_1^2 x\,dx < \int_1^2 x^2\,dx$；　(3) $\int_1^2 \dfrac{1}{x}\,dx > \int_1^2 \dfrac{1}{x^2}\,dx$；　(4) $\int_0^{\frac{\pi}{2}} x\,dx > \int_0^{\frac{\pi}{2}} \sin x\,dx$；　(5) $\int_0^1 e^x\,dx > \int_0^1 (1+x)\,dx$；　(6) $\int_{-\frac{\pi}{2}}^0 \sin x\,dx < \int_0^{\frac{\pi}{2}} \sin x\,dx$.

3. (1) $[1, e]$；　(2) $\left[0, \dfrac{27}{16}\right]$；　(3) $[-9, -8]$；　(4) $[3e^{-4}, 3]$；　(5) $[\pi, 2\pi]$；　(6) $\left[1, \dfrac{\pi}{2}\right]$.

4. (1) $\sqrt{1+x}$；　(2) $2x^3\arctan x^2$；　(3) $-xe^{-x}$；　(4) $\dfrac{2x}{\sqrt{1+x^8}}$；

(5) $\dfrac{3x^2}{\sqrt{1+x^{12}}} - \dfrac{2x}{\sqrt{1+x^8}}$; (6) $-3x^2\displaystyle\int_0^x \sin t\,dt = 3x^2(\cos x - 1)$.

5. 略.

6. $f^{(n)}(x) = \begin{cases} \ln x, & n=1, \\ (-1)^{n-2}(n-2)!\,x^{-n+1}, & n>1. \end{cases}$

7. $x=0$ 时有极小值 $f(0)=0$.

8. $f(x) = \dfrac{5}{3}x^{\frac{2}{3}}$, $a = -1$.

9. 最大值为 0,最小值为 $-\dfrac{32}{3}$.

10. $c = \dfrac{5}{2}$.

11. $c = -\dfrac{1}{4}$.

12. 提示:由单调性及零值定理得.

13. (1) 1; (2) $\dfrac{1}{2}$; (3) $\dfrac{1}{2}$; (4) e^{-2}; (5) $\dfrac{1}{2}$; (6) 1.

14. (1) 2; (2) -2; (3) $\dfrac{\pi}{3}$; (4) 12; (5) $\dfrac{272}{15}$; (6) $\dfrac{2}{3}$; (7) $1-\dfrac{\pi}{4}$; (8) $\dfrac{\pi}{4}-\dfrac{1}{2}$; (9) $\dfrac{1}{2}(25-\ln 26)$; (10) $10+12\ln 2 - 4\ln 3$; (11) $2(\sqrt{2}-1)$; (12) 4; (13) $\dfrac{17}{6}$; (14) 4.

15. (1) $\dfrac{1}{10}$; (2) $\dfrac{\pi}{9}$; (3) $\dfrac{3e}{2}-1$; (4) $\ln 2$; (5) $\dfrac{1}{4}\ln^2 3$; (6) $4-2\ln 3$; (7) $4-2\arctan 2$; (8) $\dfrac{\pi}{6}$; (9) $2-\dfrac{\pi}{2}$; (10) $1-2\ln 2$; (11) $\dfrac{\sqrt{3}}{2}+\dfrac{\pi}{3}$; (12) $\dfrac{\pi}{16}a^4$; (13) $\dfrac{1}{4}\left(\dfrac{\pi}{2}-1\right)$; (14) $\sqrt{3}-\dfrac{\pi}{3}$.

16. (1) 1; (2) $\dfrac{6+\sqrt{3}}{12}\pi$; (3) $\dfrac{1}{4}-\dfrac{3}{4}e^{-2}$; (4) $4(\ln 4-1)$; (5) $\dfrac{\pi}{4}-\dfrac{1}{2}$; (6) $\dfrac{1}{2}\left(\dfrac{\pi}{4}-\dfrac{1}{2}\right)$; (7) 1; (8) $\dfrac{\pi}{2}$; (9) $\dfrac{\pi^3}{6}-\dfrac{\pi}{4}$; (10) $\dfrac{1}{2}(e^{\frac{\pi}{2}}+1)$; (11) $\dfrac{1}{5}(e^{\pi}-2)$; (12) $\pi-2$.

17. 略.

18. (1) 1; (2) $\frac{1}{2}$; (3) 发散; (4) 1; (5) 2; (6) 发散; (7) π;

(8) 1; (9) $\frac{\pi}{2}$; (10) 发散.

19. (1) 6; (2) 3; (3) 30; (4) $\frac{16}{105}$; (5) 24; (6) 6.

20. (1) $\frac{4}{3}a^{\frac{3}{2}}$; (2) $\frac{1}{6}$; (3) $\frac{10}{3}$; (4) $\frac{\pi}{2}-1$; (5) $e+\frac{1}{e}-2$;

(6) $\frac{3}{2}-\ln 2$; (7) 8; (8) $\frac{8}{3}$; (9) $\frac{32}{3}$; (10) $b-a$; (11) $\frac{4}{3}$; (12) $\frac{28}{3}$.

21. $y=-4x^2+6x$.

22. $\frac{1}{2}$.

23. 3.

24. (1) $V_x=\frac{5\pi}{14}$, $V_y=\frac{2\pi}{5}$; (2) $V_x=\frac{\pi^2}{4}$, $V_y=2\pi$; (3) $V_x=\frac{128}{7}\pi$, $V_y=\frac{64}{5}\pi$; (4) $V_x=\frac{48}{5}\pi$, $V_y=\frac{24}{5}\pi$; (5) $V_x=7.5\pi$, $V_y=24.8\pi$;

(6) $V_x=\pi(e-2)$, $V_y=\frac{\pi}{2}(e^2+1)$.

25. 50, 100.

26. (1) 66 百台; (2) 150 万元.

27. $q(p)=20\ln(p+1)+1\,000$.

28. $C(q)=25q+15q^2-3q^3+55$, $\overline{C}(q)=25+15q-3q^2+\frac{55}{q}$.

29. $R(q)=3q-0.1q^2$, 当 $q=15$ 时收入最高为 22.5.

30. (1) 9 987.5; (2) 19 850.

31. $400-\frac{500}{\sqrt{e}}\approx 96.73$(万元).

(B)

1. $(-1)^n(n-1)$.

2. $\frac{1}{4}$.

3. $f(0)=3$.

4. $\frac{1}{3}$.

5. $8 - \dfrac{8}{3}\sqrt{2}$.

6. $\dfrac{\pi}{2} \cdot \dfrac{|\cos a|}{\cos a}$.

7. $\dfrac{1}{4}\left(1 - \dfrac{1}{e}\right)$.

8. $\dfrac{3}{2}\ln\dfrac{3}{2} + \dfrac{1}{2}\ln\dfrac{1}{2}$（提示：先利用被积函数的奇偶性，然后利用分部积分）.

9. $\dfrac{\pi^2}{2} - \dfrac{8}{3}$.

10. 极小值为 $f(0) = 0$.

11. 提示：可设 $F(x) = \displaystyle\int_0^x f(t)\,dt - x\int_0^1 f(t)\,dt$，然后证 $F'(x) \leqslant 0$.

12. 提示：对积分 $\displaystyle\int_0^1 f(1-x)\,dx$ 作变换 $1-x = t$ 后得到 $\displaystyle\int_0^1 [f(1-x) + f(x)]\,dx = 0$，然后由积分中值定理即可得证.

13. $y = \dfrac{x}{4} + (2\ln 2 - 1)$.

14. 面积为 $6\dfrac{3}{4}$.

15. $a = 4$, $V_x = \dfrac{32\sqrt{5}\,\pi}{1\,875}$.

16. 设总费用 $f(v) = a + kv^3$，一昼夜行程 $s = 24v$，单位行程费用 $M(v) = \dfrac{a + kv^3}{s} = \dfrac{a + kv^3}{24v}$，由 $M'(v) = 0$，得 $v_0 = \sqrt[3]{\dfrac{a}{2k}}$，$M''(v_0) > 0$.

17. (1) 当 $0 < p < \sqrt{\dfrac{ab}{c}} - b$ 时，$R'(p) > 0$，销售量随 p 增加而增加；当 $\sqrt{\dfrac{ab}{c}} - b < p < \dfrac{a}{c} - b$ 时，$R'(p) < 0$，销售量随 p 增加而减少．(2) 当 $p = \sqrt{\dfrac{ab}{c}} - b$ 时，销售量 R 最大 $R_{\max} = (\sqrt{a} - \sqrt{bc})^2$.

18. (1) $Q = \dfrac{d-b}{2(e+a)}$, $L_{\max} = \dfrac{(d-b)^2}{4(e+a)} - c$；(2) $\eta(p) = \dfrac{p}{d-p}$, $Q = \dfrac{d}{2e}$.

习 题 六

(A)

1. 3.

2. (1) $\sqrt{14}$；$\sqrt{19}$； (2) (1, 3, −2).

3. $x^2 + y^2 + z^2 = 9$.

4. A 在 xOy 面上； B 在 yOz 面上； C 在 x 轴上； D 在 y 轴上.

5. M 到 x 轴的距离为 $\sqrt{34}$；M 到 y 轴的距离为 $\sqrt{41}$；M 到 z 轴的距离为 5.

6. 略.

7. (1) $\{(x, y) \mid x \geqslant 0, -\infty < y < +\infty\}$，图略； (2) $\{(x, y) \mid |x| \leqslant 1, |y| \geqslant 1\}$，图略； (3) $\{(x, y) \mid x + y + 3 > 0\}$，图略； (4) $\{(x, y) \mid x^2 + y^2 \neq 1\}$，图略； (5) $\{(x, y) \mid x^2 + y^2 \leqslant 9, y < x^2\}$，图略； (6) $\{(x, y) \mid y \leqslant x\}$，图略.

8. $3e^{-1}$； 1.

9. $t^2 f(x, y)$.

10. $f\left(1, \dfrac{y}{x}\right) = \dfrac{xy}{x^2 + y^2}$.

11. (1) $z'_x = 3x^2 y - y^3$，$z'_y = x^3 - 3xy^2$； (2) $z'_x = 2(x - 2y)$，$z'_y = -4(x - 2y)$； (3) $z'_x = \dfrac{3x^2}{y}$，$z'_y = -\dfrac{x^3}{y^2}$； (4) $z'_x = \dfrac{1}{2x\sqrt{\ln(xy)}}$，$z'_y = \dfrac{1}{2y\sqrt{\ln(xy)}}$； (5) $z'_x = y[\cos(xy) - \sin(2xy)]$，$z'_y = x[\cos(xy) - \sin(2xy)]$； (6) $z'_x = \dfrac{-2}{(2x - y)^2}$，$z'_y = \dfrac{1}{(2x - y)^2}$； (7) $z'_x = \dfrac{1}{2\sqrt{x}} \sin \dfrac{y}{x} - \dfrac{y\sqrt{x}}{x^2} \cos \dfrac{y}{x}$，$z'_y = \dfrac{\sqrt{x}}{x} \cos \dfrac{y}{x}$； (8) $z'_x = \dfrac{x}{\sqrt{x^2 + y^2}}$，$z'_y = \dfrac{y}{\sqrt{x^2 + y^2}}$； (9) $z'_x = e^{3x+2y}[3\sin(x - y) + \cos(x - y)]$，$z'_y = e^{3x+2y}[2\sin(x - y) - \cos(x - y)]$； (10) $z'_x = y^2(1 + xy)^{y-1}$，$z'_y = (1 + xy)^y \left[\ln(1 + xy) + \dfrac{xy}{1 + xy}\right]$.

12. $f'_x(x, 1) = 1$，$f'_x(1, 2) = 1\dfrac{1}{2}$.

13. 略.

14. (1) $z''_{xx} = 12x^2 - 8y^2$，$z''_{yy} = 12y^2 - 8x^2$，$z''_{xy} = -16xy$； (2) $z''_{xx} = \dfrac{2xy}{(x^2 + y^2)^2}$，$z''_{yy} = \dfrac{-2xy}{(x^2 + y^2)^2}$，$z''_{xy} = \dfrac{y^2 - x^2}{(x^2 + y^2)^2}$； (3) $z''_{xx} = 0$，$z''_{yy} = 4xe^{2y}$，$z''_{xy} = 2e^{2y}$； (4) $z''_{xx} = \dfrac{-1}{(x + 3y)^2}$，$z''_{yy} = \dfrac{-9}{(x + 3y)^2}$，$z''_{xy} = \dfrac{-3}{(x + 3y)^2}$；

(5) $z''_{xx} = -9\sin(3x-2y)$, $z''_{yy} = -4\sin(3x-2y)$, $z''_{xy} = 6\sin(3x-2y)$;

(6) $z''_{xx} = y^x \ln^2 y$, $z''_{yy} = x(x-1)y^{x-2}$, $z''_{xy} = y^{x-1}(1+x\ln y)$.

15. (1) $C'_x = 3x^2\ln(y+10)$, $C'_y = \dfrac{x^3}{y+10}$; (2) $C'_x = 5x^4 - 2y$, $C'_y = 10y - 2x$.

16. $\dfrac{\partial Q_1}{\partial P_1} = -2$, $\dfrac{\partial Q_1}{\partial P_2} = -1$, $\dfrac{\partial Q_2}{\partial P_1} = -1$, $\dfrac{\partial Q_2}{\partial P_2} = -2$, 这两种商品是互补商品.

17. (1) $dz = 2xdx - 2dy$; (2) $dz = \dfrac{2x}{y}dx - \dfrac{x^2}{y^2}dy$; (3) $dz = \left(y+\dfrac{1}{y}\right)dx + x\left(1-\dfrac{1}{y^2}\right)dy$; (4) $dz = 2e^{x^2+y^2}(xdx+ydy)$; (5) $dz = \dfrac{ydx+xdy}{1+x^2y^2}$; (6) $dz = \dfrac{1}{y}e^{\frac{x}{y}}\left(dx - \dfrac{x}{y}dy\right)$; (7) $dz = [\sin(x-2y)+x\cos(x-2y)]dx - 2x\cos(x-2y)dy$; (8) $dz = \dfrac{6x}{3x^2-2y}dx - \dfrac{2}{3x^2-2y}dy$; (9) $dz = \dfrac{-x}{(x^2+y^2)^{\frac{3}{2}}}(ydx-xdy)$; (10) $dz = yx^{y-1}dx + x^y\ln x dy$.

18. $\dfrac{1}{3}dx + \dfrac{2}{3}dy$.

19. 0.5.

20. 2.95.

21. 2.039.

22. (1) $\dfrac{\partial z}{\partial x} = 4x$, $\dfrac{\partial z}{\partial y} = 4y$; (2) $\dfrac{\partial z}{\partial x} = \dfrac{2x}{y^2}\ln(3x-2y) + \dfrac{3x^2}{(3x-2y)y^2}$, $\dfrac{\partial z}{\partial y} = \dfrac{-2x^2}{y^3}\ln(3x-2y) - \dfrac{2x^2}{(3x-2y)y^2}$; (3) $\dfrac{\partial z}{\partial x} = xe^{x^3-y^3}(2+3x^3+3xy^2)$, $\dfrac{\partial z}{\partial y} = ye^{x^3-y^3}(2-3yx^2-3y^3)$; (4) $\dfrac{\partial z}{\partial x} = 3x^2\sin y\cos^2 y$, $\dfrac{\partial z}{\partial y} = -2x^3\sin^2 y\cos y + x^3\cos^3 y$; (5) $\dfrac{\partial z}{\partial x} = (x^2+y^2)^{xy}\left[y\ln(x^2+y^2) + \dfrac{2x^2y}{x^2+y^2}\right]$, $\dfrac{\partial z}{\partial y} = (x^2+y^2)^{xy}\left[x\ln(x^2+y^2) + \dfrac{2xy^2}{x^2+y^2}\right]$; (6) $\dfrac{dz}{dx} = e^{\sin x - 2x^3}(\cos x - 6x^2)$; (7) $\dfrac{dz}{dt} = \dfrac{3-12t^2}{\sqrt{1-(3t-4t^3)^2}}$; (8) $\dfrac{dz}{dx} = \dfrac{x^2-2x-1}{3(x-1)^2}$; (9) $\dfrac{dz}{dt} = \left(3 - \dfrac{4}{t^3} - \right.$

$\frac{1}{2\sqrt{t}}\Big)\sec^2\Big(3t+\frac{2}{t^2}-\sqrt{t}\Big).$

23. (1) $\dfrac{dy}{dx}=\dfrac{\sin(x-y)-2}{\sin(x-y)-1}$; (2) $\dfrac{dy}{dx}=\dfrac{y^2-e^x}{\cos y-2xy}$; (3) $\dfrac{dy}{dx}=\dfrac{y-x}{x+y}$; (4) $\dfrac{\partial z}{\partial x}=\dfrac{z}{x+z}$, $\dfrac{\partial z}{\partial y}=\dfrac{z^2}{y(x+z)}$; (5) $\dfrac{\partial z}{\partial x}=\dfrac{yz}{e^z-xy}$, $\dfrac{\partial z}{\partial y}=\dfrac{xz}{e^z-xy}$;

(6) $\dfrac{\partial z}{\partial x}=\dfrac{yz-\sqrt{xyz}}{\sqrt{xyz}-xy}$, $\dfrac{\partial z}{\partial y}=\dfrac{xz-2\sqrt{xyz}}{\sqrt{xyz}-xy}$.

24. 略.

25. 略.

26. (1) 极大值：$f(3,2)=36$; (2) 极小值：$f(0,0)=-4$; (3) 极大值：$f(2,-2)=8$; (4) 极大值：$f(0,0)=0$.

27. 极大值：$z\Big(\dfrac{1}{2},\dfrac{1}{2}\Big)=\dfrac{1}{4}$.

28. $x=3$, $y=4$, 最小成本 36.

29. A 原料 100 吨，B 原料 25 吨，最大产量 1 250 吨.

30. 长为 10 米、宽为 6 米（正面）时所用材料费最少，为 120 元.

31. (1) $\dfrac{8}{3}$; (2) $\dfrac{1}{2}$; (3) $\dfrac{20}{3}$; (4) 2; (5) 1; (6) $\dfrac{1}{e}$; (7) $\dfrac{1}{12}$; (8) $\dfrac{9}{4}$.

32. (1) $\int_0^1 dx\int_x^1 f(x,y)dy$; (2) $\int_0^1 dy\int_{\sqrt{y}}^{\sqrt[3]{y}} f(x,y)dx$; (3) $\int_{-1}^1 dx\int_0^{\sqrt{1-x^2}} f(x,y)dy$; (4) $\int_0^1 dy\int_{e^y}^{e} f(x,y)dx$; (5) $\int_0^1 dy\int_y^{2-y} f(x,y)dx$.

33. (1) $\pi(e^4-1)$; (2) $\dfrac{\pi}{4}(2\ln 2-1)$; (3) 3π; (4) $\dfrac{8}{3}$; (5) $\dfrac{3}{64}\pi^2$; (6) $\dfrac{7\pi}{12}$.

(B)

1. P 点关于原点的对称点是 $(-a,-b,-c)$，P 点关于 yOz 的对称点是 $(-a,b,c)$.

2. $a=1$ 或 $a=5$.

3. $D(Z)=\Big\{(x,y)\,\Big|\,x>y \text{ 且 } x^2+y^2\geq 4 \text{ 且 } \dfrac{x^2}{4}+\dfrac{y^2}{9}<1\Big\}$.

4. (1) $z'_x = y\cos x(\sin x)^{y-1}$, $z'_y = (\sin x)^y \ln(\sin x)$; (2) 设 $x+y=u$, $xy=v$, 则 $z'_x = f(u,v) + xf'_u + xyf'_v$, $z'_y = xf'_u + x^2 f'_v$; (3) 设 $\sin x = u$, $xy^2 = v$, 则 $z'_x = f'_u \cdot \cos x + f'_v \cdot y^2$, $z'_y = f'_v \cdot 2xy$; (4) $z'_x = (2x^2 y^3)^{x^2+y^2} \cdot \left(2x\ln(2x^2 y^3) + \dfrac{2x^2+2y^2}{x}\right)$, $z'_y = (2x^2 y^3)^{x^2+y^2} \cdot \left(2y\ln(2x^2 y^3) + \dfrac{3x^2+3y^2}{y}\right)$;
(5) $z'_x = y \cdot f(xy)$, $z'_y = x \cdot f(xy)$.

5. (1) $\mathrm{d}z = \left(y - \dfrac{y}{x^2}\right)\mathrm{d}x + \left(x + \dfrac{1}{x}\right)\mathrm{d}y$; (2) 0; (3) $\dfrac{1\,193}{600}$; (4) 2.006 14.

6. (1) $f_{\max}(a,b) = a^2 b^2$; (2) $f\left(\dfrac{a}{3}, \dfrac{a}{3}\right) = \dfrac{a^3}{27}$, $a>0$, 极大值, $a<0$, 极小值, $a=0$ 非极值.

7. (1) $\iint\limits_D xy\,\mathrm{d}\sigma < \iint\limits_D (x+y)\,\mathrm{d}\sigma$; (2) $\iint\limits_D e^{xy}\,\mathrm{d}\sigma > \iint\limits_D e^{x^2 y^2}\,\mathrm{d}\sigma$.

8. (1) $\sqrt{3}\pi R^2 \leqslant \iint\limits_D \sqrt{x^2+y^2+3}\,\mathrm{d}\sigma \leqslant \sqrt{R^2+3}\cdot \pi R^2$; (2) $0 \leqslant \iint\limits_D (2x^2 + 3y^2)\,\mathrm{d}\sigma \leqslant 3\pi R^4$.

9. (1) $\displaystyle\int_{-1}^{2}\mathrm{d}x \int_{x^2}^{x+2} f(x,y)\,\mathrm{d}y$, $\displaystyle\int_0^1 \mathrm{d}y \int_{-\sqrt{y}}^{\sqrt{y}} f(x,y)\,\mathrm{d}x + \int_1^4 \mathrm{d}y \int_{y-2}^{\sqrt{y}} f(x,y)\,\mathrm{d}y$;
(2) $\displaystyle\int_{-2}^{-1}\mathrm{d}x \int_0^{x+2} f(x,y)\,\mathrm{d}x + \int_{-1}^{0}\mathrm{d}x \int_0^{x^2} f(x,y)\,\mathrm{d}x$, $\displaystyle\int_0^1 \mathrm{d}y \int_{y-2}^{-\sqrt{y}} f(x,y)\,\mathrm{d}x$;
(3) $\displaystyle\int_0^{\pi}\mathrm{d}\theta \int_0^{2\sin\theta} \rho f(\rho\cos\theta, \rho\sin\theta)\,\mathrm{d}\rho$.

10. $\dfrac{9}{2}$.

11. $\begin{cases} a\sum x_i^4 + b\sum x_i^3 + c\sum x_i^2 = \sum x_i^2 y_i, \\ a\sum x_i^3 + b\sum x_i^2 + c\sum x_i = \sum x_i y_i, \\ a\sum x_i^2 + b\sum x_i + cu = \sum y_i. \end{cases}$

习 题 七

(A)

1. (1) 发散; (2) 收敛; (3) 发散; (4) 收敛; (5) 发散; (6) 发散.
2. (1) 发散; (2) 收敛; (3) 收敛; (4) 收敛; (5) 发散; (6) 发散.
3. (1) 收敛; (2) 收敛; (3) 发散; (4) 收敛; (5) 收敛; (6) 收敛;

(7) 收敛； (8) 收敛.

4. (1) 收敛； (2) 收敛； (3) 发散； (4) 收敛.

5. (1) 条件收敛； (2) 条件收敛； (3) 绝对收敛； (4) 条件收敛；
(5) 绝对收敛； (6) 绝对收敛； (7) 绝对收敛； (8) 绝对收敛.

6. (1) $(-1, 1]$； (2) $(-\infty, +\infty)$； (3) $(-2, 2)$； (4) $[-1, 1]$；
(5) $[-3, 3)$； (6) $[-1, 1]$； (7) $[-1, 1)$； (8) $\left(\frac{1}{10}, 10\right)$；
(9) $\left(-\frac{\sqrt{2}}{2}, \frac{\sqrt{2}}{2}\right)$； (10) $[1, 3]$； (11) $\left(-3-\frac{\sqrt{2}}{2}, -3+\frac{\sqrt{2}}{2}\right)$； (12) $(1, 2]$.

7. (1) $\arctan x$, $|x| \leqslant 1$； (2) $\frac{2x}{(1-x^2)^2}$, $|x| < 1$； (3) $\frac{2x}{(1-x)^3}$, $|x| < 1$.

8. (1) $a^x = \sum_{n=0}^{\infty} \frac{(\ln a)^n}{n!} x^n$, $x \in (-\infty, +\infty)$； (2) $\sin \frac{x}{2} = \sum_{n=0}^{\infty} (-1)^n \cdot \frac{x^{2n+1}}{2^{2n+1}(2n+1)!}$ $(-\infty < x < +\infty)$.

9. (1) $\sum_{n=1}^{\infty} (-1)^n \frac{2^{2n-1} x^{2n}}{(2n)!}$, $x \in (-\infty, +\infty)$； (2) $\sum_{n=0}^{\infty} (-1)^n \frac{x^{n+3}}{n!}$, $x \in (-\infty, +\infty)$； (3) $1 + \frac{1}{2}x^2 + \frac{1 \cdot 3}{2 \cdot 4}x^4 + \cdots + \frac{1 \cdot 3 \cdot 5 \cdots (2n-1)}{2 \cdot 4 \cdot 6 \cdots 2n} x^{2n} + \cdots$ $(|x| < 1)$； (4) $\sum_{n=0}^{\infty} \frac{x^n}{2^n}$ $(|x| < 2)$； (5) $-\sum_{n=0}^{\infty} \frac{1+2^{n+1}}{n+1} x^{n+1}$ $(|x| < 1)$；
(6) $\frac{1}{3} \sum_{n=0}^{\infty} [1 - (-2)^n] x^n$ $\left(|x| < \frac{1}{2}\right)$.

10. (1) $\sum_{n=0}^{\infty} \frac{(x-2)^n}{2^{n+1}}$ $(0 < x < 4)$； (2) $\ln 2 + \sum_{n=0}^{\infty} (-1)^n \frac{(x-2)^{n+1}}{(n+1) \cdot 2^{n+1}}$ $(0 < x < 4)$； (3) $e \sum_{n=0}^{\infty} \frac{(x-2)^n}{n!}$ $(-\infty < x < +\infty)$； (4) $\sum_{n=0}^{\infty} (-1)^n \left(\frac{1}{3^{n+1}} - \frac{1}{4^{n+1}}\right)(x-2)^n$ $(-1 < x < 5)$.

(B)

1. (1) 收敛； (2) $a = b$ 收敛，$a \neq b$ 发散； (3) 发散； (4) 收敛；
(5) 收敛； (6) 发散.

2. 略.

3. (1) 绝对收敛； (2) 条件收敛.

4. 略.

5. (1) $(0, 4)$; (2) $(1, +\infty), (-\infty, -1)$; (3) (e^{-3}, e^3);
(4) $(-1, 1)$.

6. (1) $\left(1+\frac{x}{2}\right)e^{\frac{x}{2}} - 1 \ (-\infty, +\infty)$;

(2) $S(x) = \begin{cases} 1 + \frac{(1-x)\ln(1-x)}{x}, & x \in [-1, 0) \cup (0, 1); \\ 0, & x = 0. \end{cases}$

7. $S(x) = \begin{cases} \frac{\ln(1+x^2)}{x}, & x \neq 0 \text{ 且 } |x| \leqslant 1; \\ 0, & x = 0. \end{cases}$ $\ln\frac{4}{3}$.

8. (1) $\frac{\pi}{4} + \sum\limits_{n=0}^{\infty}(-1)^n \frac{x^{2n+1}}{2n+1}$ $(|x|<1)$; (2) $\sum\limits_{n=0}^{\infty} nx^{n-1}$ $(|x|<1)$.

9. $\sum\limits_{n=0}^{\infty} \frac{(-1)^{n+1}}{(2n+1)!}\left(\frac{\pi}{2}\right)^{2n+1}(x+2)^{2n+1}, x \in \mathbf{R}$.

10. $\sum\limits_{n=0}^{\infty}(-1)^{n+1} \cdot n \cdot (x-1)^{n-1}$ $x \in (0, 2)$.

习 题 八

(A)

1. 略.

2. (1) $x^2 + \frac{1}{y} = C$; (2) $y = Ce^{\sqrt{1-x^2}}$; (3) $(e^x+1)(e^y-1) = C$;
(4) $\ln^2 x + \ln^2 y = C$; (5) $y^2 + \sin y = 2x^3 + C$; (6) $(1+2y)(1+x^2) = C$;
(7) $\sqrt{y} = x^2$; (8) $2y^3 + 3y^2 - 2x^3 - 3x^2 = 5$.

3. (1) $2xy - y^2 = C$; (2) $y = xe^{Cx+1}$; (3) $y = \frac{x}{\ln x + C}$; (4) $Cx^3 = e^{\frac{y^3}{x^3}}$; (5) $y^2 = 2x^2(2+\ln x)$; (6) $xy^2 - x^3 = 1$.

4. (1) $y = \frac{e^{2x}}{5} + Ce^{-3x}$; (2) $y = \frac{x}{2} + \frac{C}{x}$; (3) $y = x^2 + x + \frac{C}{x}$;
(4) $y = \frac{4x^3 + 3C}{3(x^2+1)}$; (5) $y = \sin x + 2e^{-\sin x} - 1$; (6) $y = x^2(e^x - e)$.

5. (1) $y = \frac{1}{12}x^4 + C_1 x + C_2$; (2) $y = \frac{1}{12}x^4 - \frac{1}{9}\cos 3x + C_1 x + C_2$;
(3) $y = -\frac{1}{2}x^2 - x + C_1 e^x + C_2$; (4) $y = C_1(x - e^{-x}) + C_2$;

(5) $C_1 y - 1 = C_2 e^{C_1 x}$; (6) $y = -\ln|\cos(x+C_1)| + C_2$; (7) $2y^{\frac{1}{4}} = x+2$;

(8) $e^{-y} = 1 - x$.

6. $y = 5 e^{\frac{3}{10} t}$.

7. $Q = 1\,200 \cdot 3^{-p}$.

8. $y = 2e^x - 2x - 2$.

9. (1) $y = C_1 e^x + C_2 e^{3x}$;   (2) $y = (C_1 + C_2 x) e^{3x}$;   (3) $y = C_1 + C_2 e^{-2x}$;

(4) $y = C_1 \cos 3x + C_2 \sin 3x$;   (5) $y = e^{3x}(C_1 \cos 2x + C_2 \sin 2x)$;   (6) $y = 4e^x + 2e^{3x}$;   (7) $y = (4+3x) e^{-\frac{x}{2}}$;   (8) $y = 3 e^{-2x} \sin 5x$.

10. (1) $y = (C_1 \cos 2x + C_2 \sin 2x) e^{3x} + \frac{14}{13}$;   (2) $y = C_1 e^{3x} + C_2 e^{-x} - \frac{2}{3} x + \frac{1}{9}$;   (3) $y = C_1 e^{-x} + \left(C_2 + \frac{x}{3}\right) e^{2x}$;   (4) $y = (C_1 - 2x) \cos 2x + C_2 \sin 2x$;   (5) $y = \frac{1}{3}$;   (6) $y = e^x$.

11. (1) $\Delta y_x = 0$;   (2) $\Delta y_x = -4x - 2$;   (3) $\Delta y_x = (a-1) a^x$;

(4) $\Delta y_x = \ln\left(1 + \frac{1}{x}\right)$;   (5) $\Delta y_x = 2\cos a \left(x + \frac{1}{2}\right) \sin \frac{1}{2} a$;   (6) $\Delta y_x = 4 x^{(3)}$.

12. (1) 六阶;   (2) 一阶;   (3) 三阶;   (4) 一阶.

13. (1) $y_x = C\left(\frac{3}{2}\right)^x$, $y_x = 2\left(\frac{3}{2}\right)^x$;   (2) $y_x = C\left(-\frac{5}{2}\right)^x$, $y_x = 3\left(-\frac{5}{2}\right)^x$;   (3) $y_x = C(-4)^x + 2$, $y_x = 6(-4)^x + 2$;   (4) $y_x = \frac{1}{3} \cdot 2^x + C(-1)^x$, $y_x = \frac{1}{3} \cdot 2^x + \frac{5}{3}(-1)^x$.

14. (1) $y_x = C_1 + C_2 (-2)^x$, $y_x = 3 + (-2)^x$;   (2) $y_x = 4^x \left(C_1 \cos \frac{\pi}{3} x + C_2 \sin \frac{\pi}{3} x\right)$, $y_x = \frac{1}{2\sqrt{3}} 4^x \cdot \sin \frac{\pi}{3} x$;   (3) $y_x = C_1 \left(\frac{1}{2}\right)^x + C_2 \left(-\frac{7}{2}\right)^x + 4$, $y_x = \frac{3}{2}\left(\frac{1}{2}\right)^x + \frac{1}{2}\left(-\frac{7}{2}\right)^x + 4$;   (4) $y_x = C_1 (-2)^x + C_2 + \frac{1}{6} x^2 - \frac{5}{18} x$, $y_x = (-2)^x + 2 + \frac{1}{6} x^2 - \frac{5}{18} x$.

15. $p_t = \frac{a+c}{b+d} + C\left(-\frac{d}{b}\right)^t$.

(B)

1. (1) $(x+1)e^y - 2x = C$; (2) $\sqrt{1+x^2} + \ln|y| + \frac{1}{2}y^2 = \frac{3}{2}$;

(3) $xy e^{\arctan\frac{y}{x}} = C$; (4) $y + \sqrt{y^2 - x^2} = x^2$; (5) $x = \frac{1}{\ln y}\left[\frac{1}{2}(\ln y)^2 - \frac{1}{2}\right]$;

(6) $x = \frac{1}{1+y}\left(-\frac{y^3}{3} - \frac{y^4}{4} + C\right)$; (7) $y = \frac{1}{C_1}x e^{C_1 x + 1} - \frac{1}{C_1^2} e^{C_1 x + 1} + C_2$;

(8) $2y^{\frac{3}{4}} = \pm 3x$; (9) $y(x) = 1 - e^{-\cos x}$; (10) $y(x) = 1 + \frac{e^x + e^{-x}}{2}$.

2. 由题意得微分方程为 $\frac{dy}{dt} = ky(1\,000 - y)$;初始条件为 $y|_{t=0} = 100$, $y|_{t=3} = 250$;特解为 $y = \frac{1\,000 \cdot 3^{\frac{t}{3}}}{9 + 3^{\frac{t}{3}}}$, $y|_{t=6} = 500$.

3. 由题意得微分方程为 $\frac{d\omega}{dt} = \frac{1\,300 - 16\omega}{10\,000}$;初始条件为 $\omega|_{t=0} = \omega_0$;解为 $\omega = \frac{325}{4} - \left(\frac{325}{4} - \omega_0\right)e^{-\frac{t}{625}}$.

4. (1) $y = (C_1 + C_2 x)e^{\frac{5}{2}x}$; (2) $y = 2\cos 5x + \sin 5x$; (3) 当 $a = 0$ 时, $y = C_1 + C_2 x + \frac{1}{2}x^2$;当 $a \neq 0$ 时, $y = C_1 + C_2 e^{-a^2 x} + \frac{1}{2a^4}e^{a^2 x}$; (4) $y = \left(1 - x + \frac{1}{6}x^3 - \frac{1}{2}x^2\right)e^x$.

5. 略.

6. (1) $y_x = C \cdot (-1)^x + \frac{1}{3} \cdot 2^x$, $y_x = \frac{5}{3} \cdot (-1)^x + \frac{1}{3} \cdot 2^x$; (2) $y_x = -\frac{36}{125} + \frac{1}{25}x + \frac{2}{5}x^2 + C \cdot (-4)^x$, $y_x = -\frac{36}{125} + \frac{1}{25}x + \frac{2}{5}x^2 + \frac{161}{125} \cdot (-4)^x$;
(3) $y_x = C_1 \cdot 2^x + C_2 \cdot (-3)^x$, $y_x = -2^x + 2(-3)^x$; (4) $y_x = C_1 \cdot (-2)^x + C_2 \cdot 3^x + 3^x\left(\frac{x^2}{15} - \frac{2x}{25}\right)$, $y_x = \frac{6}{5}(-2)^x + 3^x\left(\frac{x^2}{15} - \frac{2x}{25} + \frac{4}{5}\right)$.

7. (1) 略; (2) $p_t = \left(p_0 - \frac{2}{3}\right)(-2)^t + \frac{2}{3}$.

参考书目

【1】赵树嫄. 微积分. 中国人民大学出版社,1988年6月
【2】上海财经大学应用数学系. 高等数学. 上海财经大学出版社,2003年8月
【3】同济大学数学教研室. 高等数学. 高等教育出版社,2001年6月
【4】杨爱珍,叶玉全. 高等数学. 复旦大学出版社,2005年10月
【5】朱来义. 微积分. 高等教育出版社,2004年3月
【6】陈慧玉. 微积分. 上海财经大学出版社,1997年4月
【7】陆少华. 微积分. 上海交通大学出版社,2000年8月
【8】王高雄等. 常微分方程. 高等教育出版社,1983年9月

图书在版编目(CIP)数据

微积分/杨爱珍主编.—2版.—上海:复旦大学出版社,2012.5(2017.8重印)
21世纪高等学校经济数学教材
ISBN 978-7-309-08815-1

Ⅰ.微…　Ⅱ.杨…　Ⅲ.微积分-高等学校-教材　Ⅳ.O172

中国版本图书馆 CIP 数据核字(2012)第 066708 号

微积分(第二版)
杨爱珍　主编
责任编辑/范仁梅

复旦大学出版社有限公司出版发行
上海市国权路 579 号　邮编:200433
网址:fupnet@fudanpress.com　http://www.fudanpress.com
门市零售:86-21-65642857　团体订购:86-21-65118853
外埠邮购:86-21-65109143　出版部电话:86-21-65642845
宁波市大港印务有限公司

开本 787×960　1/16　印张 25　字数 426 千
2017 年 8 月第 2 版第 4 次印刷
印数 13 301—16 400

ISBN 978-7-309-08815-1/O·489
定价:45.00 元

如有印装质量问题,请向复旦大学出版社有限公司出版部调换。
版权所有　侵权必究